中国特色历史文化名城保护道路的探索

历史文化名城保护制度创立四十周年论文集

住房和城乡建设部科学技术委员会历史文化保护与传承专业委员会
中国城市规划设计研究院 ｜ 主编

中国建筑工业出版社

图书在版编目（CIP）数据

中国特色历史文化名城保护道路的探索：历史文化
名城保护制度创立四十周年论文集/住房和城乡建设部
科学技术委员会历史文化保护与传承专业委员会，中国城
市规划设计研究院主编. —北京：中国建筑工业出版社，
2023.6
　　ISBN 978-7-112-28660-7

　　Ⅰ.①中… Ⅱ.①住… ②中… Ⅲ.①文化名城—保
护—中国—文集 Ⅳ.①TU984.2-53

　　中国国家版本馆CIP数据核字（2023）第073299号

责任编辑：陆新之　刘　丹
书籍设计：锋尚设计
责任校对：孙　莹

中国特色历史文化名城保护道路的探索
历史文化名城保护制度创立四十周年论文集
住房和城乡建设部科学技术委员会历史文化保护与传承专业委员会　　主编
中国城市规划设计研究院

＊
中国建筑工业出版社出版、发行（北京海淀三里河路9号）
各地新华书店、建筑书店经销
北京锋尚制版有限公司制版
北京富诚彩色印刷有限公司印刷
＊
开本：787毫米×1092毫米　1/16　印张：22¾　字数：522千字
2023年6月第一版　　2023年6月第一次印刷
定价：**199.00**元
ISBN 978-7-112-28660-7
　　　（40775）

本书编委会

编委会

主　任：吕　舟

委　员：王　凯　王树声　伍　江　陈同滨　杭　侃　赵中枢

编委会办公室

主　任：鞠德东

成　员：兰伟杰　叶昊儒　李亚星

撰稿人（以姓氏笔画为序）：

万国庆	王树声	王　铎	王琳峰	方　明	尹政威	石　洁	叶　楠	冯斐菲
冯　锐	冯　璐	兰伟杰	吕　舟	朱依东	伍　江	刘　旸	孙　华	阳建强
李兵弟	李　琪	李锦生	杨斯亮	邱正锋	邱岱蓉	邱晓翔	何　依	张广汉
张　松	张　杰	张　泉	张　峰	张涵昱	张　鑑	陈同滨	邵　甬	岳　磊
郑　路	赵中枢	赵志庆	相秉军	侯卫东	俞　娟	姜　岩	姚鹤林	贺云翱
钱　川	徐苏斌	徐奕然	徐觉民	徐涛松	陶诗琦	黄鼎曦	董　钰	童本勤
温俊卿	谢佳育	廖正昕	潘　安	霍晓卫	鞠德东			

自1982年国务院公布第一批国家历史文化名城到2022年，我国名城保护制度从初创、发展、到逐步成熟已经历了40年征程。这期间，在社会各界同仁的共同努力下，名城保护事业取得了长足的进步。随着保护理念的完善和保护意识的增强，保护对象大幅扩展，保护制度日臻完善。2021年两办出台的《关于在城乡建设中加强历史文化保护传承的意见》，更将历史文化名城的保护工作推向了一个新的历史阶段。保护事业进一步得到了全社会的关注，随着从事保护事业的专业队伍和技术力量不断壮大，积累的保护经验亦日趋丰富。

历史文化名城保护是一项专业性极强的工作。要想在一个城市里有效地保护文物建筑以及它的整体秩序和环境，必须从一开始就把它们和城市的整体发展战略、规划布局直到城市设计等方面的问题结合起来，在不同的层面上进行统筹考虑，采取综合措施。不但要使城市的优秀历史文化遗产得以久存，还要促进城市社会和经济的发展，改善居民的生活和工作环境。也就是说，保护工作不再是一个纯防御性的活动。随着理论和技术的进步，人们已逐渐把重点从消极维护转向积极保护。工作的内容不但包括文物的保护及其组织，也同样包括建筑的现代化、生活条件的改善、土地利用及经济问题等。在这种情况下，保护工作的难度和面临的挑战自然更大，需要解决的问题也更多、更复杂。

40年来，名城保护已积累了很多经验，当然，也不乏深刻的教训。所有这些尝试和努力，都是极其可贵的财富，需要我们认真思考和总结，并在这一基础上进一步借鉴、吸收、发展和推广。这次由住房和城乡建设部建筑节能与科技司、部科学技术委员会历史文化保护与传承专业委员会、中国城市规划设计研究院组织编写的《中国特色历史文化名城保护道路的探索 历史文化名城保护制度创立四十周年论文集》就是这样一部相关理论的探讨和实践经验的总结。受邀的各界专家，就40年间名城保护的理论与方法、实践与探索、机构管理与制度等方面进行了全面深入的研讨，其中许多都具有创新的意义和价值。

相信本书的出版能够进一步推动名城保护事业的发展。尽管名城保护事业前程漫漫、道阻且长，还有很多问题亟待解决，但相信在全社会的共同努力下，人们一定会取得更多、更大的成绩。

中国工程院院士

中国城市规划设计研究院研究员

序二
FOREWORD

自1982年国务院公布第一批国家历史文化名城以来，我国城乡历史文化保护工作取得了显著成效。一是保护制度日臻完善。目前基本形成以"三法两条例"为骨干的历史文化保护法律法规体系，配套形成大量部门规章、技术规范、地方性法规制度。二是保护理念与时俱进。各地在实践中不断学习交流、研究借鉴、探索创新、完善提高，推动保护工作从"大拆大建"走向"绣花功夫"，从"拆改留"走向"留改拆"，从"分散保护"走向"协同保护"，从"冻结保护"走向"保用结合"。三是保护对象不断扩充。从古都、著名城市到多元类型的城镇、村落，现在又扩展到历史聚落、近现代遗产、工业遗产、红色遗产、历史景观等。四是保护层次也不断完善，由早期的笼统要求逐步转向对历史文化街区的重点保护，形成了具有中国特色的三个层次的保护方法体系，针对不同层次保护对象分别制定保护要求。这些成效是各地在保护实践中不断探索交流的结果。

习近平总书记高度重视历史文化保护工作。党的十八大以来，总书记在中央城镇化工作会议、中央城市工作会议，在党的十九大报告中，在扬州、福州、平遥、北京、敦煌等地视察时，多次就坚定文化自信、加强历史文化保护传承作了重要论述和指示批示。党的二十大对城乡历史文化保护工作也提出了新要求。报告指出，要加大文物和文化遗产保护力度，加强城乡建设中历史文化保护传承，建好用好国家文化公园。2021年8月，中共中央办公厅、国务院办公厅印发《关于在城乡建设中加强历史文化保护传承的意见》，提出建立分类科学、保护有力、管理有效的城乡历史文化保护传承体系；也提出统筹保护、利用、传承，做到"空间全覆盖、要素全囊括"，既要保护单体建筑，也要保护街巷街区、城镇格局，还要保护好历史地段、自然景观、人文环境和非物质文化遗产。

问渠那得清如许？为有源头活水来。值此历史文化名城保护制度创立40周年的历史节点，又恰逢党的二十大胜利召开，住房和城乡建设部科学技术委员会历史文化保护与传承专业委员会、中国城市规划设计研究院共同组织各地专家编写本论文集，具有重要的历史意义和现实意义。这部《中国特色历史文化名城保护道路的探索 历史文化名城保护制度创立四十周年论文集》，既有理论与方法的总结提炼，又有各地长期实践的经验总结，还有管理与制度的深入研究，整体上反映了过去40年全国在历史文化名城保护工作中的实践探索与理论思考。

等闲识得东风面，万紫千红总是春。新形势需要新担当、新作为，希望全行业的各位同仁以历史文化名城制度建立40周年为新起点，以贯彻中央文件精神为新契机，进一步识大局、察大势、明大德、担大任，把学术研究、专业实践、保护管理、社会责任更好地结合起来，开拓创新、与时俱进，继续为城乡历史文化保护传承事业贡献智慧和力量，推动优秀传统文化创造性转化和创新性发展，让历史文化遗产焕发新活力、绽放新魅力、赋予新动力，谱写城乡历史文化保护传承事业的新篇章！

杨保军

住房和城乡建设部总经济师

目录
CONTENTS

管理与制度

理论与方法|

历史文化名城保护40年：从历史环境保护到城乡历史文化保护传承体系建设

吕 舟 ①
Lyu Zhou

The 40th Anniversary of Historic Cities Protection: From Historical Environment to the Protection and Inheritance System of Historic and Cultural Value

摘 要 从1982年建立历史文化名城保护制度，中国的历史文化名城保护至今经历了40年的发展，取得了辉煌的成就。历史文化名城保护的40年是不断探索历史文化名城保护理论和实践方法的过程，从文物及其环境到历史街区及城市风貌，逐步形成了反映中国快速城镇化背景下的历史文化名城保护制度。21世纪第二个十年伴随着中国社会进入到高质量发展阶段，建设以历史文化名城名镇名村等活态遗产为载体的城乡历史文化保护传承体系成为历史文化名城保护的新要求和新阶段。历史文化保护传承体系的建设包括历史文化价值阐释传播体系、历史文化遗产保护管理体系、社会参与制度的建设。这些体系与制度的建设将促进历史文化名城在中国社会可持续发展过程中发挥更为重要和积极的作用。

关键词 历史文化名城保护；城乡历史文化保护传承体系

Abstract Since 1982, Chinese historic and cultural city protection system has made brilliant achievements. The 40 years of historic and cultural city protection is a process of exploring the theory and protection methods of historic and cultural city. From protected sites and their environments to historical areas and urban fabric, the system of historic and cultural city protection has been developed on the background of rapid urbanization in China. In the second decade of the 21st century, in the context of high quality development, it has become a strong needs for interpretation historic and cultural value and promoting cultural heritage to play more important role in urban and rural development. To build of historical and cultural protection and inheritance system includes the historical and cultural value interpretation and dissemination, historical and cultural heritage management system, and social participation system. The historical and cultural protection and inheritance system will promote the historical and cultural cities to play a more important and positive role in the sustainable development of China.

Keywords historic and cultural city protection system; historical and cultural protection and inheritance system

① 吕舟，清华大学建筑学院教授，住房和城乡建设部科学技术委员会历史文化保护与传承专业委员会主任委员。

历史文化名城是中国文化遗产保护体系的重要组成部分。回顾中国历史文化名城保护制度建立和发展的过程，可以清晰地看到从文物环境保护，到历史文化街区保护，再到城市历史风貌保护的保护思想的发展，反映了在中国快速城镇化进程中，解决历史文化保护与城市发展关系的实践和方法的探索。放到国际的层面，这些观念和方法同样具有启发性。

2021年国家关于城乡历史文化保护传承体系建设的要求是在社会进入到高质量发展阶段对历史文化保护提出的新的要求，它标志着中国历史文化名城名镇名村保护的新阶段。

1 文物保护单位保护范围与周边环境氛围的管理

1961年国务院公布了第一批180处全国重点文物保护单位名单和《文物保护管理暂行条例》，规定对文物保护单位要划定保护范围，树立标志说明，建立记录档案[1]。这标志着中国文物保护制度的确立。

1963年，文化部颁发的《文物保护单位保护管理暂行办法》，对文物保护单位划定保护范围的规定如下：要从文物安全出发，把文物保护单位周边一定范围划为保护区，在这个区域内禁止一切可能危害文物安全的活动。对于与周围环境密切相关的文物保护单位，在保护区一定范围内，建设活动要与保护单位的环境气氛相协调[2]。但对大多数城镇而言，即便在文物保护单位周边划定了一定的建设协调区域，也往往缺少可操作的具体控制指标，难以真正地落实和发挥协调区作用。

这些问题在城市建设发展缓慢的时期并不突出，但当进入城镇高速发展的阶段便显现了出来。20世纪70年代末，中国城市建设开始提速，保护和建设之间的矛盾也更加尖锐。一些有较多历史文化资源的城市把开展旅游活动、发展旅游产业作为城市发展的重要力量，文物保护单位被作为旅游景点，周边建设体量巨大的旅馆、服务设施、商业一条街、停车场，使文物的周边环境、城市的历史面貌被迅速改变。这种情况引发了社会关注和批评。1980年国务院批转国家文物事业管理局、国家基本建设委员会《关于加强古建筑和文物古迹保护管理工作的请示报告》中提到，一些文物古迹周边的建设活动"丝毫不考虑环境气氛"[3]，这些建设缺乏规划，甚至"在古建筑群内部随意添加新建筑"[4]，因此，报告要求通过规划的手段保持文物保护单位的"环境风貌"，使文物保护单位周边的建设与保护对象相协调，"任何单位在周围修建新建筑都必须事先与文物部门协商并经城市规划部门批准"[5]。

① 国家文物局. 中国文化遗产事业法规文件汇编（1949—2009）上册 [M]. 北京：文物出版社，2009：31.
② 国家文物局. 中国文化遗产事业法规文件汇编（1949—2009）上册 [M]. 北京：文物出版社，2009：51-52.
③ 国家文物局. 中国文化遗产事业法规文件汇编（1949—2009）上册 [M]. 北京：文物出版社，2009：106.
④ 同③
⑤ 国家文物局. 中国文化遗产事业法规文件汇编（1949—2009）上册 [M]. 北京：文物出版社，2009：106.

历史城市保护概念的出现，受到了多方面因素的影响。梁思成先生在20世纪40年代末就提出了对北京进行完整保护的思想。他在1949年"供人民解放军作战及接管时保护文物之用"①编写的《全国重要建筑文物简目》中，就将当时的北平城全城列为最重要的保护对象，并认为其价值在于"世界现存最完整最伟大之中古都市。全部为一整个设计，对称均齐，气魄之大举世无匹。"②1948年，梁思成先生在《北平文物必须整理与保存》一文中对北京（北平）的整体价值作了阐述，他认为北京城市的整体布局是城市规划、历史、艺术的瑰宝，北京的整体城市气魄具有极高的艺术价值。北京的价值更在于它是一个保持着活跃的现代生活的历史都城③；北京在城市规划和建设上的成就使它不仅是宝贵的历史文化遗产，更是民族自信的源泉④。

基于这样的价值判断，梁思成和陈占祥先生在1950年提出了《关于中央人民政府行政中心区位置的建议》，他们在建议中提出不仅要保护北京城内重要的文物建筑，更要保护北京的城市布局、城市秩序，不应允许"不协调的体形"破坏这种布局秩序⑤。这些观点深刻地影响了之后历史文化名城保护思想的形成。

20世纪80年代城市建设给文物保护单位及相关环境的保护带来了新的前所未有的压力，城市环境急速变化。郑孝燮先生在1980年提出只有通过城市规划的方法来保护、管理文物环境才能避免对文物及其环境的破坏⑥。当时他在对出现在北京、上海、西安、广州、四川新都、山西大同等地具体事例进行列举之后，提出要把时间要素纳入到规划中，不仅考虑三维空间的形态，还要考虑时间对城市空间形态的影响⑦；在规划措施上不仅要考虑空间比例的管理，还要考虑建筑风格的协调。为了达到这样的目标需要划定多级的管控区域，制定相应的管控要求⑧。对于非文物保护单位的历史建筑，郑孝燮先生提出在做城市规划时要对这些建筑进行"调查研究，慎重考虑"⑨，他认为北京保护南锣鼓巷一带成片的四合院、琉璃厂街区的传统风格的尝试，反映了城市规划与文物保护协同保护文物古迹的努力⑩。

这一时期，通过城市规划管理文物保护单位周边环境，引导周边的建设与文物古迹整体环境氛围相协调，已成为社会的共识，构成了中国历史文化名城保护的基础。

① 梁思成. 梁思成全集（第四卷）[M]. 北京：中国建筑工业出版社，2001：317.
② 梁思成. 梁思成全集（第四卷）[M]. 北京：中国建筑工业出版社，2001：321.
③ 梁思成. 梁思成全集（第四卷）[M]. 北京：中国建筑工业出版社，2001：307.
④ 梁思成. 梁思成全集（第四卷）[M]. 北京：中国建筑工业出版社，2001：308.
⑤ 梁思成. 梁思成全集（第五卷）[M]. 北京：中国建筑工业出版社，2001：61.
⑥ 郑孝燮. 保护文物古迹与城市规划 [J]. 建筑学报，1980（4）：11.
⑦ 郑孝燮. 保护文物古迹与城市规划 [J]. 建筑学报，1980（4）：12.
⑧ 郑孝燮. 保护文物古迹与城市规划 [J]. 建筑学报，1980（4）：13.
⑨-⑩ 同⑧.

2 历史文化名城与历史文化街区

1982年2月国务院发布了批转国家基本建设委员会等部门《关于保护我国历史文化名城的请示的通知》[1]，标志着中国历史文化名城保护制度的建立。

1982年全国人大通过了《中华人民共和国文物保护法》（简称为《文物保护法》），其中第八条规定了历史文化名城的内容[2]；第十条规定城乡建设规划要体现文物保护的内容[3]。

1984年，城乡建设环境保护部会同文化部文物局在西安召开了"历史文化名城规划与保护座谈会"并提出了《关于加强历史文化名城规划工作的几点意见》，指出历史文化名城规划就是保护城市中文物古迹、风景名胜及其环境的专项规划，要根据保护对象的价值确定保护的等级和重点，对不同的保护对象可采用点、线、面的形式划定保护区和建设控制地带，制定保护和控制的具体要求和措施[4]。相较于文物保护单位的规定，历史文化名城的保护还包括了连片的传统建筑和街区以及山川水系。

除了文物保护单位和环境，如何体现对名城历史文化特征的保护？汪德华和王景慧先生提出历史文化名城保护规划不是单纯的专业规划，它要从城市格局、周边环境、风景名胜、建筑风格等方面对城市风貌进行保护[5]。在保护区划上，他们提出除了重要的文物古迹、风景名胜（包括本体范围和环境）要划定保护区划，那些能够反映名城风貌的街巷、河道、住宅、商业区等也都应划定保护范围[6]。

李雄飞先生提出历史文化名城中保护对象应当包括虽不属于文物但在城市发展史上、建筑艺术史上有过贡献和影响的建筑物、具有较强个性的建筑、长期以来由于各种因素形成的城市特征标志、我国老一辈建筑师设计的较有代表性的建筑物、有一定代表性的典型民居、艺术价值较高的外国风格历史建筑，以及其他一些特殊因素造成的建筑遗存[7]。

吴良镛先生认为历史文化名城中需要保护的对象包括：城市最有特点的规划格局；旧城的文物精英；作为各时代标志的遗物遗址与反映城市极一时之盛人文荟萃的有关历史环境；山川自然环境与名胜古迹；别具乡土、民族特色地区等[8]。

郑孝燮先生提出保护的对象除了文物古迹、风景名胜之外应当包括成片的传统民居、著名

[1] 国家文物局. 中国文化遗产事业法规文件汇编（1949—2009）上册 [M]. 北京：文物出版社，2009：136.
[2] 国家文物局. 中国文化遗产事业法规文件汇编（1949—2009）上册 [M]. 北京：文物出版社，2009：141.
[3] 同2.
[4] 国家文物局. 中国文化遗产事业法规文件汇编（1949—2009）上册 [M]. 北京：文物出版社，2009：151.
[5] 汪德华，王景慧. 历史文化名城规划中的保护区 [J]. 城市规划，1982（3）：19.
[6] 汪德华，王景慧. 历史文化名城规划中的保护区 [J]. 城市规划，1982（3）：19-20.
[7] 李雄飞. 历史文化名城建筑遗产的保护 [J]. 城市规划，1982（3）：9-11.
[8] 吴良镛. 历史文化名城的规划结构、旧城更新与城市设计 [J]. 城市规划，1983（6）：2.

的老字号店面和具有历史意义的有异国情调的历史与建筑①。

王健平、汪志明先生提出除了保护各级文物古迹、考古遗址、城市的历史格局、街区民居、纪念地、古树名木、生态环境等之外，还要保护历史传说、城市古地名以及各类非物质文化遗产等②。

1986年国务院公布了第二批国家历史文化名城名单。同时对历史文化名城的标准作了新的说明，其中特别提到"历史文化名城和文物保护单位是有区别的"，历史文化名城保护的内容还应包括保留历史特色的现状格局和风貌以及代表城市传统风貌的街区③。对文物古迹相对集中，能反映时代、民族、地方特色的建筑群、街区、小镇、村寨也应保护。各地方政府可自行划定历史文化保护区，保护措施应着重保护整体风貌、特色④。

如何处理街区保护和城市更新的关系，各地进行了许多探索。朱自煊先生在屯溪老街的规划中强调了整体保护和积极保护的思想。他认为整体保护意味着不仅要保护老街还要保护旧城周围的山水环境，不仅要保护老街的传统店面还要保护老街背后的民居和住宅，不仅要保护传统的建筑空间还要保护街市的生活和历史文脉⑤。积极保护则是不能把老街视为不能改变的文物古迹，要考虑继承、保护和发展、创新的关系，要鼓励居民参与，探索小范围渐进式的更新经验，在保护原有格局和风貌的同时也可以减轻经济压力⑥。在屯溪老街规划中，朱自煊先生提出规划的目标是在保护的基础上改善基础设施条件、房屋质量，保持老街的商业繁荣，增加绿地及服务设施，处理好街区和山水环境的关系、和新旧建筑之间的协调⑦。在北京什刹海地区的规划中，朱自煊先生推动了社会多方面参与，特别是居民参与规划意见，他认为历史文化名城保护中应当充分调动市民"热爱乡土的热情"⑧。这些思想具有远见卓识，即便对今天历史文化名城、历史文化街区的保护仍然具有重要的指导意义和实践价值。

阮仪三先生在绍兴越城传统文化街区规划中强调"城市是不断更新的有机体，只有适应时代和社会需要，才具有旺盛的生命力，它的文化之根才会在现实的土壤上生长、开花和结果"⑨。

1990年北京市政府在北京老城内划定了25片历史文化街区，编制的《北京旧城25片历史文化保护区保护规划》是这一时期街区保护最具有代表性的成果。25片历史文化街区的保护规划把历史文化街区划为重点保护区，并在周围区域划定了建设控制区。针对重点保护区提出了

---

① 郑孝燮. 历史文化名城的经济发展与文化风貌分区探讨 [J]. 城市规划, 1987（1）: 34.
② 王健平, 汪志明. 试谈中小历史文化名城的保护内容和突出名城特色问题 [J]. 建筑学报, 1984（1）: 45.
③ 中华人民共和国国务院公报. 1986（35）: 1076.
④ 中华人民共和国国务院公报. 1986（35）: 1077.
⑤ 清华大学建筑系城市规划教研室、屯溪市人民政府. 屯溪老街历史地段的保护与更新规划 [J]. 城市规划, 1987（1）: 22.
⑥-⑦ 同⑤。
⑧ 朱自煊. 旧城保护整治新探索建筑学报 [J]. 建筑学报, 1988（3）: 9.
⑨ 阮仪三、乐义勇. 历史文化名城之根与实的追求 [J]. 新建筑, 1986（1）: 16.

"保护该街区的整体风貌""保存历史遗存和原貌""建设要采取'微循环'的改造模式""改善环境质量及基础设施条件，提高居民生活质量""鼓励公众参与"的原则[①]；针对建设控制区提出了"新建与改建的建筑，要与重点保护区的整体风貌相协调""严格控制各地块的用地性质、建筑高度、体量、建筑形式和色彩、容积率、绿地率等""要避免简单生硬地大拆大建，注意历史文脉的延续性""保存和保护有价值的历史建筑、传统街巷、胡同肌理和古树名木"等控制要求[②]。周干峙先生评价这一规划成果把25片历史保护区与北京整体格局联系起来，体现了对北京整体风貌的保护，"是一件非常好的事情"[③]。吴良镛先生认为这一成果具有创造性，反映了"以院落为单位进行有机更新，保护城市肌理等已成为共识"[④]。

福州三坊七巷是具有代表性的历史文化街区，陈仲光先生认为三坊七巷的保护工作体现了历史街区整体性保护的原则。整体性保护的原则还包括风貌的完整性、历史的真实性、生活的延续性、文化的多样性和文化背景的保护[⑤]。

在历史文化名城的保护中，始终面临着满足当代生产、生活需要和城市更新的问题。单纯的"凝固"历史过程中形成的城市特征和形态并不具有可操作性。从动态地解决保护与更新、保护与建设关系的角度，使最终讨论的重点都落到了城市风貌上。

3 历史文化名城与风貌保护

历史文化名城在历史发展过程中形成了城市环境、城市格局、建筑风格和形态、城市生活氛围构成的城市特色，这种特色被视为城市的风貌。在历史文化名城保护中保持和延续这种具有特色的城市风貌被作为一项重要的保护措施。侯仁之先生把历史文化特色和社会主义新风貌[⑥]视为首都北京的风貌。张锦秋先生把她在西安创作的"唐风"建筑视为西安城市风貌的延续[⑦]，并深刻地影响了西安老城当代城市风貌的形成与发展。阮仪三先生则认为城市的特色具有物质生产的特性，是物化了的艺术形式，是自然地理环境与人的社会活动共同作用的结果[⑧]。

在实践中，许多城市都提出了保护城市传统风貌的思想，强调"民族传统、地方特色、时代精神"相结合。沈勃、周永源、宣祥鎏先生认为北京的传统风貌是"中轴明显，格局严

① 北京市规划委员会. 北京旧城二十五片历史文化保护区保护规划 [M]. 北京：北京燕山出版社，2002：10.
② 同①
③ 北京市规划委员会. 北京旧城二十五片历史文化保护区保护规划 [M]. 北京：北京燕山出版社，2002：4.
④ 同③
⑤ 陈仲光. 历史街区保护、更新和复兴——以福州三坊七巷为例 [M]. 北京：中国建筑工业出版社，2021：133-134.
⑥ 侯仁之. 首都应有什么样的城市风貌 [J]. 学习与研究，1986（7）：39.
⑦ 张锦秋. 城市文化孕育着建筑文化 [J]. 建筑学报，1988（9）：20.
⑧ 阮仪三. 历史文化名城的特点、类型及其风貌的保护 [J]. 同济大学学报（人文、社会科学版），1990，1（1）：59.

谨，建筑平缓，空间开朗，河湖贯通，绿树成荫"①。赵冬日先生认为"北京古城南起永定门、北至钟鼓楼的南北轴线，在世界上是独一无二的杰作，气势之雄伟，艺术之高超，不是语言所能形容的。这条轴线重点体现出'古都风貌'"②。吴良镛先生提出古都风貌是北京特色的集中反映③。

北京作为第一批国家级历史文化名城和首都，也是相关政策的形成和发布地，它在历史文化名城保护方面的实践对全国而言具有重要的示范性。1980年，在保持城市传统风貌和创建国际旅游目的地的双重动因促进下，北京开始了对著名传统文化街区——琉璃厂的更新。

1984年琉璃厂一期工程竣工。整个项目采用了拆迁、对沿街店面重新设计的做法，为了吸引游客，在形式上，采用现代结构和北京传统店面相结合，又进行了"金碧辉煌"的油饰彩绘。在经营业态上，主要店铺被规定为专门向国际游客开放经营。

琉璃厂文化街区的改造引发了学术界的讨论，陈志华先生认为这种做法"是把原有的真古董拆掉，换上假古董，完全失去了文物价值。旧的没有保住，新的没有创造，两头落了空"④。但琉璃厂改建的做法仍然成为延续"风貌"的示范，并成为各地把历史文化街区"更新"为服务于旅游业的中心商业街的滥觞，其影响甚至在近年一些城市的历史街区更新中仍能见到。

20世纪90年代以后中国城市的发展，历史文化城市的更新过程不断提速，在这样的背景下，城市风貌问题受到了广泛的关注。1996年，中国文物学会和中国传统建筑园林研究会呼吁要抢救、保护历史文化名城中的传统建筑和文物古迹，在城市发展中要延续城市传统风貌⑤。同时也有意见认为对历史文化名城而言，全面保持特定风貌是不现实的，应把重点放到历史街区的风貌保护上⑥。

在20世纪90年代后期，由于历史街区中大量的没有文物保护单位身份的历史建筑面临着改善生产、生活条件，更新改善基础设施要求的压力，街区的保护逐渐向风貌保护的方向转化和发展。这种情况也反映在国家的相关规范文件中。

2005年公布的《历史文化名城保护规划规范》GB 50357—2005（简称为《历史文化名城保护规划规范》）中无论是历史文化名城还是历史街区，风貌的保护都是核心的内容⑦。

风貌保护的内容也出现在各地政府公布的相关条例当中。1999年的《浙江省历史文化名城条例》⑧、2001年的《江苏省历史文化名城名镇保护条例》⑨、2002年的《西安历史文化名城

① 沈勃，周永源，宣祥鎏. 维护古都风貌，建楼莫再比高 [J]. 建筑学报，1985（12）：2.
② 赵冬日. 论古都风貌与现代化发展 [J]. 建筑学报，1990（12）：6.
③ 吴良镛. 发展首都壮美秩序，重振北京古都风貌 [J]. 北京规划建设，1994（1）：5.
④ 顾孟潮. 关于北京琉璃厂文化街的建筑评论（发言摘要）[J]. 建筑学报，1986（4）：58.
⑤ 本刊. 名城发展必须保护、继承、延续城市传统风貌 [J]. 规划师，1996（1）：1.
⑥ 叶如棠. 在历史街区保护（国际）研讨会上的讲话 [J]. 建筑学报，1996（9）：4.
⑦ 张松. 城市文化遗产保护国际宪章与国内法规选编 [M]. 上海：同济大学出版社，2007：330-331.
⑧ 张松. 城市文化遗产保护国际宪章与国内法规选编 [M]. 上海：同济大学出版社，2007：187.
⑨ 张松. 城市文化遗产保护国际宪章与国内法规选编 [M]. 上海：同济大学出版社，2007：183.

保护条例》①、2005年《北京市历史文化名城保护条例》②都强调了风貌保护的内容。上海、天津、武汉等城市也制定了历史文化风貌区、历史风貌建筑或者旧城风貌区的保护条例或保护管理办法。

2008年国务院颁布的《历史文化名城名镇名村保护条例》也规定历史文化名城、名镇、名村的保护应当保持传统格局、历史风貌③。

历史风貌保护的思想是在中国高速城市建设过程中对历史文化名城保护与未来发展的探索结果，它不仅反映对城市已有历史文化遗存、历史文化特征的保护，也考虑到未来城市发展的城市面貌特征。吴良镛先生在谈到北京的历史文化名城保护与城市建设的关系时提出积极保护、有机更新的思想④，以及在积极保护前提下整体创造的原则⑤。周岚在对南京城市形态的历史演变过程分析的基础上，对南京历史文化名城保护与城市发展用整体保护、积极创造的原则进行了阐释⑥。济南则把积极保护的原则，表述为科学保护、统筹保护、整体保护、重点保护、特色保护和有机保护六个方面⑦。

从20世纪80年代到21世纪的前20年中国经历了快速城镇化的过程，城镇化率从80年代初的21%，发展到2021年的近65%。同时，国家级历史文化名城的数量也从1982年第一批公布的24个，扩展到2022年140个。在这40年的时间中，伴随着大量新的城镇和城区的建设，历史文化城、历史文化街区、文物环境尽管面临着巨大的压力，但也形成了具有独特性的保护思想、方法和体系。这一时期也是不断在理论和实践方法上探寻协调城市建设与历史文化保护之间关系的过程。相关的争议、探索唤起了社会对于历史文化名城保护问题的关注，同时也使得大量历史文化名城在《文物保护法》《历史文化名城名镇名村保护条例》、地方相关法规、保护规划的管理和控制下得到了保护，城市的风貌形态也在城市建设中得到了一定程度的尊重和延续。

4 价值认知与历史文化保护传承体系建设
——从风貌形态到价值表达

2015年中央城市工作会议提出我国城市发展已经进入新的发展时期，在统筹规划、建设、管理的内容中要求"加强对城市的空间立体性、平面协调性、风貌整体性、文脉延续性等方

① 张松. 城市文化遗产保护国际宪章与国内法规选编 [M]. 上海：同济大学出版社, 2007: 200.
② 张松. 城市文化遗产保护国际宪章与国内法规选编 [M]. 上海：同济大学出版社, 2007: 178.
③ 国家文物局. 中国文化遗产事业法规文件汇编（1949—2009）下册 [M]. 北京：文物出版社, 2009: 665.
④ 吴良镛. 新形势下北京规划建设战略的思考 [J]. 北京规划建设, 2007（2）: 9.
⑤ 同④.
⑥ 周岚. 历史文化名城的"积极保护、整体创造"——结合南京城市规划实践的思考 [J]. 城市与区域规划研究, 2010（3）: 57-81.
⑦ 王新文, 牛长春, 张中望, 等. "积极保护"理念与济南老城保护规划 [J]. 规划师, 2012（8）: 85.

面的规划和管控，留住城市特有的地域环境、文化特色、建筑风格等'基因'①。在统筹改革、科技、文化的部分中，提出"要保护弘扬中华优秀传统文化，延续城市历史文脉，保护好前人留下的文化遗产。要结合自己的历史传承、区域文化、时代要求，打造自己的城市精神，对外树立形象，对内凝聚人心"②。在统筹政府、社会、市民三大主体的内容中，强调了"要提高市民文明素质，尊重市民对城市发展决策的知情权、参与权、监督权。鼓励企业和市民通过各种方式参与城市建设、管理，真正实现城市共治共管、共享共建"③。

显然历史文化名城的保护已不再仅仅是文物和环境、街区及其城市风貌的保护，而是要把文化视为城市发展的推动力量，实现优秀传统文化的弘扬，形成城市的凝聚力。在这样的过程中，社会的参与是不可或缺的部分。

从历史文化名城角度，如何通过包括文物保护单位及相关环境、历史文化街区、历史建筑等文化遗产的保护，促进城市的社会发展，发挥文化作为发展推动力量的作用等成为中央政府高度关注的问题。2014年，习近平总书记指出："让文物说话、把历史智慧告诉人们，激发我们的民族自豪感和自信心。"提出让收藏在博物馆里的文物、陈列在广阔大地上的遗产、书写在古籍里的文字都活起来的思想，强调发挥文物等文化遗产的作用。这一思想在2014年之后被不断地强调，2021年中央全面深化改革委员会审议通过的《关于让文物活起来、扩大中华文化国际影响力的实施意见》再次突出和强调了文物对社会文化发展的现实意义和作用。把文物等文化遗产所承载的传统文化的精神转化为当代可持续发展的促进力量，这是在新时期中，中国城市从增量发展向基于存量的高质量发展转化的现实的需要。在这个过程中，一部分历史文化名城没有作好适应这种转变的准备，造成了一些新的破坏。

基于2017年和2018年对历史文化名城名镇名村的评估，2019年住房和城乡建设部、国家文物局联合发布了《关于部分保护不力国家历史文化名城的通报》，指出部分历史文化名城存在古城或历史文化街区内大拆大建、拆真建假、破坏古城山水格局、搬空历史街区居民后长期闲置不管等诸多问题，造成了对国家历史文化名城、历史文化遗存的严重破坏，使历史文化价值受到严重影响④。

这些问题的根源在于对历史文化名城名镇名村缺乏正确的历史文化价值认知，存在对历史文化遗产当代作用认知的错位。对部分历史文化名城而言，所谓历史文化名城只是一个称谓，一个城市建设、管理的阶段业绩，在获得历史文化名城的称号之后，往往把历史遗存、历史建筑甚至历史文化街区视为城市建设和城市发展障碍。这些问题也恰恰是在新时期城市发展转型过程中必须解决的问题。

---

① 百度文库. 2015年中央城市工作会议（全文）. https://wenku.baidu.com/view/86fd9bb6011ca300a7c390ab.html?_wkts_=1672289531383&bdQuery=2015年中央城市工作会议报告全文.

②-③ 同①.

④ 住房和城乡建设部. 国家文物局关于部分保护不力国家历史文化名城的通报 [EB/OL]. https://www.mohurd.gov.cn/gongkai/fdzdgknr/tzgg/201903/20190321_239850.html.

对历史文化遗产的保护，只有理解为什么保护，才会产生保护的意愿，才能选择正确的保护方法。保护的基础是对历史文化遗产的价值认知。2014年住房和城乡建设部20号令发布《历史文化名城名镇名村街区保护规划编制审批办法》，在关于历史文化名城名镇名村的保护规划要求中规定，编制内容要包括"评估历史文化价值、特色和存在问题"。但没有对价值评估的内容作进一步的界定。也没有要求将历史文化价值评估的部分纳入城市总体规划[①]。对历史文化名城名镇名村保护的目标也仅强调了延续传统格局和历史风貌，保护文化遗产的真实性、完整性，弘扬优秀传统文化，正确处理发展和保护的关系[②]。

在历史文化名城保护中，把对历史文化名城、历史街区的保护仅仅理解为一种格局、形态和风貌的保护，反映了对历史文化名城价值认知的缺失，影响了对历史文化名城有效保护目标的实现。在历史文化名城保护中，在不同程度上存在着忽视历史文化名城价值、把保护当作城市商业开发的幌子的情况。把历史街区中的居民全部或大量搬迁，留下的建筑改造为新的商业街区的开发方式仍然在许多城市中存在。这种迪士尼化的城市风貌保护方法造成了许多严重的问题。一些连续繁荣了数百年的街区，在经历这样的改造之后，并没迎来开发者期待的旅游和商业的增长，反而陷入了长期的萧条。一些历史城镇密集的区域，这种雷同的开发方式，使本来各具特色的城镇陷入了同质化的陷阱，失去了自己原本独特性的魅力。

针对历史文化名城的保护问题，2018年住房和城乡建设部组织了历史文化保护传承体系的研究工作。2019年形成了研究成果，提出了以价值为基础的保护传承体系建设的基本思想。2020年，住房和城乡建设部会同国家文物局印发了《国家历史文化名城申报管理办法（试行）》，要求新申报的国家级历史文化名城的城市应当具有至少下列价值之一：能够见证中国悠久连续的文明历史；能够见证中国近现代历史的发展；能够见证中国共产党带领中国人民奋斗的历程；能够见证中华人民共和国建立与建设的历史；能够见证改革开放和社会主义现代化的伟大成就；能够体现民族文化、地区文化多样性，以及见证多民族交流融合[③]。

2021年，中共中央办公厅和国务院办公厅联合发布的《关于在城乡建设中加强历史文化保护传承的意见》（简称为两办《意见》）提出了"构建城乡历史文化保护传承体系"的要求。两办《意见》指出"城乡历史文化保护传承体系是以具有保护意义、承载不同历史时期文化价值的城市、村镇等复合型、活态遗产为主体和依托"，以作为各类保护对象的文化遗产为内容构成的"有机整体"，构建这一体系的目的就是要"在城乡建设中全面保护好中国古代、近现代历史文化遗产和当代重要建设成果，全方位展现中华民族悠久连续的文明历史、中国近现代历史进程、中国共产党团结带领中国人民不懈奋斗的光辉历程、中华人民共

① 住房和城乡建设部令（第20号）．历史文化名城名镇名村街区保护规划编制审批办法．2014．
② 同①．
③ 住房和城乡建设部、国家文物局关于印发《国家历史文化名城申报管理办法（试行）》的通知．https://www.mohurd.gov.cn/gongkai/fdzdgknr/tzgg/202008/20200820_246838.html.

和国成立与发展历程、改革开放和社会主义现代化建设的伟大征程"①，城乡建设中的历史文化保护要"以系统完整保护传承城乡历史文化遗产和全面真实讲好中国故事、中国共产党故事为目标"②。

两办《意见》不仅强调对历史文化遗产的保护，同时还强调文化的传承，强调通过对各类历史文化遗产的体系化梳理来呈现、讲述中华文明的故事。这反映了在新时代中，国家文化和社会建设对历史文化遗产保护的新的要求，要让文化遗产真正活起来，使人民和世界能够通过文化遗产认识中华文明，使人民形成文化自信、传承优秀文化传统，使世界理解中国的发展道路。城乡历史文化保护传承体系建设是对讲好中国故事的具体实践，是对让文物活起来的基本思想的表达。

城乡历史文化保护传承体系建设的载体是"具有保护意义、承载不同历史时期文化价值的城市、村镇等复合型、活态遗产"，它不局限于历史文化名城名镇名村，但由于历史文化名城名镇名村又是各类文化遗产相对富集的区域，因此它们又是整个体系建设中最重要的组成部分。

从城乡历史文化保护传承体系建设的要求出发，对历史文化名城而言已不再仅仅是保护好其中的文物保护单位及其环境，或是"保持传统格局、历史风貌和空间尺度"③，而是要让城市行政区划内所有文化遗产系统地讲述、阐释中华民族历史文化发展过程，展现中华民族文化精神，讲好古代中国和当代中国的故事，促进优秀文化传统的当代传承和弘扬。历史文化名城在城乡历史文化保护传承体系建设中则应当承担起构建体系核心的历史责任。

关于历史文化的传承和发展，两办《意见》提出"坚持以人民为中心，坚持创造性转化、创新性发展，将保护传承工作融入经济社会发展、生态文明建设和现代生活，将历史文化与城乡发展相融合，发挥历史文化遗产的社会教育作用和使用价值，注重民生改善，不断满足人民日益增长的美好生活需要""鼓励和引导社会力量广泛参与保护传承工作，充分发挥市场作用，激发人民群众参与的主动性、积极性，形成有利于城乡历史文化保护传承的体制机制和社会环境"④。这表明城乡历史文化保护传承体系建设不再仅仅是政府和专业机构的工作，这是一项需要全社会参与的工作，在体系建设过程中不断满足人民对美好生活的需求而推动城市高质量发展。这一思想已逐步成为社会的共识。例如在2022年北京市人大常委会通过的涉及北京老城的部分区域的《北京中轴线文化遗产保护条例》就包括"传承利用和公众参与"的章节，其中不仅包括如何与公众分享信息，还提出了公众如何参与的方法和途径。

城乡历史文化保护传承体系建设可以理解为在历史文化名城名镇名村基础上对各类历史文化遗产资源的整合，在保护的基础上发挥它们的当代价值，促进优秀文化传统的传承弘扬。这

---

① 中共中央办公厅，国务院办公厅. 关于在城乡建设中加强历史文化保护传承的意见［Z］. 2021.
② 同①。
③ 国务院令（第524号）. 历史文化名城名镇名村保护条例. 2008.
④ 同①。

对历史文化名城而言是一个新的阶段，是对中国社会进入高质量发展的新时期之后的历史文化名城保护提出的新的要求。

两办《意见》规定了2025年要初步建成、2035年要全面建成城乡历史文化保护传承体系的时间目标[1]。这对历史文化名城而言无疑是一个全新的发展机遇。

5 小结

历史文化名城保护制度是伴随着中国快速城镇化的过程建立和发展的。这一制度的建立，使历史城镇保护的问题在快速城镇化过程中得到了社会的关注，许多历史文化遗存、历史街区得到了抢救和保护。在这个过程中，无论是政府管理部门、城乡规划部门还是学术界，在大量实践的基础上，形成了基于中国自身历史文化特征和城市发展条件的从文物及其环境到历史文化街区、历史建筑，再到城市整体风貌的历史文化名城保护方法和体系，并在一系列国家和地方关于历史文化名城申报、审查的文件中得到了反映。

这一时期历史文化名城在解决历史文化保护与城市发展需求之间的关系方面积累了重要的经验，城市风貌保护是这些经验积累的结果，这一时期出现的整体保护、积极保护思想的核心内容与2005年联合国教科文组织提出的历史城镇景观的概念与保护方法具有明显的一致性，也反映了中国在历史文化名城保护方面探索的重要意义。特别是在积极保护原则中提出的调动居民积极性，改善、提高居民经商、生活条件如何协调历史文化保护与城市发展之间的关系，对今天城乡历史文化保护传承体系建设有重要的启示意义。

21世纪进入第二个十年，中国城市从高速增长、扩张的模式转入高质量发展的阶段。在对保护对象的价值认知上，价值内涵得到了进一步的扩展。2015年修订的《中国文物古迹保护准则》强调了保护对象的社会价值和文化价值。从历史文化名城名镇名村的角度，如何真正发挥各类保护对象在城市社会发展中的作用，体现它们整体的对当代社会的历史文化教育、树立文化自信心、增强社会凝聚力的作用，促进历史文化名城名镇名村在中国文明中延续发展、传承创新成为高质量发展要解决的优先任务。在市、县，特别是历史文化遗产保存丰富的历史文化名城名镇名村的行政区域范围内，整合各类历史文化资源，构建历史文化价值的阐释体系，在市、县的基础上进一步构建各省和覆盖全国的历史文化保护传承体系。在社会参与、责任制度的保障下，城镇、乡村在构建历史文化保护传承体系的基础上，基于自身的历史文化特色、文化的本底特征，在文化传承基础上促进创新发展。一个历史文化名城从保护到保护、传承、创新的新阶段已经开启。

---

[1] 中共中央办公厅和国务院办公厅. 关于在城乡建设中加强历史文化保护传承的意见 [Z]. 2021.

参考文献

[1] 仇保兴 . 风雨如磐——历史文化名城保护30年 [M]. 北京：中国建筑工业出版社，2014.

[2] 梁思成 . 梁思成全集 [M]. 北京：中国建筑工业出版社，2001.

[3] 国家文物局 . 中国文化遗产事业法规文件汇编（1949—2009）[M]. 北京：文物出版社，2009.

[4] 北京市规划委员会 . 北京旧城二十五片历史文化保护区保护规划 [M]. 北京：北京燕山出版社，2002.

[5] 张松 . 城市文化遗产保护国际宪章与国内法规选编 [M]. 上海：同济大学出版社，2007.

摘　要　我国的历史文化名城保护是具有中国特色的保护模式，目前
已形成自身特有的"保护名录"体系，包括历史名城、历史
文化街区、历史建筑、文物保护单位、风景名胜等不同类型、
不同等级的保护身份。本文尝试以历史文化名城重庆为例，
引入世界遗产的保护共识——基于价值的保护管理，在名城
保护"怎么保"之前增加一项"保什么"的工作环节，以及
如何借鉴世界文化遗产的价值研究技术路线，构筑重庆的名
城保护对象体系，为名城的整体保护目标以及各类保护措施
提供学理支撑。

关键词　历史文化名城；价值体系；保护名录；基于价值；保护思路

Abstract　Famous historical and cultural cities in China are a protection model
with Chinese characteristics. At present, they have formed their own
unique "protection list" system, including historical cities, historical
and cultural blocks, historical buildings, cultural relics protection
units, scenic spots and other different types and levels protected
identity. This article attempts to take Chongqing, a famous historical
and cultural city as an example, to introduce a consensus on the
protection of world heritage—value-based protection management,
adding a work link of "what to protect" before "how to protect" the
famous city, and how to learn from the world cultural heritage. The
technical route of value research will build a system of protection
objects for famous cities in Chongqing, and provide theoretical
support for the overall protection goals and various protection
measures of famous cities.

Keywords　famous historical and cultural city; value system; protection list;
value-based; protection ideas

陈同滨①
王琳峰②

Chen Tongbin
Wang Linfeng

从『保护名录』到『价值体系』
——引入『基于价值』的历史文化名城保护管理思路新探

From "Protection List" to "Value System"
——A New Exploration of the "Value-based"
Protection Idea of Historical and Cultural Cities

2020年8月，住房和城乡建设部、国家文物局联合颁布《国家
历史文化名城申报管理办法（试行）》，首次强调了历史文化名城
的价值研究问题。2021年9月中共中央办公厅、国务院办公厅印发
《关于在城乡建设中加强历史文化保护传承的意见》，首次明确提出
要"加强制度顶层设计，建立分类科学、保护有力、管理有效的城
乡历史文化保护传承体系……确保各时期重要城乡历史文化遗产得
到系统性保护，为建设社会主义文化强国提供有力保障。"对此，
部委领导与专家作出专门阐释："构建城乡历史文化保护传承体系

---

① 陈同滨，中国建筑设计研究院有限公司建筑历史研究所研究员。
② 王琳峰，中国建筑设计研究院有限公司建筑历史研究所正高级工程师。

包括两部分，一部分是保护对象的体系，另外一部分是管理制度的体系。"[1]其中保护对象的体系构筑，便是源自于解决城乡建设中历史文化保护传承"保什么"的问题。

对这一问题，我们曾有幸于4年前开始探讨。2019年重庆市规划和自然资源局委托我们研究如何提升重庆历史文化名城的保护工作。在名城重庆多年的保护工作回顾中，我们看到了一系列的保护对象名单，主要依据保护对象的类型、保护身份、管理等级与数量进行统计，但无法从中看出名城重庆有哪些历史文化主题或价值特征。为此，我们提出了历史文化名城到底"保什么"的问题。为了尝试解决这一问题，我们首次引入世界遗产的价值研究技术路线与保护理论，对重庆的名城价值体系的构建开展研究。此后，我们还以同样的技术路线，应用于《城乡建设与历史文化保护传承体系研究（古代部分）》与《首都核心区遗产价值体系研究》，发现均能在区域性或国家层面的历史文化遗产价值特征方面有所发现和突破。这一方式目前仍处于不断深化与拓展的研究状态，值此国家历史文化名城保护制度建立40周年之际，仅就名城价值体系的时空界定、地理—文化单元区划、价值体系及其载体清单的构建、价值特征对比分析和大家分享。

1 名城价值体系的时空界定

历史文化名城价值体系研究首先需要对研究对象开展时空界定，有利于将研究对象置于特定的时空框架下梳理发展与演变。

研究以重庆的市域辖区8.24万km²为空间范围，以分布其内的所有文化资源所涉历史时间为名城价值体系的时间范畴。进而根据重庆市历史文化资源特点定为史前时期至近现代，分为8个发展阶段并对应不同的阶段特征：1）史前人类起源时期——石器时代；2）聚族而居到立国建都——商周巴国；3）区域初步发展时期——秦汉；4）区域社会动荡时期——三国魏晋南北朝；5）区域开发与繁荣——隋唐至两宋；6）社会重构与区域中心形成时期——元明清；7）近现代发展时期——开埠至抗战陪都；8）新时代发展时期——新中国成立后。

2 地理—文化单元划分

这一技术要点主要研究重庆市域在自然地理、人文影响因素下的空间分布特征，有利于在人地关系角度下解析重庆各历史时期的文化资源的成因与发展。

重庆市山地特征突出，水网发达，水热条件、动植物等自然资源较为充足，为人类文明的发展和交流，提供了得天独厚的条件。重庆市地理、气候条件复杂多样，资源禀赋的区域差异

---

① 引自黄艳、杨保军等就《关于在城乡建设中加强历史文化保护传承的意见》答记者问。

显著，具有明显的地域性。该因素自古以来扮演着人类发展、交流的阻力与动力的双重角色，通过人类的迁徙以及在这片土地上的互动关系，塑造出独具特色的乡土环境、生产方式以及地域文化。通过对重庆市域内自然和人文环境特色的辨认，分析二者间内在联系，尝试对其时空分布特征进行耦合，可构建历史、文化和城市发展视角下重庆市的地理—文化结构，并依据市域范围划分为5个具有地理—文化特征的片区（表1、图1）。

重庆市地理—文化单元特征表 表1

地理—文化特征要素		I渝东北秦巴山区	II三峡库区	III渝东南地区	IV中部核心区	V渝西地区
自然地理特征	构造单元	弧形断裂褶皱带	褶皱地带	坳陷褶皱带	褶皱地带	褶皱地带
	地貌格局	构造溶蚀层状中山	平行岭谷；强岩溶化峡谷	强岩溶化峡谷	平行岭谷（低缓丘陵或平坝）	方山丘陵
	降水量分布	强	较强	强	较强	较弱
	水系流域	长江干流区间；汉江水系	长江干流区间	乌江水系；洞庭湖水系	长江干流区间	嘉陵江水系岷江、沱江水系
地理综合特征		秦巴山区的自然山水	长江干流及两侧平行岭谷	地形褶皱起伏，喀斯特地貌分布广泛	平行岭谷	方山丘陵
历史文化特征	人口密度	较低	较低	中	高	高
	少数民族分布密度	较少	较密集	密集	较少	较少
	地缘关系	东联荆楚	水运通道	东联荆楚	水运通道蜀道	西接蜀地
	方言	带有湖北话特点	带有湖北话特点	带有贵州话特点	西南官话成渝片西南官话灌赤片	西南官话成渝片
文化综合特征		山地特色	长江和三峡地区特色	少数民族聚居、民俗文化	母城与发源地	农业发达、宗教遗迹密集

在现行各类资源保护名录的保护方式下，保护名录与区域历史文化关系没有建立起内在的关联。物质遗存承载了城市不同历史时期的特征及空间特征。市域地理—文化单元特征突出呈现了对历史文化资源所处的整体背景环境及其复杂关联性的认知。对重庆地理历史文化单元的分析有利于解析各个历史时期的历史文化资源及其在地理文化区域演变的支撑对应关系。

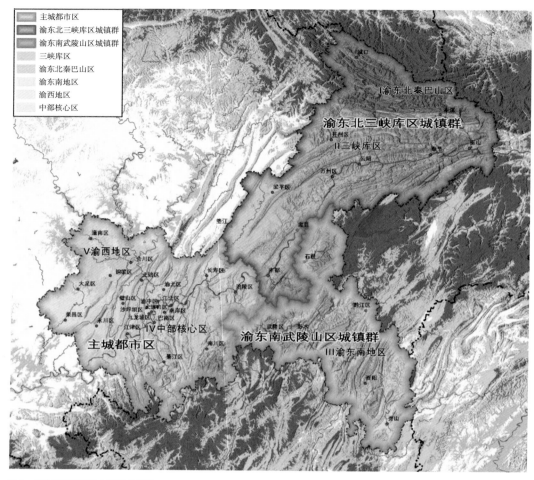

图1 重庆历史文化单元划分示意图

3 提炼价值特征及价值载体

依托17个前期专题研究，系统梳理重庆历史相关背景信息，包括重庆历史自然地理、历史人文地理、重庆概况、历史军事地理、抗战统战概况、西南大区建设概况、三线建设概况、重庆直辖市、重庆交通交流、经济商贸发展、重庆早期人类活动、民族和宗教信仰、移民迁徙、山地聚落、长江三峡文化景观、少数民族地区及土司制度、早期革命等突出代表重庆地域与历史文化特征的研究专题。从城市是文明载体的角度解读，构建重庆历史文化名城的整体遗产价值体系。系统梳理出承载5方面价值、10类主题、27项价值特征的价值载体。这些价值载体是维护重庆历史文脉、承载重庆历史文化名城整体价值的重要物证，是重庆不可取代、不可再生的珍贵资源，也是历史文化名城文化保护与文脉传承的重要对象（表2）。

重庆历史文化名城遗产价值体系框架   表2

方面	主题	价值特征
1典范价值	价值主题Ⅰ山地江城的典范	Ⅰ-1山形水势、Ⅰ-2山地营城、Ⅰ-3山地聚落、Ⅰ-4山地建筑营造技术
2见证价值	价值主题Ⅱ国家战略大后方	Ⅱ-1中国的"战时首都"、Ⅱ-2抗日民族统一战线、Ⅱ-3反法西斯远东指挥中心、Ⅱ-4西南地区军政战略核心、Ⅱ-5三线建设重点地区
	价值主题Ⅲ中国近现代内陆开放高地	Ⅲ-1中国内陆最早开埠口岸、Ⅲ-2早期民族民主思想萌芽地(邹容)、Ⅲ-3早期共产主义萌芽地与武装斗争路线的策源地、Ⅲ-4直辖市等城市建设
3交流价值	价值主题Ⅴ长江上游水运枢纽和经济中心	Ⅴ-1长江水运黄金通道、Ⅴ-2近代开埠-新中国成立前工商业中心的形成、Ⅴ-3新中国成立后:三线建设的促进下区域经济中心的提升
	价值主题Ⅵ中国西南腹地移民交汇之地	Ⅵ-1历史时期移民活动,以两次"湖广填四川"为代表、Ⅵ-2近现代移民活动,以抗战移民、三线移民为代表
	价值主题Ⅳ巫文化和道教突出的四川盆地东缘宗教信仰	Ⅳ-1巫文化发祥地、Ⅳ-2宗教信仰,以道教起源、佛教传播路线为代表
4人地关系价值	价值主题Ⅶ长江上游峡江河谷人地关系	Ⅶ-1史前遗址承载的人类活动长期延续性、Ⅶ-2古代渔盐经济、丹砂经济
	价值主题Ⅷ西南山区少数民族聚居地	Ⅷ-1从羁縻到土司制度(6个土司地区)、Ⅷ-2西南山区少数民族文化
5关联价值	价值主题Ⅸ开放包容、忠勇尚武的巴渝文化及巴渝传统	Ⅸ-1巴人品质(开放包容、诚信守义;忠勇尚武、坚韧顽强)、Ⅸ-2非遗——巴渝传统(饮食传统、住居传统、传统艺术等)
	价值主题Ⅹ依托长江川江之险的三峡文化景观	Ⅹ-1三峡文化景观(三峡自然景观要素、人文景观要素等)

依据价值特征,梳理与之相对应的价值载体,同时分析归纳价值载体的空间分布规律,建立载体编码体系。以期探索一个工作思路和技术方法,全域的所有自然和历史文化资源有待相关保护、管理、规划的同志后期逐步深化、完善并纳入本体系。

4 价值特征的对比分析

对比分析是对遗产价值特征认定最重要的支撑。

为了在更广泛视域下对重庆历史文化价值进行认知定位,需要面向不同的特征选取同类同期研究对象开展对比分析。围绕重庆历史文化名城价值体系框架,在中国历史文化名城体系中,将重庆的价值特征逐条进行对比分析,以突出重庆自身的定位和独特性,从而确立重庆历史文化名城的整体价值。

(1)典范价值:从山地江城视角的对比分析,分析山与城的关系、水与城的关系与差异性,山地规模及占比、山地对城市功能的承载关系。

（2）见证价值：从国家战略大后方、中国近现代内陆开放高地视角的对比分析，分析统一战线、抗战时期的战略定位、地理区位、战争地位等方面的差异，突出重庆自身的战略地位；从"新中国成立初期六大行政区中心城市"角度、从"三线建设时期重点地区与重点城市建设情况"角度，突出重庆作为国家战略大后方的战略定位与城市特点。

（3）交流价值：从长江水运、西南腹地移民城市、四川盆地东缘、宗教信仰视角的对比分析，分析重庆在长江流域枢纽城市中的经济战略位置、重庆作为重要的长江移民城市的代表性、定位巴巫文化的自身特征。

（4）人地关系：从长江上游河谷人地关系、西南山区少数民族聚居地视角的对比分析。从"长江流域新石器时代中期遗址""中国古代盐业遗址"研究重庆在长江上游河谷早期人地关系互动过程中的突出地位。

（5）关联价值：从巴渝文化、三峡文化景观视角的对比分析。从"中国主要地域文化代表性城市"角度，从"历史文化名城中的文化景观"角度，比较自然景观要素、地理区位、人文景观要素、自然和人文景观要素差异，突显重庆三峡文化景观自身独特的人与自然的互动关系。

上述对比分析从每一条价值特征出发，选取与价值载体同期、同类型的遗产或城市开展比较研究，以凸显重庆在上述价值方面、体系中独特之处，从而对重庆的整体价值建立坐标框架。

5 从"保护名录"拓展至"价值体系"

全球文化遗产保护理念发展至今，更加注重保护对象的价值特征。引入"基于价值"的历史文化保护传承体系，促进名城保护工作框架从"保护名录"拓展至"价值体系"，有利于突破保护单位之于城乡文化遗产的"碎片化"，将历史文化资源与价值载体回归区域历史文化土壤中开展保护。

工作思路转变主要应对历史文化名城"保什么"问题的探索。结合重庆历史文化名城价值体系研究的探索，历史文化名城整体保护传承体系应该由以下两部分组成。

一是保护对象体系。明确归纳出历史文化名城的价值特征、借此确立保护对象体系。从学理角度切入，突破原有以保护等级或保护类型构筑的保护体系。经由研究提炼、对比分析，归纳历史文化名城遗产价值体系。重视遗产所在的自然地理环境特征，在城市历史与发展中的定位；重视能够承载城市价值的体系性遗产。引入"基于价值"的保护对象体系，强化价值与载体之间的支撑关联，提升保护对象的体系性。

二是保护传承体系。从基于价值的保护管理切入，坚持价值导向、系统原则，实现区域历史文化价值要素完整的、全过程的保护；从保存与保护现状出发，构建分级分类、分期分批的保护传承体系；从空间管控角度切入、划定分级分类的保护区划，谋求城市历史文化资源整体价值的完整保护与传承；突出保护传承工作的"体系性"。由此构建名城的历史文化保护传承体系才具备整体性，或可用于指导头绪纷杂、任务繁重的实际工作，以彰显各个名城的历史文化在中华文明里的突出地位，夯实全国城乡历史文化保护传承体系的独特支撑。

参考文献

[1] 重庆市历史文化名城名镇名村保护条例 [N]. 重庆日报，2018-08-07（010）.
[2] ICOMOS. The World Heritage List: Filling the gaps-An action plan for the future [R/OL]. 2004. https://whc.unesco.org/document/102409.
[3] ICOMOS.What is OUV? Defining the Outstanding Universal Value of Cultural World Heritage Properties [J]. Monuments and Sites，2008，16：111.
[4] 国家文物局. 中国文物地图集：重庆分册（上、下册）[M]. 北京：文物出版社，2010.
[5] 蓝勇. 重庆古旧地图研究 [M]. 重庆：西南师范大学出版社，2013.
[6]《重庆历史地图集》编纂委员会. 重庆历史地图集 [M]. 北京：中国地图出版社，2013.

王树声②

Wang Shusheng

弘扬中国优秀规划传统 迎接城市文化伟大复兴

——文化复兴时代中国城市历史文化保护传承的思考①

摘 要 从数千年形成的中国优秀规划传统中寻找源头活水，开创城市规划建设与历史文化保护传承新气象，是文化复兴时代迫切需要完成的光荣使命。本文基于对中国规划传统之精神内核、人文规划传统及其现代价值的研究，从城乡历史文化保护传承体系要根植中国传统、构建完整意义的城市文化空间体系、加强在新的规划设计中传承本土规划传统、传承中国本土学术体系等方面，提出新时期中国规划传统弘扬和城市历史文化保护传承的路径，并对中国城乡规划建设和保护传承人才培养的重要性进行了思考。

关键词 中国规划传统；人文规划；文地系统规划；本土规划学术；人才培养

Abstract Learning from Chinese excellent planning tradition formed for thousands of years and creating a new atmosphere of urban planning and construction and historical cultural protection and inheritance, become the urgent need and glorious mission in the era of cultural renaissance. Based on the research on the spiritual core of Chinese planning tradition, the humanistic planning wisdom, and its value to use in the modern time, this paper puts forward the way to promote Chinese planning tradition, to protect and inherit urban history and culture in the new era. This paper analyzes the solution from the aspects including rooting the tradition for the urban and rural historical cultural protection, building an integrated urban cultural space system, strengthening the inheritance of indigenous planning tradition in new planning and design, and inheriting the local academic system of Chinese cities. The importance of personnel training in this field is also discussed.

Keywords Chinese planning tradition; humanistic planning; cultural land use system planning; indigenous planning scholarship; personnel training

中国是一个有着数千年历史的文化大国，中华文明是世界上唯一延续至今且未曾间断的文明。城市作为文明的重要载体，在漫长的演进历程中形成了博大精深的中国本土规划传统，在思想、原则、方法方面形成了独特的中国体系，对于中华文明的延续起到了重要的支撑作用。在新的历史时期，城市的规划建设及其历史文化保护和传承，都应该从中国本土规划中寻找源头活水，应秉持中国

① 本文受国家重点研发计划课题（2019YFD1100902）基金资助。
② 王树声，陕西省教育厅厅长，博士。

Promoting Chinese Excellent Planning Tradition, Greeting the Great Renaissance of Urban Culture
——Thoughts on the Protection and Inheritance of Chinese Urban History and Culture in the Era of Cultural Renaissance

思维、接续中国根脉、留住中国基因，开创城市规划建设与历史文化保护传承新气象，这是文化复兴时代中国城市的迫切需要，也是一个古老的文化大国在城镇化进程中应当且必须完成的责任使命。

1 寻找城市遗产背后的秩序密码

改革开放以来，国务院于1982年公布了首批历史文化名城，首次从国家层面确立了历史文化名城保护制度。40年来，名城数量与日俱增，保护层次不断拓展，保护对象与要素类型不断丰富，城市保护理论、方法和技术日趋完善，在快速城镇化进程中抢救和保护了大批城市遗产，在延续历史文脉、彰显城市特色中发挥了重要作用。十八大以来，党和国家高度重视城乡历史文化保护传承，习近平总书记在中央城镇化工作会议、中央城市工作会议及各地考察中多次就坚定文化自信、加强城乡历史文化保护传承作出重要指示、批示。以《关于在城乡建设中加强历史文化保护传承的意见》的出台为重要标志，我国历史文化保护传承事业进入新的历史阶段，注重从遗产保护走向保护传承体系的构建，从物质环境保护走向城市文化的传承和复兴，从学习借鉴外来经验的实践摸索走向基于文化自信的中国模式探索。

新时代需要我们重新认识城乡规划建设与保护传承的中国体系，重拾中国优秀规划传统。中国城乡规划建设始终有一种强烈的历史精神，城市历史文化保护传承毋须多论，即使新的规划建设也不是孤立的，而将之与城市历史文化空间秩序建立起有机且深刻的联系。因此，我们审视中国城市遗产不能就遗产本身而论遗产，而要认识到遗产背后深层的秩序关联，揭示遗产背后的秩序密码。寻找遗产背后的秩序密码，揭示中国规划传统的现代价值并非易事。40年来，在中国快速城镇化进程中，先辈们开创的历史文化名城保护事业，在抢救保护城市遗产的同时，更为我们认识中国规划传统、传承本土规划学术薪火留住了一块"学术阵地"，一批批学者为此付出了艰辛努力，成就斐然。正是基于几代人的学术积淀，我们在吸纳西方规划理论之后，才有可能更加客观和科学地认识中国本土规划的真义及其现代价值。我们理应清醒且深刻地认识到，正在进行的城乡规划建设和保护传承事业是在一个古老且有伟大传统的文明国度里进行的，我们不应只看到建设和遗产本身，而应深刻认识到这个传统及其所蕴含的文明密码的现代价值，完成这一伟大传统的历史延续。

立足现代学术语境重拾中国自家学术经典，乃是中国城乡规划建设及其保护传承学术新气象的根基所在。70年前，梁思成、林徽因二位先生便曾呼吁："我们尤其不可顷刻忘记：建筑和都市计划不是单纯的经济建设，它们同时也是文化建设中极重要而最显著的一部分。它们都必须在民族优良的传统上发展起来。"时至今日，我们更能理解这句话的深刻含义。

2 中国规划传统的 现代价值

　　中国规划在数千年历史演进中形成自己的传统，蕴藏了中国人的城市观以及人与环境、人与历史等关系的基本理念和价值追求。古人云"古今之世殊，古今之人心不殊。"[①]古往今来，人们对于美好人居的追求与向往之心是相通的。

　　论及中国规划传统之要义，首重价值观念，重视城市营造对于"人"的化育和精神涵养。中国历史上多以"首善"[②]言城，京师为天下首善，郡府为一方首善，强调的正是城市的精神文化价值。民国时期陈善同曾有精辟论述："一邑之有建设也，犹人身之有知觉运动也。人身无知觉运动则死，一邑无建设则庶事废弛，民物之生存几乎息矣。故建设者，形式也。形式必有精神贯注其中，而后效用乃出。若徒取形式而已，则亦犹人失其为人之理，具此五官四肢，徒解知觉运动，究何贵哉？吾志建设，吾愿言建设者，进求之于精神之地，毋徒拘于形式之间也。"[③]城市固然有生产、生活功能，这是城市存在的基础，时代不同，生产、生活的环境也在变化，但中国城市在满足生产、生活基本功能的同时，尤重对"生命"的关怀，强调城市"意义"的建构，追求对"人心"的化育，将"生命空间"放在至关重要的位置，以此统领城市各类空间。因此，城市的规划建设也是一项"立心"的事业，正所谓"诚思所以为人，亟思所以为心者。"[④]历代规划先贤在此用力最深、用情最切，他们将中华文化那一番大道理深刻在城市之中，将理想与价值倾注于此，代代相承、生生不息，使中国城市从规划建设之始就有一种历史精神、宏阔格局和高远境界。

　　在这一理念影响下，中国规划历来重视城市空间与自然山水的融合、人文秩序的创造以及历史精神的传承，形成中国人文规划的传统。山水是城乡规划设计的依据，要从人的生活环境出发，全面体察城市所在的山水形势，辨识山水秩序，从"内—外—远"[⑤]不同层次审视城市与山水环境的关系，寻找城市秩序的立基之本。通过空间布局根植山水、重要建筑妙得山水、文化义理融注山水、文人体验升华山水，创造融括山川之胜的城市山水格局。同时，作为诠释中华义理、凝聚一方精神的人文空间，在规划布局中往往具有优先性。文化意义越重要的人文空间，越是被优先布置在城市的关键地段，如城市的中心、制高点、区域风景资源富集区位或风景网络的焦点等处，将不同人文空间要素关联协同，通过"端凝""朝对""联立""遥映"

---

① 王夫之. 船山全书·庄子解序 [M]. 长沙：岳麓书社，2011.
② 语出《汉书·儒林传序》："故教化之行也，建首善自京师始。"
③《重修信阳县志·卷七·建设篇终》1936年（民国二十五年）。
④ 耿定向. 宏道书院记 [M]//光山县志·卷四·艺文志. 1936（民国二十五年）.
⑤ 王树声，等. 三形：结合自然山水规划的三个层次 [J]. 城市规划，2017b，41（1）：1-2. 文中谈到：从人与自然山水的远近来分，可以归纳为"内—外—远"三个层次，即"城内范围""郊野范围""四望范围"，结合自然山水的中国传统规划就是要发现"三形"之巧，统领人工与"三形"之巧的整体环境创造，在不同层面上实现人工秩序与山水秩序的巧妙融汇，以达到天人合一的境界。

等手法，建立城市人文空间格局。

山水是城市的自然坐标，人文是城市的精神坐标，二者均是塑造城市个性和特色的稀缺资源，城市格局将二者融合，形成具有坐标意义和统领作用的城市山水人文空间格局。建立上承中华文化义理、下通地方山川人物、融会并超越使用功能且极富地方个性的城市山水人文空间格局，可谓历代规划先贤的营造之要。当然，城市山水人文空间格局并不是一天或一代形成的，它是在继承与创新的实践中累代而成规模的，始终浸润了一种自觉传承中华文化的历史精神。这是中国城乡规划的特色，也是中国规划的重要传统。对于当下城乡建设和城乡历史文化保护传承具有重要的借鉴意义。

3 中国规划传统的弘扬与城市历史文化传承

立足中华民族的伟大复兴和城乡历史文化保护传承的新需求，在做好历史文化名城、名镇、名村、街区、地段、历史建筑等各类遗产抢救、保护的同时，我们还应基于中国思维，思考城市历史文化保护和传承的问题，探索新时期的保护传承之路。这就需要重拾中国规划传统，唤回中国城市的文化精神，将城乡历史文化保护传承体系的构建根植于中国传统，加强城市文化环境的整体创造，在新的规划设计中传承弘扬中国传统，传承中国学术。

3.1 城乡历史文化保护传承体系要根植中国传统

中国是一个历史文化大国，在数千年的历史进程中、在广袤的国土上形成了自己的历史文化空间体系，从国家、省、市县，乃至镇村等不同层级，形成一个空间秩序，或曰历史文化空间格局，将丰富多样的历史文化要素凝铸成一个整体，这是国家意志的统一性和地方创造的丰富性的有机融合，共同支撑多元一体的中华文化格局。这既是数千年中国城乡人居实践的结晶，也是国家文化认同的空间基础，对国家凝聚、文化融合和历史传承具有重要的支撑作用。时至今日，虽然留存下来的历史文化遗存呈现零散化、片段化的特点，但我们切不可就事论事，不能孤立地看待历史遗存，而要深刻认识其背后的整体格局和深层文化结构。新时代城乡历史文化保护传承体系的构建，不仅要基于现有遗存，更要根植中国传统，通过与历史体系的接续，激活历史体系的现代意义，使现代体系接续中国根基、承载中国价值、彰显中国精神。

在国家层面，体系构建要认识中国"天下人居"[①]的整体性，构建新时代的国家历史文化空间格局，明确保护传承重点，形成国家层面的保护传承体系。在省或区域层面，要在国家统

---

① "天下"是中国文化中十分重要的观念，体现了中国文化的世界观、宇宙观。在"天下"观念影响下的中国人居环境，组织了超大空间尺度上的生产、生活秩序。中国城市人居环境中的"天下人居"便是其中一个十分重要的创造。吴良镛先生在《中国人居史》中指出，早在秦汉时期，在中华大地上就奠定了"天下人居格局"的基本结构。

一性的框架下认识区域性的格局特征，明确对国家历史文化空间格局的支撑责任及其关键保护要素。在城市层面，要深入研究城市与山水环境的内在关系，科学揭示隐藏在城市历史文化保护要素背后的城市格局，结合保护传承工程和文化建设，不断修补完善，形成特色鲜明的具有文化意义的城市精神骨架，统筹协调好各类保护传承要素。当然，县域的体系也是一样的道理，认识到县域的历史文化空间格局，才能认识到不同要素共存的整体价值。城乡历史文化保护传承体系如果能根植中国传统，自然能激活不同尺度的历史文化空间格局的时代意义，在现代规划建设中保护传承好数千年来中华民族生生不息的"心声行迹"。

3.2　构建完整意义的城市文化空间体系

城市历史文化保护传承固然重要，但从中国规划传统的视角来看，城市需要一个完整的文化空间系统，这是城市塑造完整意义的"人"的需要，历史文化遗产只是城市文化体系的一个重要组成部分，并非城市文化的全部。着眼于中华文化的复兴，我们不仅要重视城市遗产的保护，还要重视构建完整的城市文化空间体系，恢复城市对人的化育功能。在城乡规划建设中如何传承中华优秀文化，创造新时代的城市文化空间体系已成为事关文化自信和民族未来的重大命题。改革开放后，不少学者对城市文化建设也进行了有益的探索，吴良镛先生曾呼吁建构"专门的文化发展规划"。但快速城镇化进程中，城市文化建设没有得到应有的重视，现有规划体系中虽然有历史文化名城保护、文物古迹保护和公共文化设施等专项规划，但还缺乏从整体层面思考城市文化空间系统的规划建设问题。面向伟大复兴新时代，我们应该思考如何以中华思维认识思考我们的城市的保护与传承问题？中国城市应该有什么样的文化空间要素去引领和涵养？

基于中国人文规划传统，针对当前中国城乡规划建设中文化传承的问题，我曾提出"文地""文地系统""文地系统规划"等概念①。"文地"就是担负城市文化职能的用地，具体而言，"文地"是专门用以承载精神文化价值、凝聚城市情感记忆和服务居民文化生活的文化用地，具有精神礼敬性、国家意志性、社会共识性、地方多样性、空间优先性的特征。城市中各种类型和规模的文化用地组成的整体是"文地系统"，例如城市文化精神标识用地、纪念用地、宗教用地、文化遗产用地、文化设施用地以及文化产业用地等。将城市的各类文地作为一个整体，这将有利于对城市"文地系统"的整体认识、评价和规划。"文地系统规划"是在研究城市发展历史和地域文化精神的基础上，梳理和评估现有"文地"，提出城市文化整体定位，与其他各项城市用地协同，综合考量和合理安排文地类型、文地规模和文地空间布局形式，满足城市精神涵养、文化保护及相关文化生活所需的用地。

---

① 王树声. 文地系统规划研究 [J]. 城市规划，2018，42（12）：76-82.文中提出"文地""文地系统"和"文地系统规划"的概念，"文地"是担负城市文化职能的用地；城市中各种类型和规模的文化用地组成的整体是"文地系统"；"文地系统规划"是在研究城市发展历史和地域文化精神基础上，梳理和评估现有文地，提出城市文化整体定位，与其他各项城市用地协同，综合考量和合理安排文地类型、文地规模和文地空间布局形式。

城市文化空间是城市放"心"的场所，以"文地系统规划"为抓手，构建新时代城市完整价值和意义的文化空间体系，这既是彰显城市特色、涵育人们心灵的需要，又对接续和光大中国人文规划传统具有十分重要的意义。

3.3 在新的规划设计中发扬中国规划传统

对于城市历史文化的保护传承，还应重视中国规划传统蕴含的现代规划设计价值，在新的规划设计实践中发扬光大。早在21世纪初，吴良镛先生曾呼吁："对东方优秀城市设计传统的弘扬，不仅是对历史文化名城的维护，更重要的是要在新的规划设计中发扬东方城市设计的蕴藏。"事实上，只有遗产的保护而没有根植中国价值的规划设计方法的创新与实践，保护传承中国城市历史文化是不全面的。

新的规划建设要认真研究每一座城市的山川环境秩序、文化精神内涵和城市空间格局生成的来龙去脉，冷静思考城市山水人文空间格局构架的科学依据和生长逻辑；要认识到城市和周边多层次山水景观、人文资源的整体结构关系，跳出建设用地范畴思考规划建设问题，从更宏观的视野开展现代营建和建设管控；要注重将现代人文空间建设秩序和山水秩序相统一，把具有重要意义的人文空间优先布置在山水秩序网络的关键节点处，以之作为控引城市格局形态发展的坐标，树立"江山会景""聚景凝神"的城市文化地标。要注重新旧接续，在继承已有山水秩序及格局遗产的基础上，创造新老空间协同共生、融合一体的城市山水人文空间格局，这是时代的需要。近年来一些城市新区的规划实践，在激活传统营城智慧、传承中国城市基因、创造富有中国特色的城市格局方面进行了有益探索，积累了宝贵经验，对中国城市规划传统的继承与弘扬具有重要意义。

总之，将传承弘扬中国规划传统的理念贯穿于城市动态发展的全过程，不静止地看待保护，不孤立地看发展，在保护中传承，在发展中光大，犹如"老树发新枝"，使中国城乡规划传统在新的规划建设实践中发扬光大。

3.4 中国本土学术体系的传承

在新的历史时期，城市历史文化的保护与传承也是一次中国规划学术的创新实践。作为一个历史文化大国，中国城市历史文化保护传承和规划建设在学习国外经验的基础上，需要对自己的经典进行创造性转化，复兴中国本土学术，为新时代我国城市规划建设和历史文化保护传承事业奠定坚实的理论基础。从中国古迹保护来看，有许多地方值得学习借鉴。例如，中国注重在遗产保护的基础上，强调人与遗产的关系，重视遗产背后文化意义的传承弘扬；注重存续古迹空间以彰显文脉精神，重视将无形的文化义理同具象的物质空间紧密联系，强调借由空间"象之触"，促发人"心之动"；此外，"迹之所存，德之所寓""于其心不于其迹""溯遗迹以传贤""有象者恒识，无形者易忘""迹以人传"等诸多富有中国特色的遗产保护理念、原则、方法对解决当代城市历史文化保护传承中的难点和困惑都具有十分重要的意义，我们需要深入研究，使之成为中国特色现代保护传承理论体系的重要组成部分。此外，还应重视中国本土规划经验的体系性学术总结与理论建构，将之有机融入中国特色现代城市规划设计理论体系。总之，传承中国本土学术，这对于在现代城市规划建设和保护传承中牢固树立中华价值观，以中华思维和立场应对复杂问题，开创城乡规划建设和历史文化保护传承事业的新气象具有重要意义。

4 中国城市保护传承的人才培养

中国城市规划传统的弘扬和保护传承事业的发展，归根到底要靠"人"。在历史上，中国每一个地方都有一批有志之士传承中华文化，守护地方精神，把对中华文化的责任、地方乡土的热爱和自己特有的修养与才情注入城市遗产保护与空间环境营造之中，可谓中国规划的传道者、地方精神的守护者、城市空间秩序的创造者。清代李振裕曾讲："从来形胜之地，必有巍峨雄杰之观，以收揽其风物，而吐纳其江山，然非有壮猷伟略，博大深沉之人，为之经营而措置焉，则其功必不成，即成矣，亦不能规模壮丽，极一时之盛，而副形胜之奇，是为难也。"[1]新时代的城乡规划建设呼唤"壮猷伟略、博大深沉之人"！

中国城市保护传承事业要蓬勃发展、后继有人，教育就显得至关重要。在现行城乡规划教育中树立"传承弘扬中国营城智慧"的价值观与责任意识，将中国营城理论体系有机融入人才培养全过程尤为紧迫。笔者在西安建筑科技大学城乡规划专业作了一些探索和尝试，形成了系统融入中国营城智慧的城乡规划专业教学体系，并于2017年开设《中国本土规划概论》课程，将中国规划智慧转化为易于学生理解并能付诸实践的规划设计模式，促进学生建立中国本土规划设计传承思维，收到较好的效果。在探索与实践中，深刻体悟到：唯有人的观念改变了，才会对中国规划怀有敬意，才会正确认识到中国规划传统的价值和意义，才会有一种文化自信和传承的自觉，增强传承的使命，保护传承才不会落空。

5 结语

自历史文化名城保护制度创立以来，城乡历史文化保护传承事业取得了伟大成就。纪念历史文化名城保护制度建立40年，既是对历史的总结，又是未来的新开端。立足文化复兴的新时代，我们应该将中国规划传统发扬光大，积极构建中国特色城乡规划和保护传承学术体系，接续中国城市根脉，复兴中华城市文化。"道以人传"，中国城乡规划传统的弘扬，中国城市文化的复兴，归根结底还是靠人，我们应该增强文化自信，努力向前贤学习，只有中华文化和中国

---

① 李振裕. 镇皖楼记 [M] //怀宁县志·卷四·名胜. 1918（民国七年）.

城乡规划的真义内化于心、外化于行，我们才会以中华思维和立场去应对复杂问题，才会在民族复兴的道路上真正开创中国城乡规划建设和历史文化保护传承事业的新气象。

参考文献

[1] 梁思成. 梁思成全集：第五卷 [M]. 北京：中国建筑工业出版社，2001.

[2] 吴良镛. 中国人居史 [M]. 北京：中国建筑工业出版社，2014.

[3] 汪德华. 中国城市规划史 [M]. 南京：东南大学出版社，2014.

[4] 仇保兴. 风雨如磐——历史文化名城保护30年 [M]. 北京：中国建筑工业出版社，2014.

[5] 郑孝燮. 我国城市生态环境保护问题八则 [J]. 城市规划，1994（6）：10-19.

[6] 吴良镛. 寻找失去的东方城市设计传统——从一幅古地图所展示的中国城市设计艺术谈起 [J]. 建筑史论文集，2000.

[7] 赵中枢. 从文物保护到历史文化名城保护——概念的扩大与保护方法的多样化 [J]. 城市规划，2001（10）：33-36.

[8] 周干峙，郑孝燮，罗哲文，等. 关于保护和展示历史文化名城风貌的建议 [J]. 城市规划，2002（7）：29-31.

[9] 张锦秋. 城市文化环境的营造 [J]. 规划师，2005，21（1）：30-32.

[10] 单霁翔. 城市文化遗产保护与文化城市建设 [J]. 城市规划，2007（5）：9-23.

[11] 张兵. 城乡历史文化聚落——文化遗产区域整体保护的新类型 [J]. 城市规划学刊，2015（6）：5-11.

[12] 郑时龄，吴志强，杨保军，等. 城市设计的中国智慧 [J]. 建筑学报，2018（4）：17-20.

[13] 常青. 过去的未来：关于建成遗产问题的批判性认知与实践 [J]. 建筑学报，2018（4）：8-12.

[14] 段进. 中国传统营城智慧的传承和发展——起步区布局建设解读 [J]. 河北画报，2019（6）：28-29.

[15] 吕舟. 加强城乡历史文化保护传承体系建设满足人民日益增长的美好生活需求 [J]. 中国勘察设计，2021（11）：20-23.

[16] 王建国. 中国城镇建筑遗产多尺度保护的几个科学问题 [J]. 城市规划，2022（6）：1-18.

历史文化名城相关概念的形成与演变

Formation and Evolution of Related Concepts of Historical Cities

赵中枢①　兰伟杰②

Zhao Zhongshu　Lan Weijie

摘　要　历史文化名城保护制度根植于我国城乡规划体系，建立了具有中国特色的城乡文化遗产整体保护框架。历史文化名城的保护内容、具体对象的保护方法，在历史文化街区、历史建筑、历史城区等保护概念的形成过程中得到进一步深化和确立。历史文化街区是对历史风貌集中片区进行重点保护的保护对象，风貌保持、设施改善、生活延续是其基本原则。历史建筑是结合价值确定保护重点、并可以进行改造利用的保护对象。历史城区是保护古城格局风貌的重要地区，其整体性关联保护和具体对象的保护展示是其两方面的保护重点。

关键词　历史文化名城；历史文化街区；历史城区；历史建筑；概念演变

Abstract　The conservation system of Historic Cities is rooted in China's urban planning system, and has established an overall conservation framework of urban and rural cultural heritage with Chinese characteristics. The conservation contents of Historic Cities and the protection methods of specific objects have been further deepened and established in the formation of protection concepts such as historic conservation areas, historic buildings and historical urban areas. Historic conservation areas are the key protection objects for areas with concentrated historical features, and their basic principles are style maintenance, facilities improvement and life continuation. Historic buildings are protected objects that can be transformed and utilized according to their values. Historic urban areas is an important area to protect the pattern and style of ancient cities, and its overall association protection and the protection and display of specific objects are the key points of protection.

Keywords　historic city; historic conservation area; historical urban area; historic building; concept evolution

自1982年首批历史文化名城名单公布以来，历史文化名城成为我国保护城乡历史文化遗产的重要制度。回顾历史文化名城40年的保护历程，是一个在实践中不断总结经验、不断完善保护内容和方法的过程，通常被概括为建立了历史文化名城、历史文化街区和文物古迹三个层次的保护体系[1-4]；40年的历程也是一个不断完善法

① 赵中枢，中国城市规划设计研究院历史文化名城保护与发展研究分院教授级高级规划师。
② 兰伟杰，中国城市规划设计研究院历史文化名城保护与发展研究分院高级规划师。

律法规和体制机制的过程，基本形成了以《文物保护法》《城乡规划法》《非物质文化遗产保护法》《历史文化名城名镇名村保护条例》《文物保护法实施条例》"三法两条例"为构架的历史文化保护法律法规体系[4]。

尤其值得关注的是，名城保护在制度完善的过程中，除了原来就有的文物保护单位外（1961年），依次产生了历史文化名城（1982年）、历史文化街区（1986年、2002年）、历史建筑（2005年）、历史城区（2005年）等保护概念。这些概念的产生，是结合我国名城保护面临的实际情况、对实践进行探索、受到国际经验启发、进行理论总结并通过法律法规确立为法定概念或规范概念的过程。这些概念一方面从不同层次推进了名城保护理论和方法的深化；另一方面概念间相互支撑、形成了内在关联的名城保护技术体系。

本文尝试从40年来保护理论和实践领域的具体历程出发，对其中主要概念的产生、演变等作系统的梳理，回顾概念产生的前因后果，总结概念背后的理论和方法思考，以概念为线索勾勒出历史文化名城保护制度创立40年的实践和思想历程。

1 历史文化名城概念的形成与演变

1.1 名城保护的思想渊源（1982年以前）

早在20世纪50年代，国内的梁思成等就提出了历史名城（北京）的保护思想，早于西方对历史城市的关注。1951年梁思成在《北京——都市计划的无比杰作》一文里全面系统地从规划的角度阐述了北京古城的价值和特点，提出"它所特具的优点主要就在它那具有计划性的城市的整体，那宏伟而庄严的布局，在处理空间和分配重点上创造出卓越的风格，同时也安排了合理而有秩序的街道系统，而不仅在它内部许多个别建筑物的丰富的历史意义与艺术表现。"[5, 6]这个认识可以解释1950年的"梁陈方案"为什么从整体保护古城的角度出发，建议把中央行政中心放到西郊。"梁陈方案"由于历史的原因虽未能被采纳，但规划方案中所体现的保护思想、规划理念对后来历史文化名城保护制度的创设以及历史文化名城保护规划工作的全面开展，都具有积极的影响。值得一提的是，同一时期洛阳涧西工业区选址避开旧城，实现了新城、老城的分离[7]。

1.2 制度的创立和概念的提出（1982年）

改革开放后，我国逐步转向"以经济建设为中心"，由此开启了大规模的住宅建设和旧区改造，这对城市文物保护产生了重大的威胁。在此背景下，经过社会各界的呼吁与努力，历史文化名城这一旨在从城市整体层面协调保护和发展关系的保护概念逐渐形成[8]。

1982年2月8日，国务院批转国家建委等部门《关于保护我国历史文化名城的请示》，公布了首批24个国家历史文化名城，这是国家文件中首次提出历史文化名城这一名称，也标志着我国历史文化名城保护制度的创立。1982年11月，我国首部《中华人民共和国文物保护法》公布，该法明确历史文化名城的概念为"保存文物特别丰富、具有重大历史价值和革命意义的城市，由国家文化行政管理部门会同城乡建设环境保护部门报国务院核定公布为历史文化名城。"这标志着历史文化名城成为法定保护概念[9]。

名城保护制度的创立和概念的提出，是一个具有中国特色的整体保护构想，其具体的保护内容和方法在保护工作的开展过程中逐渐形成和完善。

1.3 名城保护"三个层次"和"三个保护概念"的形成及其关系

1983年，《关于加强历史文化名城规划工作的通知》提出，历史文化名城保护规划是城市总体规划的重要组成部分。历史文化名城这一基本概念，反映了城市的特定性质，作为一种总的指导思想和原则，应当在城市规划中体现出来，并对整个城市形态、布局、土地利用、环境规划设计等方面产生重要的影响①。这其中包含着一个重要的想法，那就是把代表名城的"古城""老城"作为一个整体在总体规划中统一安排，统筹考虑建设和保护的关系[10]。很多名城如平遥、阆中在实践中采用的"保护老城、建设新区"的布局方式，是名城规划布局上的重要经验。

1986年，国务院批转城乡建设环境保护部、文化部《关于请公布第二批国家历史文化名城名单的报告》，报告提出了"历史文化保护区"这个概念，要求名城"要保护文物古迹及具有历史传统特色的街区，保护城市的传统格局和风貌，保护传统的文化、艺术、民族风情的精华和著名的传统产品。"这大致将名城保护的内容分为了文物古迹、街区、格局风貌三个空间层次以及非物质文化遗产。1993年召开的《全国历史文化名城保护工作会议》(襄樊会议)上，进一步明确地提出了名城的保护内容，即"保护文物古迹及历史地段，保护和延续古城的风貌特色，继承和发扬城市的传统文化"[1]。可以说，名城整体保护概念之下，"三个层次+非物质文化遗产"的保护内容是较为明确的。

从后续名城技术体系的完善过程来看，历史文化街区、历史建筑、历史城区这三个陆续形成的保护概念，是名城三个层次落到实处的重要空间载体。1986年提出"历史文化保护区"在2002年由《文物保护法》确定为"历史文化街区"；2005年《历史文化名城保护规划规范》中历史城区的概念，是落实名城层次格局风貌保护的重要空间载体；历史建筑的概念，则是文物古迹对象扩展和差别化保护的重要类型。

名城保护"三个层次"与上述三个保护概念的对应关系，大致可以阐述如下。1)历史文化名城层次，包括两层含义：一方面立足于原有城乡规划体系中总体规划层面的布局协调，来解决历史城区(或称为古城、旧城、老城)和新区的关系；另一方面则以历史城区作为具体管控的载体，突出古城、老城、旧城格局和风貌的整体保护。2)历史文化街区层次，保护层次

---

① 这一制度设计让历史文化名城保护工作从一开始，就根植于城乡规划技术规范体系之中：从1984年的《城市规划条例》、2006年《城市规划编制办法》到2007年的《城乡规划法》，都规定历史文化名城保护规划是城市总体规划的重要内容之一。

和保护概念基本是一致的，当然理论上这个保护层次还应包含达不到历史文化街区标准的历史地段等。3）文物古迹层次，包括文物保护单位、历史建筑以及尚未确定为两个法定保护概念的传统民居、工业遗产等（因为文物保护单位由文物主管部门具体管理，因此本文在文物古迹这个层次重点阐述"历史建筑"这个名城技术体系中的特有概念）（图1）。

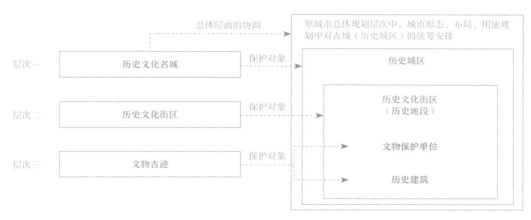

图1　历史文化名城保护"三个层次"和"三个保护概念"的关系

　　名城保护从规划角度来说有三个层次，名城可以简单理解为面的形象，街区可以理解为片的形象，文物古迹可以理解为点的形象。这体现了名城保护从古城整体到局部片区、到建筑为主的对象不断具体化的特点。

　　按照概念出现的时间先后顺序，下文对历史文化街区、历史建筑、历史城区三个概念的形成演变作系统的分析。

2 历史文化街区概念的形成与演变

2.1　概念简述

　　"历史文化街区"是法定的保护概念，而国际上较为通用的"历史地段"、学术研究中常见的"历史街区"等，都是历史文化街区的学术概念[11]。"历史文化保护区"，可以看作法定概念的"曾用名"。这些概念在内涵上基本上是一致的，在范围上都是指"一定规模的区域"，在特征上都强调"体现城市某一历史时期的典型风貌特色"。这一概念，涵盖了我们在各地常见的传统商业街——如黄山屯溪老街、平遥南大街，传统居住区——如福州三坊七巷、苏州平江路等。

　　历史地段、历史街区、历史文化保护区等概念在2002年《文物保护法》确定"历史文化街区"这一法定概念前基本上是通用的。2002年之后，学术界基本上采用历史文化街区、历史街区这两个概念。而历史文化风貌区是上海的地方法定概念，有的城市也用来指达不到街区标准的历史地段，其学术内涵和历史文化街区也基本相同。

2.2 概念的提出（20世纪80年代）

从历史文化名城40年的保护历史来看，历史文化街区经历了从"历史文化保护区"到"历史文化街区"的概念演变。**而"历史文化保护区"概念的形成，是结合我国名城保护实际的一种必然选择。**

首先，针对不同保护对象划定"保护区"是名城保护的基本方法。1983年《关于加强历史文化名城规划工作的几点意见》中提出，对单独的文物古迹、古建筑或建筑建连片地段和街区、古城遗址、古墓葬区、山川水系等，按重要程度不同，以点、线、面的形式划定保护区和一定范围的建设控制地带，制定保护和控制的具体要求和措施。汪德华、王景慧等将保护区分为以下三类：有文物古迹自身范围的绝对保护区，代表城市风貌的成片保护区，文物古迹周围的环境影响保护区[12]。这里代表城市风貌的成片保护区，和即将产生的历史文化保护区基本内涵是一致的。

其次，"历史文化保护区"的出现，是名城保护探索中的一种必然，也是管理中的一种需要。从保护的角度看，要把一座古城完整保护下来，代价太大，也无此必要和可能，因为城市始终处于发展变化的进程之中。这个时候，将眼光放到特色风貌比较集中的历史地段，采取保护措施，展现地段特色进而彰显整个城市的风貌，就成为一种可行的选择[11]。在此背景下，在名城整体层面和文物古迹之间增加一个保护层次的构想逐渐形成。1986年国务院批转城乡建设环境保护部、文化部《关于请公布第二批国家历史文化名城名单的报告》，对"历史文化保护区"的概念有了正式的确认。报告规定对一些"文物古迹比较集中，或较完整地体现出某一历史时期的传统风貌和民族地方特色的街区、建筑群、小镇、村寨等"，各省市可以根据具体的历史、科学、艺术价值，核定公布为各级"历史文化保护区"。

2.3 保护方法的探索与保护原则的确立（20世纪90年代）

从1986年国务院文件首次出现"历史文化保护区"这一法定概念以来，历史文化保护区一直是名城保护领域关注的重点内容之一。

学术界和实践领域逐渐开展了对历史地段、历史文化保护区或称为历史街区的保护探索。1991年10月历史文化名城学术委员会在都江堰召开会议讨论历史地段、历史街区保护，引起了各界对历史街区的重视①[13]。在具体的实践中，黄山屯溪老街的实践为历史街区保护基本原则

---

① 以下内容转引自参考文献［13］：将文物古迹保护、历史地段保护和历史文化名城保护结合起来，形成保护历史文化遗产不同层次的完整体系，不但有利于保护历史文化名城中的重点地段具体落实，还将起到保护一大批不是文物保护单位、不是地处名城的重要历史性地段的作用。

的确立奠定了基础[14]。1996年6月，建设部城市规划司、中国城市规划学会、中国建筑学会在黄山市联合召开了历史街区保护（国际）研讨会，经过讨论达成共识，认为"历史街区的保护已成为保护历史文化遗产的重要一环"[15, 22]。1997年国家设立历史文化名城保护专项资金，用于历史文化名城中重点街区的专项保护、整治。在此背景下，2000年前后，历史文化保护区的规划在全国名城逐步展开，比较有影响的如《北京旧城二十五片历史文化保护区保护规划》、平遥南大街、扬州东关历史街区等[16]。

在实践中，历史街区的重要性得到明确。一方面，在很多城镇中，局部保存完整历史风貌的街区大量存在，保护历史街区是更具有普遍意义的工作。另一方面，即使在历史文化名城中，有条件实行全面保护传统风貌的也只是少数；而在多数历史文化名城中，选择若干历史街区加以重点保护，以这些局部地段来反映古城的风貌特色，是一个现实可行的方法，所以保护历史街区也是历史文化名城保护工作的重点[15]。

历史街区的保护方法、保护原则也在实践中基本形成。1997年8月建设部转发了《黄山市屯溪老街历史文化保护区保护管理暂行办法》，对历史街区保护的原则方法给予行政法规的确认[16]。王景慧2001年[17]将历史街区的保护原则概括为：一是保护历史的真实性，二是保护风貌的完整性，三是维护生活的延续性；将保护方法概括为：一是保护外貌、整修内部，二是积极改善城市基础设施、提高居民生活质量，三是采取逐步整治的方法、切忌大拆大建[17]。张杰1996年[18]在分析了大规模城市改造面临的问题，提出了历史街区转向小规模改造的有机更新之路。

2.4　法定概念形成与确定（1986~2008年）

在历史文化保护区保护方法和原则在学术圈达成共识的同时，其法定概念也在标准规划编制和国际经验的交流中得以确定。

为给1993年《全国历史文化名城保护工作会议》（襄樊会议）作准备，建设部城市规划司委托中国城市规划设计研究院历史文化名城研究所开展《国外历史城镇与地段保护法规选编》工作，由王景慧、汪志明、王瑞珠同志主持，赵中枢同志负责编辑。选编分为国际法规和国家法规两个部分，介绍了相关国际文献的内容①。

1996年，建设部标准定额司委托中国城市规划设计研究院会同有关单位编制《历史文化名城保护规划规范》（以下简称"规范"）。编制规范期间，与英国文化委员会等单位共同完成了为期3年《中英合作历史古城保护研究》课题，为该规范能够突出中国特色并与国际遗产保护理论接轨打下了坚实的基础。

2002年规范报批稿完成，其中的术语用的是"历史文化保护区"。同时，2002年修订的《文

物保护法》正式提出了"历史文化街区"这一法定概念。由于要考虑对《文物保护法》的尊重和落实，又要与国际遗产保护概念接轨与交流，规范经过多轮修改后定稿，于2005年颁布实施，其中"历史文化保护区"这一名称改为《文物保护法》规定的"历史文化街区"，内涵界定与原"历史文化保护区"基本相同，并进行了合理的解释，使这个名词概念平稳转换。

以上回顾了"历史文化街区"这一概念的形成与演变，概括而言，1986年国务院文件确立历史文化保护区概念，2002年《文物保护法》规定"历史文化街区"名称，2005年《历史文化名城保护规划规范》确定"历史文化街区"内涵并依法平稳替换"历史文化保护区"名称，2008年国务院《历史文化名城名镇名村保护条例》进一步给出了"历史文化街区"的定义条件[19]。

2.5 实践的深化与内涵的拓展（2000年以来）

2000年以来，历史文化街区的保护和实施工作在全国层面广泛开展。一方面，作为名城保护的重点，2012年、2018年两次名城大检查，暴露了历史文化街区保护实施中存在大拆大建、商业化、环境持续恶化等问题[3]。另一方面，各地在保护实施中也形成了很多值得推广的经验和做法。尤其值得关注的是，由于十八大以来我国整个社会经济发展逐渐转向高质量发展，很多街区的保护和实施推动了城市功能转型、城市活力提升[4]，这是值得关注的新动态。

2016年，《中共中央 国务院关于进一步加强城市规划建设管理工作的若干意见》（中发〔2016〕6号）提出"用五年左右时间，完成所有城市历史文化街区划定和历史建筑确定工作"。在此背景下，历史文化街区对象在全国范围内有了量的极大拓展和类型的极大丰富。数量上，由2011年名城检查时的438处，增加到2021年9月的970处。类型上不再局限于传统居住区、传统商业区等，年代区间拓展至新中国成立后，很多符合标准的老厂区、老港区、老校区、老居住区等被划定为历史文化街区，如长春第一汽车制造厂历史文化街区等。

从这个角度看，历史文化街区的概念内涵和方法仍然在不断地丰富和探索过程中。但其广泛存在于各类城市的普遍性及其对于名城保护的重要性，始终是没有改变的。过去40年形成的概念认识，积累的方法原则至今仍然是重要的，是我们继续探索的宝贵经验。

3 "历史建筑"概念的形成与演变

3.1 概念简述

从学术领域看，"历史建筑"的概念一般有两种用法，一为泛指的"古建筑"，一为名城保护技术体系中的"历史建筑"。在名城保护的技术体系中，历史建筑有特定的条件和要求。2005年《历史文化名城保护规划规范》对其定义为"有一定历史、科学、艺术价值的，反映城市历史风貌和地方特色的建（构）筑物。"2008年《历史文化名城名镇名村保护条例》（简称为《名城条例》）进一步规定的"历史建筑"的法定概念，是指经城市、县人民政府确定公布的具有一定保护价值，能够反映历史风貌和地方特色，未公布为文物保护单位，也未登记为不可移动文物的建筑物、构筑物。

依据《名城条例》释义[19]，历史建筑具备的条件包含以下几个方面。一是具有一定保护价值。严格来讲，历史建筑的保护价值低于文物保护单位以及其他不可移动文物。二是能够反映历史风貌和地方特色。三是未公布为文物保护单位，也未登记为不可移动文物。该规定将历史建筑和文物保护单位、不可移动文物等概念完全区分开来，是为了避免本条例适用于历史建筑的条文和《文物保护法》及其相关配套法规适用于文物保护单位、不可移动文物的条文交叉重叠，造成部门职责不清、交叉打架。符合上述三个条件的建筑物、构筑物，才能公布为历史建筑[18]。这三个条件界定了"历史建筑"的基本内涵。

3.2 概念的形成（2005年以前）

"历史建筑"概念的形成，也是名城和街区保护工作中的保护对象扩大及其保护方法探索的结果。

首先，在"历史建筑"概念出现之前，国家和地方就已经开展了一般历史建筑（优秀近代建筑物，非文物）的调查和保护[20]。1988年11月，建设部、文化部联合发出《关于重点调查、保护优秀近代建筑物的通知》，在全国各地特别是近代建筑保存较多的城市开展了近代建筑的调查工作。以上海为例，20世纪80年代末以来，上海就开展了优秀近代建筑、优秀历史建筑的保护，一部分属于文物保护单位、一部分不属于，这些标准和分级保护要求为历史建筑的概念形成积累了经验[21]。

其次，在"历史建筑"概念出现之前，在历史文化街区保护中就开始讨论传统建筑物的保护方法。如王景慧2001年[17]提到，历史街区中的传统建筑物不必像文物保护单位那样一切维持原状，外观按历史面貌保护修整，内部可按现代生活的需要进行更新改造。

2005、2008年"历史建筑"法定概念的产生和上述背景密不可分。这些针对非文物的优秀近代建筑物、传统建筑物的保护一方面扩大了保护的范畴，另一方面也呼唤区别于文物的保护方法。正如王景慧2011年所述[23]，随着文物古迹保护数量的扩大和文物古迹新类型的出现，按《文物保护法》关于"不改变原状"的统一要求会出现一些矛盾，呼唤保护方法的改革和创新。这点明了"历史建筑"概念产生的关键原因。

3.3 保护方法的探索和保护原则的确立（2005年以来）

按《文物保护法》的规定，保护"文物保护单位"必须遵守不改变文物原状的原则，这在一定程度上限制了对文物古迹的合理利用。"历史建筑"的保护概念与"文物保护单位"有所不同，给文物古迹的利用提供了回旋余地[23]。一般来说，保持外观、改造内部是历史建筑区别于文物"不改变原状"的基本思路，这使得更广泛存在的历史建筑能够经过改造，适应现代生活的需要，在使用上有着更大的弹性。

我们注意到，在具体的保护实践中，对于历史建筑的保护重点有了更深层次的认识，那就是结合价值确定保护重点[①]。因为不同类型的历史建筑其价值是不同的。大部分传统民居、近现代建筑价值主要在外观，而保护重点也在外观；有些工业厂房、桥梁的内部结构具有突出价值，那就要保护内部结构。例如，2014年《广州市历史建筑和历史风貌区保护办法》规定，在不改变外观风貌的前提下，根据建筑的价值、特色以及完好程度，历史建筑的保护要求分为以下两类：1）主要立面、主体结构、平面布局和特色装饰、历史环境要素基本不得改变；2）体现历史风貌特色的部位、材料、构造、装饰不得改变。2021年《关于在城乡建设中加强历史文化保护传承的意见》中提出"保护不同时期、不同类型的历史建筑，重点保护体现其核心价值的外观、结构和构件等。"这代表了当前对历史建筑保护的共识。

需要强调的是，历史建筑很长时期都是学术概念，即使到了现在，研究建筑史、考古等领域还在使用"历史建筑"的学术概念。2005年颁布的《历史文化名城保护规划规范》也适用学术概念，其意义在于区分了与文物保护单位在分类和保护方法上的不同。2008年颁布的《历史文化名城名镇名村保护条例》给出了历史建筑的法定地位和法定定义，我们在名城保护体系中提到的历史建筑对应的正是这一法定定义。

4 "历史城区"概念的形成与演变

4.1 概念简述

"历史城区"是我国历史文化名城保护制度中的重要概念。2005年《历史文化名城保护规划规范》首次明确提出了"历史城区"概念：城镇中能体现其历史发展过程或某一发展时期风貌的地区。涵盖一般通称的古城区和旧城区。该规范特指历史城区中历史范围清楚、格局和风貌保存较为完整的需要保护控制的地区。2018年的《历史文化名城保护规划标准》GB/T 50357—2018（简称为《历史文化名城保护规划标准》）基本上延续了这一定义。这一概念有以下三点需要说明。

第一，历史城区在口语中有古城区、旧城区、老城区等多种说法，转化为规划概念，需要结合实际情况划定其范围。

第二，历史城区有别于仅保留遗址的历史城址，历史城区是一直沿用至今的古城、老城、旧城。

第三，这一概念借鉴了1987年国际古迹遗址理事会（ICOMOS）《保护历史城镇与城区华盛顿宪章》的说法，英文用词也和华盛顿宪章的"historic urban area"保持一致。需要说明的

---

① 国外历史建筑保护也有类似的做法，依据参考文献［23］，法国将要保护的文物定为"历史建筑"，他们在公布名单时要写明该建筑应该保护的内容和具体部位，在实施保护或利用时对这个部位严格保护，其他地方则可以灵活一些。

是，国际上通用的历史城区、历史中心区等，都是历史风貌较为完整、范围明确的保护对象，例如我国纳入世界文化遗产的平遥古城、丽江古城及澳门历史中心。而我国大部分名城的老城、旧城都是风貌不完整的。

认识了这些特点，有助于我们理解概念的形成和历史城区特有的保护方法。

4.2　概念的形成（2005年以前）

首先，"历史城区"概念出现前，名城保护中已会划定古城的保护范围。因为我国古代城市格局，一般都有城墙、城河、城关作为城区的明确空间界定[24]。1994年的《历史文化名城保护规划编制要求》提出保护和延续古城的风貌特点，其中历史文化名城保护规划总图中也要求包括"古城空间保护视廊"这一范围。在"历史城区"概念提出前，很多名城如正定、商丘等在保护规划实践中，均划定了古城这个范围，并提出了相应的保护要求。古城范围可以看作是历史城区的原型。

其次，历史城区的形成源于对古城格局和风貌的整体保护这一观念。王景慧在1996年撰文[1]写道：在历史文化名城的古城中，大量区域不属文物保护单位和历史文化保护区，在这些区域中更新和改造是必然的。所要求的只是保护和延续古城风貌的特色。我们可以通过合理、巧妙的设计使之既满足现代化生活的需要，又延续了历史特色，如控制建筑高度、保护空间特征、创造与传统相联系的新的建筑形象等。可见，古城作为一个特定保护范围是有其具体的保护要求和保护方法的。2008年颁布的《名城条例》，在保护措施中，开宗明义地提出：历史文化名城、名镇、名村应当整体保护，保持传统格局、历史风貌和空间尺度，不得改变与其相互依存的自然景观和环境。

由此可见，从保持古城格局风貌的角度看，专门确定一个保护概念是必要的；而历史上古城边界往往也较为清晰，划定历史城区范围是可行的。

4.3　保护内容和保护方法的探索（2005年以来）

进一步总结历史城区近年的保护探索，主要有以下三个方面的特点。

一是历史城区关注范围的拓展。除了古代的城墙范围，近代的商埠区、租界区，新中国成立后的工业区等都可能是历史城区的对象，因此历史城区也可能是多片的。例如，洛阳将涧西工业区作为历史城区，形成和古城并列的两片历史城区。

二是对整体性保护的理论性和原则性探讨不断深入。如单霁翔2006年[25]提出，需要从全局的角度，将孤立散存的点状和片状结构变成更具保护意义的网状系统，充分发挥文物建筑、文化遗址和历史街区对提升历史城区整体价值的重要作用。对于历史城区内的建筑更新项目，需要在城市的布局、空间的格局、街巷的肌理、建筑的平面构成、体量、高度、色彩、空间、整体协调等方面加以规范，以继续保障历史城区为"有规划的整体"。张松2012年[26]提出了从孤岛式历史街区保护到更有机、更具整合性的历史性城市景观方法。何依2017年[27]提出从

"重点保护"到"结构关联"，跳出个体和局部保护的思维，研究其内在的整体逻辑，建立结构关联的保护方法；从"本体保护"到"形态控制"，在维持历史空间结构基础上，实施有限范围的界定更新，是保护历史形态的重要途径。

三是对历史城区具体保护内容及其保护方法仍然在探索之中。格局和风貌作为历史城区整体保护的重点毋庸置疑，但格局和风貌的具体内容却是需要讨论的。比如格局，《历史文化名城保护规划标准》提出，应对体现历史城区传统格局特征的城垣轮廓、空间布局、历史轴线、街巷肌理、重要空间街道等提出保护措施。进一步看，这些城垣轮廓、历史轴线、街巷肌理等往往不是具体的保护对象，而是一种潜在的空间秩序或隐含在历史位置中的历史信息[28]，这给保护带来了较大的难度。因此，具体碰到轮廓、轴线等历史信息，如何结合城市空间进行提示和保护，仍是需要探索的领域。

5 结语

从历史文化名城保护技术体系中相关概念的形成和演变历程来看，有两个非常显著的特点。

一是，历史文化名城通过融入城乡规划体系，统筹解决功能和布局问题是其制度设计的根本特点。而历史文化名城的保护内容、具体对象的保护方法，则在历史文化街区、历史建筑、历史城区等保护概念的形成过程中得到深化和确立。

二是，历史文化名城保护中逐渐形成的上述保护概念，都是针对现实问题而形成并确立其保护方法，并在内容上形成相互关联、相互支持的保护整体。为了整体保护古城格局风貌，提出了"历史城区"这一概念；面对古城风貌整体保护具体措施落实中的现实困难，形成了"历史文化街区"这一针对风貌集中区域进行重点保护的概念，也形成了风貌保持、设施改善、生活延续、有机更新等基本原则；面对历史文化街区中普遍存在的传统风貌建筑，需要一种区别于文物的保护方法，"历史建筑"这一概念应运而生，结合价值确定保护重点的方法也成为共识。

英国哲学家柯林伍德曾说过"历史的过程不是单纯事件的过程，它有一个由思想的过程所构成的内在方面；而历史学家所要求的正是这些思想过程。一切历史都是思想史。"历史文化名城相关概念形成的背景、实践与理论思考也构成了名城保护的思想史，为我们提供指南与启示。

参考文献

[1] 王景慧. 历史文化名城的保护内容及方法[J]. 城市规划，1996（1）：15-17.

[2] 赵中枢. 从文物保护到历史文化名城保护——概念的扩大与保护方法的多样化[J]. 城市规划，2001（10）：33-36.

[3] 仇保兴. 中国历史文化名城保护形势、问题及对策[J]. 中国名城，2012（12）：4-9.

[4] 王蒙徽. 学习贯彻习近平总书记关于历史文化保护的重要论述，扎实做好历史文化名城名镇名村保护工作[J]. 时事报告（党委中心组学习），2019（2）：60-70.

[5] 高亦兰，王蒙徽. 梁思成的古城保护及城市规划思想研究（二）[J]. 世界建筑，1991（2）：60-64.

[6] 中国城市规划设计研究院. 专题四：新中国历史文化保护及发展的历程[R]//新中国城市规划发展史纲（1949—2009）.2014a.

[7] 仇保兴. 风雨如磐——历史文化名城保护30年[M]. 北京：中国建筑工业出版社，2014.

[8] 兰伟杰，胡敏，赵中枢. 历史文化名城保护制度的回顾、特征与展望[J]. 城市规划学刊，2019（2）：30-35.

[9] 王景慧. 历史文化名城的概念辨析[J]. 城市规划，2011，35（12）：9-12.

[10] 吴良镛. 历史文化名城的规划结构、旧城更新与城市设计[J]. 城市规划，1983（6）：2-12，35.

[11] 赵中枢，胡敏. 历史文化街区保护的再探索[J]. 现代城市研究，2012，27（10）：8-12.

[12] 汪德华，王景慧. 历史文化名城规划中的保护区[J]. 城市规划，1982（3）：19-24.

[13] 关于历史地段保护的几点建议[J]. 城市规划，1992（2）：8.

[14] 朱自煊. 屯溪老街历史地段的保护与更新规划[J]. 城市规划，1987（1）：21-25，42.

[15] 叶如棠. 在历史街区保护（国际）研讨会上的讲话[J]. 建筑学报，1996（9）：4-5.

[16] 阮仪三，孙萌. 我国历史街区保护与规划的若干问题研究[J]. 城市规划，2001（10）：25-32.

[17] 王景慧. 保护历史街区的政策和方法[J]. 上海城市管理职业技术学院学报，2001（6）：9-11.

[18] 张杰. 探求城市历史文化保护区的小规模改造与整治——走"有机更新"之路[J]. 城市规划，1996（4）：14-17.

[19] 国务院法制办农业资源环保法制司，住房和城乡建设部法规司及城乡规划司. 历史文化名城名镇名村保护条例释义[M]. 北京：知识产权出版社，2009.

[20] 张松. 中国历史建筑保护实践的回顾与分析[J]. 时代建筑，2013（3）：24-28.

[21] 凌颖松. 上海近现代历史建筑保护的历程与思考[D]. 同济大学，2007.

[22] 杨永康. 在历史街区保护（国际）研讨会上的讲话[J]. 建筑学报，1996（9）：6-8.

[23] 王景慧. 从文物保护单位到历史建筑——文物古迹保护方法的深化[J]. 城市规划，2011，35（S1）：45-47，78.

[24] 林林. 基于历史城区视角的历史文化名城保护"新常态"[J]. 城市规划学刊，2016（4）：94-101.

[25] 单霁翔. 从"大拆大建式旧城改造"到"历史城区整体保护"——探讨历史城区保护的科学途径与有机秩序（中）[J]. 文物，2006（6）：36-48.

[26] 张松. 历史城区的整体性保护——在"历史性城市景观"国际建议下的再思考[J]. 北京规划建设，2012（6）：27-30.

[27] 何依. 走向"后名城时代"——历史城区的建构性探索[J]. 建筑遗产，2017（3）：24-33.

[28] 兰伟杰. 历史城区的整体价值和多层次价值要素探讨[J]. 中国名城，2021，35（7）：11-16.

走向整体、和谐与持续的历史城区保护①

阳建强②

Yang Jianqiang

Towards Holistic, Harmonious and Sustainable Historical Urban Areas Preservation

摘　要　历史城区是城市中保存大量历史资源和拥有良好传统风貌的区域，同时作为城市现代生活和城市发展的重要空间载体，是经历不断适应性变化的活态的文化遗产。过去40年来，在我国历史文化名城保护制度的有力保障下，大部分历史城区的空间格局与传统风貌得到较为完整的保护，取得了伟大的成就。随着我国城市更新时代的到来，如何在历史城区保护中处理好人居环境改善、传统风貌保护和城市活力提升的问题，以及又如何在城市更新中保护、延续和传承好历史文化，使历史城区和谐、健康、安全、宜居和持续发展，无疑对历史城区保护提出了更新的和更高的要求，也是我国城镇化下半场历史城区保护面临的巨大挑战。本文梳理了"历史城区"概念的由来与发展，分析总结了历史城区保护过程中普遍存在的问题及其产生原因，基于复杂系统和价值导向对历史城区保护进行了重新思考，并据此提出历史城区整体保护与有机更新的有效路径，从而使历史城区能够更好地担负起遗产保护、文化传承、风貌延续、民生改善以及品质提升等多重责任。

关键词　历史文化名城；历史城区；文化遗产保护；城市更新；活力提升

Abstract　Historical urban areas preserve a large number of historical resources and traditional features. They are significant spaces for modern living and urban development, and thus have constantly undergone adaptive changes. During the past 40 years, the spatial patterns and traditional features of most historical urban areas have been effectively preserved under the national historical and cultural city protection system. With the advent of the urban regeneration era, how to accomplish the improvement of human settlements, the preservation of traditional features and the enhancement of urban vitality in historical urban areas, and how to conserve, sustain and inherit historical culture in urban regeneration to ensure a harmonious, healthy, safe, livable and sustainable development are urgent. This has raised more and higher requirements for the protection work of historical urban areas. It also poses a huge challenge for the urbanization process. This study first reviews the origin and development of the concept of historical urban areas and summarizes the common problems and their causes in the protection of historical urban areas. It then reflects on the historical urban areas protection from the perspectives of complex systems and value orientation. Accordingly, it proposes an holistic preservation and organic renewal approach to ensure the effective heritage protection, cultural inheritance, traditional features preservation, enhancement of livelihood and improvement of environmental quality of historical urban areas.

Keywords　historical and cultural cities; historical urban areas; cultural heritage protection; urban regeneration; vitality enhancement

① 本文受国家自然科学基金项目（51778126）资助。
② 阳建强，东南大学建筑学院教授，住房和城乡建设部科学技术委员会历史文化保护与传承专业委员会委员，中国城市规划学会历史文化名城规划学术委员会委员，中国城市规划学会城市更新学术委员会主任委员。

历史城区是城市中保存大量历史资源和拥有良好传统风貌的区域，同时作为城市现代生活和城市发展的重要空间载体，是经历不断适应性变化的活态的文化遗产。过去40年来，在我国历史文化名城保护制度的有力保障下，大部分历史城区的空间格局与传统风貌得到较为完整的保护，取得了伟大的成就。但是我们也清楚地看到，由于过去一段时期是中国城镇化发展速度最快、开发规模最大的时期，名城保护工作仍存在诸多矛盾和问题，受空间区位、历史积累和社会关注等因素的共同影响，其中历史城区和街区又成为历史文化名城保护实践中矛盾最为突出的地方，是历史文化名城保护工作中的重点和难点。

目前我国城市已经从高速增长转向中高速增长，2011年我国城镇化率突破50%，2021年城镇化率达到64.72%，已经进入强调以人为核心和以提升质量为主的转型发展新阶段。党的十九届五中全会通过的《中共中央关于制定国民经济和社会发展第十四个五年规划和二〇三五年远景目标的建议》明确提出实施城市更新行动，2021年首次将"城市更新"写入政府工作报告。如何在历史城区保护中处理好人居环境改善、传统风貌保护和城市活力提升的问题，以及如何在城市更新中保护、延续和传承好历史文化，使历史城区和谐、健康、安全、宜居和持续发展，无疑对历史城区保护提出了更新的和更高的要求，也是我国城镇化下半场中历史城区保护面临的巨大挑战。

因此，亟待正视历史城区保护状况的复杂性和差异性，深刻认识保护历史城区的价值与意义，客观分析历史城区在现实中存在的问题及产生原因，研究基于复杂系统和价值导向的历史城区保护基础理论，并据此提出历史城区整体保护与有机更新的有效路径，从而使历史城区更好地担负起遗产保护、文化传承、风貌延续、民生改善以及品质提升等多重责任。

1 "历史城区"概念的由来与发展

纵观国际上文化遗产保护发展趋势，随着人们对历史文化遗产价值认识的不断深入和扩展，经历了由"纪念物——历史地区——历史城区——城市遗产"的发展过程。最初保护关注的对象是纪念物的修复以及由此衍生的对于历史建筑本体及周边地区的保护要求；之后由历史建筑扩大至历史地区、文化景观、非物质文化遗产等完整的遗产对象；近十年来，开始积极探索应对变化的城市遗产保护方法，逐渐将保护的理念和有机更新相结合，更加强调对于变化的管理。1976年《内罗毕建议》指出了"历史地区"的概念，是"历史城区"的萌芽。1987年《华盛顿宪章》首次提出历史城区整体性保护问题，2005年生效的《维也纳备忘录》涉及世界遗产及快速化城市建设中的历史景观等话题，备忘录强调城市文脉的延续，对于城市新的发展也持肯定态度。备忘录将"历史性城市景观"定义为"在某一地点，根植于当代和历史，出现的各类社会演变过程和表现形式，涉及自然和生态环境中的任何建、构筑物（群）和开放空间的集合体；具有历史意义的城市景观塑造了当代社会，并有助于我们理解当今的生活"，主张在城市遗产保护与城市发展建设之间建立全面的和谐关系，指出在城市的历史环境中进行建设，必须重视文化及历史因素，维持历史建筑的完整性与真实性，应同时满足历史保护与城市发展的要求。2011年，在《维也纳备忘录》基础上，经过蒙特利尔、耶路撒冷等会议的讨论，联合国教科文组织（UNESCO）发布了《关于城市历史景观的建议书》，在承认城市动态发展的基础上，将所有因历史积淀而产生的城市环境统一视为城市遗产，提出将城市遗产保护融入更广泛城市发展框架之下的手段和方法，强调将保护的要求落实到城市的宏观政策和规划之中，指出："历史城区是我们共同的文化遗产最为丰富和多样的表现之一……是通过空间和时间来证明人类的努力和抱负的关键证据"，"城市遗产对人类来说是一种社会、文化和经济资产……"[1]。2011年，国际古迹遗址理事会（ICOMOS）发布了《关于历史城镇和城区维护与管理的瓦莱塔原则》，将遗产作为城市生态系统中的重要要素，指出保护不但意味着保存、保护、强化和管理，并且意味着协同发展、和谐地融入现代生活，并且特别强调保护历史城镇和背景的价值，并将其与当代社会、经济、文化生活进行整合。

我国历史文化名城保护经历了形成、发展与完善的几个重要历史阶段。历史文化遗产保护从以文物保护为中心内容的单一保护发展到增加历史文化名城保护为重要内容的双层次保护，进而又增加到包括历史文化保护区在内多层次的保护，初步形成了以历史文化名城为主体，包括历史文化名镇名村在内的较为完善的保护体系；形成了富有中国特色的文物保护单位及历史建筑和优秀近现代建筑、历史文化街区和历史文化名镇名村、历史文化名城三个层次的保护框架及相应的保护理论和方法[2]。在国家历史文化名城保护制度建立之初，正是中国城镇化起步和转折的重要时期。从20世纪70年代末进入80年代，许多城市所面临的保护问题逐渐从文物建筑转向整个历史城市。1982年，国务院批转国家建委等部门《关于保护我国历史文化名城的请示的通知》，提出要保护历史文化名城，并公布了首批24个国家历史文化名城名单，对这些名城的保护与建设提出了意见，标志着我国历史文化名城保护制度开始建立。1986年国务院在公布第二批历史文化名城时提出"历史文化保护区"的概念，强调对于文物古迹比较集中或能完整地体现出某一历史时期传统风貌和民族特色的街区、建筑群、小镇村落等予以保护。1989年12月国务院颁布《中华人民共和国城市规划法》及《中华人民共和国环境保护法》，制定有关历史文化遗产保护的条文，促进了名城保护及其规划法治化的进程。1993年襄樊第一次全国历史文化名城工作会议上，确定了历史文化名城应该保护的内容是"保护文物古迹，保护历史地段；保护和延续古城格局和风貌特色；继承和发扬优秀文化传统。"1997年8月建设部转发《黄山市屯溪老街历史文化保护区保护管理暂行办法》的通知，明确指出"历史文化保护区是我国文化遗产的重要组成部分，是保护单体文物、历史文化保护区、历史文化名城这一完整体系中不可缺少的一个层次，也是我国历史文化名城保护工作的重点之一。"明确了历史文化保护区的特征、保护原则与方法，并对保护管理工作给予了具体指导。2002年修订的《文物保护法》规定"保存文物特别丰富并且具有重大历史价值或者革命纪念意义的城镇、街道、村庄，由省、自治区、直辖市人民政府核定公布为历史文化街区、村镇，并报国务院备案。"2005年，

《历史文化名城保护规划规范》提出了"历史城区"的保护，指出"历史城区"是城镇中能体现其历史发展过程或某一发展时期面貌的地区，涵盖通称的古城区、老城区和旧城区。2018年颁布的国家标准《历史文化名城保护规划标准》将"历史城区"定义为"城镇中能体现其历史发展过程或某一发展时期风貌的地区，涵盖一般通称的古城区和老城区"，强调在该标准中特指历史范围清楚、格局和风貌保存较为完整、需要保护的地区。

2 历史城区保护面临的现实问题与严峻挑战

由于复杂的社会原因和发展阶段的局限性，现实中的历史城区保护工作存在诸多问题：缺乏日常维护、整治与修补，空间环境品质日益恶化；大型基础设施建设对历史环境保护带来严重影响；老龄人口、外来流动人口和低收入群体相对集聚，导致历史城区居住环境品质低下；业态低端，产业低效，导致历史城区缺乏可持续活力；社会空间分异和"空心化"现象涌现，过度商业化使历史城区逐渐失去内涵价值；以及"建设性破坏"屡禁不止，"大拆大建""拆真建假"的恶性事件时有发生等。导致历史城区保护与发展之间矛盾的原因有许多，归根结底是基于价值认知导向偏差下的行为路径选择所致。

（1）重"发展"轻"保护"

我国自20世纪90年代实施分税制改革将土地收益划给地方政府以来，土地市场收益逐渐成为地方政府财税的主要来源[3]。历史城区由于地处城市先期建成区域，区位条件、配套设施、公共资源等各项资源优势比较明显，无论从开发成本还是土地基准地价来看，均优于发展的新城。从而导致部分地方政府片面追求土地开发价值导向下的重"发展"轻"保护"的路径选择，盲目地追求建设速度，盲目地追求现代化，历史城区内出现"大拆大建"行为，大规模历史文化遗产被拆除，代之以盈利的高楼大厦、旅游商业设施以及房地产开发项目，造成了不可挽回的损失，产生了极坏的影响。

（2）重"设计"轻"政策"

自建立历史文化名城保护制度以来，我国已经形成包括历史文化名城、名镇、名村、工业遗产等不同遗产类型在内的相对完备的保护规划编制体系，但这套保护规划编制体系脱胎于现有的以传统物质空间规划为主导的城乡规划编制思维和套路，更多关注城市物质空间的设计。而历史城区涉及遗产保护、文化传承、空间修复、社会组织等诸多复杂问题，关注物质空间的规划设计，不仅难以解决历史城区保护与发展的矛盾，甚至会成为历史文化基因消失的保护伞[4]。工作重心偏向规划设计，忽视规划管理、规划实施等配套政策措施的制定，导致规划措施难以传导到规划实践中，从某种程度上加剧了保护和发展之间的矛盾。

（3）重"经营"轻"社会"

政府从经营城市的角度对待历史城区的保护与发展问题，过度关注经济效益与经济回报，引入过多的商业和旅游项目，忽视历史城区的文化属性与公共属性的特质，并忽视了历史文化街区本身蕴含的独特文化特征。过度追逐经济效益带来的商业化导致历史城区原有的文化基因和社会网络逐渐消亡，影响了真实自然的原有居民生活，破坏了地方特色与文化的传承，进而影响到历史文化名城作为文化遗产的真实性，也容易引发对保护历史文化名城目的的误解。原有居民的流失和过度商业化的氛围，伤及历史城区的真实性与完整性，造成了不可逆的损失与破坏。

（4）重"风貌"轻"内涵"

历史城区作为城市旧区，其特色不仅体现在建筑和空间环境上，还体现在一种历史环境的氛围上[5]。由于对历史城区的价值认知和保护理念上的偏差，以及地方政府企图以简单方式改善居民生活环境的迫切需求，抑或是误读了文化发展战略意图等，造成许多历史文化街区复兴或遗产再生项目仅停留在外观和形象改善上，并没有实现真正修复建筑的历史价值，记录市民的历史记忆和情感，而只是修复了建筑的外观风貌，保留了历史街区的空壳，甚至是出现大量建造仿造历史的"假古董"。

总体看，有的认识不到位，重开发、轻保护、拆旧建新；有的是在实施过程中采取的方法不正确；有的是有法不依。究其根源在于未能全面认知到历史城区承载的多元价值，错误地解读甚至歪曲了遗产所承载的信息，导致认知偏差下的保护利用路径不当，严重的甚至出现频繁的破坏现象。

3 对历史城区保护、更新与再利用的认识

历史城区保什么？怎么保？如何发展？如何遵循历史城市的发展规律，基于历史城市的核心价值，建立保护和更新之间的关联；如何全面正确地理解城市更新，需采取什么样的城市更新模式，提升历史城区的功能和品质；以及如何进一步拓展历史城区保护规划思路，提高历史城区保护规划的科学性，实现历史城区的文化传承与可持续发展。面对这些问题和困境，需要基于多维价值、复杂系统与可持续发展理论，对历史城区保护、更新与利用进行了深入思考和再认识。

目前对文物等遗产类型的理论认知已经取得重要进展，但是对于复杂的历史城区的保护而言，其理论认识明显滞后，且已经开始制约名城保护工作的开展。其中，历史城区作为具有多维价值和动态特征的特殊遗产类型，属于典型活态遗产范畴，其保护模式和方法，与真实性、完整性、文化多样性、可持续发展等理论的本土化认识密切相关，是我国历史文化名城保护理论发展的重要突破点。

历史文化遗产的保护从单体建筑到历史地区、再到历史城区，遗产保护的内涵和外延在不断完善扩展。历史城区作为城市现代生活的重要空间载体，是经历不断适应性变化的活态的文

化遗产，其创建过程至今仍在继续，这种不间断的适应性改变可为维持人类社会过去、现在和未来生活的连续性作出积极贡献。历史城区不仅是保护历史文化名城格局、风貌的遗产集中区域，同时也是城市生命有机体的重要组成部分，面对现代城市发展和人们对美好生活的向往和需求，仍然需要不断更新改造，需要从更广的多维视野和尺度，基于城市社会、经济、文化、资源和空间等多元因素构成的复杂开放巨系统，逐步从"单一风貌特征保护导向"向"多维价值内涵导向"转变。重新思考有机更新理论、拼贴城市理论、重构城市理论、可持续发展理论等在历史城区的保护与更新中的应用，从管理制度、政策机制、实施路径等多种渠道引导历史城区走向有机更新与活力再现。

具体而言，历史城区本身是一个开放的复杂自适应系统。一方面，由于目前我们正处在一个十分关键的阶段，随着国家新型城镇化的推进和城市的快速转型发展，城市发展从增量模式逐渐转为存量模式，城市更新成为城市建设工作的新常态，许多老城不但肩负保护重任，而且还必须不断满足城市功能提升和空间结构调整的要求，城市文化遗产保护问题变得错综复杂和日益严峻；另一方面，随着文化遗产内涵与外延的扩大，城乡文化遗产保护越来越涉及政治、经济、社会、文化、管理等各个方面，成为国家发展战略中的重要议题，2014年出台的《国家新型城镇化规划（2014—2020年）》提出注重人文城市建设，表明将文化遗产保护纳入城市社会、经济发展总体战略的必要性和重要性。城乡文化遗产的保护不仅关系到历史文化的传承，也关系到城市品质的提升和社会文明的推进，是一项复杂的社会系统工程[6]。2021年9月，中共中央办公厅、国务院办公厅印发的《关于在城乡建设中加强历史文化保护传承的意见》提出要促进历史文化保护传承与城乡建设融合发展。可以说这一重要文件是新时期城乡规划建设工作的重要依据与指南，对延续城市文化、彰显城市特色、提升城市文化魅力以及实现城市可持续发展具有十分深远的战略意义。

4 改进优化历史城区保护更新路径的建议与展望

4.1 建立基于价值导向的历史城区保护利用机制

随着遗产价值内涵的认识的不断深化，人们越来越达成共识，基于历史城市的核心价值导向，通过日常动态管理处理好保护与发展的关系成为必然。被动的管理体系难以满足发展变化的需求，需要更为主动的管理手段，遗产保护不应阻止变化，而是引导发展变化符合遗产保护的要求，协助管理无法规避的变化过程。基于上述考量，需转变现有的以物质环境的干预为主导的空间规划管理模式，以历史城区多维价值连续为出发点和目标，以历史城区的可持续发展为原则，改善和平衡历史城区保护和发展的关系，切实地将历史城区价值的多元性反映到保护管理之中，保证历史城区多维价值能够可持续地被利用。将价值导向贯穿历史城区保护与利用实施的全过程，建立将核心价值贯穿目标制定、保护规划、保护管理、实施管理全过程的评估框架，在规划流程上，通过"价值识别—问题诊断—综合评估—优化决策—政策制定"的全过程，建立日常不间断的监控和修正的反馈机制，形成完整的全流程闭环规划实施管理。通过构建基于价值导向的历史城区保护利用体系和全过程动态管理体系，处理好保护与发展的关系，运用主动的管理手段，让城市发展符合遗产保护的要求。将文化遗产作为发展进程中的核心要素，强调以人为本，将城市历史文化保护融入城市经济、社会、生活及城市发展过程之中，建立城乡文化遗产保护与发展的有机联系，永续保持和激发历史城区的活力。

4.2　推行渐进式保护、更新与适应性再利用策略

吴良镛先生早在1979年就提出了"有机更新"的理论构想，在获得"世界人居奖"的菊儿胡同住房改造工程中，强调城市整体的有机性、细胞和组织更新的有机性以及更新过程的有机性，其"有机更新"理论的主要思想，与国外旧城保护与更新的种种理论方法如"整体保护"（Holistic Conservation）、"循序渐进"（Step by Step）、"审慎更新"（Careful Renewal）、"小而灵活的发展"（Small and Smart Growth）等汇成一体，并逐渐在苏州、西安、济南等诸多历史文化名城推广，推动了我国从"大拆大建"到"有机更新"的城市设计理念转变[7][8]。在今天我国进入城市更新的时代，小规模、渐进式有机更新的方式对历史城区来说尤为重要和意义深远，需要根据我国新型城镇化发展阶段的新要求，基于历史城区的可持续发展理念与再生策略，整合运用多种绿色城市和建筑设计方法，通过文化传承、环境保护和现代建筑科学技术手段，利用保全工程学原理，开展基于绿色生态理念的历史城区居住生活条件和环境改善方法、针对历史城区的生态化交通更新、历史城区的低碳化市政基础设施更新、既有建筑功能提升和更新改造技术、物质与结构性干预以及保全性的更新与再利用等领域的深入研究，在历史文化价值和传统风貌不受影响的基础上，鼓励通过技术创新和绿色化改造，运用新理念、新方法、新技术、新材料、新设施等提升传统建筑性能，多层次探索研究具有良好操作性和针对性的历史城区保护策略与技术措施，在保护历史整体环境真实性和完整性的前提下找寻到可持续保护和再生的途径，实现全寿命周期的绿色发展。

4.3　重新建立历史城区与城市发展的多维度连接

近年来，可持续发展理念日益贯彻到文化遗产保护工作之中，逐渐从过去强调单一的历史文化保护，转向更加注重协调城市文化遗产保护与社会经济发展的协调关联。历史城区是由一系列不同时期、不同形式与风格的历史要素所组成，正是因为过去、现代与未来的交织，以及日积月累的不断积淀才显现出它们的价值和遗产生命的延续。历史城区是一座城市集体记忆的重要场所，需要从时间、空间、社会、经济和生活等多个维度重新将其与城市发展建立起良好的连接。一方面，注重古城保护与新区建设的有机结合，通过积极建设新区来全面保护历史城区的传统风貌；另一方面，需要在城市更新中把握好历史城区的文化特色与内涵，加强历史城区和街区的整体保护，注重历史城区文化多样性、生活多样性和产业多样性的营造，更新完善

历史城区的基础设施，改善历史城区的人居环境质量，提升历史城区的空间品质，使历史城区能够和谐、健康、宜居与可持续发展。国内外很多优秀案例体现了历史城区新旧的有机融合和相得益彰，例如：巴塞罗那采取城市针灸的方式，提升老城的品质和竞争力；厦门鼓浪屿通过社区活力复兴，使鼓浪屿这一世界文化遗产得到了很好的保护传承[9]；宜兴丁蜀古南街通过保护更新，将遗产保护、改造与绿色生态技术很好融合在一起[10]；上海曹杨新村通过社区微更新，重新建立了良好的社区邻里关系，改善了社区生活条件和环境。这些优秀的历史城区保护案例充分说明了未来的历史城区不应是环境破败和死气沉沉的，而是具有强大的生命力，与当代人们的日常生活可以紧密地融合在一起。

4.4　加强历史城区保护利用的综合评估与制度建设

历史城区保护利用综合评价是一种基于价值取向、用以对遗产变化实施管理并消除负面影响的方法与工具。它以历史城区多维价值连续为出发点和目标，以历史城区的可持续发展为原则，以预测评估开发风险为手段，将具有主动性的环境影响评估（Environment Impact Assessment, EIA）、社会影响评估（Social Impact Assessment, SIA）与遗产影响评估（Heritage Impact Assessment, HIA）的理论、方法与程序引入历史街区保护利用实践，为求改善和平衡历史城区保护和发展的关系，切实地将历史城区价值的多元性反映到保护管理之中，是历史城区"活态"化目标的实现手段之一，是历史城区多维价值能够可持续利用的有力保障。基于新发展阶段历史城区保护与再利用的迫切现实需求，针对以往在保护利用过程中凭借积累经验直觉而缺乏科学性、系统性的弊端，在借鉴和综合国内外成果的基础上，结合城区作为活态遗产类型的多维价值和动态特征，吸收和运用评价学、系统工程学和统计学等相关领域内的经验和成果，将历史城区保护利用综合评价的理论与方法引入历史城区保护利用的全过程，从内在机制与操作层面实现历史城区保护利用理论到实践的对接，通过对现状、价值、活动、影响等方面的综合评价，建立历史城区保护利用工作的有效优化决策机制，为当今中国历史城区保护利用实践提供整体优化解决方案，积极推进历史城区保护利用工作的科学化和制度化。

参考文献

[1] 联合国教科文组织. 联合国教科文组织关于历史性城市景观的建议书 [Z]. 2011.

[2] 仇保兴. 风雨如磐——历史文化名城保护30年 [M]. 北京：中国建筑工业出版社，2014.

[3] 赵燕菁. 土地财政：历史、逻辑与抉择 [J]. 城市发展研究，2014（1）：1-13.

[4] 边春兰. 历史城区：从保护居民到被保护——城市文化基因的消亡 [J]. 城市规划，2013（3）：89-92.

[5] 阮仪三，陈飞. 上海新一轮旧城更新中风貌特色传承的规划方法研究 [J]. 上海城市规划，2008（6）：51-55.

[6] 阳建强. 基于文化生态及复杂系统的城乡文化遗产保护 [J]. 城市规划，2016（4）：103-109.

[7] 吴良镛. 从"有机更新"走向新的"有机秩序"——北京旧城居住区整治途径 [J]. 建筑学报，1991（2）：7-13.

[8] 吴良镛. 北京旧城与菊儿胡同 [M]. 北京：中国建筑工业出版社，1994.

[9] 王唯山. 世界文化遗产鼓浪屿的社区生活保护与建筑活化利用 [J]. 上海城市规划. 2017（6）：23-27.

[10] 王建国. 历史文化街区适应性保护改造和活力再生路径探索——以宜兴丁蜀古南街为例 [J]. 建筑学报，2021（5）：1-7.

摘　要　我国城市的建成遗产保护，通过历史文化名城的制度建设，形成了中国特色的保护体系，在快速发展的社会经济背景下，卓有成效地守住了大量的遗产环境，成为记录中华文明集体记忆的宝贵载体。经过40年的"守城"，在保护与控制的双重规定下，基本形成了以实体要素为对象的保护体系，历史城区、历史文化街区和历史建筑构成了当代中国城市中的显性遗产环境。在此基础上，本文针对新旧二元对立的现实问题和以"守"为主的被动局面，进一步从"空间关系"出发，以历史城区为研究范围，探索其中的隐性遗产环境：层叠系统、单元界域、肌理类型。提出基于空间关系的保护内容及方法：在非整体中强化历史格局；在非重点中控制历史单元；在非实体中延续历史肌理，成为刚性保护体系以外的管控内容。以期通过丰富的遗产形式缝合断裂的历史环境，使城市文脉在整体上能识、可读、有意义。

关键词　历史城区；空间关系；历史格局；历史单元；历史肌理

何依[①]

He Yi

从实体要素到空间关系
——新时期历史城区保护内容的认识与延展

From Physical Elements to Spatial Relations: Understanding and Extension of the Content of Historic City Protection in the New Era

Abstract　The built heritage protection of cities in China has formed a protection system with Chinese characteristics through the system construction of famous historical and cultural cities. Under the background of rapid social and economic development, it has effectively preserved a large number of heritage environments and become a valuable carrier for recording the collective memory of Chinese civilization. After 40 years of "guarding the city", under the dual provisions of protection and control, a protection system has basically formed with the physical elements as the object. Historical urban areas, historical and cultural blocks and historical buildings constitute the dominant heritage environment in contemporary Chinese cities. On this basis, aiming at the practical problems of the old and new binary opposition and the passive situation of "guarding", this paper further starts from the "spatial relationship" and takes the historical urban area as the research scope to explore the hidden heritage environment: stacking system, unit boundary and texture type. This paper puts forward the contents and methods of protection based on spatial relations: strengthening the historical pattern in non entirety; Control the history unit in the non focus; Continue the historical texture in non entities and become the control content outside the rigid protection system. In order to stitch up the historical environment of the fracture through rich heritage forms, so that the urban context can be recognized, readable and meaningful as a whole.

Keywords　historical urban area; spatial relationship; historical pattern; historical unit; historical texture

① 何依，华中科技大学建筑与城市规划学院教授、博导。

中国历史文化名城保护制度伴随着改革开放进程，在追求更高、更快的效率目标导向下，城市遗产保护工作特殊而复杂，在保护与控制的双重规定下，经历了40年"守城"之后，基本形成了以实体要素为对象的保护体系，卓有成效地保护了一批中国历史城市的建成遗产，成为记录中华文明集体记忆的宝贵载体。

在历史文化名城保护的框架内，主要设立了历史城区、历史文化街区（地段）、历史建筑三个可操作的保护层次，构成了当代中国城市中的显性遗产环境。其中历史城区指能体现其历史发展过程或某一发展时期风貌的地区，涵盖一般通称的古城区和老城区，是一座城市的历史原型和集体身份，具有整体性保护意义；历史文化街区指保存文物特别丰富、历史建筑集中成片、能够体现历史风貌并具有一定规模的历史地段，是现代城市中的历史地区，具有真实性保护意义；历史建筑指具有一定保护价值，能够反映历史风貌和地方特色的建（构）筑物，是文物保护单位的补充，具有纪念性保护意义。

在习近平主席关于"历史文化是城市的灵魂，要像爱惜自己的生命一样保护好城市历史文化遗产"这一重要指示精神下，全社会达成了基本共识，形成了对文化遗产的"珍爱之心、尊崇之心"。历史文化名城保护迎来了新的机遇，在历史经验的基础上，如何"在保护中发展，在发展中保护"，迫切需要进一步完善保护体系，探索全方位的保护方法，从城市遗产保护走向遗产城市保护。因此，本文以历史城区为研究范围，结合当前的城市更新行动，重新认识中国历史城市的演化规律和面临问题，探索其中的隐性遗产环境。提出"从实体要素到空间关系"的保护观点，在历史城区、历史文化街区（地段）、历史建筑三类既定保护对象的基础上，进一步延展出历史格局、历史单元、历史肌理三类隐性的建成遗产形式，成为刚性保护体系以外的管控内容。以期通过丰富遗产形式来缝合断裂的历史环境，使城市文脉在整体上能识、可读、有意义。

1 在非整体中强化历史格局

历史文化名城保护制度作为中国政府对历史城市保护管理的措施，其中一个重要的目的是"守城"，试图在经济建设百废待兴之际，借鉴国际上划定保护区的方法，从"城"的意义上，通过制度建设来保护古代城市空间的完整性。《文物保护法》第十四条："保存文物特别丰富并且具有重大历史价值或者革命纪念意义的城市，由国务院核定公布为历史文化名城。"其中历史城区作为历史文化名城保护制度下重要的保护层次与范围，是"名城"价值整体性的体现。回顾历史文化名城保护过程，随着制度建设方面不断完善，在历史城区范围形成了"城区—街区—建筑"不同尺度的保护对象，贯穿了全部保护体系。但是，在实施层面，历史城区的整体性却被肢解了，当历史文化街区成为"名城"的刚性申报条件与保护底线之后，历史城区的概念就被压缩了，"有区无城"的现象普遍存在。

因此，面对零散化的遗产环境，如何进行整体性的研判，需要重新认识历史原型与现代城市的关联，从实体保护到空间格局的控制，以破解目前单一的本体保护局面，在变化中守住"不变"的形式，建立历史城区"层叠系统"的保护与控制内容。

1.1 城市空间的原型及在场性

"原型"（Prototype）从其字面含义理解是原初的"型"式，早期指心理学领域中"集体无意识"的经验结构或反复出现的形象。受此影响，罗西认为在复杂的建筑形式与演变中，潜藏着某种经久的、深层的"类似性"结构概念，它是一种超越形式的内在秩序，即建筑原型（阿尔多·罗西，2006），进而可以得出建筑原型具有时间价值与结构意义多重作用，并可通过其控制要素的实形与虚像来认识其图式关系与整体特征。

城市空间，尤其是历史城市，有着惯常的组织逻辑与形态规律，可以从中抽象出相应的空间原型。历史城市结构体系的原型分析，是城市尺度遗产保护的核心议题，而"原型"维度的二元统一与新旧关联，也是当下值得深入探索的一条保护路径（常青，2017）。因此，从"原型"的概念出发，作进一步引申，可以将历史城区的结构原型界定为：城市历史中特定空间要素的组构关系，作为一个整体且稳定的秩序法则，是支配城市空间演化的内在逻辑，其空间图式长期积淀某种固定的意象，成为一座城市的集体记忆。

因此，历史城区的结构原型作为一种深层且稳定的秩序，蕴含着城市空间演化的"来龙去脉"，它是我国历史城市特有的"形态基因"，也是解读历史城区价值特色的"空间密码"，以及适应发展规律从而进行历史城区整体重构的"规划逻辑"。可以说，在原型的时空维度，整体中蕴含着差异，真实中也蕴含着变化——个体要素的演替整合了整体结构的形态关系，后续要素的产生也携带了既往空间的形式特征，作为变化中稳定的形式关系，对城市历史空间的保护，有着重要的规定性作用与建构性意义（许广通、何依，2021）。

1.2 基于"原型"的空间格局保护

整体保护的意义不在于"全部保护"，而是通过关联保护，来建构一座城市的历史格局和空间逻辑。对此，张兵教授在强调"整体保护"时提出：不能局限在对形态的整体保存上，而是要采取整体观念来保存内在的价值完整性和系统性，把多元的、相互关联的历史文化要素，用系统方法加以保护，体现其历史的脉络和层积的过程（张兵，2015）。我国许多城市的历史街区，虽然有一定的空间规模和遗存数量，但由于不含有历史格局，因此不具备历史意义上的"城"，仅仅是作为历史环境的局部存在。而一些城市的旧城区，并没有大面积的历史街区，却有明确的历史轴线和街巷网络，没有城墙，却有清晰可辨的城界，并且老城中心依旧是城市空间定位的重要依据，所以作为"历史城区"仍然具有整体保护的价值（何依，2017）。

因此，整体性作为保护价值的判断标准，是一个相对的概念，需要在演化过程中进行把握，历史城区整体关系保护需要关注两个方面。

一方面，是建立在历史格局控制的基础上。从原型出发进行空间解释，中国历史城市大多延续了一种空间关系模式，从而维系等级差异、方位规制和要素配置，成为权力在城市空间的投射。受制于营城制度的统一规约，由历史中心、轴街、边界等空间要素关联，组合为相互制约的结构体系，成为今天历史城区原型的"整体图式"。所以在"在城市上建造城市"的往复性过程中，无论实体要素如何被替换，只要空间格局不变，就维持着相应的整体性。因此，从本体保护到空间格局，成为维护历史城区整体性的新议题。通过历史原型概念的中心、轴线与边界的空间关系，使城市空间在整体中产生了某种定位、定向与定界的关系：通过边界来区分城市空间的内外；通过轴线来确定城市空间的方位；通过中心来寻找城市空间的起点。当然，城市是一个复杂的有机体，单纯的三要素远不能将众多的城市要素集结为一个互为关联的整体，但在历史城区有限的空间范围内，却起着"纲举目张"的作用，并由此构成了空间内在秩序与整体意义（何依，2016）。

另一方面，是建立在要素层叠系统的基础上。城市发展是一个新旧交替的过程，城市空间因此呈现出新旧交织的常态。作为空间关系的整体性，既非城市空间的初始状态，也非绝对的静止状态，而是基于城市演化中的长期建构过程。在这一过程中，历史原型作为"在场性"，规定着演化规律和替换要素，形成了城市空间的层叠系统，对整体形态而言，仍然具有原型的意义。例如，古代城墙被推倒后填平护城河，改建成宽阔的马路，相对古时的挖河垒墙，这实际是一种还原活动。这一活动虽然使城墙与护城河消失，但由于新马路层叠在城墙遗址上，延续了古城的边界，城内和城外仍然清晰可辨，虚实之间，历史城区的范围还是个明确的概念。在今天的城市地图中，通过某些要素如环状道路、环形绿带、环形水系等，仍然可以看到历史城区完整的图形关系存在（图1）。因此，替换要素虽然不具有保护价值，但却使许多重要的历史痕迹有明确的位置与范围，作为"遗址"仍然有着特殊意义。今天历史城区的空间关系在新

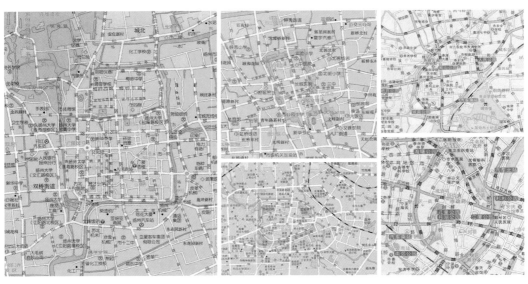

图1　城市地图中的历史城区
来源：百度地图

旧交织中日渐消隐与模糊，需要通过揭示内在的演化逻辑，在层叠关系中进行整体控制，达到保护历史格局的目的，也使城市的叙事空间得以强化。

1.3 宁波古城"历史格局"分析

宁波古称明州，唐长庆元年（821年）明州刺史韩察筑"子城"、唐景福元年（892年）黄晟筑"罗城"，该罗城在原址上延续了千年，是宁波历史城区的主体部分。宁波古城经历唐城格局奠基、宋元港市外拓、明清街巷完善三个阶段，最终定格于清末民初，形成了城河环绕、子城居中，丁字轴街、水陆并行，钟鼓相闻、日月两湖的独特格局。其中，府城制度安排了城市空间结构、自然基质赋予了发达的水环境、东南港埠推动了城市经济发展（图2）。

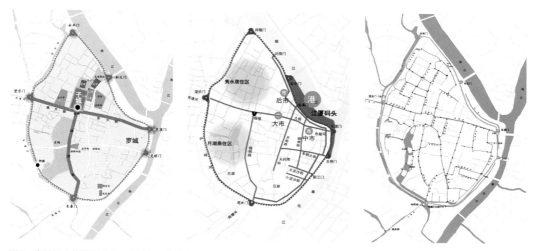

图2　宁波历史格局形成的三大因素：府城建制+东南港市+江南水乡

纵观宁波府城的演化，城市空间具有明显的"双构性"，府城建制与江南水乡互为因果，政治格局和商业社会和谐发展。民国之后，宁波府城的建设活动由建构转向改造：港口呈现出从江河向大海迁移的时空轨迹，如今"港通天下"在宁波府城更多的是一种人文精神；江南水乡则逐渐从"体"层面转化为"底"层面，仅存一个月湖留在城中，更多的是作为街巷地名并成为一种城市记忆。整体而言，以鼓楼为中心、以环城路为边界、以镇明路与中山路为轴线的"府城建制"，是历史城区最稳定的整体性空间格局，也是宁波历史文化名城重要的识别特征（何依，2017）。

面对被现代城市肢解成碎片的古城，《宁波历史文化名城保护规划》重点提出了七片历史文化街区的保护规划措施。由于历史文化街区分布较散，规模不大，很难支撑起一个相对完整的历史空间风貌体系。因此，在历史城区层面还需通过集成历史信息，强化历史空间格局，增加历史文脉的识别性。在具体层面，则围绕着子城和罗城，强化中心和边界两大体系：一方面，以鼓楼为核心、子城为载体，通过"众星拱月"的丁字轴街整合历史中心，促使零散化的历史要素在现代城市的背景中"集中抱团"，强化历史中心的空间逻辑；另一方面，以城廓为线索、六门为节点，通过"宝石项链"的环城系统整合历史边界，建立一种体验式的城市文脉认知方式（图3）。

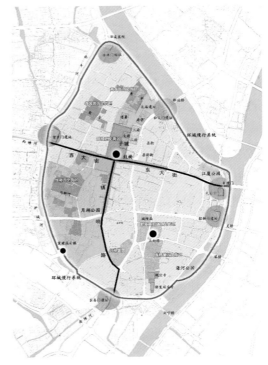

图3　宁波历史格局整合：中心和边界

2 在非重点中控制历史单元

"历史文化街区"是历史文化名城保护体系中观层面的核心概念。1997年8月，建设部发文将历史文化保护区作为一个独立层次，并以2002年新颁发的《文物保护法》为标志真正进入我国名城保护法治时期，我国城市文化遗产保护的核心开始收缩，由城区逐步转向街区。历史文化街区作为城市中的明确地段，通常是通过"紫红"形式进行重点保护，设置核心保护区和建设控制地带。相关的保护条例大多以"不得""严禁""控制"等作为文本的基本语言，将其作为旧城改造中的一个"禁区"。经历了20年的实践检验后，守住了大量的遗产环境，成为今天城市发展的稀缺资源和特色空间。但也存在着"新—旧"二元对立问题，随着旧城改造的图底关系反转，历史街区成为现代城市中的"洼地"，遗产环境仅仅作为单纯的历史景观，孤立在现代生活之外。除了"重点"保护之外，还有大量非重点的历史环境维护着历史城区的传统风貌和历史格局，在未来的城市更新中面临着不确定的问题。

因此，面对现代化的遗产环境，如何进行小规模有机更新，需要重新梳理现代城市空间中隐性的历史信息，从重点保护到非重点的单元管控，以破解目前单一的重点保护局面，在城市治理与更新活动中，建立历史单元的保护与控制内容。

2.1　城市形态单元的界域及稳定性

所谓城市形态（Urban Morphology），不仅指城市的物质表象，更包括了其内在的逻辑关系，深刻地反映着城市的形体本质（维托尔·奥利维拉，2018），是部丰富的历史读本。城市历史本质上是城市被赋予形式的过程，具体则表现为人和物聚合的方式，对此，康泽恩学派将其定义为"形态区域"（Morphological Region），构成"建筑/单元/城市"的层次关系，并且把"单元"作为核心环节，用作城市形态管理的抓手。其中，城市形态的基本要素是建筑，形态则由不同类型的建筑以不同的方式构成，作为有意味的建筑集合。城市形态学立足于此，通过历史地图的回溯，追踪城市形式中的历史演变过程（田银生，2021）。

在城市形态的概念中，单元层面表现为边界围合的组群，界域性是形态单元的重要概念。界域由边界和场域共同组成，其中，边界使单元具有一定的完整性，场域使单元具有一定的内存秩序。在历史城区中，形态单元包括历史单元和非历史单元两类：历史单元是历史原型保留和转换的结果，如衙署、考院、文庙等，反映了古代城市营城制度中的要素配置；非历史单元是基于产权状况、时代特征、建筑风貌、用地功能等多种因素由于跟周边区域的差异，自成一体而形成。历史原型发展到今天，两种形态单元往往综合叠加而成，其中历史单元作为隐性层面，非历史单元为显性层面。值得关注的是，历史单元具有相当的稳定性，无论其中的建筑物更替多么频繁，始终维持着与初始功能的相关性。例如襄阳古城的襄王府历史单元，自明代建造以来，从襄王府到关帝庙、再到襄阳军区医院及家属院，今天仅保留了明代的绿影壁和正殿，但以绿影壁为起点的历史轴线仍然控制着王府空间秩序，并且有清晰可辨的单元边界和内部街巷。所以，形态单元作为一个稳定的存在，是有空间记忆的（图4）。

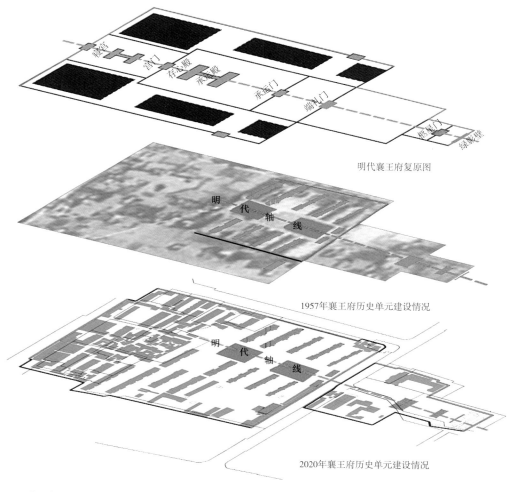

明代襄王府复原图

1957年襄王府历史单元建设情况

2020年襄王府历史单元建设情况

图4　襄王府历史单元演化中边界和秩序的稳定性

2.2 基于"界域"的单元管控

城市是缓慢形成的，过程产生秩序，各类单元成为不同时代、不同形式的集体记忆，历史积淀的存在方式不仅仅是三维的空间实体，也包括四维的时间信息。以"庞贝古城剧场"这一著名的历史单元进行解释，罗马市区地块上可以看见一个由古代圆形剧场转化而来的居住区，建筑物直接构建在剧院的原始基础上，导致了建筑和街道弯曲。由于居住区"携带"了剧场的相关信息，包括位置、边界和形态，使得庞贝剧场依然有迹可循（图5）。城市发展有着自己的生命周期和文化积淀，也就形成了不同的"文化层"，能够在不断变化中维持历史形态的，不仅是剧场的实物，也包括剧场的单元。从既有的历史环境保护观念出发，若不存在文物本体，剧场单元是没有保护价值的。

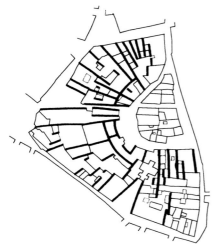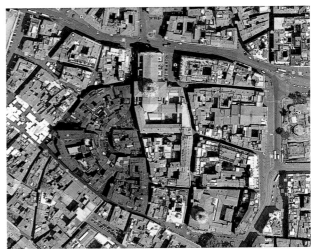

图5 罗马市区地块上庞贝古城剧场的历史单元
来源：作者改绘。

相较于实物遗存的刚性保护控制要求，分布广泛、数量较多的历史单元，需要更好地融入当代生活，以实现可持续利用，这也是历史城区资源整合的重点项目。尤其是当前的"非古城"功能腾退活动，机关、工厂、学校向城市新区陆续搬迁，历史城区面临着新一轮的用地调整，单元管控成为防止大拆大建的有效手段。单元管控指的是兼顾保护和发展的各类行政和技术手段：一方面，控制单元边界，在特定的范围内实施城市的"有界"更新，形成"旧瓶装新酒"的更新模式，使城市形态得以维系；另一方面，控制内部"场域"，倡导新旧共生，包括历史遗存和现代建筑共生，旧的空间秩序和新的建筑实体新旧共存，使得场所环境有所标识。

2.3 泽州古城"历史单元"分析

《泽州府志》记载："元后期凤台县由高都古城迁于泽州城内，明洪武年间升县入州，清雍正六年（1728年）升泽州为府，析郭置凤台县。"因此，古城内设泽州府公署和凤台县公署两级建制，历代郡治在以后重建、改建过程中，位置都没有进行调整。"一城二府"是泽州古城格局的根本性成因，并演化成"双十字"的城市中心。从清末民国至新中国成立前，随着政权的更替，泽州府衙和凤台县衙在"革故鼎新"中已不复存在，但"大十字"和"小十字"作为城市的发源地，在深层次的结构性中控制着旧城区格局（图6、图7）。

　　1985年，晋城脱离长治地区设为地级市，实行了"市管县"的制度，迎来了城市发展建设的高速阶段，并相继建设了凤台街和泽州路两条宽阔的城市主干道。市政府机构搬迁后，行政中心转移至新的"大十字"。但历史的"双十字"却始终维系着古城格局，旧的权力中心转化为商业中心，由于凝聚城市精神，"双十字"的核心地位仍然不可动摇。值得关注的是，以衙署为中心的行政办公部门，按照一定的营建法则确定方位和规模后，具有相当的稳定性，在今后数百年的城市发展中，无论其中的建筑物更替多么频繁，但用地功能却很少发生变更，始终维持着与初始功能的相关性，如果关注一下我国县市政府的变迁，就可以发现20世纪80年代以前的政府机构，都延续了历史的相关功能（图8）（何依，2016）。

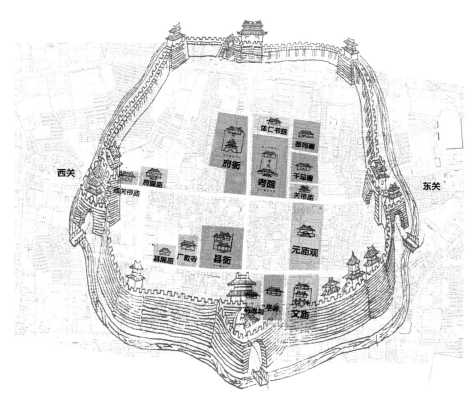

图6　泽州古城现状图与古代地图的叠加分析

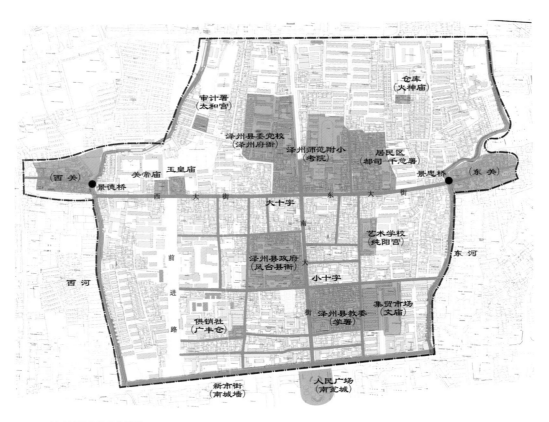

图7 泽州古城历史信息转译图

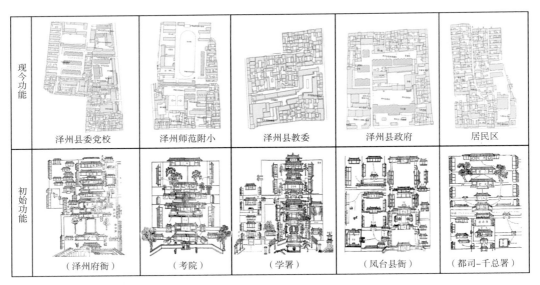

图8 泽州古城历史单元边界的稳定性

3 在非实体中延续历史肌理

历史建筑是历史文化名城保护体系中的最小单位，作为一个具体的物质见证，也是最易识别的历史文化资源点。2008年7月发布的《历史文化名城名镇名村保护条例》中指出："历史建筑，是指经城市、县人民政府确定公布的具有一定保护价值，能够反映历史风貌和地方特色，未公布为文物保护单位，也未登记为不可移动文物的建筑物、构筑物。"历史城区中有大量挂牌的历史建筑，其中的民居院落大多与历史文化街区共生共存，成为重点保护与修缮的"标本"。但是，历史文化街区是一个生活性遗产，有大量的非历史建筑维系着历史环境和传统生活，构成一个有机的关联体。由于历史文化街区实施模式问题，在"腾笼换鸟"的过程中，拆除了历史建筑以外的大片民居，取而代之的是仿古建筑。日常生活场所被忽略，丰富的街巷网络也被校正，失去了长期积淀的复杂性和多样性，导致重建后的历史街区只是"平面化"的历史场景。

因此，面对模糊化的遗产环境，如何在"留、改、拆"中进行选择，需要从实体保护到非实体的图底关系，重新评估那些在新旧拼贴中无法定价的民居院落。以跳出目前单一的名录保护局面，在"应保尽保"的原则下，建立建筑肌理的保护与控制内容。

3.1 建筑肌理的类型及传承性

建筑肌理是建筑空间的一种组合关系，作为一种集体的人工制品，建筑肌理是传统生活在城市空间中的投影，也是城市空间发展过程中携带的文化基因。例如传统四合院：东西南北"四"座建筑，围"合"组成一个"院"落，反映了中国传统人居环境的内向性，是一个自成一体的社会单元。建筑肌理中有一个类型学的概念，阿尔多·罗西（Aldo Rossi）有一个重要的结论："原型中的一切是精确和给定的，而类型中的所有部分却多少是模糊的。"（罗西，2006）历史被类比为一个度量时间而且又被时间度量的"构架"，正是在这个构架中，城市中已经发生和将要发生的事情都留下了各自的印记。根据建筑类型学原理，传统民居作为"原型"，可转换为新的"类型"，在这一过程中，变化的是建筑单体，例如材质、高度、外观等，不变的是空间组合关系。所以，从空间关系的视角去评判建筑肌理，在维持原有组合关系的前提下，当某一建筑发生更替时，肌理单元仍然保持不变。

历史街区作为城市功能的有机组成部分，有其自组织特性和自我调节的功能，其中"生活的延续性"是判断历史街区价值的重要条件，发生在日常生活中的演化，成为伴随历史街区存在的一种常态，历史街区的复杂性和多样性也来自其中的自主更新。在旧的空间关系无法满足生活需求时，建筑肌理就会产生一定的改变以与之相适应。但是，这种改变对于原先存在的空间关系有很强的依赖性，建筑肌理在漫长的演化过程中，能够传承空间关系，是基于一种类推现象，从原型转化为类型的过程（何依，2016）。

3.2 基于"类型"的肌理识别

建筑肌理的模糊化往往始于形式与功能的矛盾，最初以修正和微调的方式，空间形式与生活功能在不断磨合的过程中，建筑肌理的演化也在悄无声息地进行，继而出现了大量"似是而非"的类型。对此，需要在错综复杂的既有环境中对建筑肌理进行类型识别，将其列为"应保尽保"的对象，维护历史街区演化过程的真实性。在一个错综复杂的既有环境中"去伪存真"，需要通过原型、类型、异型三种肌理图形的识别，其中原型属于历史，通过历史建筑的身份得以保护；类型是原型规定下的演化结果，不可避免地带有原型的印记；异型由于过度改造，无法归类而失去历史意义（图9）。

建筑肌理的"类型"识别，是一个从量变到质变的过程，可以进一步分为同构型类肌理和相似性类肌理（图10）。其中，相似性类肌理指单元内部由于改建重建活动，改变了院落空间的形状，但是变化控制在一个有限的范围内，并不会对肌理造成结构性影响，原型的抽象形式也没有变化。在这之中存在一个相似度的概念，如果相似度过低，则可归为异型而失去修复价值。大量复杂的类肌理作为灰色区域，处于"拆"与"留"之间，其措施也决定了历史街区保

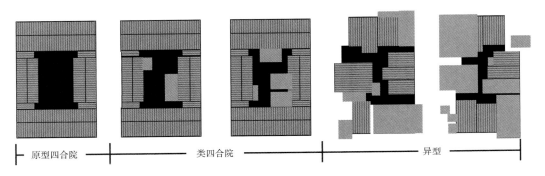

图9 "原型、类型、异型"的演化过程

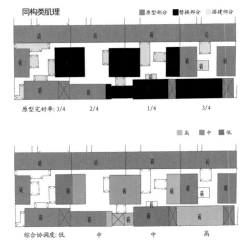

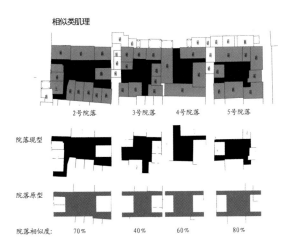

图10 同构型类肌理与相似型类肌理的识别与评价

护与更新的最终方式。从我国历史街区的保护现状看，往往由于对这一部分的认识不足，最终造成"大拆大建"，使历史建筑失去了原生的遗产环境。

3.3 太原南华门肌理类型分析

南华门是太原市的历史文化街区，长期以来，不断地局部改造，使街区历史环境零散化，历史信息也日益模糊。其中的演化是一种双向过程，包括内部更新和外部干预两个方面：建筑肌理演化一般表现为内生性，源于肌理单元内部的自主更新，对建筑功能适应性的改建、重建、新建活动，使单元内部要素新旧交织，是一个新陈代谢的渐变过程。街区肌理演化往往以介入式为主，在一些外界因素的作用下，街区的空间格局发生重大变更，这源于太原解放初期，太原市政府曾将南华门一些民居大宅改为政府机构，后期引发拆院建楼的地块更新，导致街巷肌理的损坏与分裂。

在南华门街区传统民居中，共识别出187个院落式建筑单元，再进一步归类为"原型、类型、异型"三种不同的肌理单元。"原型"是建筑本体和院落空间均保存完好的单元，大多是文保单位和历史建筑，例如徐永昌故居、赵树理故居、牺盟会旧址等，计21个院落单元，以保护和修缮为主要措施。"类型"是经过了部分重建后，建筑风貌发生改变或院落空间不完整的部分，在南华门历史街区中是一个较为普遍的存在，计142个院落单元。"异型"则是由于过度改造而发生嬗变的组织，包括寄生在原型上的扩建与搭建，以及由于无法与原型发生关联而失去历史价值的部分，计24个建筑单元，是需要拆除重建的部分。因此，肯定肌理类型的存在价值，将修复工作控制在单元内部，才能真正实现"小规模、渐进式"的有机更新（图11）。

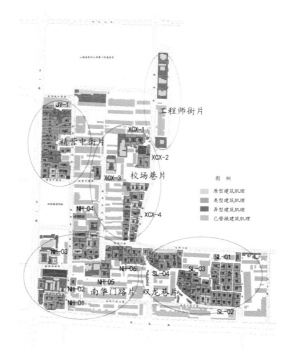

图11　南华门历史街区中原型、类型、异型识别

4 结论

经过40年的努力，中国历史文化名城已多达140座，这些历史城市的特色不一而同、遗存状况和价值也有差距，如何指导众多历史文化名城的精准保护及更新发展，关键要突破传统

的实体要素和刚性保护理念，从中认识虚体空间的价值，在既有保护框架中建构多尺度、多维度的保护与控制内容。本文提出基于空间关系的保护内容及方法：在非整体中强化历史格局，通过历史与当下的关联，建构要素的层叠系统；在非重点中控制历史单元，通过边界与场域的管控，保留特定的历史记忆；在非实体中延续历史肌理，通过"原型"与"类型"的推演，延续多样的生活场所。历史文化名城不仅是当下城市的文旅资源，更是一座城市的历史根源和集体身份，对城市历史文化内涵进行系统保护与创新传承，不仅需要关注整体、重点和实体的显性要素，还需要关注那些非整体、非重点与非实体的潜在空间，确保城市建设发展的"有迹可循"。

参考文献

[1] 何依. 四维城市——城市历史环境研究的理论、方法与实践［M］. 北京：中国建筑工业出版社，2016.

[2] 张兵. 历史城镇整体保护中的"关联性"与"系统方法"——对"历史性城市景观"概念的观察和思考［J］. 城市规划，2014，38（S2）：42-48，113.

[3] 许广通，何依，王振宇. 历史城区结构原型的辨识方法与保护策略——基于荆襄地区历史文化名城保护的相关研究［J］. 城市规划学刊，2021，1（S2）：42-48，113.

[4] 谭瑛，张涛，杨俊宴. 基于数字化技术的历史地图空间解译方法研究［J］. 城市规划，2016，40（6）：82-88.

[5] 常青. 论现代建筑学语境中的建成遗产传承方式——基于原型分析的理论与实践［J］. 中国科学院院刊，2017，32（7）：667-680.

[6] 何依. 走向后名城时代——历史城区的建构性探索［J］. 建筑遗产，2017（3）.

[7] OLIVEIRA V. Teaching Urban Morphology［M］. Cham: Springer International Publishing AG, Part of Springer Nature, 2018.

[8] 田银生. 城市形态的管理单元：意义、构建和应用［J］. 城市规划，2021，45（7）：9-16.

[9] 阿尔多·罗西. 城市建筑学［M］. 黄士均，译. 北京：中国建筑工业出版社，2006.

持续推动乡村地区历史文化城镇和传统村落的保护传承
——从为两本书写的后记和序谈起

Continuing to Promote the Protection and Inheritance of Historical and Cultural Towns and Chinese Traditional Villages in Rural Areas: From the Afterword and Preface Writing for Two Books

李兵弟[1]

Li Bingdi

习近平总书记指出："在漫长的历史进程中，中华民族以自强不息的决心和意志，筚路蓝缕，跋山涉水，走过了不同于世界其他文明体的发展历程。"了解中华文明，认识中华文明，保护和传承中华文明，是我们这一代人的历史职责，也是中国历史文化名城名镇名村和历史文化街区、历史建筑保护工作的要义。通过几十年的不断努力与建设，我国已经形成了世界遗产，国家和省级历史文化名城、历史文化名镇、历史文化街区、历史文化名村和传统村落以及优秀的历史文化建筑等从城市到乡村的历史文化保护谱系和空间系列。广袤的中华大地历史文化保护的外部环境和政治体制均处于历史上比较好的时期。我们要全面统筹快速城镇化发展与历史文化保护，深刻认识历史文化保护与传承是高质量城镇化发展的必然要求，是国家先进文化建设的丰富内涵，是实现社会主义现代化强国的精神产品。满足人民群众新时代日益增长的文化需求，保护人民群众的文化利益，就必须进一步加强乡村地区历史文化城镇和乡村传统村落在内的一切历史文化遗产的保护，不断创新保护活化利用的机制。

乡村地区历史文化保护传承的空间体系主要由小城镇和村庄承载着。相比起城市的历史文化保护工作，乡村地区则显得更加薄弱。小城镇历史文化保护的羸弱态势源于保护意识淡漠和专项研究"瘸腿"，而历史文化名村和传统村落的保护在乡村振兴战略实施中取得了面上的普遍进展，尤其是近十年的传统村落认定与保护取得了历史性的好成绩。

我初步接触这类工作还是在中国城市规划设计研究院，城镇历史文化保护传承的知识阅历素养都是在那时工作中逐步向王健平、王景慧等老领导学习积累的。2000年调到建设部工作后，广阔的工作舞台常常促使我思考一些问题。我国的历史文化名城名镇名村，都是由地方逐层逐点按程序核批的，城市还有条件可以比较全面地反映城市发展的历史文化脉络，而大量分散的镇和村就很难做到了，它只能片段地定格记载发展的某一历史瞬间或场景。还有没有可能在更大空间、更深层面、更多场景、集中地反映自然演替、国运兴衰、文化迭代进程中的历史文化城镇（村）发展变化呢？能不能从其中更深层次、更全面地理解和认识历史文化名城名镇名村保护传承的重要意义呢？两本书的后记与序言记录了我当时的思考与感悟。

---

[1] 李兵弟，原住房和城乡建设部村镇建设司司长。

前一本书是为2010年7月出版的《丝绸之路沿线城镇的兴衰》写的后记，它记录了本人当时的一些粗浅认识。

2006年，时任建设部部长汪光焘同志在向国务院温家宝总理汇报工作时，温总理指示道，如果没弄清楚丝绸之路城镇的兴衰发展，就难以指导全国的小城镇工作。我工作的建设部村镇建设办公室（当时机构名）当即抓住这个机遇，设立部重点研究课题，并通过社会招标由西安丝路城市发展研究院牵头，范少言教授为课题负责人，联合西北五省多家单位，历时四年开展了《丝绸之路沿线城镇兴衰规律研究》工作，研究成果以专著《丝绸之路沿线城镇的兴衰》正式出版。"该项研究纵跨二千年历史，横展四千公里空间，艰辛磨砺，四年寒暑，倾注了汪光焘部长等老领导始终如一的关注和热情鼓励，倾注了项目策划者的坚毅守望与执着追求，更倾注了项目研究人员的呕心笔耕和学术攀登。"

"丝绸之路"的概念是德国地理学家李希霍芬于19世纪70年代首先提出的，他把公元前114年到公元前127年，中国与中亚及印度之间的丝绸贸易诸道路总称为"丝绸之路"。丝绸之路全长7000多公里，中国境内长4000多公里，基本走向从汉唐时期的长安城出发，沿着泾渭河谷，途经河西走廊、塔克拉玛干沙漠南北两缘、帕米尔高原抵达中亚、西亚和地中海沿岸以及欧洲诸国。课题成果十分明确地指出了绿洲分布及其供养能力决定着线路的稳定性，沿线政治格局及其稳定性决定着丝路走向，沿线国家经济发展水平和贸易需求量刺激着丝路的兴盛繁荣，人类文明进程和世界经济格局的新变化致使丝绸之路逐渐沉寂。今天读来，以史为鉴，我国政府"一带一路"的倡议，必将使丝绸之路沿线城镇发展勃兴。

该书中归纳了六点与城镇密切关联的发展兴衰规律。一是城镇是丝绸之路的重要节点和支撑，其稳定性关系国家安全和国内政局稳定，城镇兴衰与丝路交通具有双向作用关系。二是数千年来，丝路沿线自然地理环境演变缓慢，地域生态环境总格局基本稳定，因而丝路沿线小城镇总量基本稳定。历史上丝路沿线城镇数量大致保持在100～180座，汉唐时期城镇数量约为150座，魏晋和宋元时期城镇数量约100座，明清时期城镇数量近180座。三是城镇兴盛的规律表现为稳定的水土气组合条件与城镇的相对区位作用、城镇的区域功能、城镇的文化魅力等的综合作用，经济商贸是城镇兴盛的推进剂，文化影响力是沿线民族地区城镇稳定发展的灵魂。如新疆的喀什（古称疏勒）因具有稳定的水源和强大的民族文化包容力而成为丝路南北中三条通道的经济、文化交汇中心，承担了国际贸易中转和交流中心的职能，发展成区域大城市，也是今天的国家历史文化名城之一。四是绿洲稳定性和千年的文化沉淀是沿线城镇稳定发展的依托，但受地域资源环境容量约束，城镇稳定而难以发展壮大。书中专门梳理了丝路沿线分流域的城镇组群分布：渭河流域的天水、陇西、凤翔、西安、咸阳、渭南；黄河流域（甘肃段）的兰州、临夏、白银；湟水河流域的西宁、丹噶尔城、大通、扁都口、碾伯、定西、民和；石羊河流域的武威、金昌、永昌、民勤、古浪、天祝；黑河流域的张掖、酒泉、嘉峪关、金塔、高台、肃南、民乐、山丹、临泽；疏勒河流域（包括党河）的玉门、敦煌、阿克塞、肃北、安西；塔里木河流域的库尔勒、楼兰、米兰、沙雅、喀什、莎车；天山北麓绿洲地带的乌鲁木齐、昌吉、石河子、阜康、米泉、奎屯、吉木萨尔、呼图壁、玛纳斯、沙湾、独山子、吐鲁番、哈密、鄯善。五是政治、军事、绿洲水源等因素产生的小城镇，发展动力比较单一，城镇支撑条件脆弱，城镇随着政治军事地位变迁、民族战争或生态环境恶化而逐渐衰亡。六是在自然地理和战争、交通条件的影响下，丝路沿线小城镇呈现出溯源迁移的游移性和区域动态性发展的规律。人类的过度开发和不合理利用导致生态失调，引起城镇生存环境的恶化和变迁。

丝绸之路沿线城镇兴衰演替变化之巨，世所罕见，常令后世子孙扼腕叹息。它是中国人类文明发展的科学史证，也是对后世人地关系发展的珍贵教益。需要我们综合持久地深入探索，也需要我们谦恭以对、顺应而为。研究的范围内目前共有15个国家历史文化名城和19个国家历史文化名镇，以及一大批历史文化名村与传统村落。这类以城镇发展兴亡的重大史实作为主线的跨时空、跨地域的综合研究，提供了更多的城镇历史文化发展与保护的信息来源，提升了城镇历史文化保护的历史自觉、文化自觉与生态自觉。尤其在国家"一带一路"倡议中，我们可以更加清醒地认识到中国历史文化名城名镇名村，对中国大一统的制度基础和基本疆域框架的奠基作用，对中华文化这一有别于世界其他文明体的开放包容的历史价值。这本十多年前研究出版的书籍至今翻阅，都会引起我对国家城镇和乡村历史文化保护传承的接续思考。我们这方面的宏观研究还是太少了。

大约在2009年，住房和城乡建设部村镇建设司又策划了一个重大课题——《大运河沿线城镇发展历史研究》，拟专门研究我国东部较发达地区以大运河为纵轴隋朝以来的人类活动与城镇经济社会发展的历史关系及其规律，开题专家评审会给予了课题极高的评价和期许。课题申报最后没有得到领导批准，留下了深深的工作遗憾。原准备在这两个课题研究基础上，进一步推动形成纵横中国大地、统揽人地关系、驰骋数千年历史的中国城镇发展兴衰规律的研究，为国内历史文化城镇的保护传承夯实史实基础，在更广阔空间、更丰富层面、更扎实史实的基础上全面展现中国城镇历史文化保护发展的文化内涵和历史价值。令人高兴的是2014年我国大运河已经成功申报为世界文化遗产。

后一本书是2021年7月为《乡村振兴背景下北京传统村落传承利用研究》一书写的序。作者工作的中国建筑设计研究院（集团）城镇规划设计院，是我国较早从事农村地区历史文化保护利用研究的专业设计研究单位，多年来始终如一地持续对乡村地区古村落、古村寨、古祠堂、古庙宇、古建筑和农耕文化环境开展保护利用研究。

我们在向第二个百年奋斗目标前进的路上，依然必须清醒地认识到，中国发展离不开农村，中国社会不能没有农民，中国绝不会舍弃农耕文明和世代乡愁。当前，在新型城镇化进程中全面实施乡村振兴战略，就是要努力避免一些城镇化先行国家曾经出现过的乡村衰落和历史文化记忆衰退。习近平总书记在农村视察时告诫我们"要保护好中华民族的象征"。几千年的农耕文明是我们中华传统文化延续的血脉，是中华文明谱系中灿烂辉煌的基干，是国家历史文化大保护大传承大发展不可离散的源泉。农耕文明的文化根基深植在农村田野，空间形态依托于繁星点落的村庄山寨，文化精神浓浓地融于乡俗民间。传统村落就是那最耀眼的星座。近些年，传统村落的保护与活化利用受到了国家前所未有的重视与社会关注，至今国家已经命名了五批6819个传统村落，还有7000多个省级传统村落。中国已经是当今世界上最为宏大的乡村振兴、乡村建设、乡村发展的"大市场"，也是最为忧心、最为急迫、最为困难的众多传统村落保护的"大战场"。历史文化遗产是不可再生不可替代的宝贵资源，要始终把保护放在第一位，这是我们的历史责任和时代诉求。

当前，乡村地区传统村落保护与传承的任务依然十分艰巨：一是传统村落成规模的认定保护较晚、数量偏少，绝大部分古村落保护利用还处于摸索阶段；二是政府保护资金有限，尚未找到社会资本进入乡村从事历史文化保护事业的有效途径；三是乡土文化的保护与活化尚未形成系统经验，一些部门和地方沉湎于表面文章和花式保护，形式主义屡禁不绝；四是城乡并举的国家历史文化价值体系尚不完善，新时代的农耕文明传承基础上的乡土文化再生迫在眉睫。

我们要根据城乡融合发展和乡村振兴的新时代发展要求，切实补上和加强乡村地区历史文化保护传承的工作短板。从中华文明历史高度再次认识乡村在中华文明进程中的历史文化价值，构建城乡并举的国家历史文化保护的价值体系。尽可能多地保留传统村落，划定乡村建设的历史文化保护线——确立传统村落的项目保护体系，划定保护的底线。落实乡村地区历史文化保护项目，如乡村地区的文物古迹、传统村落、民族村寨、传统建筑、农业遗迹、灌溉工程遗产等硬件，继续挖掘优秀的乡规民约、良好的民风民俗和传统的节庆活动等软件，不断提升对历史文化城镇和传统村落的乡土特色、地域特色、民族特色、民俗文化的认知。把乡村地区历史文化保护与活化工作尽最大的努力做到实体化、要素化、项目化、规范化和产权化，组织培训提升城镇居民和村民的保护意识和在保护中发展的自我救赎能力，推动历史文化城镇和传统村落保护修复全程伴随式的知识服务与精心施工指导等。

国际化都市区、现代化都市圈、都市群、大城市周边等快速城镇化发展地区的乡村历史文化保护有其特殊困难性，在各方经济利益或投资效益的较量中，乡村地区的历史文化保护往往处于弱势地位，乡村历史文化环境的保护就更加困难了。北京作为中国的首都，无疑是当今世界上发展最快的国际大都市，在发展中不但要做好特大城市城区的历史文化保护，而且要持续做好大都市乡村地区的历史文化保护。作为世界著名古都，北京历史文化深厚，传承脉络绵延，城乡更替交融，史前文明、古人类文明、农耕文明与古都文化文明相辅相成，编织了北京城市历史文化的发展轨迹，记载着城市文明代代叠加的辉煌，播撒着农耕文明层层史料的精彩。截至2021年北京市还有3938个村庄，其中包含传统村落44个。这些是未来北京作为国际大都市独特的、稀缺的、特色空间载体，也是北京市文化保护和传承利用大文化的一统内涵。统一认识、同等对待、统筹保护，共同利用，时不我待。北京这样的大都市能够做到，相信其他的大城市也能够做好乡村地区历史文化的保护与传承。

前后两本书的后记和序，部分记载了我在乡村地区历史文化保护与传承中的感悟。发展属于人民，发展需要承继历史文化血脉，发展需要惠及未来的千秋万代。

以此小文，纪念我国历史文化名城保护事业蓬勃发展的40年。

摘　要　　文章提出梳理和提炼价值展示体系、规划空间传承体系、建立保护传承类型学方法体系、健全完善法律法规体系来科学地确定城乡历史文化保护传承体系，做到分类科学、保护有力、管理有效。

关键词　　历史文化保护；保护传承体系；文化遗产；中国

Abstract　　This paper proposes sorting out and refining the value display system, planning the spatial inheritance system, establishing the typology method system of protection inheritance, and perfecting the laws and regulations system, so as to scientifically determine the urban and rural historical and cultural protection inheritance system, and achieve scientific classification, strong protection and effective management.

Keywords　　historic conservation; protection and inheritance system; cultural heritage; China

张广汉①

Zhang Guanghan

科学确定城乡历史文化保护传承体系

Scientifically Determine the Protection and Inheritance System of Historical and Cultural Heritage in Urban and Rural Areas

　　在城乡建设中系统地保护、利用、传承好历史文化遗产，受到国家和地方政府的高度重视。2021年9月，中共中央办公厅、国务院办公厅印发了《关于在城乡建设中加强历史文化保护传承的意见》，文件要求加强制度顶层设计，建立分类科学、保护有力、管理有效的城乡历史文化保护传承体系，并要求到2035年，系统完整的城乡历史文化保护传承体系全面建成②。目前，全国各省正在广泛开展省域城乡历史文化保护传承体系规划，有的城市也在国土空间总体规划中对保护传承体系的构建提出了相应的要求。由于缺少指引，各地的做法都不一样，有的规划仅仅列出了历史文化遗产名录，有的根据价值分类与现存遗产进行对应，大家都在积极地探索。

　　当前，我国城乡历史文化保护传承工作存在价值展示不足、空间整体性不够、保护传承方法不当等突出问题，许多具有保护价值的遗产未被纳入保护体系。城乡历史文化保护传承体系如何做到分类科学、保护有力、管理有效？笔者认为，省、市层面的城乡历史文化保护传承体系应当包括四个子体系：价值展示体系、空间传承体系、保护传承方法体系、法律法规体系。

---

① 张广汉，中国城市规划设计研究院副总规划师、教授级高级规划师。
② 中共中央办公厅，国务院办公厅. 关于在城乡建设中加强历史文化保护传承的意见 [Z]. 2021.

1 梳理价值展示体系

　　价值展示体系是城乡历史文化保护传承体系的核心内容。城乡历史文化内涵丰富，既包括有形的，也包括无形的；城乡历史文化源远流长，既包括古代的、近现代的，也包括体现新中国成立后的建设、改革开放和社会主义现代化建设的文明成就。充分挖掘城乡历史文化遗存，梳理历史城镇村、街区、文物古迹的历史文化价值，建立与价值对应的、全省（市）域的、应保尽保的价值展示体系。

　　城乡历史文化遗产的分类，包括物质文化遗产和非物质文化遗产以及蕴含其中的精神文化。物质文化遗产是具有历史、艺术和科学价值的文物，以及在建筑式样、分布均匀度或与环境景色结合方面具有突出或普遍价值的历史文化名城、历史文化街区、村镇和历史建筑等[①]。

　　历史文化价值的提炼，可以从由古至今的中华文明的历史脉络来分析，也可以从政治、经济、文化、技术等多方面去凝练。例如云南省历史文化保护传承体系规划中，从政治、经济、社会、科技文化、地理五大类别进行详细解读，凝练归纳五大综合价值，21条分项价值，包括云南是西南边陲古人类发祥地与多元统一国家形成的历史见证，是中国与南亚、东南亚经济文化交流门户和战略通道，是近代红色革命、抗战斗争与民族自强、振兴边疆的重要基石等重要价值。

　　价值展示体系应当突出重点，兼顾全面。既要突出展示中华文明中的价值，讲好中国故事，又要展示城市自身的历史文化，反映百姓生活的乡愁文化。比如嘉兴市历史文化名城的突出价值是中国共产党的诞生地和重要革命纪念地，包括南湖、红船、倭墩浜遗址等具体体现，同时马家浜遗址、塘浦圩田系统等是反映杭嘉湖平原生产活动历史变迁的见证地；嘉兴历史城区和网状水乡古镇群是古代江南城镇格局演变的活态标本；大运河嘉兴段和运河边历史街区体现了嘉兴是京杭大运河江南段的枢纽城市。规划将价值与文化载体相对应，有利于加深管理人员和市民对文化遗存重要性的认识。

2 规划空间传承体系

　　空间传承体系是城乡历史文化保护传承体系的空间保障。城乡历史文化集中分布在名城名镇名村中，有的集中成片呈现出独特的地域文化特色，如皖南徽州文化地区、关中文化地理单元、川渝巴蜀文化地理单元等；有的沿河流等交通走廊集中分布，如黄河、长江、大运河等流域是中华文明的发祥地和集中展示地，已经确定为国家文化公园。汾河、沁河、赣江、湘江、

---

① 2005年国务院关于加强文化遗产保护的相关通知。

西江等流域遗存丰富、串珠成链，建议作为省、市级文化公园，划定历史文化保护传承集中区。将跨区域的河流流域、运河、驿道等文化线路和文化集中区串联起来的空间体系作为历史文化保护传承空间，与点状散布于城乡的文物古迹一并纳入到各级国土空间规划中，协调历史文化保护与基本农田、生态绿地、城市开发边界等"三线"之间的关系。

历史文化名城中的历史城区是城市文明的重要载体，是历史文化保护传承的重要空间。明清时期北京城的中轴对称、南宋时期杭州城的城湖相依、明代南京城的依山就势等，体现了中国古代城市规划建设的巨大成就。不同时期建造的历史建筑既有传承又有创新，体现了文化的多样性和延续性。整体保护传承好城市传统格局和历史风貌，保护好与历史城区紧密相关的景观环境，是历史文化名城相关规划建设的首要任务。

3 建立保护传承方法体系

保护传承类型学方法体系是有效管理的重要理论基础。历史城区整体保护好的并不多，平遥、丽江、临海应该坚持整体严格保护。多数城市的历史城区在持续至今的旧城改造、房地产开发中已经旧貌换新颜。这些改造往往是拆了历史街区建设现代居住小区，建筑高度和体量都与原有历史建筑很不协调，虽然改善了居住条件，但也改变了历史风貌。因此，对历史城区的保护传承很难用一种方法来对待，对于保存原貌的历史文化街区应该严格保护，保护历史真实性、风貌完整性和生活延续性；对于历史城区内已经改造成现代居住、商业的片区只能要求风貌的协调和延续，不再有过高的要求。这就是在历史城区建立文物古迹（包括文物保护单位和历史建筑）、历史文化街区（包括历史地段）、历史城区三个层次的类型学保护传承方法体系——文物古迹保护"原物"，历史文化街区保护"原貌"，历史城区延续"风貌"。

这种分层次的类型学保护传承方法体系，并不是对历史城区整体保护的让步。北京市政府曾经在20世纪90年代和2002年先后要求基本改造完成旧城内的危旧房区，如果不是划定了25片（后来增加到30片）历史文化保护区，北京旧城除文物外基本拆旧建新，历史真实性不存。

在历史文化遗产名录中，文物保护单位、历史建筑、传统风貌建筑不仅仅是名称上的不同，在保护利用方法和要求上也有很大不同。文物保护单位按照"不改变原状"的原则，有严格的保护利用要求；历史建筑外观按照文物保护要求，内部可以改变，在利用方面有更多的选择。对历史文化街区、历史文化名镇、名村核心保护范围内的建筑物、构筑物，应当区分不同情况，采取相应措施，实行分类保护。历史地段也与历史文化街区在保护原则和方法上有区别，历史地段不必像历史文化街区核心保护范围"不得新建扩建"那样严格，但如果是以文物保护单位为核心的历史地段，则应满足文物保护范围内"不得建设与文物保护无关的项目"。

4 完善法律法规体系

法律法规体系的健全完善是城乡历史文化保护传承和管理有效有力的根本保障。我国自1982年建立历史文化名城保护制度，40年来经过各级政府和社会各界的共同努力，构建了历史文化名城保护法规体系和技术标准，形成了"三法两条例"的骨干法律法规框架，颁布了一批部门规章和技术标准，为依法保护、科学传承奠定了坚实基础。但40年大规模的城镇建设也造成了很多拆建破坏，现有的《历史文化名城名镇名村保护条例》实行10多年来，起到了很大的作用，但法律地位亟待提升。

历史文化名城名镇名村保护领域中基本法的缺失，导致与《中华人民共和国消防法》（简称为《消防法》）《中华人民共和国建筑法》（简称为《建筑法》）等其他相关法律衔接不畅。如历史城区和历史街区狭窄而有特色的传统街巷难以满足《消防法》第二章火灾预防中提出的"要保障疏散通道、安全出口、消防车通道畅通，保证防火防烟分区、防火间距符合消防技术标准"的规定。历史建筑在《建筑法》中未予以区分对待，难以对历史建筑进行有效的保护。现行的历史文化保护立法中对于破坏历史文化保护的违法行为处罚力度普遍较低，导致违法成本较低，从而直接影响历史文化保护的效果，进而无法有效遏制违法行为。因此，制定历史文化名城保护与传承相关法规出台十分必要。

制定历史文化名城保护与传承法还可以参照国外做法，增加和完善"国家专项基金""专家委员会"等条款，起到管理制度的保障作用。历史文化名城是中国独有的保护对象，在借鉴国外对历史城区保护的标准体系的同时，要考虑中国历史文化名城的特点，建立我们自己的名城保护标准规范体系，丰富国际遗产保护的类型和经验，对"一带一路"沿线国家的历史文化保护也能起到交流和指导作用。

5 保持体系的开放性

构建历史文化保护和传承体系是一个不断完善的过程。城乡历史文化保护传承体系通过价值展示体系、空间传承体系、保护传承方法体系、法律法规体系四个子体系相互配合，可以有效管理和有力保护。随着我们对历史文化遗产的认识不断提高，保护对象的类型不断扩大，城乡历史文化保护传承体系应当保持开放性。

历史文化保护和传承，文化是魂，遗产是载体，不能简单复古，更不能"拆真建假"。在城乡建设和新建、改建建筑时，要保护好真实的文化遗产，处理好传统与现代、继承与发展的关系，做到古为今用、洋为中用，辩证取舍、推陈出新。通过正确的理念和科学的方法，让我们的历史文化在城市建设中得到有效的保护和传承，让城市更好地体现地域特征、民族特色和时代风貌。

实践与探索 |

十年跨越
——北京历史文化名城保护的经验与启示

A great leap for ten years:
The experience and enlightenment of the conservation of Beijing Historic City

Feng Feifei　Liao Zhengxin　Ye Nan

党的十八大以来，习近平总书记多次视察北京，对历史文化名城保护工作作了许多重要指示批示。为深入贯彻习近平总书记系列重要讲话精神，北京市进行了不懈的努力。本文通过系统梳理2012~2022年北京市历史文化名城保护工作，重点提炼八个方面展现十年来的工作成效，具体包括：对历史文化名城保护，通过制定城市总体规划予以充分贯彻，通过规划体系的完善而逐级落实，通过大力宣传使得保护共识得到全面提升，通过进一步完善保护体系以做到应保尽保，通过不断创新政策机制以使保护与发展共赢，通过系列重点项目实施形成带动示范效应。北京在30年名城保护工作的基础上实现了跨越。

关键词　新版总规；体系完善；机制优化；政策创新；法规健全；技术保障；项目带动；公众参与

Abstract　Since the 18th CPC National Congress, General Secretary Xi Jinping has inspected Beijing many times. Important guidance and instructions were given to the conservation of Beijing Historic City. To thoroughly implement the spirits of these important speeches, Beijing has made unremitting efforts. This paper systematically reviewed the conservation progress of Beijing Historic City in 2012-2022, and eights aspects are concluded to fully present the achievements in this period, which are: to get involved and carried out by the Beijing Urban Master Plan, to implement step by step through the improvement of urban planning system, to promote consensus for conservation by strong publicity, to guarantee thorough protection by the expansion of conservative categories, to achieve a win-win between conservation and development though continuous innovation on policy mechanisms, to develop good examples by series important projects. All these measures realized a great leap on the foundation of a 30-year conservation efforts for the historic city.

Keywords　latest Beijing urban master plan; system improvement; mechanism optimization; policy innovation; laws and regulations completeness; technical support; driving by projects; public participation

① 冯斐菲，北京市城市规划设计研究院副总规划师，住房和城乡建设部科学技术委员会历史文化保护与传承专业委员会委员、中国城市规划学会历史文化名城规划学术委员会委员，教授级高级工程师。
② 廖正昕，北京市城市规划设计研究院首都功能规划所所长，中国城市规划学会历史文化名城规划学术委员会青年委员，教授级高级工程师。
③ 叶楠，北京市城市规划设计研究院历史文化名城规划所所长，中国城市规划学会青年工作委员会委员，教授级高级工程师。

在2012年我国历史文化名城制度建立30周年之际，我们有幸参与了《风雨如磐——历史文化名城保护30年》的撰写，借此较为系统地梳理了北京市30年的历史文化名城保护工作，同时也学习了全国各地的经验。转眼到了2022年，这十年，北京在历史文化名城保护工作上又有了新的跨越，保护共识全面提升、保护体系更加完善、政策机制不断创新、优秀实践不断涌现。这些成效，一方面得益于前几十年的积淀和全国经验的助力，但核心和根本是源于习近平总书记的新要求与党中央的新部署。

2014年2月，习近平总书记考察北京时提出："历史文化是城市的灵魂，要像爱惜自己的生命一样保护好城市历史文化遗产。北京是世界著名古都，丰富的历史文化遗产是一张金名片，传承保护好这份宝贵的历史文化遗产是首都的职责。"总书记的话对北京新版城市总体规划编制起到重要的指引作用，为新时代北京历史文化名城保护指明了方向。在接下来的总规编制三年间，全市各部门深入沟通交流并广泛征求民意，形成了全社会不断学习、深化认识并积极实践的氛围。2017年2月，总书记再次考察北京，提出"北京历史文化是中华文明源远流长的伟大见证，要更加精心保护好，凸显北京历史文化的整体价值，强化'首都风范、古都风韵、时代风貌'的城市特色"，总体规划名城保护专章充分贯彻了习近平总书记以上要求。同年9月，《北京城市总体规划（2016年—2035年）》（以下简称"新版总规"）获得党中央、国务院批复，针对历史文化名城保护进一步明确了要求。此后，各级政府、各部门和社会都积极行动起来，在总规实施中尝试突破名城保护的难点问题，取得了成效并获得了广泛认可。

本文将这十年的工作概要归纳为八个方面，作为历史文化名城保护工作40年的纪念。

"要做好历史文化名城保护和城市特色风貌塑造。构建涵盖老城、中心城区、市域和京津冀的历史文化名城保护体系。加强老城和'三山五园'整体保护，老城不能再拆，通过腾退、恢复性修建，做到应保尽保。推进大运河文化带、长城文化带、西山永定河文化带建设。加强对世界遗产、历史文化街区、文物保护单位、历史建筑和工业遗产、中国历史文化名镇名村和传统村落、非物质文化遗产等的保护，凸显北京历史文化整体价值，塑造首都风范、古都风韵、时代风貌的城市特色。重视城市复兴，加强城市设计和风貌管控，建设高品质、人性化的公共空间，保持城市建筑风格的基调与多元化，打造首都建设的精品力作。"

——中共中央、国务院关于《北京城市总体规划（2016年—2035年）》的批复，2017年9月

1　完善规划体系，使名城保护理念和要求得到逐层落实

北京始终坚持规划统筹引领城市建设，新版总规批复后，北京迅速开展了下一层级法定规划和相关专项规划的编制，确保了规划理念和要求从上至下的有效传导，并进一步完善了规划体系。

自1983版总规提出"从整体着眼,注意保留、继承和发扬旧城原有的独特风格和优点"以来,名城保护的分量不断加重,新版总规则确立了更高的目标。首先是构建了"全覆盖、更完善"的保护体系(图1、图2),保护层次从老城、中心城、市域拓展至京津冀;整体保护重点

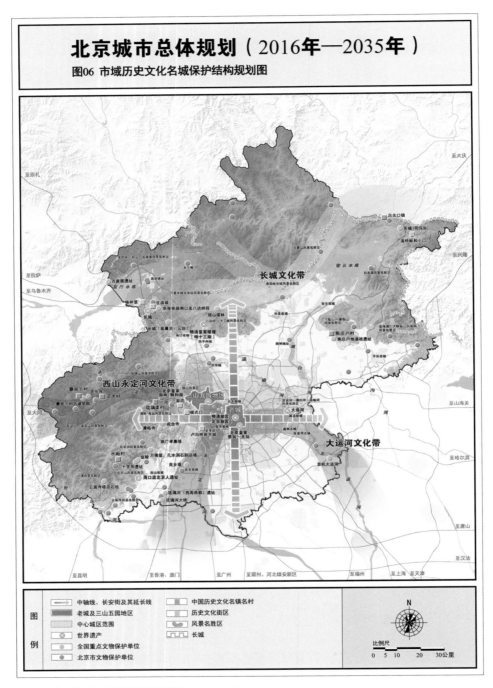

图1　市域历史文化名城保护结构规划图
来源:《北京城市总体规划(2016年—2035年)》

图2 北京历史文化名城保护体系示意图

在老城基础上增加了西部的三山五园地区[①]；深化了历史文化资源的内涵与文脉串联，提出推进长城、大运河、西山永定河三条文化带的保护利用；丰富和细化了保护对象，如特色地区、历史建筑、水文化遗产等。其次是强调以历史文化名城保护为根基构建城市特色和提升文化软实力，包括加强城市设计，塑造传统与现代交相辉映的特色风貌；建设高品质文化设施和发展文化创意产业，构建优质的文化服务体系，形成面向世界的文化中心发展格局。此外，还提出要建设政务环境优良、文化魅力彰显和人居环境一流的首都功能核心区，包括优化空间格局，推动功能重组；推动历史文化街区有机更新，加强城市修补，以及提高服务保障能力和精细化管理水平等。

继新版总规之后编制的各区分区规划（国土空间规划），均设立了历史文化保护与城市风貌特色引导专章，在总纲下充分发掘地域文化特征，补充完善和细化历史文化名城保护内容并提出相应的保护措施。再下一层级的街区层面控规和实施规划，亦全面贯彻了上一层级规划的要求并加以细化。其中，《首都功能核心区控制性详细规划（街区层面）（2018年—2035年）》的编制与实施推进非常具有代表性。首都功能核心区分为东城、西城两个城区，总计32个街道，为了让新版总规要求能真正通过控制性详细规划（简称为"控规"）贯彻至基层，21家设计单位共同参与组成技术支撑团队，经过培训，学习领会新版总规要求和控规编制思路，向街

---

① 三山五园是对位于北京西北郊、以清代皇家园林为代表的各历史时期文化遗产的统称。"三山"指香山、玉泉山、万寿山，"五园"指静宜园、静明园、颐和园、圆明园、畅春园。三山五园地区是传统历史文化与新兴文化交融的复合型地区，应建设成为国家历史文化传承的典范地区，并使其成为国际交往活动的重要载体。

道社区进行宣讲，同时开展拉网式调研，深入到街巷院落，收集居民、社区和街道的困难及诉求，编制形成街道控规指引，再反馈纳入核心区控规，期间不断互动往复，形成上下思想的统一和规划一盘棋（图3）。街道社区第一次得以全面和深入地参与规划编制，参编单位队伍也得到了充分的锻炼，逐渐成长为扎根基层的责任规划师团队，为2019年北京市全面推行责任规划师制度奠定了基础并提供了经验。

图3　核心区控规东四街道微展厅公示现场

依据新版总规确定的保护体系，相关区政府和部门纷纷牵头组织编制专项保护规划。如针对新增的重点地区，北京市规划和自然资源委员会（后简称为"市规划自然委"）联合海淀区政府共同组织编制三山五园地区整体保护规划，提出将该地区建设成为国家历史文化传承典范区、北京生态安全重要保障区，让传统与现代、人工与自然相得益彰；市委宣传部组织编制三条文化带保护发展规划，以全面深入地做好线性文化遗产沿线的历史文化资源挖掘与整体保护利用工作；市文物局组织编制中轴线保护管理规划、综合整治规划与三年行动计划，为中轴线申遗保驾护航。之后北京市政府陆续发布《北京市推进全国文化中心建设中长期规划（2019年—2035年）》《北京市"十四五"时期加强全国文化中心建设规划》。2021年编制完成《北京市"十四五"时期历史文化名城保护发展规划》，提出了更加细化的"市域保护全覆盖，应保尽保不漏项，推动优秀传统文化创造性转化、创新性发展"的五年目标和具体任务。

在条块兼顾的规划体系下，历史文化名城保护的理念和要求得到全面、深入地贯彻。同时，结合新版总规批复后建立的"一年一体检、五年一评估"的体检评估制度，历史文化名城保护工作的落实情况、难点问题均得到较为系统的总结和有针对性的建议。

2 优化工作机制，促进属地及部门协同开展历史文化名城保护工作

随着党中央、国务院的批复要求及历史文化名城保护规划体系的逐步建立，推动历史文化名城保护的规划实施工作机制逐渐调整完善和创新建立。主要侧重两点，其一是注重高位统筹协调，如通过央地协同加大保护力度；其二是注重推动实施落地。

2017年，为贯彻落实党中央、国务院关于加强全国文化中心建设的决策部署，北京市委、市政府成立了议事协调机构"推进全国文化中心建设领导小组"，市委书记与市长分别担任组长和副组长，办公室设在市委宣传部，主要职责是组织制定全国文化中心建设的总体战略、规划计划和政策措施，研究审议重大举措、重点项目，统筹中央和地方文化资源，协调解决建设

中跨部门、跨领域的重点难点问题。小组下设七个专项工作组，分别为老城保护组、大运河文化带建设组、长城文化带建设组、西山永定河文化带建设组、文化内涵挖掘组、文化建设组和产业发展组。同年，又批准成立中轴线申遗保护专项工作组，进而市文物局又成立了申遗保护工作办公室。

2021年，为加强历史文化名城保护统筹协调力度和促进落实，将历史文化名城保护纳入首都规划建设委员会（后简称为"首规委"）工作体系，从体制机制上明确了历史文化名城保护是首都规划建设管理的重要组成部分，在首规委办公室下设置历史文化名城保护处〔同时承担北京历史文化名城保护委员会办公室（后简称为"北京名城委办"）具体工作〕[①]，负责拟订历史文化名城保护法规及政策，编制、报批和维护历史文化名城相关规划，统筹协调和指导历史文化名城规划管理工作，并制定历史文化名城年度工作要点，明确任务要求。位于首都功能核心区的市规划自然资源委东城分局、西城分局，分别独立设置了历史文化名城保护科，重点针对老城历史文化街区的保护与更新创新探索方法与路径，完善管理审批机制与法规。北京市城市规划设计研究院（后简称为"市规划院"）成立了名城所，从技术上紧密地支撑"一处两科"的工作。

2013年，为汇集专家学者的力量助力历史文化名城保护，北京城市规划学会成立了历史文化名城保护学术委员会，随着三山五园地区被列为保护重点，2020年又专门成立了三山五园研究中心，以推进基础性研究并为其整体保护奠定坚实的科学基础。为了更好地落实新版总规提出的老城恢复性修建工作，市住建委组建了北京市老城保护房屋修缮修建技术专家委员会，汇集了古建修缮、装配式装修、修缮定额概预算、规划等领域的经验丰富的传统工匠及专家学者，重点指导传统风貌建筑的修缮与更新改造，并开展传统修缮工艺推广和培训，在实践中"传帮带"，着力培养一批青年技术骨干和行业能手。同时，东城区、西城区的公房管理机构，其职能也从原来的危旧房维修转向对传统建筑的保护修缮。

可以看出，在工作机制优化方面，既有强化统筹协调的议事机构，又有强化行政组织管理的政府部门，还有强化技术保障的设计单位和行业学会、协会，形成了自上而下有方向、相互协同有配合的工作局面。

3 创新政策机制，让历史文化名城保护与城市发展互促共赢

历史城区的民生改善始终是保护中面临的发展难题，随着新版总规要求的明确，北京市、区政府积极探索突破，在人居环境改善及居住密度降低、文物腾退利用方面形成了代表性政策。

---

① 中共北京市委机构编制委员会办公室《关于做实做强首规委办有关事项的通知》（京编办函〔2021〕5号）。

一是以"申请式退租""换租""申请式改善"政策促成风貌保护目标[①]。北京历史文化街区人口密度高达2.2万人/km²，人均居住面积12m²与国家标准35m²相差甚远，且大多缺乏厨卫设施，基础设施很难满足现代生活需求，风貌保护工作也难以顺利开展。2019年，西城区政府率先在菜市口西片区开展"申请式退租"试点，即片区内平房直管

图4　菜市口西片区腾退院落改造为人才公寓

公房居民自愿向实施主体提出退租申请、签订退租协议并解除租赁合同，实施主体给付承租人货币补偿并收回直管公房使用权，退租人可用补偿货币向区政府申请共有产权房源或公租房房源。腾退出的空间则用于提升基础设施与公共服务设施水平，包括完善院落厨卫设施及社区文娱活动站、养老驿站等，余下的部分可以用来吸引新居民和新功能，以优化人口结构和激发街区活力（图4）。政策推出后，菜市口西片区居民自愿腾退比例达到了38%，腾退空间近0.6万m²，此后东城区三眼井胡同、西城区观音寺街、砖塔胡同试点时，自愿腾退居民均占1/3以上。鉴于该政策受到广泛认可，2021年《北京市城市更新行动计划（2021—2025年）》提出"到2025年，完成首都功能核心区平房（院落）10000户申请式退租和6000户修缮任务"，至此，"申请式退租"工作全面铺开。针对留住居民，实施主体可采取提供租赁房源置换或市场化租房两种换租方式改善居住条件；对于想就地改善的居民，实施主体提供菜单供居民自行选择，在拆除违建的前提下，居民可自行出资由专业建设单位进行施工。

二是探索形成文物建筑及历史建筑活化利用政策。以西城区为例，自2016年起，该区启动了新中国成立以来规模最大的直管公房类文物腾退工作，与此同时，针对腾退文物的活化利用西城区也作了积极的探索。2019年出台了《北京市西城区人民政府关于促进文物建筑合理利用和开放管理的若干意见（试行）》，提出以确保安全为前提，以服务社会公众为目的，以彰显文物历史文化价值为导向，鼓励社会力量参与到活化利用中来。2020年和2021年又分别发布文物建筑活化利用计划，将腾退的文物向社会公开招标运营主体，引进了文学展示中心、京剧艺术交流传播及孵化中心、中英金融与文化交流中心等。这些都体现了从"闭门保文物"向"开门用文物"的重大转变，亦是国内首次通过产权交易市场，推动社会力量参与文物建筑活化利用的积极尝试（图5、图6）。

---

① 见《关于加强直管公房管理的意见》（京政办发〔2018〕20号），《关于做好核心区历史文化街区平房直管公房申请式退租、恢复性修建和经营管理有关工作的通知》（京建发〔2019〕18号），《关于核心区历史文化街区平房直管公房开展申请式换租有关工作的通知》（京建发〔2021〕332号）。

图5　腾退修缮后的福州新馆作为林则徐生平暨北京市禁毒成果展展馆
来源：https://mp.weixin.qq.com/s/Zsg_9N8dZGpjv_66ILIBlw.

图6　腾退修缮后的陆宗舆故居变身为缘庆书苑
来源：东城区缘庆书院

4　完善法规办法，为历史文化名城保护工作筑起坚实后盾

随着历史文化名城保护工作的逐渐深入和更高保护目标的确立，法规文件与时俱进尤为重要，既要有助于解决长期掣肘的问题，又要及时应对新时代面临的新需求，还要能鼓励创新、探索向更高水平迈进。为此，北京在这十年间，陆续修编完善了多个保护条例和相关的管理办法，既有覆盖全市工作内容，也有针对具体工作的内容，为历史文化名城保护保驾护航。

2021年重新制定了《北京历史文化名城保护条例》，在全面评估、总结上版条例执行情况的基础上，对标新时期的新理念与新要求，建立了空间全覆盖、要素全囊括、全过程保护、全社会参与的保护利用传承体系。同时，为适应城市治理特点，从保护对象的登录、规划、保护、利用全流程，以及修缮、迁移、拆除、复建等各类行为入手，逐一制定管理规定，并积极回应民生改善、活化利用、私产保护、保护资金等难题，实现全流程、精细化的闭环管理（图7）。

2022年《北京中轴线文化遗产保护条例》出台，这是北京市首部有具体指向的地方性保护法规。作为北京中轴线申遗保护工作的标志性成果，该条例强调了要紧紧围绕遗产价值推动中轴线整体保护的核心理念，确定并规范了保护对象、管理体制、保护措施、传承利用等内容，对于全面提升中轴线文化遗产保护水平提供了法律保障。

其余相继出台的还有《北京市非物质文化遗产条例》《北京市古树名木保护管理条例》等。另外，2013年出台的《北京市地下文物保护管理办法》成为国内首部省级地下文物保护规定，规定将考古调查勘探纳入建设项目审批的前置条件，并明确政府在做土地储备时，应当优先进行考古调查、勘探，这在全国走在了前列。

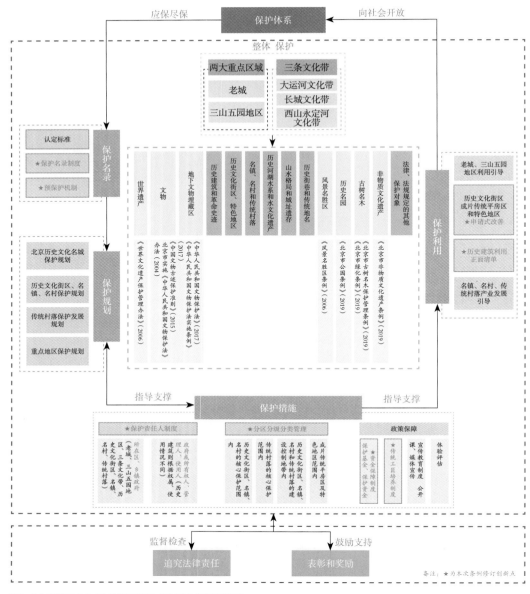

图7 《北京历史文化名城保护条例》编制结构框架示意图

5 丰富指南导则，为名城保护工作作好技术支撑

    自2003年北京成功申办夏季奥运会以来，针对老城历史文化街区的环境整治工作持续开展，但由于对传统文化与风貌认知不深，导致相当长一段时间以胡同界面见新为整治目标，墙面贴砖粉刷、增加浮雕墙画、设置花坛花箱为手段，在某种程度上反而对历史文化街区风貌产生了损害，受到社会的质疑。为此，相关部门开始组织专业机构编写设计指南与管理导则，以

指导环境整治工作，真正起到促进街巷风貌保护与传承的作用。

2016年，南锣鼓巷地区管理委员会发布《南锣鼓巷历史文化街区风貌保护管控导则》，对材质、做法、墙面、装饰构件等20多项内容都作出明确规定，并附有正确与错误做法的详细图例，让居民一目了然。2017年，北京市城市管理委员会牵头出台了《核心区背街小巷环境整治提升设计管理导则》，对建筑立面、交通设施、牌匾标识、城市家具、绿化景观等十大类36项环境要素，从设计、设置及管理三个层面提出管控要求。2019年，市规划和自然资源委员会发布《北京历史文化街区风貌保护与更新设计导则》，在总结以往经验教训的基础上，明确提出保护整治行为的"宜"与"忌"，并配以图示，在便于规划、设计、施工全链条的参与人理解的同时，更让历史文化街区风貌保护有规可依、有章可循。

在促进街巷风貌保护的同时，针对历史文化街区房屋修缮和改造，相关的技术文件也不断推出。2018年市住房和城乡建设委员会发布《北京市传统村落修缮技术导则》，2019年发布《北京老城保护房屋修缮技术导则（2019版）》。

为配合北京中轴线申遗，2021年市文物局联合市规划自然资源委印发《北京中轴线风貌管控城市设计导则》，以突出中轴线遗产价值、提升遗产环境与城市面貌、塑造中轴线文化品牌为导向，对遗产环境提出了更高标准、更精细化的保护整治要求。

6 抓住重点项目，推进新理念新方法，形成示范效应

再好的规划也要通过实践来检验，一些具有典型性的实施项目可以充分展现规划理念、创新方法，起到很好的示范效果。因此，这些年北京很注重从历史文化名城保护规划确立的格局与重点入手，通过空间秩序的管控、特色风貌的塑造及合理高效的利用等多种实践，形成有社会影响力的项目，总结出可复制推广的经验，促进整体保护工作开展。此处列举一些典型的项目类型来展现工作方法和成效。

其一，以中轴线申遗为抓手，推进重点文物的腾退修缮和开放利用以及周边环境治理，让历史文化资源的社会环境效益得到最有效的发挥。如位于中轴线东侧皇城内的我国现存最古老、最完整的皇家档案库建筑群皇史宬，1982年即被确定为全国重点文物保护单位，其北院由中国第一历史档案馆办公使用，南院则长期作为故宫博物院和中国第一历史档案馆的职工宿舍使用并逐渐成为大杂院，严重威胁文物建筑安全，无法彰显皇史宬重要的历史文化价值。依据核心区控规确定的"不求所有，但求所保，对社会开放"的原则，市、区政府与产权单位不断磨合协商，最终实现了居民腾退并被北京市列为享受国家重点文物保护专项资金补助项目，于2021年达成了预约开放，为央地协同开展保护利用的机制运行做了非常好的示范。再如位于中轴线西侧的积水潭医院，市、区联动将其住院部和部分门诊迁往昌平回龙观地区，极大地缓解了其给历史文化街区带来的交通压力，同时基于功能疏解对其破坏历史文

图8　银锭观山景观视廊再现
来源：北京市文物局

化街区风貌的高层建筑进行了降层处理，使著名的"燕京小八景"之一"银锭观山"景观视廊得以恢复（图8）。

其二，以重要历史街巷整治为抓手，在注重风貌保护与传承的同时，创造宜人的慢行环境，带动沿线业态升级，激发老城活力。2018年，东城区对南北穿行老城的崇雍大街进行整治，没有采取以往速战速决、涂脂抹粉的方式，而是本着以人为本的理念，全过程采取了公众参与的模式。一是向社会征集方案，与商户和居民进行多轮沟通，充分听取诉求和建议；二是修缮上最大限度地利用有价值的旧砖瓦和老构件；三是采取"多杆合一""箱体小型化、隐形化、景观化"等新技术减少设施占地，优化街道断面，扩大骑行、步行空间；四是协助店家提升橱窗设计吸引客流。虽然历经三年，至2021年才完成了北段，但取得了很好的效果，如今时髦的年轻人与周边的老居民都能在这条街上找到自己喜爱的消费场所和户外休憩空间（图9）。同年，东城区、西城区先后对东西贯穿老城的平安大街进行了整改。此条大街作为新中国成立50周年献礼工程，1999年在原9~21m宽的北皇城根大街基础上拓宽至40m，虽然满足了交通与市政需求，但破坏了老城的肌理，此番改造正是要优化街道的尺度和环境，弱化其对老城的割裂感。方案压缩了机动车道宽度，清理了占道停车，将空间用于增设中央绿化带及补种路侧行道树，拓宽两侧人行道至3.5m左右并增设过街安全岛，骑行空间被绿荫遮蔽，沿线店铺也因此有了更多的客流，原本单调枯燥的大街变得精致和富有生机（图10）。

通过案例可以看出，基于历史文化名城保护共识的提升和文化内涵理解的深入，工作方法与以往有了明显的不同，以人为本、保护优先、公众参与、循序渐进等成为工作原则，由此产生的社会经济效益也有了质的提升。

图9 崇雍大街中段东四北大街整治后街景

图10 平安大街整治后街景
来源: http://www.bjdch.gov.cn/xydc/qjdt/20210519/2366.html.

7 加强宣传培训，推动公众参与，促进文化弘扬传承

在历史文化名城保护已获得全民共识的基础上，北京更加侧重通过宣传让公众对传统文化的内涵和价值有更深刻的理解。为此，采取了多样化的手段来扩大受众面，同时加强故事性和互动性以吸引公众参与。

其一，多形式多角度地开展宣传，营造名城保护的舆论氛围。如在市委组织部、宣传部、城市工作委员会的统筹下，北京广播电视台联合市规划自然资源委推出《我是规划师》系列电视片，邀请故宫博物院前任"网红"院长单霁翔作为驻场嘉宾与规划师、建筑师及演艺名人等组成团队，以一周一集一个主题来讲述规划建设项目的历程及它对城市发展所产生的影响，内容涉及历史文化街区更新、中轴线保护、传统建造技艺等，取得了非常好的宣传效果，如今已经连续播出两季共24集。依据北京会馆聚集的特点，在市委宣传部统筹下，市文化和旅游局与东城区、西城区举办"会馆有戏"系列演出活动，在梅兰芳纪念馆、正乙祠等上演"小而精、小而美"的剧目，以宣传北京戏曲艺术并打造社区文化圈。另外，市文物局联合广播电台推出的真人秀节目《最美中轴线》，邀请音乐人在中轴线景点及周边采风，创作原创歌曲进行竞演，借音乐之声传递北京中轴线文化；与北京电影局等联合举办的"中轴线上——2021北京古建音乐季"，选取钟鼓楼、古观象台、智化寺等各具特色的知名古建筑作为演出场地，创新古建活化利用方式。北京名城委办则联合北京青年报社举办"2021年度北京历史文化名城保护十大看点"评选活动，经过市民投票、专家评议等环节，评选出社会关注、市民关心、具有推广价值的十大名城保护事件。

其二，大力开展公益培训活动，让名城保护知识被公众更深入地学习掌握。如市规划自然资源委以下属市规划院的"规划进校园""名城青苗大讲堂"等公益活动为基础，形成"我们的城市——北京青少年城市规划传播计划"，不断开发"北京城的历史与保护"课程（图11）。市住房和城乡建设委员会则开办"工匠课堂"培训课，并与市总工会联合举办职工职业技能大

图11 "我们的城市·规划课程盒子"公益公开课现场
来源：北京市规划自然资源委宣传中心

赛，让古建筑老艺人和新匠人各展风采，极大地提升了保护修缮技术水平，促进了技艺的保护与传承。为使广大学生成为北京名城保护的生力军，在北京名城委办的支持下，市规划院与市教育科学研究院合作开展"名城保护教育创新实践"项目，开展教师培训、课程研发、学科融入等，探索名城保护教育模式创新与实践路径推广。在市规划自然资源委与市文物局的大力支持下，北京城市规划学会组织编制了《北京历史文化名城保护优秀案例汇编集（2013年—2022年）》，收录了包括规划研究课题、优秀建设实施项目、优秀社会参与活动三类共108个案例，为北京名城保护发展的宝贵十年留下真实记录。

其三，鼓励支持社会组织与志愿者队伍，不断发展壮大名城保护队伍。在志愿者以帮助居民保护自己的文化遗产为宗旨创立"北京文化遗产保护中心"的启发下，2014年，市规划院联合东城区朝阳门街道推动成立了史家胡同风貌保护协会，致力于推动社区居民、单位共同参与胡同风貌与人文环境保护及街区更新，先后发起了院落公共空间提升、胡同微花园改造、街道商铺橱窗提升、社区公约制定、胡同口述史汇编等公益项目，获得了社区的认可，凝聚了共识，并因此获得住房和城乡建设部的人居环境范例奖（图12）。2017年，西城区名城委办青年工作者委员会、历史文化名城保护促进中心

图12 "东四南历史街区保护更新公众参与"项目获中国人居环境范例奖
来源：史家胡同博物馆

发起了针对"名城、名业、名人、名景"保护的"四名汇智"计划，面向社会招募和支持围绕名城保护主题的自发活动，累计获得28家理事单位支持，筹集资金146万元，支持318个团队开展展览、讲座、沙龙、课程、城市探访等形式丰富的名城保护活动超500场，有力地带动公众了解名城保护理念、参与名城保护实践。2018年，中社社会工作发展基金会和市规划院共同推动成立了中社社区培育基金，成为国内首支从城市更新视角推动社区治理创新的专项基金，基金成立以来发起和支持了"胡同厕面——北京老城厕所革命论坛""胡同微花园计划""东四南口述史工作坊""名城青苗"等大量项目，为撬动社会资金、发挥社会力量、协同政府部门推动社区渐进改善探索了路径。

8 持续开展研究，提升内涵价值认知，完善保护体系

北京有着3000多年的建城史和800多年的建都史，发展脉络错综复杂，历史文化资源极为丰富，只有不断地进行梳理、深挖内涵和总结价值，才能逐步认清保护对象，明晰其保护意义，并形成适宜的保护方法。纵观这几十年的成绩，无论是体系完善还是项目实施，都有持续不断的研究成果作为技术支撑，这是历史文化名城保护工作的立足之本。

其一，以促进新版总规保护体系完善为例。新版总规提出的保护范围拓展至京津冀、保护重点增加三山五园地区、确立三条文化带等，这些构想正是基于多年的研究助推而成。在完成2004版北京总规编制后，市规划院开始思考要加强对历史文化资源脉络的整体梳理和建构，以进一步推进名城整体保护，故依地形地貌特征将市域分为西部、北部、东南部分区进行梳理研究，之后又将范围拓展至京津冀地区。其间联合了北京清华同衡规划设计研究院、北京联合大学等机构和高校共同参与课题研究，同时邀请各界的著名专家开办跨界学术交流活动，2013~2017年，形成了四份研究报告，对北京的历史文化资源作了更全面的梳理，通过将自然地理空间格局与资源分布叠合，进一步分析人类社会在该区域的发展脉络，挖掘文化内涵、总结价值，据此划定重点保护区（带），正是这些研究成果的结论为新版总规完善历史文化名城保护体系提供了基础。以三山五园地区为例，以往我们只将该地区看作是明清皇家园林聚集地和文人骚客的休闲地，但通过文献查阅看到，在清朝时皇帝每年有半年多在此御园理政，众多影响国家命运的事件在此地发生，其军政地位不亚于紫禁城，步入近现代此处更成为现代科教的发源地影响至今，同时距其不远的八大处又是古刹聚集且民间活动丰富的宗教圣地。由此使我们对这一地区的价值有了更深入的认知，将其列为保护重点，并提出要继续加强对该地区的研究使之成为历史文化名城保护的示范区。

其二，以促进革命史迹的保护利用为例。新版名城条例在保护体系里增设了革命史迹，因其与中国共产党的革命历史息息相关，如何认识其内涵价值和做好保护利用，需要我们在深入研究党史的基础上展开思考和探索，其中1949年共产党带队"进京赶考"的红色探访路线比较

典型。2021年临近建党百年之际，城市规划学会三山五园研究中心组织专家开展研究，通过查阅档案、实地踏勘，认真梳理共产党队伍进京的线路和驻地，经过一年多的努力，在北京市测绘院的助力下，完成了《红色探访路——"进京赶考"路线图》，用生动的画面展现了这一重要的里程碑事件，该条线路也被文化和旅游部、中宣部等列为建党百年红色旅游百条精品线路。同年，北大红楼、李大钊故居、《新青年》编辑部旧址（陈独秀旧居）、京报馆旧址（邵飘萍故居）等31处中国共产党早期北京革命活动旧址完成修缮后向社会开放。

9 结语

历史文化名城保护是项体系庞大的工作，本文仅将北京这十年的工作进行了简要分类，并选择有一定代表性的案例供读者参考，以感受北京在新时代对历史文化名城保护的进阶思考与实践——既要以大历史观的高位视野，在空间上拓展范围、时间上寻根问源，完善保护体系架构；又要能俯身贴地深挖细耕，针对实施破解难题，促进保护与发展共赢。历史文化名城保护是项永远的事业，期待通过一个个努力奋进的十年，我们的传统文化得以发扬光大和永续传承。

参考文献

[1] 中国共产党北京市委员会，北京市人民政府. 北京城市总体规划（1982年—2000年）[Z]. 1983.
[2] 中国共产党北京市委员会，北京市人民政府. 北京城市总体规划（1991年—2010年）[Z]. 1993.
[3] 中国共产党北京市委员会，北京市人民政府. 北京城市总体规划（2004年—2020年）[Z]. 2005.
[4] 中国共产党北京市委员会，北京市人民政府. 北京城市总体规划（2016年—2035年）[Z]. 2017.
[5] 中国共产党北京市委员会，北京市人民政府. 首都功能核心区控制性详细规划（街区层面）（2018年—2035年）[Z]. 2020.

摘　要　上海作为近代崛起的现代化国际大都市，有着极为特殊的历
史和历史文化价值。上海的历史文化名城保护工作也因此而
具有强烈的特色。本文回顾了上海历史保护的历程，特别是
上海结合自身特点在保护规划创新、保护体系建立与体制机
制建设等方面作出的富有成效的探索。

关键词　上海；名城保护；保护规划；保护体系；保护体制机制

Abstract　As the largest modern metropolis, Shanghai has its very special
history, so that the heritage preservation and urban historical
conservation have also its characteristics. The article gives a general
review to what happened around historical conservation of Shanghai
in the past decades.

Keywords　Shanghai; historic conservation; conservation planning; heritage
preservation

上海历史悠久。近年良渚文化遗址的不断成功发掘，越来越多
地向我们展示了6000年前在此生息的居民的早期文明。春秋时（公
元前8~公元前5世纪）上海属吴国，战国时（公元前5~公元前3世纪）
上海先属越国而后属楚国。唐朝中期（公元8世纪）上海地区因农
业、渔业和盐业的繁荣而设立华亭县，县治设于今松江区城厢镇。
现在的上海市区即在华亭县的管辖范围内。晚唐时青龙镇（今青
浦区境内）的兴起也标志了这一地区的兴盛。南宋中期（1267年），
这一地区因进一步繁荣而设上海镇（即今上海老城厢地区），属华
亭县。1277年，华亭县升松江府，上海镇由于水路四通、漕运发达
而成为松江府的重镇。松江府还特设"市舶司"（类似今之海关）
于此，专管来往商货的税赋。1292年，上海镇升为上海县，方圆
2000km²，仍属松江府管辖。而此时的松江府已是我国江南地区与
苏州府、南通府齐名的重要府治。社会经济的发达也带来了城市建
设的繁荣。嘉定孔庙、松江兴教寺塔（即今松江方塔）和龙华塔即
为此时期的遗物。当时的建造规模和建筑技术由此可见一斑。

---

① 伍江，同济大学建筑与城市规划学院教授，博士；超大城市精细化治理研究院
上海市城市更新及其空间优化技术实验室主任。

伍
江①

Wu Jiang

上
海
历
史
文
化
名
城
保
护
的
历
程
、
经
验
与
启
示

Historical Conservation in
Shanghai

1840年鸦片战争爆发。帝国主义的炮火敲开了中国的大门，也彻底改变了上海的发展进程。上海从此由一个普通的江南小城一跃而成为中国乃至亚洲最大的现代化都市之一。上海扮演了中国近代史中不可替代的重要角色，上海的城市历史从此与中国近代史紧密相连，上海的城市发展史成为中国近代史最好的缩影。在随后的一个多世纪里，上海成为中国近代革命史迹纪念地，近代工业、金融、贸易和商业的崛起地，近代科学技术的引进地，近代文化艺术发祥地，近代名人富集地和近代建筑荟萃地。1986年，上海被国务院批准为第二批国家历史文化名城。作为近代崛起的现代化大都市，近代历史文化遗产是上海作为历史文化名城最重要和最有特色的部分。20世纪80年代，上海在全国率先开展了近代建筑的全面研究及保护利用工作。

1 保护历程概况

早在20世纪50年代，在全国建筑"三史"①研究工作中，同济大学陈从周教授、上海民用建筑设计院章明等专家学者开始对上海近代建筑史开展研究，并在"文革"结束后将部分成果编辑出版成书《上海近代建筑史稿》（三联书店，1988）。稍后，同济大学王绍周教授也将其保存的相关"三史"研究原始资料（当时他代表中国建筑科学研究院参加了"三史"研究工作）整理出版成书《上海近代城市建筑》（江苏科学技术出版社，1989）。上述工作为后来的上海近代建筑研究打下了重要基础。1983年，我有幸进入同济大学罗小未教授门下攻读研究生。罗先生当年也参加了上海建筑"三史"的研究，后来即便在"文革"中（"文革"后期）也以"大批判"为名研究上海近代建筑，形成关于上海外滩建筑的研究成果。因为这一原因，我在罗先生的指导下完成了关于上海外滩历史建筑研究的硕士论文，我也因此与上海许多学术前辈和相关专业部门建立了广泛而密切的联系。这项工作在当时是一项尚不被大多数人所理解、推动难度很大的工作。也正是因为这个原因，罗先生鼓励我先进行历史研究，说清楚上海近代建筑的历史文化价值。后来我继续在罗先生指导下攻读博士学位，在她的鼓励下我于1993年完成了博士论文的出版《上海百年建筑史（1840s–1940s）》（同济大学出版社1997年出版，2007年再版）。从此我终身的学术生涯便与上海的城市研究紧紧地连在了一起。这本论文获得陈植、汪定增等老先生的高度肯定，为我之后数十年投身上海城市与建筑的保护工作打开了大门。此后，关于上海近代建筑和城市发展的研究成果不断涌现，至今已成为一个受世界关注的研究领域，为上海城市历史文化遗产的保护奠定了极为重要的学术基础。1999年，郑时龄教授出版《上海近代建筑风格》一书（同济大学出版社1999出版，2019再版），该书成为迄今最为全面地反映上海近

---

① 1958年春，国家建筑工程部与建筑科学研究院组织编写全国建筑"三史"（即中国建筑古代史、近代史和新中国成立十年建筑成就史），上海市建设委员会随即组织上海建筑"三史"编写委员会，着手开展上海建筑"三史"的调查与编写工作。由于历史原因，这项工作的大部分相关成果直至20世纪80年代末才得以陆续出版面世。

代建筑研究成果的重要著作，为上海历史建筑保护工作极为完整准确的基础研究成果。

1988年，在建设部和国家文物局的推动下，上海着手研究近代建筑保护工作。同济大学罗小未教授作为核心专家与上海市政府规划局、房地局、文管委［当时上海尚未设立文物局，由与上海市博物馆合署的上海市文物管理委员会（文管委）代行文物保护相关政府职能］的领导一起研究并提出保护名单。1989年，在广泛征求专家意见的基础上，上海向建设部上报59处优秀近代建筑（后来又增补至61处）。由于当时没有相应的法律法规保障，这61处保护建筑被列为上海市文物保护单位，按照文物保护的有关规定进行保护与管理。我当时作为罗小未教授的主要助手参与了全部工作，并负责撰写了这61处保护对象的价值鉴定报告。1991年，上海市政府颁布《上海市优秀近代建筑保护管理办法》。这是我国第一部地方政府颁布的近代建筑保护管理办法。根据这一管理办法，上海市政府依法不定期地公布优秀近代建筑保护名单。上述61处历史建筑作为第一批优秀近代建筑予以正式公布。之后，上海市政府又相继于1994年、1999年公布了第二批共175处和第三批共162处优秀近代建筑，并由上海市规划局负责编制保护建筑的规划控制要求（技术规定）。

1991年，上海市规划局开始着手组织编制《上海市历史文化名城保护规划》，外滩等十一片区域被列为历史文化风貌保护区。1999年，上海市规划局又组织编制了《上海市中心区历史风貌保护规划（历史建筑与街区）》，对1991年划定的历史文化风貌保护区明确了保护范围和要求，确定了234个街坊、440处历史建筑群共计1000余万m^2的保护保留建筑。1996年，上海市启动新一轮城市总体规划，历史文化名城保护在总体规划中被置于重要地位。在1999年国务院正式批准实施的《上海市总体规划（1999年—2020年）》中，专设历史文化保护专章，明确了上述11片历史文化风貌区成片整体保护的规划要求。规划提出保护工作以历史文化风貌区、历史文化名镇名村和各级文物优秀历史建筑为重点展开。

为进一步提高历史建筑保护工作的法律地位，扩大保护的范围，体现更为先进的保护理念，形成更为有效的保护机制，并在法律层面上正式明确历史文化风貌区的法定保护地位，上海市着手地方人大立法工作，提出要建立"最严格的制度"保护珍贵的历史文化遗产。经过深入讨论和广泛征求意见，上海市人大正式通过《上海市历史文化风貌区和优秀历史建筑保护管理条例》（后文简称《上海保护条例》），于2002年7月颁布并于2003年1月起正式实施。该条例将优秀近代建筑保护范围扩展到所有建成历史超过30年的重要建筑，"优秀近代建筑"改称"优秀历史建筑"。也就是说，上海的历史文化遗产保护根据不仅仅是针对"古代"或"近代"，而且是更加突出一座城市历史文化的连续性。任何时代的城市建造行为，只要具有足够高的文化品质，就必将会成为历史文化遗产。只要历史在延续，文化就不会中断，今天的文化创造必然成为明天的文化遗产。唯有这样，城市的历史文化才会不断地沉积，历史文化遗产保护不是仅仅局限在某一特定历史阶段的文化的保护，而是完整、连续的历史文化的保护。这一保护思想使得上海的历史文化遗产保护工作更为科学，更加符合历史文化保护的本质含义。根据《保护条例》，上海市政府相续于2005年和2015年公布了第四批和第五批优秀历史建筑名单。至此，保护名单上的上海优秀历史建筑共计1058处。同时，《上海保护条例》将历史建筑单体保护扩大到成片保护，明确了优秀历史文化风貌区的法定保护地位。对保护规划编制、保护建筑价值标准、保护对象分级分类标准、保护体制机制的设立和违法处罚都作了明确规定。作为国内第一部关于历史建筑与城市历史风貌保护的地方立法，《上海保护条例》不仅对此后上海的历史保护工作起到了极大的法律保障作用，也对全国各地的历史文化遗产保护工作产生了重要影响。2003年10月，上海市召开城市规划工作会议，正式提出"建立最严格的历史文化风貌区和优秀历史建筑保护制度"，使上海城市历史文化遗产保护工作迈入一个前所未有的新时期。

按照《上海保护条例》规定，上海市政府于2003年正式公布中心城区历史文化风貌区，包括老城厢、外滩、人民广场、南京西路、衡山路—复兴路、愚园路、山阴路、新华路、龙华、提篮桥、虹桥、江湾，共计12片，27km²（比总体规划中划示的11片保护区增加了1片提篮桥历史文化保护区），将总体规划提出的风貌区成片保护进一步法定化。2005年，上海又公布了32片共计14km²郊区历史文化风貌区。在不同类型的风貌保护区中，既有外滩这样的典型欧洲古典文化，也有衡山路—复兴路这样的法式文化；既有提篮桥这样的犹太文化，也有多伦路这样的近代进步文化；既有龙华这样的佛教文化，也有老城厢这样的市井文化；既有中心城区西方殖民文化，又有郊区典型的江南水乡文化，上海的历史文化风貌区充分体现出上海这座城市的文化多元与文化交融特征。

2　创新保护规划

2003年3月，我从同济大学调任上海市规划局担任副局长，分管历史文化保护工作，走在了上海市历史文化名城保护管理工作的第一线和最前沿。我上任伊始正值《上海保护条例》刚刚实施，组织编制保护规划和保护建筑的日常建设管理审批就成了我的职责所在。

当时国内的历史保护规划一般仅局限于总体规划层面，或者直接进入面对保护要求的建设工程。文物保护单位建设控制范围的规划更是只就事论事的局部规划。而我国城市规划管理体系中对城市建设行为真正具有法律控制力的规划是控制性详细规划，即一切规划控制要素如果不表达为控制性详细规划的控制指标与控制内容，最终都无法真正在规划管理中被有效执行。上海的情况同样如此。上海市总体规划已经完成了总体规划层面的保护规划，但如何将总体规划的保护要求有效落实到具体的规划管控过程中？出于这一思考，我们决定以徐汇区衡山—复兴历史文化风貌区为试点，开始探索控制性详细规划层面的历史文化风貌区保护规划。该保护规划直接作为保护区内规划控制的管理依据，它不仅针对保护区内的保护对象提出规划控制要求，还对保护区内的一切建设行为提出规划控制要求。在历史文化风貌区范围内，除此规划外，不再另行编制控制性详细规划。它既包含了一般控制性详细规划的所有规划控制内容，又更强调为保护而设定的各类控制内容。在风貌区内，保护规划是以保护为核心的所有规划的总和，这是国内规划界有史以来第一个具有法定详细规划地位、可以用来有效管控规划建设的风貌保护区规划。总体来说，保护规划严格控制整个风貌区的建筑总量，在核心保护区内明确"原拆原建"，即规划建筑总量不超过现有建筑总量。并针对所有建（构）筑物进行建设管控，将区内全部建筑划分为法定保护建筑、保留历史建筑、一般历史建筑、应当拆除建筑和其他建筑五类，分别提出相应规划管理控制要求。除建筑外，规划还对城市空间肌理、风貌道路（街巷）和其他环境要素规定了保护要求，并对风貌保护道路采用分级分类保护。至2006年止，这一规划模式覆盖了上海市中心城区全部12片历史文化风貌区。至2015年，按照上述模式编制的郊区32片风貌区保护规划也全部正式批准实施。值得一提的是，自2005年起，上海先后有11处郊区历史古镇被批准为国家历史文化名镇。这也反映出上海郊区历史文化风貌区划定和保护规划得到有效实施的重要成效。

十多年的规划管理实践证明了该保护规划体系在我国目前的规划管理体制下的有效性。保护规划按街坊制定分街坊规划管理图则，便于日常规划建设管理。规划规定了"专家特别论证制度"，任何规划变更都必须经过依法设立的专家委员会按合法程序论证通过。该规划从思想体系到内容方法，甚至到规划实施机制形成了一整套具有创新意义和实用价值、行之有效的保护规划体系，对全国多座城市的保护规划产生了影响。

3 完善体制机制

与规划部门主导编制历史文化风貌区保护规划的同时，在文物管理部门主导下，上海各国家重点文物保护单位和市级文物保护单位的保护规划也陆续完成，对于文物保护单位的保护和周边建设控制地带的建设管控也起到重要积极作用。与此同时，结合第三次全国文物普查，上海市锁定地面文物4000余处。经过仔细甄别后列入各级文保单位。截至2017年6月，上海共有各类不可移动的文物3435处，其中全国重点文物保护单位29处，上海市文物保护单位238处，区级文物保护单位423处，文物保护点2745处。

在房屋管理部门主导下，上海对先后5批公布的上海市优秀历史建筑共1058处进行了深入的历史文化价值鉴定并提出保护管控要求，并按照"一房一册"的要求编制所有保护建筑的保护指南。目前已全部完成，并在日常建设管理中告知业主、使用者和相关建设单位。

为了体现市委市政府"尽快建立最严格的保护机制"的精神，上海市成立了由政府相关部门和有关专家共同组成的历史风貌区和优秀历史建筑保护委员会，为上海的历史文化名城保护工作保驾护航。同时，在委员会下专设保护委员会办公室，由规划管理部门、文物管理部门和房屋管理部门共同派员组成，不定期共同商讨议定日常保护管理工作，形成了一个有效的跨部门协调管理机制。保护办公室原挂靠在房管局历史建筑保护处，后挂靠在规划与资源管理局历史风貌管理处。2017年，一处保护建筑被擅自违法拆除，上海市政府有关部门按照"依法依规，严处重罚"的要求，根据《上海保护条例》规定的相关罚则对违法行为人处以3050万元的罚款，并责令其恢复原状。这一案例对于破坏行为起到了很好的警示作用。目前，上海各类各级法定保护建筑均已被纳入城市网格化管理日常巡查系统。

4 建立完整保护体系

2007年，上海市在全国率先提出历史风貌道路的保护，将城市历史文化保护的重点从文物意义的建筑单体保护拓展到与城市历史文化记忆更加直接的街区整体风貌特别是街道风貌的保护。此后先后公布了397条风貌保护道路（街巷），其中64条为"一类保护"，如武康路等，规定"永不拓宽"。之后，上海市又开展了历史河道的普查鉴定工作，84条河道被列为"风貌保护河道"。

2010年，徐汇区率先开展风貌保护道路规划编制工作，由此初步形成针对城市历史街区保护从规划建设管控到城市日常精细化管理导则的完整规划体系。

20世纪90年代，作为中国重要的近代工业基地，上海在全国率先探索工业遗产保护。20世纪初苏州河沿岸的一批工业厂房和仓库被成功地改造为文化创意园区，此后利用改造旧厂房、旧仓库乃至于老式石库门里弄而成现代创意产业园区，成为上海保护并活化利用历史文化遗存的成功案例。由原纺织厂改造而成的"M50"艺术园区，由上钢十厂厂房改造而成的上海雕塑艺术中心，由工部局宰牲场改造而成的"1933"创意园区，由啤酒厂改造而成的展示馆，由石库门里弄改造而成的田子坊，等等，成功案例不胜枚举。

近年来，针对持续多年的城市旧区改造越来越多地与历史风貌街坊保护产生冲突与矛盾，上海市委市政府明确提出了城市改造更新要从"拆改留，以拆为主"，转变为"留改拆，以留为主"的新思路。同时，创新多样化的旧改模式，从"拆房走人"转变为"人走房留"和"留房留人"。为加强城市历史风貌的整体保护，进一步体现城市历史风貌的完整性，2016年起，上海市在全面普查基础上，又分二批先后公布了250片风貌保护街坊，类型涵盖里弄、工人新村、大学校园、工业遗存等。其中中心城区列入保护保留的里弄建筑多达730余万 m^2。规划部门通过细化甄别和综合评价，对风貌保护街坊提出了不同类型和不同保护层级的保留改造要求，特别是对于整街坊的历史空间肌理的保护和延续作出了有益探索。

至此，上海市形成了在空间分布上城乡全覆盖、"点（保护建筑）—线（保护道路）—面（风貌区）"结合、物质与非物质文化遗产相辉映的完整的历史文化名城保护框架体系。

2019年，上海市修订并重新颁布《上海市历史风貌区和优秀历史建筑保护条例》，将历史文化风貌区、风貌保护街坊、风貌保护道路、风貌保护河道全部统一纳入上海市历史风貌保护体系。

5 问题与挑战

上海的保护工作有经验有教训更有挑战。在政府和全民的保护意识不断提高的今天，历史文化保护工作仍面临巨大的阻碍。在高品质历史建筑受到越来越多重视的同时，那些建筑质量较差、文化意义却很高的历史建筑往往不太受到足够重视；在越来越多的人谈论优秀历史建筑保护的同时，城市的整体面貌的历史意义与文化意义仍未得到足够的重视；在面对城市开发的巨大经济效益和历史文化保护的长远利益冲突时，决策还总是存在着徘徊。

历史文化遗产的保护工作取决于法律制度的健全，取决于政府和社会管理的到位，更取决于全民意识的彻底转变。保护历史文化遗产不是可有可无的工作，不是物质生活富裕了之后才能有的奢侈需求，不是政府用来装点门面的政绩点缀，更不是为了"开发"经济才想起来"古为今用"的摇钱树。保护历史文化遗产是人类自身精神生活的需要，是人类文明得以延续的需要，是人类文化进步的标志，是人类正义的表现。我们这一代人绝不应成为让后代唾弃的一代。历史文化的保护与延续任重道远，我们需要加倍努力！

参考文献

[1] 伍江，王林. 历史文化风貌区保护规划与管理 [M]. 上海：同济大学出版社，2008.

[2] 伍江，等. 上海改革开放40年大事研究 卷七·城市建设 [M]. 上海：格致出版社，上海人民出版社，2018.

[3] 伍江，沙永杰. 历史街道精细化规划研究 [M]. 上海：同济大学出版社，2019.

[4] 伍江，王林. 上海城市历史文化遗产保护制度概述 [J]. 时代建筑，2006，（2）：24-27.

[5] 伍江，王林. 创造历史文化名城新活力——上海：完善政府管理机制 保护城市历史风貌 [J]. 城乡建设，2006（8）：6-10.

[6] 邵甬. 从"历史风貌保护"到"城市遗产保护"——论上海历史文化名城保护 [J]. 上海城市规划，2016（5）：8.

[7] 郑时龄. 上海的建筑文化遗产保护及其反思 [J]. 建筑遗产，2016（1）：14.

[8] 伍江. 城市有机更新与精细化管理 [J]. 时代建筑，2021（4）：6-11.

延续城市生命是历史文化名城保护之本

潘安①　黄鼎曦②

Pan An　Huang Dingxi

Everlasting Vitality as Basis for Conservation of Historic Cultural Cities

摘　要　涵盖空间和时间两个维度的脉络构成了广州的文化名城之"纲"，奠定了广州的历史文化和空间格局，以节点为"目"又进一步繁育出城市文化大网。广州自名列1982年公布的全国首批历史文化名城以来，通过对保护规划、保护体系、保护制度的探索，广州的名城保护理念不断升华，从关注建筑风貌到街巷肌理，到关注人的情感和体验。通过这些探索与实践，广州这座千年名城的生命和活力正持续焕发出独特的精彩。

关键词　历史文化名城；城市文化；城市脉络

Abstract　The context covering the two dimensions of space and time constitutes the "outline" of Guangzhou's culture and lays the foundation for Guangzhou's historical culture and spatial pattern. Since Guangzhou was listed as one of the first batch of historic cultural cities in the country announced in 1982, through the exploration of protection planning, protection system and protection system, Guangzhou's conservation philosophy has been continuously sublimated and iterated, from paying attention to architectural style to street texture to paying attention to human emotions and experiences. Through these explorations and practices, the life and vitality of Guangzhou, a thousand-year-old city, continue to glow with unique excitement.

Keywords　historic cultural cities; city culture; city context

1 引言

在传统社会，人们依靠神灵敬畏、乡贤威信、风俗习惯和社会的缓慢发展，延迟、减少或降低了日常生活对传统文化及其物质遗产的损坏与破坏。现代社会，"熟人社会"被"陌生人社会"取而代之，神灵、乡贤和风俗的作用日益减弱，社会文化更新迭代加快，物质环境日新月异，推陈出新成为常态。当前，"陈"的储量日渐枯竭，"新"的增量源源不断，历史文化保护传承工作成为一种职业，专家学者、各路精英纷至沓来，形成一个行业。政府与社会团体视坚定文化自信、塑造文化特色、弘扬文化精神为目标，演绎成为一项责任。

① 潘安，广州市城市规划协会会长。
② 黄鼎曦，广州市城市规划协会副会长兼秘书长，教授级高级工程师。

从另一个角度来讲，如果能够按照达尔文的优胜劣汰进化理论演绎传统文化及其物质遗产变化过程，我们传承的一定是最优秀的、最具有生命力的和最适于当今和未来世界的文化。我们上一代人传承的传统文化及其物质遗产就是这样历经千百年筛选出来的。遗憾的是，我们这一代人酝酿产生新生事物的速度远远高于传统社会遗留事物优胜劣汰的速度。任何一个社会的容量都是有限的，新生事物高速度增长必然会挤压传统事物的生存空间。生存空间挤压的直接后果是，在传统事物还没有进化到适应新环境的时候，同期事物还没有比较出优劣的时候就要面临被淘汰的窘迫。于是，传统事物断代现象、传统文化及其物质遗产直接消失的现象都普遍存在。

为了防止传统事物断代，传统文化及其物质遗产直接消失，人为的干涉成为必然。1982年2月8日，国务院公布广州为首批国家历史文化名城，便是人为干涉的一种主要表现形式，而且是一种行之有效的、成功的表现形式。

2 广州历史文化名城的"纲"与"目"

2.1 城市脉络是"纲"的本质

空间维度和时间维度两者共同构建的文化脉络是广州名城历史文化之"纲"。

宏观上看空间维度，广州是一座凝聚了珠江全流域文化精华的历史名城。珠江不同于长江、黄河，其水系特征远远大于河流特征。珠江得名于广州水域一块不足3000m²的白垩纪礁石。这块礁石被称为"海珠石"，也有"走珠石""海珠洲"的称谓。原来，被称为"珠江"的河流段很短，不足100km。后来，人们把珠江上游河段归纳于"珠江"，这些河流段包括西江、北江和东江。同时也把西江、北江汇集广州后又分散而去的诸河流归纳于"珠江"。由此，珠江泛指由西江、北江、东江以及珠江三角洲诸河流复合而成的水系。从珠江的演变中我们能够清晰地感受到广州在珠江流域中的地位和珠江流域对广州的影响。我们可以推演出这样一个结论：广州是珠江流域历史文化的缩影。也就是说，广府文化非一日之功，是逐渐凝聚、慢慢浓缩而成的。

微观上看空间维度，广州城市沿珠江展开，东西两翼差异是明显的。曾经流行一时的"东山少爷、西关小姐"是对这种差异的生动描述。广州城市东西方向的差异源于广州城的功能和地理位置。广州号称祖国南大门，由陆路往来广州的理应由城市北面出入。但是，由于中国传统文化的影响和面江背山的城市格局，城市陆路出入特别强调先东西，后北上。东门和西门成为广州城的两个重要门户。城市官方或礼仪性出入则需经水路，由南向北进入城市中心。因海外贸易而产生的水上物流在城市西侧（十三行为代表）完成交割之后，则分别北上、东去或南下、西来（图1）。我们可以推演这样一个结论：广州西为世俗文化，广州东为官府文化。也就是说，广州城西传统文明、城东现代文明的格局是城市历史的演绎。

从时间的维度来看，秦汉之际，南越国的出现昭示了广州在中国南部的地位。但随着南越国的灭亡，广州在岭南的视野里消失了四百余年。唐宋时期，广州因海上贸易高调地再次进入

图1　19世纪50年代广州十三行商馆历史图景
来源：黄爱，东西. 老广州：履声帆影［M］. 南京：江苏美术出版社，1999.

图2　首届"广交会"开幕式及内景图
来源：《致力于改革开放的城市变迁》编委会. 广州［M］. 北京：中国建筑工业出版社，2022.

国人视野。持续的辉煌造福了国家，改变了城市。明清时期潮起潮落的风暴中，广州没有随波逐流。"一口通商"的稳健形象让广州在国家中的地位不断攀升。解放初期的"广交会"领衔主演国家外贸大戏，巩固了广州外贸大使的地位（图2）。"广交会"的另外一个意义在于让广州率先探索计划经济环境下的市场经济运行规律。应该说，岭南首府和国家海外贸易基地的双重身份，让这座城市一直游走于官府和民俗之间。改革开放后的"六运会"汲取了广州一千多年游走的精华，成功地将市场经济规律运用于举办全过程，让广州成为改革开放的典范。

　　由时空交织的城市脉络是广州名城历史文化之"纲"。概括广州历史文化之"纲"，有以下三个特点。一是广州历史文化是由区域文化凝聚而成的城市文化。这种复合型文化既有城市特征，也有区域特征。二是广州历史文化覆盖"东、西"两种文化。这里的"东、西"既可以指城东和城西，也可以指东方和西方，还可以泛指多种文化。三是广州历史文化一以贯之，秦汉之后，在同一空间下，广州地方局势基本稳定，商贸未见断点。

2.2　以节点为"目"编织城市文化大网

　　脉络为"纲"，节点为"目"。脉络清晰则节点不乱。历时千余年，造就广州历史文化的节点如天上繁星不可胜数。节点前后交替，繁而不乱，则应归功于脉络清晰。换句话说，与脉络相呼应的节点会持久，且节点与节点之间会结成网，随"纲"起舞。天河机场、广州天河车站、天河体育中心，珠江新城、"小蛮腰"（即广州塔）和海珠湿地公园就是由点结网，并与广州文化脉络、空间脉络和时间脉络结合很好的案例。

天河机场秉承广州城西传统文明、城东现代文明的空间格局，因选址定点在瘦狗岭脚下，亦称"瘦狗岭"机场。1928年动工兴建的广州天河机场，于1931年建成使用。与始建于1930年的中山大学石牌校址遥相呼应，共同开辟了城东现代文明新空间。1936年中国民航史上第一条国际航线（广州至河内段）在广州天河实现。1950年天河机场改为广州民用机场。1959年白云机场改为军民共用机场，天河机场停运。

天河机场避开城西传统文明集聚区，拓展城东现代文明空间，历时30余年，逐渐取得效果。天河机场通航不久，广州东站的前身广九铁路天河站在天河机场和瘦狗岭之间启用通车。天河机场、天河火车站、中山大学最大限度地减少了对城西传统文明的干扰，稳定了城东现代文明空间的内容。

1984年，为迎接第六届全国运动会在广州举办，广州市政府决定在天河机场废址上兴建新的体育中心（图3）。1987年，总占地面积52万m²，开创体育场、体育馆、游泳馆同时建设先河

图3　天河体育中心选址航拍和建设情况图
来源：《致力于改革开放的城市变迁》编委会. 广州［M］. 北京：中国建筑工业出版社. 2022.

的天河体育中心落成。2018年，天河体育中心入选"第三批中国20世纪建筑遗产项目"。

1992年，广州市政府制定了《广州市新城市中心——珠江新城综合规划方案》，与天河体育中心遥相呼应的珠江新城建设正式启动。2009年与珠江新城、花城广场、海心沙岛隔江相望的广州塔建成（图4）。2015年在广州塔南部建设的、总占地面积1100hm²的海珠国家湿地公园通过国家林业局验收。

从1928年到2015年，广州用了90余年的时间完成了现代城市核心区的建设，稳定了广州城西传统文明、城东现代文明的空间格局。在城市西部，广州市用了另外一种方式编织传统文化网络，其最有代表性的是荔湾老城区的粤剧艺术博物馆（图5）。2013年10月，粤剧艺术博物馆

图4　广州新城市中轴线北段示意图
来源：广州市城市规划编制研究中心

图5　粤剧艺术博物馆平面图及建成效果
来源：郭谦，黄凯，孙琦. 传统建筑文化的当代继承——粤剧艺术博物馆的创作思考［J］. 南方建筑，2020（6）：62-68.

在极具人文底蕴的西关地域动工建设，其总用地面积1.72万m²，建筑面积2.17万m²，获"中国建筑工程鲁班奖"和入选"第四批国家二级博物馆名单"，于2016年正式对外开放。新建的粤剧博物馆为传统的永庆坊街区注入新时代的城市生活形态，将当代都市生活融入历史文化街区。2018年10月习近平总书记视察永庆坊时指出："城市规划和建设要高度重视历史文化保护，不急功近利，不大拆大建。要突出地方特色，注重人居环境改善，更多采用微改造这种'绣花'功夫，注重文明传承、文化延续，让城市留下记忆，让人们记住乡愁。"

无论是用近百年的时间编织延续城市脉络的大网，还是在传统文化网络中注入新的活力，广州的目标只有一个：让城市按照自己的生存逻辑走下去。传承城市空间格局，融汇城市东西传统与现代文化，延续城市历史足迹是延续城市生命的手段。

3 广州历史文化名城保护制度的点点滴滴

历史文化名城保护制度也是延续城市生命的重要手段。历史文化名城保护制度有利于我们延续广州城中各种各样历史文化物质遗存的生命。物质遗存生命是城市生命中最脆弱、最重要的部分。物质遗存生命的延续会为我们提供时间和空间去研究城市的生命。换句话说，历史文化名城保护制度虽然不是广州城市生命延续的充分条件，但却是广州城市生命延续的必要条件（图6）。

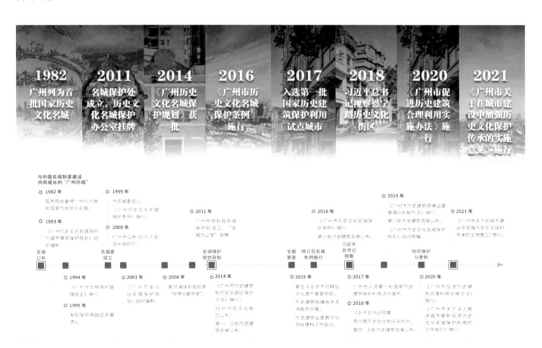

图6 广州市历史文化名城保护发展历程图
来源：广州市城市规划设计有限公司

3.1　保护规划探索

1982年国务院公布广州为首批国家历史文化名城之后，广州市政府立即启动了历史文化保护和景观保护规划编制的探索。1984年国务院首次批复广州城市总体规划后，各版城市总体规划均将国家历史文化名城作为城市定位，并编制相关专项。2003年启动的《广州市历史文化名城保护规划》历经11年磨合后获得省人民政府审批。

《广州市历史文化名城保护规划》的一项成果是通过"技术评估+经济评估+行政影响评估"逐项排查所有已经审批项目。历时四年评估，明确了历史遗留问题的五项处理原则，妥善解决了广州历史城区建筑高度控制在30m以下的历史难题。

当前，广州优化完善了面向2035年历史文化名城保护规划，完成26片历史文化街区、815处历史建筑、40个传统村落保护利用规划编制工作。同时，制定了《广州市历史文化名城保护五年行动计划》。

3.2　保护体系探索

广州市历史文化名城保护体系历经了从单纯的个体保护、群体控高向环境保护与营造方向转变的过程。保护内容增加了自然山水格局、传统街巷、传统风貌建筑、改革开放优秀建筑、古树名木及其后续资源、南粤古驿道、海上丝绸之路文化遗产、海防文化遗产等9个具有地域文化的对象，建构了完整的广州城乡历史文化保护传承体系。坚持"点线面"结合，及时扩充保护对象、丰富保护名录，规范了城市建设中的行政决策。20.39km^{2}的历史城区，26片历史文化街区、19片历史风貌区、1个中国历史文化名镇、6个历史文化名村、91个传统村落、3380处各级文物保护单位、815处历史建筑、1176处传统风貌建筑、16片地下文物埋藏区、409项非物质文化遗产和9954株古树名木等城乡历史文化遗产保护对象体现了广州对历史文化保护的行政力度。

3.3　制度机制探索

《广州市文物保护管理规定》和《广州历史文化名城保护条例》诞生于20世纪90年代。《广州历史文化名城保护条例》经2016年修订，提出了普查前置、预先保护、适时评估等8项制度，强化政策法规的创新性和可操作性。

2021年，《广州市关于在城乡建设中加强历史文化保护传承的实施意见》成为城乡历史文化保护传承工作的纲领性文件。促进历史建筑合理利用、历史建筑修缮监督管理与补助、文物活化利用、城市更新中历史文化保护利用四项政策，着力解决历史建筑保护利用的产权、用地、审批等痛点难点问题，多管齐下拓宽资金渠道，社会参与保护利用积极性显著提高。

历史建筑数字化智能化保护利用和《历史建筑数字化技术标准》填补行业空白。815处、面积约223万m^{2}的历史建筑，15片、面积约150hm^{2}的历史文化街区以及长75km的传统街道立面的三维数字化测绘和制图建档是广州为数字名城所作的贡献（图7）。

图7　广州历史建筑三维扫描测绘和数字化建档
来源：广州市规划和自然资源局

3.4　探索的主要成果

通过积极探索，广州历史文化名城的保护理念、保护范式从关注建筑风貌到关注街巷肌理，到关注城市微改造注重有机更新、持续更新，再到关注人的情感和体验。恩宁路、泮塘五约、北京路、沙面、广州铁路博物馆、TIT创意园、诚志堂、华安楼等一系列典范区域和精品项目，让老百姓在"日用而不觉"中感受到广州历史文化的魅力（图8）。

图8　恩宁路（左上、右上）、新河浦（左下）、诚志堂（右下）改造后风貌
来源：广州市城市规划设计有限公司

新河浦历史文化街区复兴项目获联合国人居署2019亚洲都市景观奖，沙面和恩宁路、北京路历史文化街区保护利用项目先后获2020、2021年国际风景园林师联合会IFLA国际奖。其中恩宁路历史文化街区活化利用入选国家历史文化保护传承优秀项目。浓缩了广州工业发展历史的诚志堂货仓旧址保护活化为太古新蕾幼儿园，每年提供幼儿学位120个，成为利用历史建筑完善老旧小区公共服务设施的典范。广州段的南粤古驿道串联沿线传统村落，助力乡村振兴和精准扶贫。汇聚历史文化瑰宝的"最广州"历史文化步径，是讲好广州故事、展现城市魅力的重要场所（图9）。

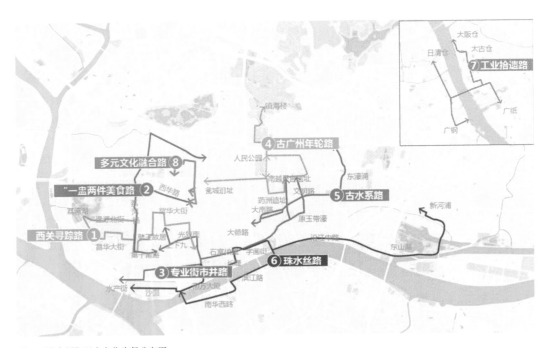

图9 "最广州"历史文化步径分布图
来源：广州市规划和自然资源局

4 结束语

城市是一个有机的生命体。历史文化名城保护为我们城市生命的延续和发展提供了基础性保障。让我们有时间、有空间去探索、研究、比较和选择城市生命延续的方式方法。

吴良镛先生说，在文明发展的进程中有一点是始终不变的——社会要进步，人类要追求更加健康美好的生活。

我们工作的意义在于让城市的生命延续下去。

参考文献

[1] 广州市规划局，广州市城市建设档案馆. 图说城市文脉——广州古今地图集 [M]. 广州：广东省地图出版社，2010.

[2] 黄爱，东西. 老广州：屐声帆影 [M]. 南京：江苏美术出版社，1999.

[3]《致力于改革开放的城市变迁》编委会. 广州 [M]. 北京：中国建筑工业出版社，2022.

[4] 郭谦，黄凯，孙琦. 传统建筑文化的当代继承——粤剧艺术博物馆的创作思考 [J]. 南方建筑，2020（6）：62-68.

[5] 全国市长研修学院系列培训教材编委会. 城市文化与城市设计 [M]. 北京：中国建筑工业出版社，2019.

[6] 吴良镛. 人居高质量发展与城乡治理现代化 [J]. 人类居住，2019（4）：3-5.

天津历史文化名城——保护36年概述①

An Overview of the 36-years Protection of Tianjin as a National Historic City

徐苏斌②

Xu Subin

摘　要　1986年天津被列入第二批历史文化名城。天津历史文化名城的发展反映了国家历史文化名城体系在地方实施的一个侧面。本文梳理了天津历史文化名城保护概要，说明在国家体系下的遗产保护以及天津特有的保护特点，分析了国家体系对地方体系的指导，以及地方体系互补国家体系。针对目前国家体系和地方体系衔接的问题，笔者认为今后应该进一步加强国家和地方的良好互动，不断完善历史文化名城保护体系。

关键词　天津；历史文化名城；历史文化街区；历史文化名镇名村；历史风貌建筑；不可移动文物；工业遗产

Abstract　In 1986, Tianjin was included in the second batch of the National Historic City. The development of Tianjin reflects one aspect of the local implementation of the National Historic City system. This paper outlines the protection history of Tianjin as a National Historic City, explains the heritage protection under the national system and the unique protection characteristics of Tianjin, analyzes the influence of the state on the locality, and the complementarity of the local system to the national system. In response to the current problem of the interface between the national and local systems, the author argues that in the future, it is necessary to strengthen further the good interaction between the national and the local governments and constantly improve the protection system of the National Historic City.

Keywords　Tianjin; historic City; historic conservation area; historic town and village; historical and stylistic architecture; immovable historical relics; industrial heritage

序

　　1986年天津被列为中国第二批历史文化名城。无论从"纵向"还是"横向"视角考察天津都是一个十分多元的历史文化名城。如果上溯天津的历史可以追溯到旧石器时代，天津有着10万年的人文史，1000年的城市史和100年的近代史③；从考古学、历史学等研究成果中更加立体地呈现了天津的价值。如果横向剖析近代历史的宏

① 本文受国家社科基金艺术学重大课题（21ZD01）"中国文化基因的传承与当代表达研究"支持。
② 徐苏斌，天津大学建筑学院教授。
③ 2022年4月19日采访天津考古学家、文化遗产保护专家陈雍先生。

篇，天津的近代历史就是一个微型的全球史①。

本文梳理了天津历史文化名城保护概要，说明在国家体系下的遗产保护以及天津特有的保护特点，从一个侧面考察历史文化名城制度建立后地方的保护探索。从历史文化名城保护角度简要介绍天津历史文化名城规划的过程，不断体系化的历史文化名城保护以及具有地方特色的历史风貌建筑保护。非物质文化遗产也是历史文化名城的重要遗产之一，限于篇幅本文暂不涉及。

1 文化遗产保护 管理体系的架构

中国的物质遗产保护管理从国家层主要由住房和城乡建设部和国家文物局管理，非物质文化遗产由文化和旅游部管理。地方的保护管理体系主要和国家体系同构，但是也有其特色。天津现行的管理机构中，和文化遗产保护相关的机构主要有三个：天津市规划和自然资源局、天津市文化和旅游局、天津市住房和城乡建设委员会。

天津市规划和自然资源局下设名城保护处（城市设计处，原为城市雕塑和景观处），负责历史文化名城保护规划编制和管理；负责历史文化街区保护规划编制和管理；负责指导历史文化名镇名村保护规划编制和管理；负责依据保护规划，对历史文化街区、历史文化名镇和历史文化名村规划实施的保护与发展进行指导；负责组织历史文化名城名镇名村申报工作；负责组织全市范围内历史建筑规划管理工作；负责全市城市设计管理工作；负责组织编制、审查中心城区重点地区的城市设计和城市设计导则；负责指导各区开展其他区域城市设计编制工作；组织推动和指导城市更新、城市修补规划工作；负责市政府主导城市更新重点项目的规划策划。从该局整体职责考察，2018年机构调整以后保护工作加大了自然资源管理的力度。

天津市文化和旅游局（挂牌天津市文物局）于2018成立，该局的设置是文旅部和国家文物局的职能在地方管理层面的反映。该局承续了原文物局的职能并且扩大了管理范围。承担确定重点文物保护单位的有关工作、拟订文物和博物馆事业发展规划、协调和指导文物保护工作、负责非物质文化遗产保护工作。

天津市住房和城乡建设委员会下设房屋管理处（历史风貌建筑保护处），指导历史风貌建筑的确定、整修、保护、利用管理。另外还有直属单位天津市房地产市场服务中心（天津市历史风貌建筑保护中心，原为天津市保护风貌建筑办公室），承担全市风貌建筑保护、管理、置换、改造、招商的相关事务性工作。目前2021年两办意见发布以后该委员会负责推动多种遗产的整合管理等工作②（表1）。

此外，天津市工业和信息化局负责国家工业遗产的推荐和申报工作。

① 皮埃尔·辛加拉维鲁. 万国天津——全球化历史的另类视角［M］. 北京：商务印书馆，2021.
② 组织更改信息：http://zfcxjs.tj.gov.cn/xxgk_70/tzgg/202012/t20201208_4699531.html

天津现行保护体系 表1

建筑（处）	文物保护单位	全国重点文物单位：34
		市文物保护单位：220
		区、县文物保护单位：151
	登记不可移动文物	2082
	历史风貌建筑	877
	历史建筑	213
	保护性建筑（和历史风貌建筑、历史建筑、工业遗产等有重叠）	1034
历史文化名城、名镇、名村等（个）	历史文化名城	1
	历史文化名镇	3
	历史文化名村	4
	传统村落	1
	历史文化街区	14
	历史风貌建筑区	12（未公布）
世界文化遗产（处）	大运河（天津段）和蓟州古长城	2

资料来源：根据2022年天津市规划和自然资源局、天津市文化和旅游局、天津市住房和城乡建设委员会的相关资料整理。

2 天津城市保护规划的发展

2.1　1996年天津市总体规划中历史文化名城保护专章

天津市1953年制定了《天津市城市初步改建计划报告 天津市规划说明书》（草稿），1954年进行了多次修改。1960年编写了《天津市城市规划简要说明》，1978年制定《天津市总体规划纲要》，1983年编制了《天津市城市总体规划方案》，1985年编制《天津市城市总体规划方案》上报国务院[①]。1986年被列为历史文化名城以后，总体规划向关注历史文化名城方向发展。1996年《天津市总体城市规划（1996—2010年）》中包含了历史文化名城保护的内容。为了配合修订《天津市城市总体规划（2005年—2020年）》编制了《天津市历史文化名城保护规划（2005年—2020年）》。2019年修订了《天津市历史文化名城保护规划（2020—2035年）》（征求意见稿）。以下围绕着保护规划考察天津的保护过程展开。

《天津市总体城市规划（1996—2010年）》是天津被列入历史文化名城后最早的城市总体规划[②]。在此之前天津市已经对风貌建筑地区有保护的规定。1994年天津市规划局起草并由市

[①] 天津市城市规划志编纂委员会．天津市地方志丛书——天津市城市规划志［M］．天津：天津科学技术出版社，1994：74-77.

[②] 上一轮《天津市城市总体规划方案（1986—2000年）》是1984~1985年编制的，早于1986年天津被列入历史文化名城的时间。

政府办公厅转发了《天津市风貌建筑地区建设管理若干规定》，1996年编制的《天津市总体城市规划（1996—2010年）》中有历史文化名城保护专章。1995年阮仪三主编的《中国历史文化名城保护与规划》收录了天津历史名城的保护，可以考察天津历史文化名城早期的规划思想。在规划中提出了"名城保护结构布局"，包括"郊县历史遗存的保护结构"和"市区历史遗存的保护结构"。前者规划将蓟县县城作为市级历史文化名城加以保护，将杨柳青、葛沽镇作为历史文化名镇加以保护；后者规划在天津市区内划出12处风貌保护区。

天津的12个"风貌保护区"表2

01	旧城厢及三岔河口一带风貌保护区
02	古文化街风貌保护区
03	估衣街传统商市风貌保护区
04	意大利花园住宅风貌区
05	解放北路金融建筑风貌保护区
06	承德道风貌建筑保护区
07	中心公园住宅风貌保护区
08	劝业场商贸建筑风貌保护区
09	赤峰道名人名宅风貌保护区
10	小白楼传统商市风貌保护区
11	五大道住宅风貌保护区
12	海河自然风貌保护区

资料来源：阮仪三. 中国历史文化名城保护与规划［M］. 上海：同济大学出版社，1995.

在天津历史文化名城保护规划的结构布局中，提出规划包括"点"（60个保护单位）、"线"（城区内十几条路及海河中心地段）、"面"（12个风貌保护区）三个层级①。

在该规划中提出的"风貌保护区"，一共是12个，均位于中心城区②（表2）。

这个时期中国已经经历了从历史文化名城保护到历史文化保护区的探索，吸取了国际历史地段的理念，逐渐将名城保护细化到保护区的阶段③。第一批历史文化名城中，较早的保护规划如1984年《开封历史文化名城保护建设与规划》（征求意见稿）中使用了"街巷"概念。尚未使用"保护区"④。1986年在第二批历史文化名城公布时提出了"历史文化保护区"的概念⑤。1989年《平遥历史文化名城保护规划》使用了"保护区"和"街巷"⑥的概念。1994年的《历史文化名城保护规划编制要求》中指出："历史文化名城保护规划就其内容深度讲是总体规划阶段的规划，但对于重点保护的地区要再进行深化。"提出保护的重点是"保护文物古迹、风景名胜及其环境"和"历史文化保护区"⑦。所以这个时期保护历史文化名城的焦点是关注"历史文化保护区"。南京市在20世纪90年代使用了"历史文化保护区"⑧一词。北京市2000年编制

① 阮仪三. 中国历史文化名城保护与规划［M］. 上海：同济大学出版社，1995：40-41. 这本书籍的出版略早于《天津市总体城市规划1996-2010》，本书中风貌保护区包含了"小白楼传统商市风貌保护区"，在总体规划中删除了 2022年6月29采访原天津市规划局景观处长李津莉时她说在2005年并入"解放南路历史文化风貌保护区"
② 根据天津市城市规划展览馆藏资料整理.
③ 关于这个时期的探讨参考王景慧. 历史地段保护的概念和作法［J］. 城市规划，1998（3）：34-36.
④ 开封市城乡建设规划办公室《开封历史文化名城保护建设与规划》（征求意见稿）1984. 12.
⑤ 国务院批转建设部、文化部《关于请公布第二批国家历史文化名城名单的报告的通知》国发〔1986〕104号，第四条.
⑥ 山西省城市规划设计研究院. 平遥历史文化名城保护规划［Z］. 1989.
⑦《历史文化名城保护规划编制要求》建规字533号文发布，1994年9月5日.
⑧ 曹昌智. 论历史文化街区和历史建筑的概念界定［J］. 城市发展研究，2012（8）：46-40.

了《北京旧城二十五片历史文化保护区保护规划》[①]，使用了"历史文化保护区"一词，引领了全国的历史文化保护区规划[②]。2002年《文物保护法》中使用了"历史文化街区"一词，统一了概念。天津市虽然在20世纪90年代还没有制定历史文化名城保护专项规划，但是"风貌保护区"的说法也显示了保护区概念在天津的体现[③]。

2.2 第一个《天津市历史文化名城保护规划（2005年—2020年）》

2005年天津市修编《天津市总体城市规划（2005年—2020年）》（简称《天津总体规划》，国务院2006年7月27日批复）将《天津市历史文化名城保护规划》纳入总体规划中。这是天津市第一项历史文化名城保护专项规划。在编制该规划时，主要参考了1994年建设部及国家文物局公布的《历史文化名城保护规划编制要求》，并根据此要求编制。

本次保护规划范围为天津市行政辖区，面积11919.7km²。规划重点在天津历史城区。第四条中强调了中心城区中的保护区，保护内容[④]包括如下几个方面。

（1）文物保护单位和历史风貌建筑，包括全国重点文物保护单位8处，市级文物保护单位119处，区县级文物保护单位、代表性历史风貌建筑155处。

（2）历史文化保护区9处（表3，图1）。

（3）历史文化风貌保护区5处（表3，图1）。

（4）历史城区的格局与风貌，包括历史水系、路网格局等。

（5）市域历史文化古镇3个。

（6）非物质历史文化遗产，包括地方传统文化、民风民俗、戏曲曲艺、民间工艺等。

对比《天津总体规划》，《天津市历史文化名城保护规划》这六条和《天津总体规划》"第十章 历史文化名城"第六十二条一致[⑤]。

从保护内容可见历史文化名城的构成为物质文化遗产包括城区、历史文化街区、文物古迹三个层面，与物质文化遗产对应的还有非物质文化遗产。

在这个规划中使用了"历史文化保护区"概念。天津历史文化名城保护规划是为了和国家历史文化名城保护规划一致才使用了"历史文化保护区"。另外一个概念是"历史文化风貌保护区"，虽然并没有明确定义，但是比较《天津市总体城市规划（1996—2010年）》把保护区分为了两个层级，即在国家层面的"历史文化保护区"下面补充了"历史文化风貌保护区"。分级本来是细化保护管理的手段，但是当时由于国家层面没有对应的法规，所以地方层面难以执行，为

---

① 北京市规划委员会. 北京旧城二十五片历史文化保护区保护规划［M］. 北京：北京燕山出版社，2002.

② 2022年6月23日采访中国城市规划设计研究院副总规划师张广汉.

③ 张松，李文墨. 近代城市的风貌保护区研究——以天津为例［C］//中国城市规划学会. 城市规划面对面——2005城市规划年会论文集. 北京：中国水利水电出版社，2005.

④《天津市历史文化名城保护规划（2005年—2020年）》（第二章 第二节 第四条），2005.

⑤ 天津市人民政府《天津市城市总体规划（2005年—2020年）》（文本 第十章 第六十二条），2005.

天津市历史文化保护区、

历史文化风貌保护区清单　表3

	历史文化保护区	历史文化风貌保护区
1	一宫花园历史文化保护区	老城厢历史文化风貌保护区
2	估衣街历史文化保护区	古文化街历史文化风貌保护区
3	赤峰道历史文化保护区	海河历史文化风貌保护区
4	中心花园历史文化保护区	解放南路历史文化风貌保护区
5	劝业场历史文化保护区	泰安道历史文化风貌保护区
6	承德道历史文化保护区	—
7	解放北路历史文化保护区	—
8	五大道历史文化保护区	—
9	鞍山道历史文化保护区	—
面积	357.3hm²	494.8hm²

资料来源：《天津市城市总体规划（2005年—2020年）》。

图1　9个历史文化保护区和5个历史文化风貌保护区
来源：《天津市历史文化名城保护规划（2005年—2020年）》

了防止没有明确身份的"历史文化风貌保护区"被拆除，2009年合并为14个"历史文化街区"①。

目前国家层面在推进保护区的分层次问题。2021年中共中央办公厅、国务院办公厅印发的《关于在城乡建设中加强历史文化保护传承的意见》中再次使用"历史地段"一词，提出要"保护能够真实反映一定历史时期传统风貌和民族、地方特色的历史地段"。历史地段是指历史遗存丰富、人文景观与自然环境相融合，能够真实反映一定历史时期传统风貌和民族、地方特色并保存一定文化环境的地段。历史地段是构成城市格局风貌特色、历史文化价值的重要组成部分。这是中央层面第一次明确提出"历史地段"的概念和保护要求。王凯、王军在《重视历史地段的认定与保护》导读中提到"历史地段要囊括那些无法纳入历史文化街区类型、但却能够反映传统文化、社会生活方方面面的地区。"②因此"历史地段"可以理解为丰富了"历史文化保护区"的层次，是两个层次的保护体系。

该规划中，天津的保护区占整个城区的14%。其中，九大"历史文化保护区"总面积为357.3hm²，五大"历史文化风貌保护区"总面积为494.8hm²。另外对于当时的6处全国重点文物保护单位、88处天津市文物保护单位、850处历史建造物提出了保护原则。

---

① 2022年6月29天访原天津市规划局景观处长李津莉。当时海河历史文化风貌保护区已经被拆除很多，是否可以归并为"历史文化街区"也有争议，其认为海河是贯穿各个历史文化街区的链条，从天津整体的保护出发纳入。另外参考：李津莉. 规划管理视角下天津历史文化街区保护规划实施评价 [J]. 上海城市规划，2016（5）：19-25.
② 王凯，王军. 重视历史地段的认定与保护 [J]. 瞭望，2022.6.6.

该规划范围还包括了杨柳青镇、葛沽镇、长城及盘山风景名胜区，但没有建议保护范围、提出具体的建设控制要求①等。此外还提到路网、水系等保护措施。

在制定了《天津市历史文化名城保护规划（2005年—2020年）》之后，天津市更进一步深入推进了《历史文化街区和历史文化名城名镇名村保护规划》的编制。2008年7月国家颁布了《历史文化名城名镇名村保护条例》。2010年住房和城乡建设部又发布了《历史文化街区保护管理办法》《历史文化名镇名村保护管理办法》《历史文化名城名镇名村保护规划编制办法》（征求意见稿）。在这样的背景下，历史文化名城天津的保护规划又出现了新的起色。

2008年天津市规划局设置景观处，负责历史文化名城、名镇、名村的保护工作，专门机构代表着历史文化名城保护工作的进一步推进。2009年天津市规划局开始组织编制新的保护规划。天津不仅把中心城区列入保护规划范围，还把名镇和名村纳入保护规划范围。2009年出台的《天津市规划控制线管理规定》，明确了紫线的划定。并划分了14片历史文化街区的核心保护区和建设控制地带。

2011年编制的《天津市历史文化街区保护规划编制技术标准》，主要是依据2008年的《历史文化名城名镇名村保护条例》和2010年的《天津市城乡规划条例》编写的。这是天津第一个关于历史文化街区保护规划编制的技术规范。2013年7月完成天津市城区五大道等历史文化街区保护规划，包括14片历史文化街区，规定了核心保护的保护范围和建设控制地带。这个历史街区的保护规划达到了控制性详细规划的深度，因此不再另外提出更具强制性的控制性详细规划（图2）。保护规划和控制性详细规划合并是天津市的历史文化街区规划编制的特色②。

2011年编制了《天津市历史文化名镇名村保护规划编制技术标准》。这是根据《城乡规划法》《历史文化名城名镇名村保护条例》《天津市城乡规划条例》等法律法规编制的，是天津第一个关于历史文化名镇名村的保护规划编制的技术规范③。标准的制定为历史文化名镇、名村保护规划奠定了基础。2006年天津开始第一个历史文化名镇的调查，2008年成功申报国家级历史文化名镇杨柳青。2009年成功申报了西井峪国家历史文化名村。与历史文化街区控制性详细规划编制的同时，完成了国家级历史文化名镇杨柳青、名村西井峪的保护规划。此后又开展市级历史文化名镇名村的保护规划，已经完成葛沽镇保护规划。

2.3 《天津市历史文化名城保护规划（2020—2035年）》

2019年出台了《天津市历史文化名城保护规划（2020—2035年）》（征求意见稿）。在城市与市域两个层面加强历史城区（图3）、历史地段、世界文化遗产、风景名胜区、蓟州古城（图4）、历史文化镇村（图5、图6）、不可移动文物、历史建筑及工业遗产、非物质文化遗产等

① 吴静雯、秦云. 天津市历史文化名城保护规划体系研究［C］//中国城市规划学会. 多元与包容——2012中国城市规划年会论文集. 昆明：云南出版集团，2012：406-412.
② 2022年6月29采访原天津市规划局景观处处长李津莉.
③ 张媛、陈天、臧鑫宇. 历史文化名镇名村保护规划编制方法探索——以《天津市历史文化名镇名村保护规划编制技术标准》为例［C］//中国城市规划学会. 城乡治理与规划改革——2014中国城市规划年会论文集. 北京：中国建筑工业出版社，2014.

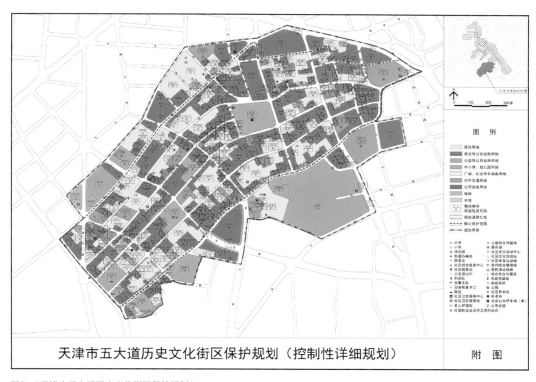

天津市五大道历史文化街区保护规划（控制性详细规划）　附 图

图2 《天津市五大道历史文化街区保护规划》
来源：《天津市五大道历史文化街区保护规划》（控制性详细规划）（2013年）

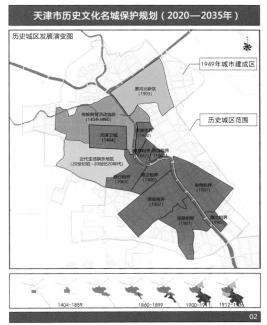

图3 天津市历史城区发展演变图
来源：《天津市历史文化名城保护规划（2020—2035年）》

图4 蓟州古城保护规划图
来源：《天津市历史文化名城保护规划（2020—2035年）》

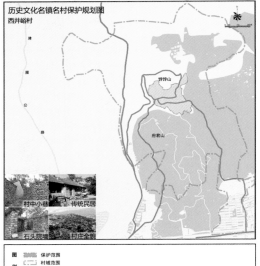

图5 历史文化名镇名村保护规划图—杨柳青镇
来源：《天津市历史文化名城保护规划（2020—2035年）》

图6 历史文化名镇名村保护规划图—西井峪村
来源：《天津市历史文化名城保护规划（2020—2035年）》

方面的文化遗产保护传承与合理利用，并提出相应的保护措施与保护要求。大大丰富了天津历史文化名城的保护规划内容。这是对天津文化遗产认知水平深化的反映。

对于历史文化名城、名镇、名村具体名单如表4。

在该规划中世界文化遗产的内容是全新的。天津的世界文化遗产包括京杭大运河天津段和蓟县古长城。在《天津市历史文化名城保护规划（2020—2035年）》第五章"提升世界文化遗产的保护利用水平，积极构筑

天津市历史文化名城、名镇、名村 表4

1	历史文化名城	蓟县县城
2	历史文化名镇	西青区杨柳青镇（国家级）、静海区独流镇（市级）、津南区葛沽镇（市级）
3	历史文化名村	蓟县渔阳镇西井峪村（国家级）、宝坻区霍各庄乡陈家口村（市级）、汉沽北部大神堂村（市级）、蓟县穿芳峪乡果香峪村（市级）
4	传统村落	蓟县渔阳镇西井峪村（国家级）

资料来源：《天津市历史文化名城保护规划（2020—2035年）》（征求意见稿）。

文化高地"中二十一条到二十七条是关于世界文化遗产的要求。反映了世界遗产在天津保护规划中的重要地位[①]。以大运河为例，为贯彻落实中共中央办公厅国务院办公厅关于印发《大运

---

① 京杭大运河天津段总长约195.5km，包括北运河和南运河两个区段，在三岔河口与海河相连通，其中列入世界文化遗产的河道遗产为北、南运河三岔口段，全长约71km。蓟县古长城是万里长城的重要组成部分，位于蓟州北部山区，全长约40km。

河文化保护传承利用规划纲要》，按照市大运河保护传承利用领导小组的指示精神，切实做好大运河天津段文化保护传承利用工作，天津制定了《大运河天津段国土空间管控细则》[1]，对大运河天津段的国土空间管控策略进行了详细研究[2]。

3 建筑保护层面的发展

天津的建筑保护层面的内容比较复杂。既包括国家体系下的"不可移动文物"（国家文物局）、"历史建筑"（住建部）、"工业遗产"（工信部），也包括天津地方体系的"历史风貌建筑"，近年引入了未具法律身份的"保护性建筑"。在2019年《天津市历史文化名城保护规划》（征求意见稿）中列举了"不可移动文物、历史建筑及工业遗产"为保护对象。以下简要考察不同体系下的建筑保护在天津的发展情况。

3.1 国家文物保护单位体系下的"不可移动文物"

天津市的不可移动文物包括了文物保护单位和第三次全国文物普查调查登记的不可移动文物成果。

文物保护单位中，独乐寺最早于1961年被列为全国重点文物保护单位。吕祖堂为1982年第二批全国重点文物保护单位，大沽口炮台遗址、望海楼教堂为1988年第三批全国重点文物保护单位。目前共有全国重点文物保护单位34处。

1962年、1979年、1987年天津市先后开展了三次文物普查。2005年底，国务院发布了《关于加强文化遗产保护的通知》，明确要求加强文物资源调查研究。

2007年4月天津市第三次全国文物普查工作正式启动，2011年7月各个阶段的工作目标和任务圆满完成。这次普查确认天津不可移动文物2082处，其中复查929处、新发现1153处，新发现占普查总量的55.4%；文物总量由第二次全国文物普查时的1282处增加了800处；天津新发现的不可移动文物顺直水利委员会旧址、港5井等被选为"第三次全国文物普查百大新发现"。在天津第三次全国文物普查工作中，工业遗产、长城、大运河、水下文物专项调查工作也取得显著成果[3]。

第三次全国文物普查天津市的文物状况如表5。

---

① 天津市人民政府．大运河天津段国土空间管控细则［A/OL］．［2020.5.8］．https://wenku.baidu.com/view/e6c364a4c3c708a1284ac850ad02de80d5d80649.html.

② 张萌、李威、尔惟．大运河文化保护传承利用视角下的国土空间管控策略研究——以天津市为例［J］．城市．2020（12）：73-79.

③ "天津市第三次全国文物普查工作总结表彰大会召开"．2012年8月1日．http://www.gov.cn/gzdt/2012-08/01/content_2196147.htm.

3.2 地方保护体系的"历史风貌建筑"

"历史风貌建筑"是地方保护体系，隶属天津市住房和城乡建设委员会管理。1998年成立了天津市保护风貌建筑领导小组，2003年成立了天津市保护风貌建筑办公室，2005年天津市人民代表大会颁布了地方保护法规《天津市历史风貌建筑保护条例》，成立了历史风貌建筑保护委员会。是为指定"历史风貌建筑"的开始。由于早期国家体系不够健全，因此地方体系有效地补充了国家体系。

《天津市历史风貌建筑保护条例》(下称《天津条例》)共六章51条，根据《天津条例》规定"历史风貌建筑是指建成五十年以上，具有历史、文化、科学、艺术、人文价值，反映时代特色和地域特色的建筑。"在《天津条例》中提到"历史风貌建筑区是指历史风貌建筑集中成片，街区景观较为完整、协调的区域。"因此也考虑到街区的保护问题，只是和保护规划中的"历史文化风貌保护区"用语并不一致。

2004年10月天津市完成了全市风貌建筑普查，结果为风貌建筑872处，名人故居200余处，主要集中在五大道（原英租界）、解放路金融街（原法租界和英租界）、意大利风情区。到2013年8月第6批指定位置已经挂牌的有877件"历史风貌建筑"（表6）。其中包括了特殊保护、重点保护和一般保护三个级别的建筑。大部分历史风貌建筑分布在历史文化保护区中，因此对于历史风貌建筑的保护有力地支持了历史文化街区的规划和保护。

为了加强管理，天津市2015年制定了《历史风貌建筑安全性鉴定规程》DB12T 571—2015，2017年制定了《天津市历史风貌建筑防火技术导则》，2018年制定了《天津市历史风貌建筑保护修缮技术规程》，这些都从技术角度支撑了历史风貌建筑的保护工作。

2018年12月修订的《天津市历史风貌建筑保护条例》，新的条例同样对确定、保护和利用、管理、法律责任等进行了规定。2018年年底，根据"放管服"改革和行政审批制度改革工作要求，历史风貌建筑行政审批事项已取消。通过巡查监管、向建筑责任人提供技术资料、加大保

天津市的文物保护单位和登记不可移动文物 表5

文物保护单位（处）	全国重点文物保护单位：34
	市文物保护单位：220
	区、县文物保护单位：151
登记不可移动文物（处）	2082

资料来源：根据政府公布的各种信息整理。

天津市已经指定的历史风貌建筑数量 表6

批次	历史风貌建筑数量（件）
第一批（2005.8）	323
第二批（2006.2）	205
第三批（2006.10）	87
第四批（2008.1）	57
第五批（2009.4）	74
第六批（2013.8）	131
合计	877

资料来源：根据天津历史风貌建筑网站公布资料。

护宣传力度等措施，做好历史风貌建筑保护工作的事前服务和事中、事后监管。

2018年后，历史风貌建筑保护的工作重点向保护和监管、再利用方面转移。

2019年后历史风貌建筑保护工作从经费方面完善了补助制度。2019年《市住房城乡建设委关于进一步加强历史风貌建筑修缮和装饰装修管理工作的通知》，规范历史风貌建筑的装修管理。2020年为规范和加强历史风貌建筑保护项目补助管理工作，制定《天津市历史风貌建筑保护项目补助管理办法》。

结合贯彻落实2021年中共中央办公厅、国务院办公厅《关于在城乡建设中加强历史文化保护传承的意见》，天津市重点做好以下工作①。

一是推动建立天津城乡历史文化保护传承体系，构建内容完善的有机保护整体。二是继续履行《天津条例》赋予的职能，加强部门协调联动，做好历史风貌建筑的保护工作。三是积极配合市人大，围绕历史风貌建筑保护利用，结合其他城市的先进经验，做好《天津条例》修订的准备工作。四是积极申请财政专项资金，对于符合历史风貌建筑保护的项目地，按照相关规定，给予维修补贴，推动保护利用可持续发展。五是深度推进小洋楼招商引企工作，加快形成高端产业领军企业和知名企业家聚集效应，服务全市新动能引育和经济高质量发展。

从2005年至今，历史风貌建筑保护形成了一整套制度，形成了比较鲜明的天津历史风貌建筑保护特色。

3.3 历史文化名城体系中的"历史建筑"

"历史建筑"一词比较早地出现在2005年《历史文化名城保护规划规范》中，2008年《历史文化名城名镇名村保护条例》又对历史建筑进行了清晰的界定，该条例是影响地方保护规划探索的一个重要依据。2017年天津市规划和自然资源局发布《市规划局关于加强历史建筑保护与利用工作的函》，按照《住房城乡建设部关于加强历史建筑保护与利用工作的通知》（建规〔2017〕212号，附件1）要求，强调加强天津市历史建筑保护与利用工作。

天津目前有213件历史建筑，其中161件是历史风貌建筑。所以天津历史风貌建筑制度是历史建筑选定的基础。

3.4 工业遗产

自2006年《无锡建议》首次提倡保护工业遗产后，各地都开展了工业遗产保护和调查。从第五批全国重点文物保护单位开始工业遗产逐渐增多。2017年工业和信息化部指定国家工业遗产，印发了《国家工业遗产管理暂行办法》（工信部产业〔2018〕232号），2022年6月完成了修订，形成《国家工业遗产管理办法》。天津工业遗产保护始于2008年北洋水师大沽船坞保护，由于滨海新区于家堡CBD的建设涉及遗址保护，引发了工业遗产保护的问题。2009年塘沽区文化局委托天

---

① 天津市住房和城乡建设委员会对市十七届人大六次会议第0444号建议的答复．2022.4.24．

津大学开展滨海新区工业遗产的普查工作，并进行大沽船坞的保护规划。2011年初天津市规划局协同文物局委托天津大学等机构开始了全市范围内工业遗产的普查工作。于2012年精选了121件工业遗产。建立普查图册之后，天津市制定了一套工业遗产的认定标准《天津市工业遗产管理办法》（2012年）。2013年天津市规划局与天津市城市规划设计研究院对每一项工业遗产作详细的规划策划，编制了《天津市工业遗产保护与利用规划》（征求意见稿）。根据该规划，天津的工业遗产分为三类：第一类为最具代表性典型工业遗产共20处，第二类为典型工业遗产24处，第三类为一般工业遗产78处。2016年修订的《天津市工业遗产保护与利用规划》，依然将与生产直接相关的37处工业遗产分为了三个级别，其中一级工业遗产14处，二级工业遗产17处，三级工业遗产6处（表7）。一级工业遗产指国家级、市级、区级的工业遗产文物保单位和市重点保护的历史风貌建筑；二级工业遗产指认定价值较高、能体现特色的工业遗产，包括没有列入文物保单位的不可移动文物和一般保护等级的历史风貌建筑；三级工业遗产指一般的工业遗产。该规划对每一级都提出了保护的内容和要求。另外还包括了60处与工业生产间接相关的工业遗产。

工业遗产的保护规划对天津市历史文化名城的多样化保护起到促进作用。

天津工业遗产现状（与生产直接相关的工业遗产）　　　　表7

编号	级别	名称
1	一级工业遗产（14处）	北洋水师大沽船坞旧址（天津造船厂）、黄海化学工业研究社旧址、塘沽南站旧址、比商天津电车电灯股份有限公司、福聚兴机器厂旧址、国营天津无线电厂旧址、天津市印字馆旧址、亚细亚火油公司塘沽油库旧址（天津亚细亚火油公司）、杨柳青年画馆（安氏家祠）、华新纱厂工事房旧址、永利制碱厂旧址、造币总厂旧址、日本协和印刷厂旧址
2	二级工业遗产（17处）	宁家大院（三五二二厂）、宝成裕大纱厂旧址（棉三）、盛锡福帽庄旧址、天津达仁堂制药厂旧址、三五二六厂旧址、天津电业股份有限公司旧址（第一热电厂）、天津市外贸地毯厂旧址（天津意库创意产业园）、天津酿酒厂、渤海无线电厂、天津市电机总厂、天津市公交集团二公司、东亚毛呢纺织有限公司旧址、东洋化学工业株式会社汉沽工厂旧址（天津化工厂）、日本大沽工厂旧址（大沽化工厂）、天津第一机床厂、天津纺织机械厂、新港船厂
3	三级工业遗产（6处）	天津钢厂、天津广播器材有限公司（国营第764厂）、天津拖拉机厂、天津重型机械厂、新河船厂、原英商怡和洋行仓库

资料来源：《天津市工业遗产保护与利用规划》2016年。

近年，天津的工业遗产保护在房地产建设大潮的冲击中受到较大破坏，因此需要更为细致的保护规则来限制城市的大拆大建。

3.5　统合各类建筑遗产的"保护性建筑"

2014年住房和城乡建设部发布《住房城乡建设部关于坚决制止破坏行为加强保护性建筑保护工作的通知》（建规〔2014〕183号）。其中提到"保护性建筑"，但是并没有展开说明。天津市十分重视"保护性建筑",2016年规划局印发了《天津市保护性建筑认定标准》(规法字〔2016〕211号,2019年重新印发,有效期五年)。2019年5月9日天津市规划和自然资源局发布了《关于〈天津市保护性建筑认定标准〉的政策解读》,在这份文件中可以看到天津对于"保护性建筑"的理解:"保护性建筑是指已经纳入法定保护体系的各类建筑遗产,及其他具有保护价值的各类建筑。"为落实好天津市保护性建筑的认定和保护,结合天津市实际情况,《天津市保护性建筑认定标准》明确规定了天津市保护性建筑概念、类型和认定标准:"我市保护性建筑包括各级不可移动文物、历史风貌建筑和历史建筑三类。"①

关于保护性建筑,2016年3月天津市规划局会同市国土房管局和市文物局共同组织开展了天津市保护性建筑普查工作并公布全市第一批保护性建筑名录共计910处,包括不可移动文物717处(含历史风貌建筑657处),历史建筑193处(含历史风貌建筑193处)②。

2016年8月天津市公布了第二批保护性建筑名单及认定标准。该次公布了24处建筑。特别重要的是公布了认定标准:第一,保护性建筑概念和类型;第二,保护性建筑标准。也在此提出了包括不可移动文物、历史风貌建筑、历史建筑③。2017年5月天津市公布的第三批保护性建筑分布在滨海新区、东丽、津南、西青、北辰、宝坻、宁河、静海、蓟州等各区,不仅有霍元甲、于方舟等名人故居,还有杨柳青火车站、塘沽火车站等公共建筑,天尊阁、石家大院、董家大院等文化旅游设施,涵盖了居住、公建、工业等多个领域,文化底蕴深厚④。2017年11月41处历史建筑被列为第四批保护性建筑⑤。2018年8月天津市第五批保护性建筑名录公布,紫竹禅林寺等16处老建筑入选⑥。截至第五批共有1034处老建筑登上"保护性建筑"名录。

"保护性建筑"的引入反映了天津已经迫切地需要一个可以统筹不同概念的用语,梳理地方的保护问题,"保护性建筑"在国家层面并不具有法律身份,因此这也是一个困惑点,和历史文化街区分级问题一样,上位框架系统的建构直接影响了地方层面的管理,地方层面的探索需要和国家层面不断互动,才能够逐渐完善历史文化名城的保护体系。

4 小结

天津市历史文化名城的保护特色可以总结为三点。

---

① 关于《天津市保护性建筑认定标准》的政策解读. http://ghhzrzy.tj.gov.cn/zwgk_143/xzcjd/202012/t20201206_4611019.html.
② 天津公布第一批保护性建筑名录-新闻中心-北方网(enorth.com.cn),2016年3月.
③ 天津公布第二批保护性建筑 大礼堂水晶宫等上榜-新闻中心-北方网(enorth.com.cn),2016年8月;天津市第二批保护性建筑名单及认定标准(360doc.com),2016年8月.
④ 天津市第三批43座保护性建筑名录公布-新闻中心-北方网(enorth.com.cn),2017年8月.
⑤ 关于公布天津市第四批保护性建筑名录的公告-新闻中心-北方网(enorth.com.cn),2017年11月.
⑥ 天津第五批保护性建筑名录:紫竹禅林寺等16座老建筑入选-新闻中心-北方网,2018年8月.

（1）自1986年以来天津历史文化名城的保护规划不断推进，每次规划都是在国家层面的保护规划及相关法律法规的引导下，认识不断地深化，保护范围逐步地扩展。历史文化名城保护规划，历史文化街区、名镇、名村的保护规划，以及历史建筑、不可移动文物、保护性建筑等概念都直接受到国家层面的引导。

（2）在保护建筑方面有自己独特的探索，在历史文化街区概念下增补历史文化风貌保护区就是地方层面的探索，同时历史风貌建筑的一系列制度也具有独特之处。在工业遗产保护方面于全国较早进行了普查，并开展了保护规划编制研究。

（3）天津历史文化名城保护从很分散的保护方式逐渐向统合全局、整体化保护的方向发展。结合贯彻落实2021年中共中央办公厅、国务院办公厅印发的《关于在城乡建设中加强历史文化保护传承的意见》，伴随着国家体系的不断完善，地方体系逐渐归入保护规划和建筑保护体系化管理的轨道，例如历史风貌建筑、历史建筑、不可移动文物、工业遗产等概念融入天津历史文化名城的整体保护理念中。此外，天津在地方探索方面也有自己的尝试，但是目前的融合也遇到瓶颈，没有国家层面的法律依据，地方层面的操作也会遇到困难，因此研究地方的问题也希望能促进国家层面法规的系统梳理。

致谢：感谢张广汉总规划师、张松老师、李津莉老师、朱雪梅总规划师、夏青老师、张威老师接受采访，感谢中国城市规划研究院王军老师、天津大学博士研究生李松松、硕士研究生谢楠的帮助。

参考文献

[1] 王景慧. 历史地段保护的概念和作法 [J]. 城市规划, 1998（3）: 34-36.

[2] 阮仪三. 中国历史文化名城保护与规划 [M]. 上海: 同济大学出版社, 1995.

[3] 张松, 李文墨. 近代城市的风貌保护区研究——以天津为例 [C] // 中国城市规划学会. 2005城市规划年会论文集: 历史文化保护规划. 北京: 中国水利水电出版社, 2005.

[4] 李津莉. 规划管理视角下天津历史文化街区保护规划实施评价 [J]. 上海城市规划, 2016（5）: 19-25.

[5] 王凯, 王军. 重视历史地段的认定与保护 [EB/OL]. [2022-06-06]. https://www.163.com/dy/article/H96TT8Q405346KFL.html.

[6] 吴静雯, 秦云. 天津市历史文化名城保护规划体系研究 [C] // 中国城市规划学会. 多元与包容——2012中国城市规划年会论文集（12.城市文化）.昆明: 云南出版集团, 2012: 406-412.

[7] 张媛, 陈天, 臧鑫宇. 历史文化名镇名村保护规划编制方法探索以《天津市历史文化名镇名村保护规划编制技术标准》为例 [C] // 中国城市规划学会. 城乡治理与规划改革——2014中国城市规划年会论文集（03-城市规划历史与理论）.北京: 中国建筑工业出版社, 2014.

[8] 张萌, 李威, 尔惟. 大运河文化保护传承利用视角下的国土空间管控策略研究——以天津市为例 [J]. 城市, 2020（12）: 73-75.

[9] 青木信夫, 徐苏斌. 天津的文化遗产保护 [M] // 大里浩秋, 等. 租界研究新动态（历史·建筑）. 上海: 上海人民出版社, 2011.

[10] 天津市城市规划志编纂委员会. 天津市地方志丛书——天津市城市规划志 [M]. 天津: 天津科学技术出版社, 1994.

摘　要　根据城乡历史文化保护传承"要素全囊括、空间全覆盖"的新要求，通过回顾总结历版和在编的南京历史文化名城保护规划内容体系，在充分肯定和继承既有"五类三级"保护框架的基础上，一方面强调文化展示彰显作为历史文化名城保护规划的重要内容，另一方面厘清行业遗产保护利用规划、历史文化专题研究与历史文化名城保护规划相互衔接和反馈的关系，探讨建立一套既符合国家要求、又适应南京资源特色的保护内容框架体系。

关键词　历史文化名城；文化保护；传承彰显；内容体系；行业遗产

Abstract　According to the new requirements of "full inclusion of elements and full coverage of space" for the protection and inheritance of urban and rural history and culture. After reviewing and summarizing the existing versions of the Conservation Planning of Historic City for Nanjing, the protection framework of "five categories and three levels" is affirmed and inherited. On that basis, we future emphasize the cultural display as one of the most important contents in the conservation system and clarify the relationship between industrial heritage protection and utilization, as well as the connections among historical thematic research and conservation planning of historic city, and feedback. In the aim of establishing a conservation system that meets the national requirements and covers the characteristics of historical resources in Nanjing.

Keywords　historic city; conservation; cultural display; conservation system; industries heritage

童本勤 [1]
石 洁 [2]
张 峰 [3]

Tong Benqin　Shi Jie　Zhang Feng

南京历史文化名城保护规划内容体系回顾与展望

The Review and Prospect of Conservation System of Conservation Planning of Historic City, Nanjing

　　南京作为首批国家级历史文化名城，自1982年以来先后编制完成了4版南京历史文化名城保护规划（以下简称"南京名城保护规划"），目前正在编制第5版。40年来，南京名城保护规划思路一脉相承，保护层次和保护对象不断丰富完善，现已经形成的"五类三级"保护内容体系，基本囊括了各层次目前掌握的各类历史文化资源，有效地支持了城市的发展和建设。近年来，随着南京工业遗产、红色文化资源、近现代交通文化资源等行业遗产保护利用规划（研究）工作的推进，特别在城乡历史文化保护传承"要素全囊括、空间全覆盖"的新要求背景下，现行的保护内容体系如何进一步拓展名城内涵、扩充保护对象、活化利用和展示各类资源是本文重点探讨的问题。

① 童本勤，南京市规划设计研究院有限责任公司研究员级高级规划师。
② 石洁，南京市规划设计研究院有限责任公司高级规划师。
③ 张峰，南京市规划设计研究院有限责任公司高级规划师。

1 南京名城保护规划内容体系
演变回顾与总结

1.1 开创先河的1984年版名城保护规划内容体系

1982年，我国处于改革开放初期，南京在全国率先启动了第一版（1984年完成）名城保护规划的编制。规划从市区内、市区外两个层面建立保护内容框架（图1）。市区内由重点保护区、重点保护文物与重要建筑、保护网络三部分组成。重点保护区包括钟山风景区、石城风景区、大江风景区、雨花台纪念风景区和秦淮风光带5片；重点保护文物与重要建筑既包括朝天宫、天王府等文物，又包括民国时期的公共建筑和住宅区；保护网络主要由城墙、河道水系和街巷格局构成。市区外重点划出栖霞山风景区、牛首祖堂风景区、汤山温泉疗养区和老山森林风景区4片重点保护区。

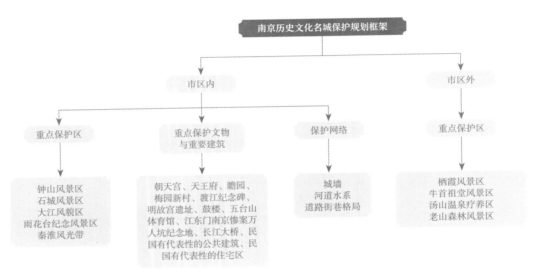

图1 1984版南京名城保护规划内容框架
来源：1984版南京名城保护规划

1.2 逐步深化的1992版名城保护规划内容体系

20世纪90年代，在改革开放不断深入，特别是土地使用制度和住房制度改革的背景下，随着城市总体规划的修编，启动了第二版（1992年完成）名城保护规划的编制。规划从环境风貌、古都格局、文物古迹、建筑风格、历史文化的再现和创新五个方面建立了保护内容框架（图2）。此版保护规划首次将传统民居、近代建筑、地下遗存、历史文化保护地段等内容纳入保护体系，把历史文化的再现和创新提到了一定的高度。

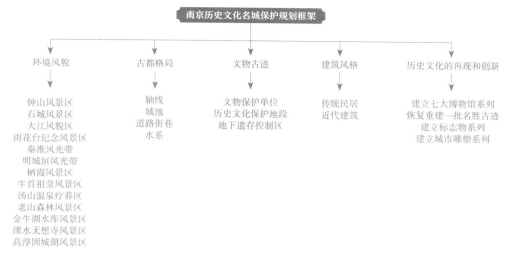

图2 1992版南京名城保护规划内容框架
来源：1992版南京名城保护规划

1.3 调整完善的2002版名城保护规划内容体系

21世纪初期，全国经济处于加速发展阶段，城市开发建设与历史文化名城保护矛盾日益尖锐。2002年结合总体规划对南京名城保护规划同步进行调整。该版保护规划从物质要素和非物质要素两个层面，形成了涵盖范围较为全面的保护框架（图3），包含城市整体格局和风貌、历史文化保护区、文物古迹以及历史文化遗存展示体系四类，建构了从整体格局到历史文化保护区到文物古迹三个层次的保护体系。

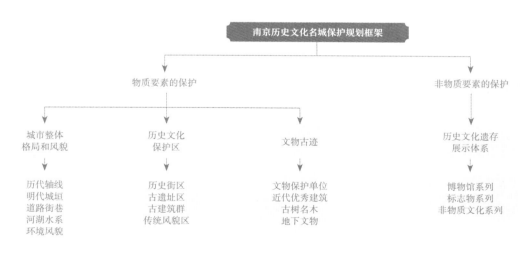

图3 2002版南京名城保护规划内容框架
来源：2002版南京名城保护规划

1.4 全面创新的2010版名城保护规划内容体系

在21世纪初期，南京城市建设虽然整体框架已经拉开，但老城仍然是南京最有吸引力的地区，高层建筑和人口的进一步集聚，老城传统肌理、历史格局与风貌面临严重的挑战。为体现"保护优先"的理念，2008年先于城市总体规划的修编，启动了第四版（2010年完成）名城保护规划。该版规划建立了由整体格局和风貌、历史地段、古镇古村、文物古迹、非物质文化遗产等构成的"五类"保护框架（图4）和指定保护、登录保护、规划控制"三级"控制体系。

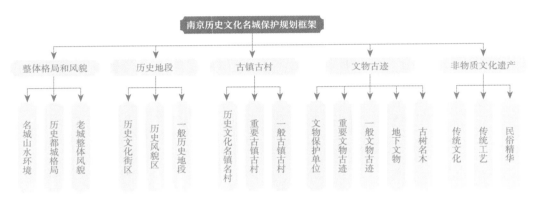

图4　2010版南京名城保护规划内容框架
来源：2010版南京名城保护规划

1.5 持续完善的2020版名城保护规划内容体系

在改革开放40年的新时期，在面向"两个一百年"奋斗目标的中华民族伟大复兴梦的新背景下，与城市总体规划修编（现国土空间规划）同步开展了第5版名城保护规划的编制。目前2020版保护规划的内容体系与2010版名城保护规划一脉相承，在延续"五类三级"保护框架的基础上，按照相关文件和规范的要求，加强了传统村落、历史建筑以及非物质文化中其他优秀传统文化的纳入（图5）。

1.6 南京名城保护规划内容体系的特点总结

南京名城保护规划每十年编制一次，保护思路一脉相承，保护理念不断与时俱进，构建了高度契合南京资源特色的保护内容体系。

（1）不断丰富保护对象的类型与内涵。在保护对象类型上，从物质文化遗产拓展到非物质文化遗产；在时间跨度上，从古代拓展到近现代；在空间上，从老城拓展到市域，从地上拓展到地下；在历史地段保护类型上，从历史文化街区拓展到风貌保护区和一般历史地段，并将古镇古村纳入保护体系，形成了"五类"保护内容框架。至2021年，南京有文物保护单位867处，一般不可移动文物1596处，已公布的地下文物重点保护区9区（15处），历史建筑

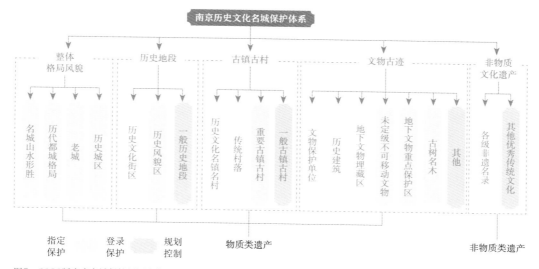

图5 2020版南京名城保护规划内容框架
来源：2020版南京名城保护规划

279处，还有古树名木等其他文物古籍近1500处，历史地段77片，有33个古村入选江苏省传统村落。

（2）"三级"控制体系实现了资源的应保尽保。针对南京已经挖掘的各类历史文化资源，以"应保尽保"为原则，形成"指定保护、登录保护、规划控制"三级控制体系。文物保护单位、历史文化街区、历史文化名镇名村按照相关法律法规进行指定保护；将达不到指定保护标准的对象，但具有一定历史文化价值、能够体现南京历史文化特色的重要文物古迹、历史风貌区、重要古镇古村等历史遗产，依据《南京市历史文化名城保护条例》进行登录保护；对其余挖掘出来的历史文化资源，则由行政主管部门制定相应的保护管理要求进行规划控制保护。

（3）注重"山水城林"古都格局和环境风貌的保护。名城格局和环境保护方面，保护宁镇山脉楔入城市的三支余脉，保护秦淮河、金川河、历代护城河以及玄武湖、莫愁湖等水体，重点突出"明城墙内环"，积极打造"明外郭——秦淮新河"绿色人文外环，营造山水城林融于一体的城市环境风貌。在市域层面，将历史文化内涵较为丰富集中的自然山水资源划定为环境风貌保护区。

（4）强调老城的整体保护。老城是南京历史文化名城保护的重点地区，是文化旅游、特色商业、科教人文功能的重要承载区。重点保护老城山水环境、历代都城城郭、历史轴线、重要景观视廊、特色界面和历史街巷。特别将老城内历史文化资源相对密集、历史积淀深厚、环境特色显著的城南、明故宫、鼓楼—清凉山、北京东路四个片区划定为历史城区，实行更加严格的保护与控制。

2 行业遗产保护规划的新开展

2.1 南京工业遗产保护规划

南京的工业遗产在全国工业遗产的价值体系中具有重要地位，见证了中国近代工业史的开端，记录了南京乃至中国近现代工业化的历程。很多工业遗产属于我国最早出现，或是在行业内最为著名或是同类建构筑物规模最大的，甚至有些是仅有的遗产资源。

南京工业遗产调查研究工作始于2010年，通过对120余处工业遗产的调研和评估，提出了40处工业遗产保护名录。2015年正式启动了《南京市工业遗产保护规划》，对上述工业遗产名录进行了深化细化调查，并完成了每处工业遗产的保护利用图则编制。规划将40处工业遗产全部纳入历史地段进行保护，其中6处已在南京名城保护规划历史地段名录中，规划新增6处历史风貌区、28处一般历史地段，同时新增68处（栋）历史建筑。并通过明城墙和滨江岸线，串联形成2条工业、人文、自然景观交织的历史文化廊道。

2.2 南京市红色文化资源保护与利用专项规划

红色文化是中华文化遗产的重要组成部分，南京是中国共产党最早建立组织并开展革命活动的地区之一，是新民主主义革命取得彻底胜利的标志地、是雨花英烈精神的形成地，南京红色文化在我国具有重要而独特的价值和地位。2018年初，为迎接中国共产党建党百年纪念活动，南京市委宣传部和原南京市规划局联合组织编制《南京市红色文化资源保护与利用专项规划》。

该规划从文化遗产保护传承的视角开展编制工作。在保护对象确定上，突出强调红色文化资源的精神价值，明确了165处红色文化资源保护对象。以历史价值与精神传承价值为优先价值导向，创建红色文化资源评价体系，进行分级分类保护。规划明确61处各级文物保护单位和未定级不可移动文物的红色文化属性，推荐10处历史建筑和9处规划控制建筑，其他85处按南京名城保护规划进行规划控制或标识展示。在空间整合上，依据红色文化发展脉络及红色文化资源分布特点，利用道路和水系，串联整合沿线各类资源，在市域形成"三区、两线、十三片"的保护利用空间格局。

2.3 南京近现代交通遗产保护利用规划研究

南京作为近现代南北交通综合性枢纽之一，交通历史文化资源丰富，拥有的公、铁、水、空等门类齐全、体系完整的交通资源，是南京作为民国首都特殊历史地位的印证，这些资源也勾勒了近现代南京城市格局的基本轮廓。2021年，南京市交通部门在国内率先组织开展了《南京近现代交通资源保护规划研究》。

该项工作将研究对象的时间界定为1840年至1949年，并适当延伸至1978年（改革开放前）。研究深入挖掘近现代交通文化资源要素，体系上分为公路、铁路、水运、航空、长输管道、重要的城市道路、城市轨道交通7类，按点状、线状和面状三类空间形态进行系统普查。依据时间轴线设立准入门槛，对147处（条）交通遗产进行筛选。将3处面状要素、47条线状要素和32处点状要素，共82处（条）交通遗产列入《南京近现代交通资源保护名录》。

2.4 行业遗产保护规划（研究）的特点

行业遗产保护规划（研究）工作由行业主管部门与规划部门联合组织，成果内容系统性强、专业性强、实施性强，与历史文化街区、名镇名村、传统村落、历史地段和文物保护等规划一起构成了南京名城保护"条—块"规划成果体系，是南京名城保护工作的又一新探索。

通过行业遗产保护规划（研究），更加精准地提炼了行业遗产与资源的特色和价值，丰富了南京名城的文化内涵；新增的一批历史地段、历史建筑、规划控制建筑等，进一步拓展了保护对象；行业遗产保护规划还结合自然山水环境、遗产文化脉络及资源分布情况，通过文化线路的串联整合，形成具有行业文化特色的保护利用空间结构。

3 南京名城保护规划内容体系面临的问题与挑战

3.1 市域历史文化挖掘、保护和系统性整合还有待进一步加强

虽然现有南京名城保护范围已经涵盖了市域，资源的挖掘和保护名录也拓展到了市域，但名城保护的相关研究、保护规划编制和实施推进等工作的重点仍在老城和历史城区，外围地区的"在地性"文化特色价值挖掘不够，历史资源自然损毁和灭失现象严峻，历史文化资源相互之间及与周边环境、特色空间、乡村发展等缺少系统性空间整合。

3.2 传承彰显内容在目前保护内容体系中没有表达

南京的第二和第三版名城保护规划分别提出建立博物馆系统、标志物系统和雕塑系统，第四和第五版在市域、都城和老城3个层面通过资源整合，分别建立了文化景观网络。但目前的保护内容体系由于过度强调"五类三级"的保护对象，将展示利用内容湮没在了以保护对象为主的要素中，既不能完全体现南京名城保护特色，也不符合新时代保护与彰显并重的要求。

3.3 行业遗产保护规划与名城保护规划衔接路径还不清晰

虽然目前行业遗产保护规划经政府批准后保证了各类历史地段、文物古迹、历史建筑和规划控制建筑的法定地位，但行业遗产保护成果纳入名城保护规划的衔接路径和程序还不清晰，行业遗产保护利用规划中的价值特色深化内容、展示利用要素等内容难以像上述保护对象一样融入内容体系中，特别是行业遗产展示彰显体系相互之间及与地区发展的整合还不够，这对名城保护内容体系提出了新的拓展性要求。

3.4 需要建立专题研究开展机制及与既有成果的反馈机制

随着南京名城价值内涵认知和目标的不断深化延展，部分专题研究需进一步深化开展。如根据"世界文学之都"的新目标，应开展南京传统及当代文学艺术的物质空间载体规划研究；应对当前六朝陵墓石刻保护面临的问题，深入开展南京石刻文化遗产保护利用研究；以龙江宝船厂遗址、郑和墓、渤泥国王墓为代表的，体现南京海洋文明属性的海上丝绸之路遗产研究需要加强系统性整合等。因此，需要建立实现新要求的专题研究开展机制及与既有成果的反馈机制。

4 南京名城保护规划内容体系的探索与展望

2021年，中共中央办公厅、国务院办公厅印发《关于在城乡建设中加强历史文化保护传承的意见》，提出"构建城乡历史文化保护传承体系""始终把保护放在第一位，做到空间全覆盖、要素全囊括"等要求，为南京解决目前存在的问题与困惑指明了方向。

4.1 分层加强"空间全覆盖"

"空间全覆盖"的内涵不是机械地把名城保护规划范围简单地拓展到全行政区，而是需要在全域的整体性视角下，分层次、有重点地推进名城保护规划的"不留白"。需要从市域→都城格局→老城及历史城区→历史地段及古镇村，分层加强历史文化保护传承的空间全覆盖。

市域保护层面，一是要重视城市外围地区，特别是远郊城镇和乡村聚落的地方性价值特色的挖掘和提炼，传承地方历史脉络，延续乡村传统风貌，丰富南京名城价值特色。二是要加强市域范围内各类保护对象的进一步梳理，囊括代表山水特色的各类环境风貌保护区、名镇名村、传统村落、古镇村、历史地段、各类文物保护单位及其他历史文化资源，进一步丰富保护类型、拓展保护名录。三是要系统研究分散资源的关联性和历史发展过程中的内在逻辑关系，整合梳理体现地区文化特征、展示地方历史环境风貌的历史文化斑块和廊道，形成市域历史文化保护空间格局。

都城格局层面，一是持续保护历代城池"环套并置"的空间特色，在既往以明外郭以内作为都城格局的主要空间范围外，加强浦口、六合、高淳等外围卫城与都城的整体性研究和保护；二是拓展南京建城史和建都史对于都城格局支撑的实物例证，加强越城、石头城等古代城池的研究和考古，加强各历史时期城市发展印记的保护与展示。

老城保护及历史城区层面，一是保护老城整体格局、空间形态和历史风貌；二是完整保护4个不同时代、风貌特色的历史城区；三是严格控制老城开发总量、建筑高度和人口规模，优化提升老城功能。

历史地段及古镇村层面，历史文化街区和名镇名村按《历史文化名城名镇名村保护条例》

等国家文件要求进行保护，历史风貌区和重要古镇古村按《南京市历史文化名城保护条例》进行保护，一般历史地段和一般古镇古村按规划行政主管部门制定的保护管理要求进行相应的保护与控制。

4.2 积极实现"要素全囊括"

对于"要素全囊括"的总体保护要求，要从类型维度、行业维度、时间维度和研究维度全面推进，形成全时段、全要素的保护内容体系。在现有物质与非物质为核心要素分类的基础上，实现行业要素的纳入、时间要素的延展以及专题研究的反馈。

行业要素的纳入。历史文化名城资源的挖潜应该是不断探索城市各类型文化堆叠的过程，不仅仅局限于某个单一部门或者某些行业，应该是调动全社会、各行业共同进行发现资源、筛选资源、保护资源、展示资源的过程，需要不断扩充、更新名城保护体系。因此，要素全囊括首先把目前已经完成的工业遗产、交通遗产、红色文化等资源要素纳入。其次，继续开展科教遗产、农业遗产、水利工程遗产、宗教遗产等行业遗产的研究和挖掘。

时间要素的延展。将自古以来人民创造的灿烂文化全部囊括在内，在既有自远古时期至近代的时间维度上，向古要突出史前文明、春秋战国时期资源要素的研究挖掘，向今要进一步梳理扩充社会主义建设、改革开放和当代的重大城市建设成果。

专题研究的反馈。伴随着对南京名城价值内涵认知的不断深入，通过开展海上丝绸之路文化、大运河文化、南朝石刻文化、民国民居文化等专题研究，不断丰富南京名城特色和保护要素，持续增补保护对象。

4.3 全面构建文化彰显体系

在社会发展的不同阶段，历史文化名城保护的重点和任务各有侧重。在快速城镇化发展阶段，由于城市建设与历史文化保护存在认识上的矛盾，需要加强刚性与底线的保护与控制，但文化展示彰显的内容不够突出。目前，城市转型发展已经到了品质提升的新阶段，全社会对历史文化保护传承的认识逐步统一。因此，在原有以保护为主要内容的基础上，需要进一步突出城市文化形象塑造，历史文化传承与彰显，构建不同层次的文化传承彰显体系。

建立文化展示网络。运用文化生态学的方法，对能够展示南京名城特色的历史文化资源进行系统梳理，提炼空间形态附属的文化特质，以历史空间结构为底，整合城市交通游线、蓝绿空间网络、文化设施空间布局、公共空间与绿道系统等要素，通过织补、串联、延续和发展等手法，组织形成由文化生态基质、文化生态斑块、文化生态廊道、文化联系路径、文化生态节点等要素共同构成的文化展示网络。

建立文化彰显系统。利用城垣城河遗址遗迹、宫殿坛庙遗址遗迹、六朝石刻等历史文化资源，建设遗址公园和历史主题博物馆系统；建设和恢复一批体现城市文化内涵和具有集体历史记忆的重要城市景观标志；利用文化广场、"口袋公园"、滨水绿地等公共空间，布置体现场所历史信息和文化内涵的景观小品和雕塑；通过彰显城市特色的文化符号、标识标牌等，建立城市文化指引系统等。

4.4 拓展完善名城保护框架

综上，结合南京近年来持续开展的各类保护规划和相关研究工作，在国家提出的系列保护要求尤其是"两办"文件新要求的指导下，对南京名城保护框架进行拓展和补充。第一，延续南京名城既有的"五类三级"的保护层次与框架，作为核心板块内容。第二，突出文化传承内容，独立形成传承彰显体系，包括文化展示系统和文化彰显系统。第三，将行业遗产保护利用规划纳入名城保护规划，并制定衔接和反馈机制。第四，积极开展能够体现南京新内涵的专题研究，进一步挖掘保护与传承要素，建立补充和融入机制。最终形成一套既符合国家要求，又适应南京历史文化名城价值特色的保护内容框架体系（图6）。

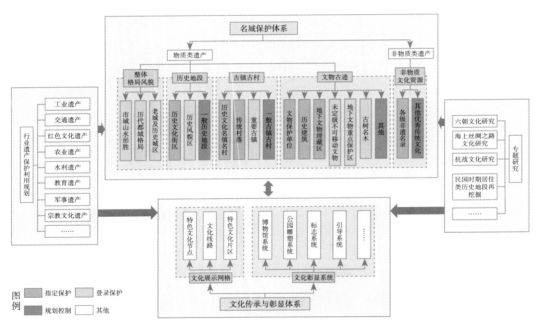

图6 南京历史文化名城保护内容框架图

参考文献

[1] 仇保兴. 风雨如磐——历史文化名城保护30年 [M]. 北京：中国建筑工业出版社，2014.

[2] 叶斌，陈乃栋，李建波，等. 全面积极保护与整体有序创造——南京历史文化名城保护规划及实施评估 [J]. 江苏建设，2016（1）：21-30.

[3] 王玲玲. 历史文化名城保护规划的发展与演变研究 [D]. 北京：中国城市规划设计研究院，2006.

苏州历史文化名城保护——40年回顾与展望

张泉① 相秉军② 邱晓翔③ 姚鹤林④ 朱依东⑤ 俞娟⑥

Zhang Quan　Xiang Bingjun　Qiu Xiaoxiang　Yao Helin　Zhu Yidong　Yu Juan

Review and Prospect of the Protection of Suzhou Historical and Cultural City for 40 Years

摘　要　苏州是国家首批历史文化名城，40年来，经过不懈努力，名城保护取得了令人瞩目的成就。本文回顾苏州历史文化名城保护40年历程，并归纳总结了阶段特征，阐明苏州在理论研究、实践探索、体制政策创新等方面的主要经验，提出未来的启示与展望。

关键词　保护古城发展新区；全面保护；系统保护；专业保护

Abstract　Suzhou is one of the first batch of famous historical and cultural cities in China. In the past 40 years, through unremitting efforts, remarkable achievements have been made in the protection of famous city. This paper reviews the 40-year history of the protection of famous city in Suzhou. Summarizes the stage characteristics, expounds the main experience of Suzhou in theoretical research, practical exploration, system and policy innovation. And puts forward the enlightenment and outlook for the future.

Keywords　protection of ancient city and development of new area; comprehensive protection; system protection; professional protection

　　1982年初，我国历史文化名城保护制度建立，苏州被列入国家首批历史文化名城。

　　40年来，苏州坚定文化自信，持续开展大量的研究和规划建设实践，历史文化名城保护及相关政策体制等全方位取得了令人瞩目的成就，特别是地处经济发达地区，苏州以"双面绣"绝活很好地处理了保护与发展的关系，屡获国际、国内多类别大奖，成为中国名城保护的典范城市之一。

① 张泉，江苏省住房和城乡建设厅原巡视员，研究员级高级规划师，硕士。
② 相秉军，原苏州市规划局总规划师（2002—2015）。
③ 邱晓翔，原苏州市规划局局长（1995—2000）。
④ 姚鹤林，苏州市自然资源和规划局总规划师。
⑤ 朱依东，苏州市姑苏区古城保护委员会主任。
⑥ 俞娟，苏州市规划设计院副院长。

40年来，苏州干部群众上下同心、社会戮力、积极探索、勇于实践，为苏州历史文化名城的保护与发展作出了卓越贡献。住房和城乡建设部、国家文物局悉心指导、把关护航，众多专家出谋献策、积极参与，功著史册。

谨以本文，祝贺历史文化名城保护40年，致敬先辈、前人；总结经验，激励当下，寄愿未来。

1 苏州名城保护40年历程回顾

苏州历史文化资源丰富，市域范围内现有国家历史文化名城2座（苏州、常熟），中国历史文化名镇15个、江苏省历史文化名镇5个、中国历史文化名村5个，中国传统村落14个，世界文化遗产2项〔苏州古典园林、中国大运河（江南运河苏州段）〕。苏州古城区内有历史文化街区5个，包括平江、山塘、阊门、怡园、拙政园；历史地段37处，包括阊门下塘、东麒麟巷、传芳巷等；此外，还有盘门、观前、寒山寺等历史文化片区7处。

各级文物保护单位831处，其中全国重点文物保护单位59处、省级文物保护单位112处、市级文物保护单位660处；控制保护建筑615处；尚未核定公布为文物保护单位的不可移动文物2321处；已公布历史建筑485处；非物质文化遗产587项，其中国家级32项、省级84项、市级95项、区级376项；各级非遗生产性保护示范基地11个、非遗传承示范基地3个、非遗保护研究基地1个。

1.1 规划先行的科学引领

从历史文化名城公布开始，经过40年持续探索和广泛实践，苏州已建立起系统完备的保护规划体系。从历史文化名城保护规划、控制性详细规划到街区、专项等各类保护规划，包括全市、古城、古镇、古村、历史街区、地段，囊括两千多处物质文化和大量非物质文化等全部遗存。内容包括空间布局、业态规划、运营管理等众多领域，涵盖了历史城区经济社会环境文化发展的全部要素。通过各类积极探索，不断完善保护规划、提高规划质量和水平；提出构建古城保护制度体系，引领历史文化名城保护工作成熟规范；同时也促进了保护理论和实践的创新、借鉴。

1.2 保用结合的更新实践

为了全面保护遍布全市的众多遗存，苏州持续探索、创新保护方法。1983年首创提出"控制保护古建筑"，对其采用类文物的保护方法，已先后公布615处。

古典园林保护修复有计划、有重点地持续推进，现登录的108处园林已向社会开放89处，既保持了园林之城特色，也奉献出传统的人居体验。"天堂苏州·园林之城"保护管理工程2018年被联合国人居署亚太办事处授予"亚洲都市景观奖"。

以用促保，推进老宅活化利用。苏州先后修复了多处老宅，积极探索利用途径，形成了博物馆、精品酒店、创客空间等文化旅游系列"菜单"，让老宅充分发挥价值。发布了古建老宅活化利用白皮书、蓝皮书，吸引社会力量参与。

40年来，苏州市政府一直把古城保护、更新利用、功能优化作为民生工程，以提高人民群众的生活品质。20世纪80年代开启以十梓街50号为代表的四处古宅新居为"点"的工程，90年代推进十全街、寒山寺弄改造为"线"的工程，接着进行了桐芳巷居住街坊"面"的改造，随之又组织了古城街坊解危安居、干将路综合改造等工程。2000年以来相继进行环古城风貌带改造，老宅改厕2.37万户、修复52处，老城区老旧小区整治与更新惠及居民17.08万户，301条街巷架空线整治和入地，修复改造管网130km，完成66条生态河道、12条背街水巷建设。古城服务功能不断完善，居民生活品质明显提升。

苏州十分重视古城内新建建筑风貌，不断尝试吴文化神韵的地方特色，涌现出以"苏州博物馆新馆"为代表、专家称之为"苏州风"的一批优秀建筑。

非物质文化是古城生生不息的文脉根基。苏州以活态保护的方式将非物质文化与创意、旅游、体验等结合，促进非物质文化的弘扬与传承。如古胥门元宵灯会、石路轧神仙庙会等已成为民俗文化活动品牌，宋锦中装传统手工艺与时尚设计的融合等，"手工艺与民间艺术之都"的品牌效应日益凸显，传统文化弘扬与物质空间保护相得益彰。

1.3 构建完善制度体系

苏州市委、市政府高度重视名城保护，早在1986年就成立了旧城建设办公室负责古城保护与更新工作；1998年成立苏州市城市规划专家咨询委员会，为名城保护提供强有力的专业支撑；2012年合并老城三区为国家历史文化名城保护区——姑苏区，为进一步顺理保护体制奠定基础；2022年组建苏州名城保护集团，整合资源、统筹推进古城保护与发展。

40年来，在国家、省相关法律法规基础上，苏州市结合自身特点相继制定了多种地方性法规、规章和大量与名城保护相关的规范性文件，形成"法律—法规—规章—规范性文件"相对完善的四级体系，为名城保护工作的法治化、规范化提供关键支撑（表1）。

苏州历史文化名城保护主要法律、法规、规章、规范性文件　　　　表1

分类	法律	法规	规章	规范性文件
城乡规划	中华人民共和国城乡规划法	苏州市城乡规划条例	苏州市城市绿线管理实施细则	苏州市城市紫线管理办法
				苏州市城乡规划若干强制性内容的规定

分类	法律	法规	规章	规范性文件
名城名镇名村保护	中华人民共和国城乡规划法、中华人民共和国文物保护法	苏州国家历史文化名城保护条例	苏州市历史文化名城名镇保护办法	关于加强苏州市古村落保护和利用的实施意见
				苏州市市区依靠社会力量抢修保护直管公房古民居实施意见
				苏州市区古建筑抢修贷款贴息和奖励办法
			苏州市江南水乡古镇保护办法	苏州市古建筑抢修保护实施细则
				苏州市历史文化保护区保护性修复整治消防管理办法
				关于进一步加强历史文化名城名镇和文物保护工作的意见
文物、古建筑保护	中华人民共和国文物保护法	苏州市古建筑保护条例	苏州市文物保护管理办法	苏州市文物保护单位和控制保护建筑完好率测评办法
		苏州市古村落保护条例	苏州市地下文物保护办法	
		苏州古城墙保护条例	苏州市历史建筑保护利用管理办法	苏州市实施《中华人民共和国文物保护法》办法
配套保护	中华人民共和国非物质文化遗产法	苏州市河道管理条例	苏州市民族民间传统文化保护办法	苏州市居民私有住房建设规划管理规定
		苏州市古树名木保护管理条例		
		苏州园林保护和管理条例		
		苏州市风景名胜区条例		
		苏州市非物质文化遗产保护条例		
		10件	7件	11件

2 名城保护40年的阶段特征

2.1 重点保护阶段（1982~1986年）

20世纪80年代初，随着国民经济恢复和大量知青回城，城市建设需求迫切，苏州古城保护与发展的矛盾尖锐，面临"建设性破坏"和"破坏性建设"的双重威胁。在此重要关头，吴亮平、匡亚明等向中央呼吁对苏州古城紧急抢救。报告受到中央领导高度关注，邓小平指示对苏州要"处理好保护和改造的关系，做到既保护古城，又搞好市政建设"。苏州的历史文化保护开始得到重视，但对采取什么保护方针争议很大。1984年3月苏州审议城市总体规划时提出"全面保护苏州古城风貌"，也有观点认为"全面保护就等于否定改造和现代化建设"，主张"点、线、面重点保护"。国务院时任副总理万里、谷牧先后于1984年、1985年批示，赞同全面保护苏州古城风貌。1986年，《苏州市城市总体规划（1986—2000年）》获国务院批准，明确"全面保护古城风貌，积极建设现代化新区"的城市建设总方针。至此，苏州古城全面保护的方针一锤定音。

2.2 全面保护、合理利用阶段（1986~2012年）

（1）跳出古城建新城，疏解功能保古城

1986年后，苏州形成了"东城西市、古城新区"的发展格局。一方面，为减轻保护压力，古城内90多家工厂全部搬迁、关停、改造；另一方面，西郊的新区建设有序推进，1994年苏州工业园区在东郊开工建设，至此初步形成以古城为核心、干将路为串联的"一体两翼"总体格局。事实证明，"跳出古城建新城"的发展战略卓有成效，不仅奠定了全面保护古城的基础，为改善古城环境创造了有利条件，同时适应了经济社会全面发展的需要，解决了当时保护与发展的问题，开创了名城保护的新范式。

（2）以街坊为重点，民生为本的保护与更新实践

20世纪80年代起，同济大学多位专家进行"古城容量"研究，将苏州古城按路、河网络划分为54个街坊。1991年《苏州古城保护与发展的研究》确定了"统一规划，分片设计，综合治理，逐步改造"的指导思想，古城保护开始有计划、有步骤地推进。

1988年从一座典型的苏州宅院"十梓街50号"开始试点，按照"合理利用、适当调整、保持风貌、充实完善"的原则进行改造，陆续开展了以桐芳巷为代表的古城成片综合改造探索；1994年又对三个街坊作为"解危安居"工程进行了街坊保护与更新的实施。通过试点、片区到街坊的一系列保护，古城居住环境品质、街坊面貌有了较大改善，为探索解决老宅保护与居民现代生活需求之间的矛盾，加深了认识、积累了经验。

（3）历史街区保护修复，名城保护新阶段

2002年末，苏州开始了平江、山塘两个历史街区保护修复，坚持"保护风貌、修旧如旧、延年益寿""分级分类保护"的原则和"渐进式、微循环、小规模、不间断"的修复方式，修缮古建老宅、保持外观风貌、拆除违章建筑、改造基础设施、疏浚河道、整修驳岸，保护整治工作至今不间断地推进。选择苏州传统手工艺商家和百年老字号进驻，营造浓郁的江南文化氛围。两个历史街区已成为苏州旅游首选地、世界网红打卡地，平江历史街区是2014年苏州获"李光耀城市奖"的三个主要案例之一。

2.3 创新保护、持续发展阶段（2012年至今）

（1）全面保护、专业保护

《苏州历史文化名城保护规划（2013—2030）》确立了全面的保护发展观，提出保护、利用与发展相互协调、相辅相成，把保护和利用历史文化作为一种可持续的发展方式；建立"分层次、分年代、分系列"的三分保护体系，通过把握历史文化要素的空间、时间和文化特性的

关联性，实现保护的系统性、精细化与专业化。

苏州积极开展古城风貌提升工作。启动名城保护和提升六大工程，对葑门横街及周边四条支巷开展环境综合整治，涉及街巷总长度1300m、街巷面积6500m²，修缮立面约11000m²。开展老宅保护修缮工程，一批香山帮匠人参与，采取原材料、原工艺、原风貌的修复方式，保障了修复工作对传统和历史的尊重。启动城墙保护二期工程，修复娄门、姑胥桥段和齐门段三段古城墙，为环古城风光带增色添彩。

（2）合理利用、有效利用

保护利用与日常需求相结合是"活态化"的有效模式。苏州结合环境文脉对古宅功能更新满足现代需求，修缮完成潘祖荫故居、宣州会馆、过云楼、相门等10组老宅，开辟出吴文化精品酒店、博习医院创客空间、过云楼陈列馆、城墙博物馆等一系列文旅"苏式菜单"。近年来将历史保护与文博场馆建设紧密结合，打造"百馆之城，博物苏州"，使城市和人民生活的传统文化保护传承增添了可靠渠道。"与改善民生相结合，与老宅文化相结合，与文博展示相结合"，推进名城保护工作向成熟和高水平迈进。

（3）特色发展、持续发展

在新的发展背景下，苏州将历史文化融入社会、经济、环境发展的各个层面，促进名城机能、产业体系和社会网络等传统要素有机更新、保持活力，实现历史文化名城保护与城市发展统筹协调、相互促进。

组织虎丘综合改造、渔家村等重点项目深入实施，有序推进山塘四期、道前片区改造等工程，桃花坞、双塔市集等一批"打卡胜地"和"创意硅巷"加快形成，在日常生活中体现古城魅力，切实显现"苏式生活"意境。

打造"繁华姑苏"集合品牌，推动昆曲、桃花坞年画等知识产权（IP）与传统产业跨界融合；打造非遗体验、园林演艺、城市微旅行等一批"拳头"产品，提升古城文化软实力。举办苏州国际设计周等活动，提高姑苏文化的知名度和美誉度。提供独具苏州特色的旅游产品和项目，使传统产业更新与文化旅游、城市现代化结合起来，探索名城保护的可持续发展道路。

苏州古典园林、江南运河苏州段列入世界文化遗产名录，苏州古城、江南水乡古镇列入中国世界文化遗产预备清单，昆曲、缂丝、香山帮传统营造技艺等42个项目入选联合国教科文组织非物质文化遗产名录（名册），近现代中国苏州丝绸档案入选联合国《世界记忆名录》。世界遗产不断丰富完善，增强了苏州在世界的文化影响力，带动了文化旅游事业发展，也促进了全市的招商引资。

3 不同发展阶段典型案例的实践探索

3.1　86版总规奠定"全面保护"的规划基础

国务院在对苏州1986年的城市总体规划（简称86版总规）的批复中明确"在保护好古城风貌的优秀历史文化遗产的同时，加强旧城基础设施的改造，积极建设新区，发展小城镇，努力把苏州市逐步建成环境优美、具有江南水乡特色的现代化城市。"1989年底，随着横跨京杭运河的狮山大桥完工，苏州开始进入保护古城、发展新区时代（图1）。

图1　《苏州市城市总体规划（1986—2000）》总体规划图

86版总规对苏州历史文化名城保护起到了关键作用：保护古城、发展新区的战略解决了保护与发展的基本矛盾，此后规模性的古城风貌破坏再未发生，经济社会事业随着新区建设快速发展，为名城保护腾挪出空间探索了新路。

3.2　古城控制性详细规划实现全覆盖，有效规范保护实施

1998年，为更好地适应住房制度改革与市场经济发展，市政府统筹组织制定古城控制性详细规划，依据划分的54个街坊，五家优秀规划院分工协作编制。规划以"保护风貌、改善居住、调整结构、完善功能、增加设施、优化环境"为主要任务，首次明确了历史街区、传统风

貌区及历史地段的管控范围与管理要求，制定了《苏州古城土地使用及建筑规划管理通则》，为古城保护与更新提出控制与引导的原则规定（图2）。

98版街坊控制性详细规划衔接落实了86版总规的保护思想，开创性的多项尝试有效地指导了保护的实施，对现状调查创造性地提出了分年代、质量、风貌、层数进行，综合叠加后得出保护整治的"保护、保留、改善、更新、整饰"五种方式，为保护规划编制提供了技术范式。

3.3 多模式探索保护发展的有效路径

图2 苏州古城54个街坊控制性详细规划总图（1998年）

（1）干将路：探索保护与发展的协调关系

1992年，为疏导古城交通、改善居住环境、实现排污截流，甩掉"三桶一炉"促进市政设施现代化，启动干将路改造工程。过程中高度关注历史保护与现代化建设的协调：传承道路结构，保留"两路夹一河"的街河并行格局；严控道路尺度，采用"两块板"模式；尽可能保护临街遗存，实在无法保留的均立牌、碑纪念。严格控制新建筑体量，确保与传统风貌协调，沿路所有新建建筑方案都由齐康院士一支笔把关，率先探索了"责任规划师"制度。

改造后的干将路成为苏州"一体两翼"城市格局的东西向主动脉，有效改善了城市中心环境、传承了地域传统风貌，也有力促进了苏州工业园区建设和发展。

（2）"古宅新居"：修旧如旧的改善模式

"古宅新居"是苏州老宅保护更新的率先探索。它保留老宅结构主体，基本保持传统外观特征，调整平面、剖面重新划分内部空间，将大户独院改造为现代多户合用院落（图3）。虽然宜居性尚有欠缺，但在当时大大改善了居住条件，受到了广泛好评。

"古宅新居"最大程度保护了老宅的格局肌理与社会网络，传承了传统生活方式；"国家补一点、单位出一点、居民拿一点"更是保护资金平衡的全新尝试。

（3）桐芳巷：延续风貌、拆旧建新的重建探索

不同于十梓街50号的修缮为主，桐芳巷探索了延续风貌、拆旧建新的做法。采用苏州传统建筑风格，基本保留原有街巷格局与地名，在彰显古城风貌、社会经济环境效益等方面均取得了较好成效。但因规划保留建筑的比例在实施中未能严格执行，拆除过多，历史信息消失明显。阮仪三先生评价桐芳巷"把原有房屋大部分拆除，在老基地上建新房子，这是新的再生，不属于保护的范畴，当然具有发扬城市特色的宏旨"。

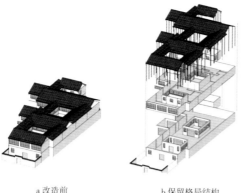
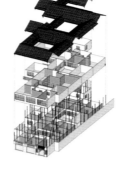

| a 改造前 | b 保留格局结构 | c 内部空间调整 | d 改造后 |

图3 十梓街50号改造示意图

（4）古城街坊解危安居工程："保护、保留、改善、改造"并举模式

街坊解危安居工程针对具体情况、按照特定要求，吸取多种模式的经验和教训，仔细评定遗存质量及风貌，明确"重点保护、合理保留、普遍改善、局部改造"的十六字方针。

该工程实施三年成效明显，保持了古城街坊传统格局，保护了文物古迹、古建民居和传统要素，保住了"三张皮"即干线、街巷与河道的传统风貌；新建建筑实现了与古城风貌的协调，并对居住模式进行了探索实践；市政管线与狭窄街巷的矛盾得到一定化解，公用设施水平明显提高，极大地改善了居住条件，促进了有效保护与有机更新协调平衡。随着实施经验的积累和资源的投入，这种模式还将显现出更强的生命力。

3.4 《苏州市历史文化名城保护规划（2013—2030年）》确立全面保护发展观

2012年，住房和城乡建设部批准苏州名城为全国唯一的"国家历史文化名城保护示范区"，《苏州市历史文化名城保护规划（2013—2030年）》（简称为13版保规）随之启动编制。

面临保护与更新、转型发展与现代化、保护理论方法创新、保护机制政策创新、完善制度五重需求，规划将苏州古城视为一个"社会有机体"，把以人为本作为重要内容；创立全面的保护发展观，即保护、利用与发展三者相互协调、相辅相成，探索古城保护利用的可持续发展方式；重点确定了历史城区"两环三线九片多点"的保护空间格局；构建分层次、分年代、分系列的保护体系，运用空间、时间、文化特性串联历史文化保护要素，实现保护的整体性、系列化与专业化（图4）。

3.5 街区保护规划贯彻13版保规指导思想

《苏州阊门历史文化街区保护规划》是在13版保规指导下街区保护的全新探索。它贯彻13版保规的"全面保护发展观"，根据街区实际落实构建"三分"保护体系；从"传承性、全面性、可读性、协调性"四个方面提出传承与弘扬标准，构建完善保护体系，包括空间形态七个系统

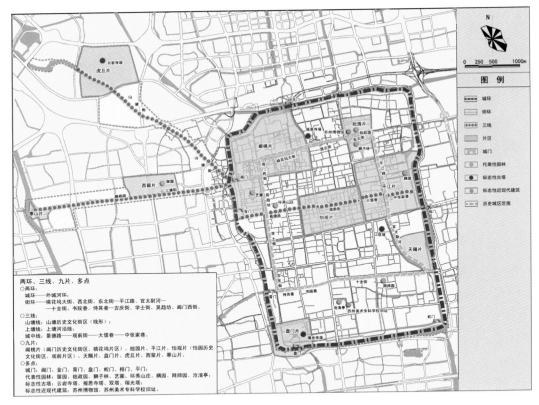

图4　苏州历史城区保护结构图

和文化生态、传统业态；明确功能、建筑、人口、交通、设施五个方面的有机更新内容；提出"专业标准、专家传人、专门政策、专项立法"这"四专保障"政策建议；提出"资金平衡"不再作为街区保护的衡量要素，倡导多渠道融资，促进保护规划顺利实施（图5）。

3.6　苏州环古城风貌保护工程

环城河是苏州名城的重要组成，20世纪90年代市政府就对盘门、百花洲、南园等开展了局部保护提升工作，2002年正式启动环古城风貌保护工程，至2021年，先后完成城河疏浚、风貌带保护、健身步道、沿河灯光及绿化等多项工作。以"交通转换环线、水陆文化长廊、绿色生态区域"为目标，打通步行环线，围绕

图5　阊门历史文化街区范围划定图

古城串联各区；开放滨水空间、植入绿地公园与文化场所，将运输水道转换为彰显文化内涵、满足休闲需求的"古城慢道"，形成"城墙、城河、交通、漫步"多环辉映的环城翡翠项链。

4 苏州名城保护40年实践的启示与展望

4.1 启示

历史文化名城保护制度事关城市乃至区域、民族、国家的生长之基、成长之根、发展之路，必须坚定地维护、正确地执行、不断地完善；事关全社会和发展大局，要统筹全局、凝聚人心，科学利用和配置相关资源，依法循章、按部就班、持之以恒地实施执行。历史文化名城保护制度体现了对历史的尊重、对现在的关爱、对未来的期盼，进行历史文化名城保护要心怀对历史的敬意、对现在的情意，认识到保护本身也可能成为历史文化、成为保护对象，应以对历史负责、对人民负责的态度保护名城。

历史文化名城保护既是专业性工作，更是社会事业、人民利益，"以人为本"在保护中应以市民、居民为本。"以人民为中心"，落实"在发展中保护，在保护中发展"的精神，因地制宜进行全面保护、系统保护、专业保护，坚持合理利用、有效利用、日常使用，保护、利用渗透交融，保持名城发展活力。

历史文化名城保护是综合性事业，要按照名城保护制度要求保证科学性、规范性。名城保护是常态化要求，宜以名城保护制度为基础，选择适宜的保护要求融进工作和生活的日常行为、习惯之中，引导培育城市精神。历史文化名城各有自身实际和特点、科学方法可以借鉴，具体对策、做法应当因城制宜。

4.2 展望

经过40年持续努力，苏州历史文化名城保护成就巨大、成效斐然，但与周边快速发展的经济水平相比，古城人均经济指标仅是其几分之一。产业门类层次决定就业岗位素质需要，而宜居水平直接影响居民的发展能力，古城健康持续发展面临瓶颈——老宅的现代宜居问题。必须"以居民为中心"进行探索创新，选择恰当、适用的保护目标、保护方法、保护政策和必要的工程技术措施，解决好现代宜居问题，使保持古城活力拥有切实基础。

传统产业是发展的重要环节，苏州古城需要针对产业特点，重点促进传统产业升级和现代化；统筹保护和市场需求，分门别类地进行保护、传承、升级、创新；统筹产业链条、空间布局和人才培养，制定切实可行的产业政策，使传统产业与古城保护更新融为一体。

探索建立中国特色的历史文化名城保护理论和实践体系。我国历史文化保护与西方有些区别需要关注：一是石材与砖木建材的自然寿命区别，有关于"原真性"与"真实性"的争论。我国名城保护应遵循真实性原则，探索正确运用"原物、原样、原工艺、原文化"方法，明确保护的目标、内容与措施。二是保护对象的区别，以神庙、宫殿等为主的公共建筑与传统民居的遗存质量、利用条件大不相同，保护大量老宅同时如何实现现代宜居亟待专门探索突破。三是发展阶段、管理体制的区别，需要继续探索"自上而下"与"自下而上"结合的政府、社会协同保护机制，探索协同保护中社会资本利益与公共利益的协调、政策制度的完善等。以此构建有效保护名城、符合发展需求、具有中国特色的历史文化名城保护理论和实践体系，为世界的历史文化保护贡献中国智慧。

参考文献

［1］张泉，俞娟，庄建伟．历史文化名城保护规划编制创新探索［J］，城市规划，2014，38（5）：35-41.
［2］张泉．关于历史文化保护三个基本概念的思路探讨［J］，城市规划，2021，45（4）：57-64.
［3］阮仪三．旧城更新和历史名城保护［J］，城市规划，1996，（5）：8-9.
［4］阮仪三，相秉军．苏州古城街坊的保护与更新，［J］，城市规划汇刊，1997，（4）：45-49.
［5］陆祖康，邱晓翔，相秉军，等．苏州古城控规编制的理论与方法研究［J］，城市规划，1999，23（11）：54-57.
［6］庄建伟，相秉军．传承优秀文化 复兴传统产业——苏州历史文化名城转型发展的重要环节［J］，城市规划，2014，38：（5）42-49.
［7］邱晓翔．改革开放以来苏州古城的保护历程［J］，城市与区域规划研究，2009，2（1）：69-82.
［8］罗超．历史文化名城保护与立法的苏州实践［J］，中国名城，2016，（5）：88-91.
［9］汪长根，周苏宁，徐自健．现代化进程中的古城保护与复兴——苏州古城保护30年调研报告［J］，中国文物科学研究，2013：6-12.
［10］沈晋文．苏州古城保护中的"古宅新居"工程探析［D］.苏州科技大学，2020.
［11］苏州市人民政府古城保护建设办公室．苏州古城保护与改造的探索［Z］.1996.
［12］苏州市城市建设规划局．苏州市城市总体规划（1986—2000）［Z］.1986.
［13］苏州市城市规划局．苏州市古城街坊控制性详细规划［Z］.1998.
［14］苏州市规划局，苏州规划设计研究院股份有限公司．苏州市历史文化名城保护规划（2013—2030）［Z］.2013.
［15］苏州规划设计研究院股份有限公司．苏州阊门历史文化街区保护规划［Z］.2015.

摘　要　历史城区体现城市历史发展过程，其空间凝集了城市特有的自然地理属性与历史文化特征，是社会变革、经济发展、地方文化等因素的物质体现。作为第三批中国历史文化名城，在多元文化的共同作用下哈尔滨市在空间上凝集了近现代经典城市规划思想，并反映了城市历史进程，呈现出独特的中西合璧的建筑与空间魅力。值历史文化名城保护制度创立四十周年之际，本文对哈尔滨空间发展的历程进行梳理，通过空间要素的组合关系提取以识别历史城区在"架""轴""群"三方面的空间特征，并根据其实存现状提出保护与传承的策略，希望为哈尔滨历史文化名城未来的保护规划工作提供科学启示。

关键词　空间特征；历史城区；保护与传承；哈尔滨市

谢佳育[②]
赵志庆[③]

Xie Jiayu　Zhao Zhiqing

哈尔滨市历史城区空间
特征保护与传承研究[①]

Study on the Preservation and Inheritance Strategy of Spatial Characteristics of Harbin's Historic City

Abstract　The historic district reflects the historical development process of the city, its space condenses the city's unique natural geographical attributes and historical and cultural characteristics, and is the material embodiment of social change, economic development, local culture and other factors. As the third batch of Chinese historic cities, Harbin is a spatially diverse collection of classic modern urban planning ideas and reflects the historical process of the city, presenting a unique blend of Chinese and Western architecture and spatial charm. On the occasion of the fortieth anniversary of the creation of the protection system for historic and cultural cities, this paper describes the history of the spatial development of Harbin and identifies the spatial characteristics of the historic district in terms of "frame" "axis" and "cluster" through the combination of spatial elements.It is expected to provide scientific inspiration for the future conservation planning of Harbin's historic and cultural city.

Keywords　spatial characteristics; historic district; preservation and inheritance strategy; harbin

① 本文基金支持：基于无人机遥感与AI深度学习的中东铁路城镇风貌特色规划范式研究（项目批准号：51878205）。
② 谢佳育，哈尔滨工业大学建筑学院、寒地城乡人居环境科学与技术工业和信息化部重点实验室博士研究生。
③ 赵志庆，哈尔滨工业大学建筑学院、寒地城乡人居环境科学与技术工业和信息化部重点实验室教授，博导。

引言

　　哈尔滨是一座历史悠久、魅力独特的城市，其历史城区是哈尔滨百年沧桑巨变的见证，是作为国家历史文化名城的重要物质载体。就目前的保护工作来看，历史城区保护大多聚焦于空间的历史要素，以我国历史名城法定语系下三个层级——文保单位、历史街区、历史名城为保护对象，工作重点多聚焦于基础设施建设与历史文保建筑修缮，相对缺少对空间结构及各历史要素组合规律的探索，导致空间特征隐匿。近年来，受国外遗产保护理念和联合国教科文公约的影响，我国对历史城区的认知和价值观逐步完善，众多学者强调历史保护的整体性[1-3]，此后历史城区要素的关联性、协调性和时间层积性逐渐受到重视[4、5]，以整体发展为视角对历史城区进行研究和保护实践已达成共识。在此背景下，本文强调空间特征是空间要素的组合关系，以空间要素的识别为基础提取哈尔滨历史城区的空间特征，并探讨历史城区空间特征的结构性和整体性保护与传承。

1 哈尔滨历史发展阶段与空间演变过程

　　1898年中东铁路的修建是哈尔滨城市建设的契机，大批俄国工程师和建筑工人聚集于此形成了最初的城市区域，自此，哈尔滨近代城市雏形开始展现。随后，多国家、多种族的人群在这里汇集并为了各自的理想空间而展开博弈，从而形成了独具特色的城市形态和建筑风格，使哈尔滨赢得了"东方莫斯科""东方小巴黎"等称谓。哈尔滨的空间形态反映了近代国际规划思想和极强的殖民特征，是城市沧桑巨变的历史见证，亦是近代规划理念的典型实践。根据历史大事件，哈尔滨空间发展阶段可划分为俄国侵略占领及其影响时期、日本侵略占领时期和现代化发展时期（图1）。

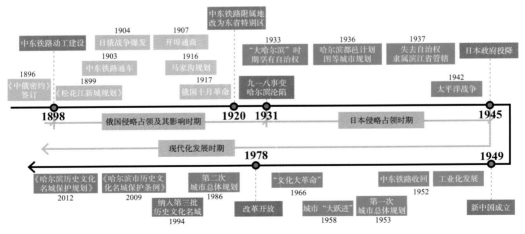

图1　哈尔滨空间发展历史阶段划分及其大事件

1.1 俄国①侵略占领及其影响时期（1898—1931）

1898年中东铁路的建设是哈尔滨城市发展的第一个机遇。随着中东铁路的工程技术人员、家属及沙俄护路队军人到达哈尔滨，城市相继出现老哈尔滨（现香坊区）、埠头区（现道里区）、秦家岗（现南岗区）三个城区，它们以铁路分割并独立发展（图2），形成铁路附属地的主要范围。

1907年哈尔滨开埠通商是城市发展的第二个契机，世界各国商人、企业家、金融家等来这里投资，外国资本为哈尔滨注入了新的活力和发展动力。在《哈尔滨及郊区规划图》中，将埠头区和秦家岗的功能调整为国际商埠[6]。

1916年，拓展马家沟区域作为居住地，规划形式反映了俄国人心中理想的城市模型，强化空间平面的几何形式，形成环形放射网式的空间结构[6]（图3）。这时的城市功能基本完备，城市结构逐渐明晰，在此版规划中俄国人对埠头区和秦家岗两个主要功能区进行了详细设计，虽其规划构想不成体系，但体现了16~18世纪流行的"乌托邦"思想[7]。此时的城市分区逐步稳定，确定了哈尔滨城市发展的底图。

1.2 日本侵略占领时期（1931—1945）

哈尔滨在此期间经历多城合并、"大哈尔滨"都邑计划（图4）、铁路权属转移、太平洋战争等大事件，曾作为"中国特别市"，享有自治行政特权，城市明显扩张，其形态凸显日本殖民文化影响的特征。

在日本侵略占领哈尔滨的十余载岁月里，城市空间在沙俄时期的基础上取得了进一步发展。首先，合并了周边城区和村镇，扩大城市范围以满足新增的功能需求；其次，相比于沙俄时期注重形态的理想城市规划，日本时期更注重功能需求，如城市仓储、码头和市政基础设施

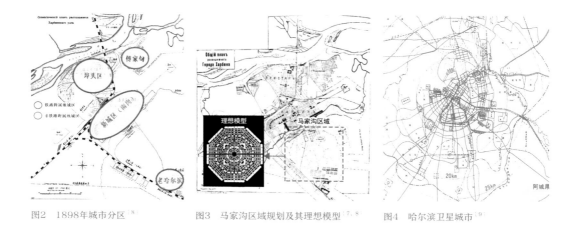

图2　1898年城市分区[8]　　图3　马家沟区域规划及其理想模型[7，8]　　图4　哈尔滨卫星城市[9]

---

① 此处的"俄国"是俄罗斯不同的历史时期的统称，具体包括1721~1917年的俄罗斯帝国（国内也习惯称之为沙俄）、1917~1922年的俄罗斯苏维埃联邦社会主义共和国（即苏俄）以及1922年12月成立的苏联。

的建设，受战争影响在马家沟规划了机场，打破了俄国人乌托邦式理想结构，体现了极强的军事色彩；最后，以城区绿带和郊野公园完善城市绿地系统，考虑城市未来发展，这一布局对哈尔滨后续的城市建设产生了长期影响作用。

1.3　现代化发展时期（1945年至今）

新中国成立后，哈尔滨的发展经历了三个阶段。首先是计划经济——学习苏联阶段，受经济主导的增量发展时期，哈尔滨以雄厚的工业基础为优势迅速扩张，城市规划跟随苏联模式，以工业主导城市的发展，1953年哈尔滨编制了第一轮城市总体规划方案，有效指导了新中国成立初期哈尔滨的城市建设，形成了基本稳定的城市分区和功能划分。其次是市场经济——改革开放阶段，我国从计划经济转向市场经济，重工业需求量下降，哈尔滨经济支柱产业衰退，同时增量的发展模式使历史城区环境和生活质量也受到影响；城市进入以历史文化保护、城区治理和生态修复为导向的存量发展时期，1994年哈尔滨被列为国家历史文化名城，在城市稳步发展的同时也逐渐重视对历史城区的保护，如1999年新一轮的《城市总体规划》对历史文化名城制定了专项保护规划、2009年制定《哈尔滨市历史文化名城保护条例》、2012年获批《哈尔滨历史文化名城保护规划》。近年来，城市进入新时代——国土空间存量规划阶段，重视全域全要素的统筹，将国土全域内以山脉、森林、河流、湖泊为主的自然生态资源及以历史、文化、风貌为主的人文禀赋要素，均纳入到了国土空间规划"五级三类"的各个层级，全面建设以人为本、坚守特色和生态友好的城市，是新时期规划思想的转变。

2　哈尔滨历史城区空间特征识别

2.1　空间特征识别路径

空间特征通常包括空间格局和空间形态，是空间要素经过组合与表达后可以被人为感知的结构性特征和形状神态[10]，因此识别历史城区的空间特征应从空间要素的梳理入手，探究空间要素之间的组合关系和表达结果，进而识别城区的空间特征（图5）。

图5　空间要素与空间特征关系

2.2 哈尔滨历史城区空间要素梳理

（1）街道形态要素梳理

街道是城市空间的重要组成部分，其规划和建设不仅反映了城市的发展阶段，更影响了社会活动的组织和居民生活的方式。哈尔滨道路网络的形态受规划思想和区域功能影响，采用理想且存在规律的几何形态，常见的布局有方格网式、环状、放射状等。

在俄国侵略占领时期，哈尔滨城市道路网络经历了由无到有的过程。埠头区道路建设顺应松花江和铁路线走势，形成斜向网格状布局（图6）。开埠通商后，秦家岗在新火车站地段形成了方格网、放射线和扇形网状相结合的道路形态（图7），巴洛克形式主义风格尽显。此时期城市由铁路划分形成明确分区，各区域内的道路建设逐步完善。沙俄统治后期，在秦家岗与老哈尔滨之间形成马家沟新区，其八边形环状放射式路网堪称俄罗斯人心中理想城市模型的实践（图8）。沙俄时期的路网形态奠定了后期城市的路网格局，是道路网络形态的原始基底。

在日本侵略占领时期，道路系统在尊重沙俄规划思想的同时完善各功能区的连接，整体采用在方格网基础上加环形、放射状的路网形态，马家沟地区由于机场和跑马场的建设，未能延续"理想城市"八边形的结构（图9）。

图6　俄国侵略占领时期埠头区路网形态[8]

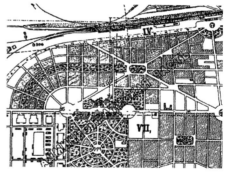

图7　俄国侵略占领时期秦家岗路网形态[11]

图8　俄国侵略占领时期马家沟区路网形态[8]

图9　日本侵略占领时期马家沟路网形态[8]

新中国成立后，工业化和现代化的发展模式影响了道路网络的布局，通过地图叠加发现马家沟地区在机场搬迁后进行了重新的规划和建设，原有斜向放射状形态消失（图10），而埠头区和秦家岗尊重原有路网发展，演绎为今日的道里和南岗历史城区，其形态和格局得以保留和传承（图11）。

（2）开放空间要素梳理

开放空间的布局和形态反映了殖民者的文化思想，在俄国侵略占领时期采用西方城市设计手法，以鲜明的轴线结构和具有几何规则的肌理为典型特征，体现广场的纪念性和宗教性，重视广场形态上的美观，广场布局（图12）沿用欧洲传统结构，以放射道路连接主要广场，加强

图10　马家沟叠图（1938年+2020年）

图11　道里南岗历史城区叠图（1917年+2020年）

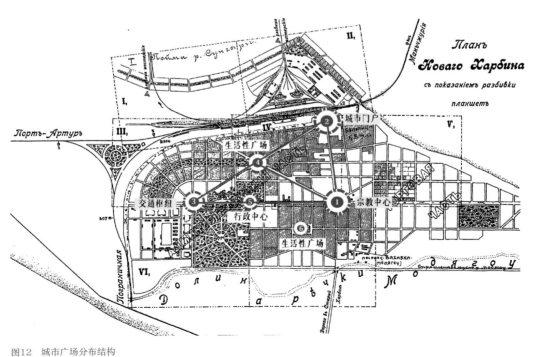

图12　城市广场分布结构

广场的形态表现力，突显城市活力核心，城市中重要的公共空间和建筑形成呼应。在日本侵略占领时期建设的广场延续日本传统风格，以功能性和实用性为主导。广场作为城市中标识性的节点空间，在功能上可兼具景观和交通双重属性，在精神上可以反映宗教、艺术和文化等民族特色。在现当代，历史城区内主要的广场均保留至今，广场的三角形结构仍然保留，但广场的性质和用途发生了转变：原圣尼古拉广场由城市宗教中心转为城市交通枢纽；教化广场从丧失景观功能转向单纯的交通枢纽；铁路局广场从圆形改为矩形，从开放的城市空间改为封闭的政府内院。同时，广场上的建筑和景观受到了破坏，如圣尼古拉教堂在"文革"期间被毁坏、教化广场和站前广场的街心公园不复存在，广场形式受到破坏。

（3）功能地块要素梳理

街廓和建筑是功能地块内两个形态要素，对城市的形态特征和发展模式起着决定性的作用。

街廓由城市道路围合而成，因此其形态、规模与道路网络息息相关。方格网是哈尔滨道路网络主要形态特征之一，因此存在很大数量的街廓是规则的矩形形状，其内部地块根据不同功能需求存在网格形、围合形和鱼骨形等多种形式。此外，受形式主义的影响，早期的道路网络存在很多放射线、对角线的元素，且城市道路顺应地形和铁路线，形成很多斜向街道，致使一些街廓和地块呈现出三角形、梯形等不规则的形状。以南岗区为例（图13），可见梯形街廓主要依托放射状道路存在，三角形和曲线形不规则街廓分布于放射状中心。

建筑是历史城区的重要构成元素，决定城市的风貌和空间特征。建筑的布局方式很大程度上受建筑功能的影响，如居住建筑、商业建筑、办公建筑。历史城区内的建筑群虽样式、风格、强度和功能等属性丰富多元，但其组合起来依然保持视觉和谐。在建筑布局与平面肌理方面，历史城区内建筑的形态和布局方式受新时代需求而发生演变，主要体现在居住建筑上。新时期地块内的建筑体量、建筑密度和容积率增大，但除个别超大体量建筑外，大部分新建组团与历史街廓和地块能够契合，不同肌理的地块和谐组合形成了哈尔滨特色的拼贴风格。

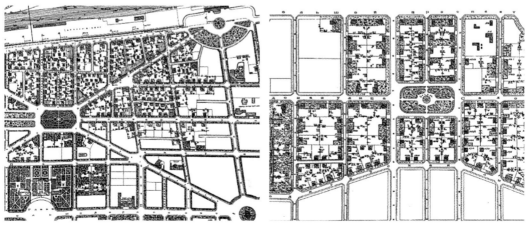

图13　南岗区街廓形态特征[11]

2.3 哈尔滨历史城区空间特征提取

（1）形式与功能共生格局

哈尔滨历史城区结构与格局呈现形式与功能共生的特征。在城市建设初期，俄国人以莫斯科和巴黎为范本，受巴洛克主义思潮的影响，形成了具有典型形式主义色彩的城市骨架。哈尔滨以广场和教堂为中心，呈现辐射状，不同于传统中国城市格局，强调放射中心的城市地位和几何形式感，体现了哈尔滨早期规划中典型的形式主义思想。同时，充分考虑城市功能和自然条件，在商业街区形成适宜北方气候的鱼骨形骨架、居住街区形成规则的棋盘式骨架，充分体现了规划者对形式和功能的双重考量。

（2）城中轴与轴中景

城市轴线是组织城市空间的重要手段，通过轴线可以把城市空间各要素布局成一个有秩序的整体。各空间要素依托哈尔滨特殊的路网格局形成了丰富的对景空间，包括广场与道路、广场与历史建筑、广场与广场和历史建筑与街道的对景形式（表1）。这些线性空间可视为景观廊

哈尔滨历史城区内丰富的对景空间 　　　　表1

对景形式	典型案例	
广场与道路	防洪纪念塔与中央大街 	新阳广场
广场与建筑	红博广场与火车站 	防洪纪念塔与江畔建筑群
广场与广场	南岗区三角形广场结构 	滨江广场带
公园与街道	兆麟公园与兆麟街 	儿童公园与河沟街

道，反映了哈尔滨早期的规划理念，尤其是广场与广场的对景形式，具有鲜明的城市意象。空间形体轴线所连接的空间要素不局限于俄国侵占时期或日本侵占时期的原始要素，现代要素融入历史的空间结构而形成新老要素间的关联，是空间基因传承的结果，如滨江区域广场对景、防洪纪念塔与中央大街的对景等。

（3）历史层积的城市风貌

哈尔滨在近代时期经历了多种族聚集的历史阶段，各国居住者以各自的理想空间为目标，各时期引入的空间肌理和多风格建筑在历史城区内层层累积，从而形成了多元文化拼贴的城市风貌，具体体现在平面肌理和街道界面两个方面。

城区的平面肌理是多功能、多文化、多时期叠加的结果。历史城区作为城市中心区，融合了商业、办公、居住等多功能建筑群组，而受多元文化和发展需求影响，各功能群组在原始特征的基础上发生演变，合理的转变所表现出的各类特征可与原始规划和谐共生，进而共同形成了如今实存的城区肌理（图14）。对应城市的沧桑发展阶段，每一个切片的形态和特征都是城市珍贵的记忆。

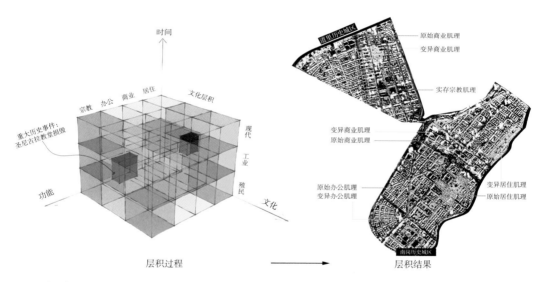

图14　哈尔滨历史城区历史层积的平面肌理

3 空间特征的保护与传承策略

空间特征是城市在发展历程中累积的涵盖历史文化底蕴并体现城市特色的空间要素组合模式，在过去数十年的城市发展进程中，部分空间特征为满足快速发展的现代化社会需求而隐匿。但在历史文化遗产保护意识逐渐增强的今天，我们需确立历史文化名城空间保护的底线，明确需严格保护和治理的空间要素组合关系，进而恢复、强化历史城区的空间特征。聚焦前文每个空间特征中主要构成的空间要素，并结合实际保护情况，提出哈尔滨历史城区空间特征针对性的保护策略。

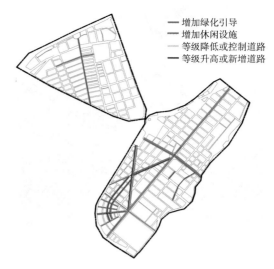

图15　道路路网梳理示意

3.1　梳理路网与中心节点以强化"架"特征

哈尔滨历史城区骨架呈现形式与功能共生的特征，主要由不同形态的道路网络交织形成特殊的组合方式，并且城市广场作为放射中心多参与到骨架的构成中。目前历史城区内"架"特征的隐匿主要因为道路的序列感弱以及中心节点（多为广场）的完整度低，因此本文提出应通过梳理历史城区路网和激活中心节点两方面进行结构特征的强化。

道路网络是城市骨架的主要构成，其梳理目标是通过等级调整、网络疏通、绿化引导等方式平衡历史城区内的交通压力，加强空间环境设计，进而强化骨架的空间结构表达（图15、表2）

道路路网梳理具体情况　　　　　　　　　　　　　　　　表2

聚焦问题	具体措施	道路名称	备注
路网梳理	新增道路	北京街与海关街东西向连接	开放家乐福南侧封闭停车场；打通花园邸酒店南侧道路
	等级升高	满洲里街、松花江街、上夹树街、下夹树街	道路拓宽提升可达性
	控制道路	道里中央大街辅街：五道街到十四道街	根据实际情况，开辟步行街或者控制单向行车
	等级降低	西三道街	由次干路降为支路，并限流，保护历史街区整体性
空间整治与引导	增加绿化引导	红军街、大直街、夹树街、松花江街、满洲里街、教化街、曲线街、瓦街、砖街、木工街、中央大街、兆麟街	通过多种方式尽量恢复其历史所具有的多绿化的街道特征
	增加休闲设施	红军街、中山路、大直街、夹树街、松花江街、满洲里街等	具有游憩功能的街道完善休闲设施和公共设施

在中心节点方面，受巴洛克主义思潮影响，哈尔滨局部区域形成了类似巴黎、莫斯科等欧洲典型性的放射形骨架结构，其中心节点往往在城市中具有较高地位和活力，影响整体骨架的

认知，如巴黎的凯旋门、莫斯科红场和早期哈尔滨的圣尼古拉教堂，作为城市的活动中心或宗教中心，其参与构成的骨架结构也得以突显。反观哈尔滨历史城区内，现存放射中心包括北秀广场、红博广场和教化广场，前者保留广场功能但空间活力较低，后两者功能由休闲广场转变为交通枢纽，失去景观作用和活动功能。放射中心的消隐使整体结构黯淡。因此，通过活动设计、景观营造、功能赋予来激活三个放射中心（图16）。

a 北秀广场：活动设计　　　　　　　　　b 博物馆转盘：功能赋予

图16　中心节点激活方式示意

3.2　视觉控容与街道整治以明晰"轴"特征

哈尔滨早期花园城市的规划思想和独特的路网形式在城市中形成了丰富的对景，包括广场与广场、广场与街道等多种形式。这些对景以城市道路为连接，由于在建设过程中没有给予足够的重视和控制，导致街道界面杂乱、场所的空间感改变等问题，进而削弱了城市轴线和景观廊道的存在感。城市中线性格局的可识别性通常来源于居民的空间感受，因此，对历史城区内轴线和廊道的保护应基于视觉引导，进行建设控制，还原并塑造特征鲜明的城市形象。

哈尔滨历史城区内的线性格局要素基本保留，城市道路和广场形态尚存，为强化其空间特征提供基础。对城区内线性格局的强化分为两个方面：一是基于视觉景观对历史城区的容量进行控制，聚焦主要历史节点的视觉景观和轴线道路的视觉景观；二是对轴线空间的街道界面进行梳理，包括街道立面和街道绿化的整治。预期通过二者结合，明晰城市轴线和景观廊道以提升空间特征的可识别性。

在建筑容量控制方面，通过研究人与建筑环境之间不同视觉距离及角度所产生的不同心理感受，控制主要历史节点的建筑群体背景环境高度及轴线道路两侧的建筑高度，以塑造历史空间的风貌特色[12]。首先，人在观赏建筑细部时，以仰角45°为最佳观赏视角；在观赏建筑群体时，以仰角18°为最佳观赏视角，以此推算在观赏历史建筑和历史建筑群时其街道空间尺度应分别满足D/H≤1和D/H≤5（图17-b）。如在中央大街周边容量控制时，为强化轴线界面的建筑形态，背景高度应满足H≤D，中央大街道路红线为15m，则沿街新建建筑高度原则上应低于15m，背景建筑高度依与道路中心线距离增大而递增。其次，根据城区内街廊的

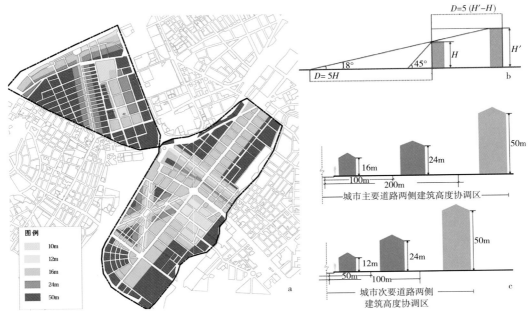

图17 基于视觉分析的轴线明晰和历史城区建筑高度控制

尺度，确定道路红线外的建筑高度限制条件（图17-c）。在城市主路两侧，道路红线外100m范围内高度控制上限16m；100~200m范围内高度控制上限24m；200m范围以外高度控制上限50m。在城市次干路两侧，确定道路红线外50m范围内高度控制上限12m；50~100m范围内高度控制上限24m；100m范围以外高度控制上限50m。综上分析，得出历史城区建筑高度控制图（图17-a）。

在街道界面梳理方面，从道路红线管控转变为街道空间整体管理。现有规划设计和规范针对道路红线内的断面、市政与景观提出要求，缺乏对两侧建筑界面及开放空间的整体考虑。因此，在对道路红线内的建设活动进行限制的基础上整治建筑界面，包括各种违规私建、牌匾外凸等情况，以保证廊道范围内视线的通畅性。统筹规划街道空间的绿化设施、开放空间、活动设施等，在满足交通容量需求的情况下，促进街道与街区的融合发展。还原早期哈尔滨街道绿化形式，如街心花园、庭院绿化等，美化轴线并活化廊道以达到人流引导作用，使各历史要素的连接路径在城区中的可识别性突显，以强化整体线形格局。

3.3 形态控制与强度限制以保护"群"特征

哈尔滨现存历史建筑群在物质空间层面的问题表现在空间完整度低。由于历史要素自身的实存情况使群特征呈破败之态，因此通过控制历史街区的形态要素以修复其结构完整度和要素完整度。哈尔滨的历史建筑群聚集于历史街区内，因此以研究范围内的五片历史街区和风貌区为改善重点，提出空间肌理、街巷空间和历史建筑三项引导要素（见表3）。

哈尔滨历史街区形态控制要素和内容示意 表3

形态要素	控制要求	问题区域	形态示意
空间肌理	1）还原建筑布局形式，或与历史布局形式协调； 2）整治违建以及严重影响肌理的建筑； 3）还原开放空间与建筑的序列关系； 4）功能混合区应注意不同功能之间肌理是否融合	花园街区、中央大街、索菲亚风貌区	 整治前 整治中 整治目标
街道空间	1）保证建筑群区内巷系统通畅； 2）控制 $1 \leqslant D/H \leqslant 5$； 3）历史保护街区内穿行的城市道路等级尽量降低	花园街区、中央大街、博物馆商业区	
历史建筑	1）基于刚性法规的本体保护； 2）修缮与再利用； 3）建筑群风格与色彩协调	历史城区内所有历史街区和风貌区	

4 结论

空间特征是历史城区中空间要素的组合规律，是历史层积形成的空间内涵。本文结合哈尔滨的地域特征和形态要素演进情况，提取到具有稳定性和典型性的"架""轴""群"三类空间特征，结合空间特征的实存情况，对其影响较大的构成要素提出提质策略，预期实现科学化、整体化、可持续化的历史城区空间特征传承。

参考文献

[1] 张松. 作为人居形式的传统村落及其整体性保护 [J]. 城市规划学刊，2017（2）：44-49.

[2] 邵甬. 从"历史风貌保护"到"城市遗产保护"——论上海历史文化名城保护 [J]. 上海城市规划，2016（5）：1-8.

[3] 何依. 走向"后名城时代"——历史城区的建构性探索 [J]. 建筑遗产，2017（3）：24-33.

[4] 曹永茂，李和平. 历史城镇保护中的历时性与共时性——"城市历史景观"的启示与思考 [J]. 城市发展研究，2019，26（10）：13-20.

［5］ 肖竞，曹珂. 基于景观"叙事语法"与"层积机制"的历史城镇保护方法研究［J］. 中国园林，2016, 32（6）: 20-26.

［6］ 赵志庆，王清恋，张璐. 哈尔滨历史空间形成与特征解析（1898~1945年）［J］. 城市建筑，2016（31）: 54-57.

［7］ 克拉金. 哈尔滨——俄罗斯人心中的理想城市［M］. 哈尔滨：哈尔滨出版社，2007.

［8］ 哈尔滨市规划局. 哈尔滨印象［M］. 北京：中国建筑工业出版社，2004.

［9］ 越沢明. 哈尔滨的城市规划（1898—1945）［M］. 哈尔滨：哈尔滨出版社，2014.

［10］ 段进，等. 城镇空间解析：太湖流域古镇空间结构与形态［M］. 北京：中国建筑工业出版社，2002.

［11］ 黑龙江省博物馆. 中东铁路大画册［M］. 哈尔滨：黑龙江省人民出版社，2013.

［12］ 王清恋，赵志庆，张博程，等. 基于视觉景观分析的哈尔滨历史城区容量控制研究［J］. 中国园林，2019, 35（2）: 59-63.

大理是我国历史积淀深厚，文化传统延续，人居环境最好的地区之一。只是由于现代一度的建设不当和管控不力，原本过渡自然的苍山与洱海之间的坝区不少地段已建筑林立，早先联系紧密的线状和面状的遗产体系也被割裂，成为一个个孤立的点状遗产。不过，大理市域众多的南诏大理都城遗址还基本保存，大理古城是首批国家级历史文化名城，它们是我国宝贵的文化遗产和地方社会发展的重要资源。近些年来，随着洱海保护治理工程的开展和地方性保护法规建设的推进[2]，洱海的水体质量显著提高，滨海地带的环境景观迅速改观。与此同时，大理州和大理市党政有关部门对大理文化遗产的保护力度也不断加大，大理古城、大理市域内的文化遗产保护利用和环境整治也都在陆续开展，来大理古城旅游的游客也迅速增加，大理古城保护与发展的矛盾也如丽江古城一样逐渐显现。如何适度消减古城不当的商业氛围，在某种程度上回归历史城镇的本真，这是需要认真研究的一个问题。尤其是在旅游产业还没有全面恢复的当下，预设未来应该采取的对策和措施很有必要。

孙 华 ① / Sun Hua

1 大理古城的历史渊源

保留至今的大理古城，其基本格局奠定于明代初期。它是明初在元代大理总管府治所大理城的废墟，也就是唐宋时期南诏国和大理国中心都城阳苴咩城遗址上重新规划、缩小重建的一座地方卫城和府城。清代以后，基本上沿袭了明城的格局，只是一些街巷和建筑有所改变。清代晚期，大理府城因乱遭到破坏，以后逐渐恢复但已不及明代旧观。民国撤府改县，保存至今的大理古城基本保持了明初以来的城市格局。

元明改朝换代之际，控制云南西部的段氏，在战略判断上出现重大失误，与原先的政治对手、盘踞云南东部的梁王结成同盟，

---

① 孙华，泉州文化遗产研究院院长，北京大学文化遗产保护研究中心主任、教授。

② 云南省大理白族自治州洱海保护管理条例 [N]. 大理日报，2019-11-15（2）.
刘慧娴、杨越冰. 洱海无弦万古青——云南大理财政支持洱海保护治理成效初显. 中国财政. 2019（1）：38-41.

大理古城的保护与利用

共同抵御新兴明王朝的军队进入云南。结果，明军在击败梁王军队占领昆明后，迅速挥师西进征伐大理。洪武十五年（1382年）春，明军仿效元世祖灭大理之策，主力集聚于下关城外，分兵海东绕行至上关，以作南北对进夹攻之势，而遣奇兵从下关左侧绕至苍山之后，登上苍山突然出现在下关侧后。大理段氏军队崩溃，明军突破下关攻占大理总管府所在的大理城即阳苴咩城，废除了大理段氏的世袭统治①。为了彻底打击大理段氏等云南土著势力，明军攻占大理城后，不仅拆毁了原大理城的城郭、宫室、衙署等公共建筑，就连原先的南北大道两侧的主要建筑也全面摧毁，以消除段氏在大理地区的影响和统治根基。通过明军有意识地大规模破坏，除了元大理城，包括城外的大理皇家有关的寺院、神祠、坟墓、碑刻、文献等也遭到了破坏。《崇恩寺常住碑记》载"天兵南伐而火于军前，僧流俱失其所，田庄俱绝其缘，佛图法器寂然荡尽。"②"沐英始至云南，尽取其图籍焚之，""……自傅（友德）、蓝（玉）、沐（英）三将军临之以武，胥元之遗黎而荡涤之，不以为光复旧物，而以为手破天荒，在官之典册，在野之简编，全付之一炬。"③由于文物典籍几乎被明军全部毁坏，明代以前有关大理国和大理总管府时期的史料仅有《大理买马记》《大理行记》寥寥数种存世。1972年大理县拆毁明大理府城鼓楼即清五华楼时，从楼的台基中发现一批被用作建筑材料的大理国及元代的碑刻，数量达到69件，历史学家们为此新资料欢欣鼓舞，也从一个侧面见证了明代对大理段氏时期文化破坏之严重④。

明朝平云南后，随即在云南设置了省、府、州、县和都司、卫、所两套地方行政和军政体系，大理地区几乎同时既设大理卫又设大理府，卫和府都设在原大理城即阳苴咩城子城以东的位置。由于原先的大理城已经毁坏，明洪武十五年（1382年），大理卫指挥使周能在元代大理城的废墟上新建了大理府城，即留存至今的大理古城。明《（正德）云南志》记大理卫城："洪武十五年建，周围一十余里，四门：东曰通海，南曰承恩，西曰仓山，北曰安远，其上各有楼。西门外有教场。"明刘文征《（天启）滇志》建置志："府城，一名紫城，枕点苍山中峰，即汉叶榆县故地。砖表石里，洪武十五年筑。明年，都督冯诚展东城一百丈。城方三里，周十二里，……开四门：南曰承恩，北曰安远，东曰通海，西曰苍山"⑤。《（康熙）大理府志》载"大理府城，一名紫城，洪武十五年大理卫指挥使周能筑，明年都督冯诚率指挥使郑祥

① 明灭大理之战，参看《明实录·太祖实录》、谈迁《国榷》等书。大理白族自治州王陵调查课题组. 古籍中的大理. 云南民族出版社，2003：201-213.
② 大理白族自治州白族文化研究所. 大理丛书·金石篇（卷10）[M]. 云南民族出版社，2010：29.
③（清）师范编纂《滇系》七十六典故，清嘉庆十三年刻本。
④ 晓云.《大理五华楼碑清理别记》，云南师范大学学报（哲学社会科学版），1979（4）：48-52；方龄贵. 大理五华楼新出宋元碑刻中有关云南地方史的史料（上）[J]. 云南社会科学，1984（5）：89-97；方龄贵. 大理五华楼新出宋元碑刻中有关云南地方史的史料（下）[J]. 云南社会科学，1984(6)：107-116.
⑤（明）李元阳撰《（万历）云南通志》记大理府城："一名紫城。……洪武壬戌筑，明年都督冯诚展东城一百丈。城方三里，围十二里。……四门各有楼，东曰通海，南曰承恩，西曰苍山，北曰安远，四隅为角楼。"

广而阔之。"①《（民国）大理县志稿》所载略同②。可见，明初始建大理卫/府城的过程中就进行过改扩建：开始大理卫指挥使周能规划的新城是沿用部分元大理城即阳苴咩城的土城墙，加筑新的夯土城墙，使之成为一座南北长、东西短的纵长方形城池；随后都督冯诚对东面进行了扩建，经过扩建的大理城整体呈正方形，并对土筑城墙包砌城砖。清人张泰交《重修大理府四城楼记》载："郡城创于南诏异牟寻号羊苴咩城，然环堵皆土，且甚狭。迨明洪武间改拓之，规模阔壮。"③改建后的大理城南北城门相对，东西城门相错，南、北、西城门都建瓮城，城内南北一条主街，东西两条主街，奠定了大理古城的基本格局。

从上述大理古城的建置历史来看，有两个问题值得提出讨论。

其一，明大理卫/府城是在元大理城即阳苴咩城的子城基础上修筑的。元郭松年《大理行记》说，从太和城"有北行十五里，至大理，名羊苴咩城，亦名紫城，方围四五里"。可见"紫城"之名，至迟在元代就已经出现，并且元代"方围四五里"的大理城的规模，要比明代"方三里"的明代大理卫/府城要大。有学者已经指出，元代的"紫城"也就是子城，是相对于阳苴咩城的大城而言的。那时的大理城尽管已不再是独立的大理国都，原先超越制度的大衙可能已经封闭不用，主要功能区有可能从原阳苴咩城的西部东移至中部。南诏大理另一处都城太和城，其遗址从西向东分为作为卫城的"金刚城"、衙城所在的中城、平民所居的东城，东城以东至海边还有大面积的空地。元代以前的阳苴咩城的基本格局应该如同太和城，只是比太和城规模更大而已，也就是西部靠近苍山的高处是大衙所在的宫城，其东是中央官署和高级官员宅邸所在的中城，最东面才是平民居住的东城，东城以东还有空旷的低洼地区。元代的大理"紫城"较大的可能就是原阳苴咩城的中城即子城。值得注意的是，元人说"紫城""方围四五里"，大于"城方三里"的明代的大理卫/府城，明代新城应该比原先阳苴咩城子城缩小了些。不过，明代的大理卫/府城应该沿用了阳苴咩城的部分城墙，在民国大理县城图上可以看出，当时县城相当方正，东、西、南三面的城墙都较直，只有北城墙自西向东逐渐向北弯曲，北城墙外还有一道应该是原阳苴咩城的土筑城墙在明城北城墙东部合二为一，并继续东去④。明代的大理府/卫城的北城墙很可能利用了原先阳苴咩城子城的北城墙。

其二，明大理卫/府城在建设过程中，初期的规划是南北纵长方形，中途改成了后来的正方形。关于明初筑城更改状况，明代志书与民国志书的记载有所不同。明李元阳《（万历）云南通志》、明刘文征《（天启）滇志》都说洪武十五年筑大理卫/府城时，东城墙比原计划向东的外阔了"一百丈"，只扩展了东面；《（民国）大理县志稿》却说"明洪武十五年，大理卫指挥使周能建筑。

① （清）黄元治、张泰交纂《（康熙）大理府志》卷六城池，民国二十九年（1940年）影印本。
② （民国）张培爵修，周宗麟纂《（民国）大理县志稿》卷三建设部城市："今建筑暨增广重修始末。大理城，一名紫城，又名榆。明洪武十五年，大理卫指挥使周能建筑。明年，都督冯诚率指挥使郑祥广而阔之。展筑东南二面。四门各有楼。"民国五年（1916年）铅印本。
③ （清）张泰交《重修大理府四城楼记》，录于《（康熙）大理府志》卷二九艺文中。
④ 这道可能是土城墙凸起的土垄，在现代考古调查的测绘图上还有表达，只是大理古城北城墙以东的延长线上的城墙过于笔直，怀疑在现代修水渠时进行过修正。参看大理州文物考古研究所绘制"阳苴咩城古城墙考古测绘图"。

明年，都督冯诚率指挥使郑祥广而阔之，展筑东、南二面。"明代两种志书虽然都是省志，但李元阳是大理名绅，熟悉大理掌故，其记载应该可信。如果明洪武十五年毁元大理城后重新规划的大理卫/府城的东城墙在真正建成的卫/府城东城墙以西一百丈即320m的话，起初规划的大理卫/府城就是南北长、东西短的纵长方形。这种形态与明初同时在大理地区修建的洱海卫城（今云南祥云县城）、蒙化卫城（今云南巍山县城）等都不相同，应该是曾经考虑利用原先的大理旧城即阳苴咩城中城东隔墙等原因。只是由于在兴建过程中，考虑到新建卫城的规模形态和利用原有城墙费效比等各方面的问题，更改了原有的规划，才形成后来明清大理城的模样（图1）。

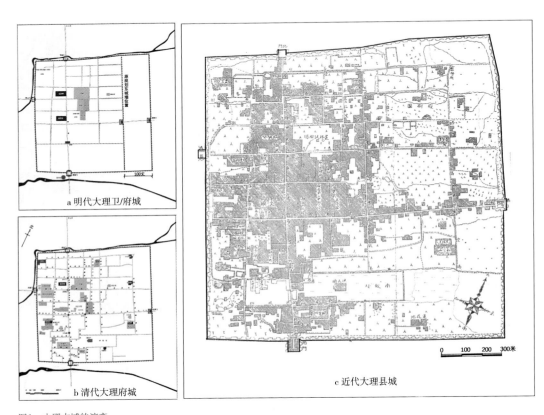

图1　大理古城的演变
来源：a和b据上海同济城市规划设计研究院《大理历史文化名城保护规划》2015年（规划资料）；c采自《（民国）大理县志稿》"大理县城街市全图"。

　　先前已有学者指出，明初大理城的兴建尽管有意破旧立新，对南诏大理以来构建的都城进行了大规模的破坏，并按照明代府城的规制营建了新的大理卫/府城，但在明初筑城过程中，因选址于阳苴咩城旧址内，不可避免地还是受到了阳苴咩城的一些影响①。早先城市对明代大理城影响最大的是街道，唐樊绰《云南志》卷五阳苴咩城记："南诏大衙门，上重楼，左右又有阶道，高二丈余，甃以青石为磴。楼前方二三里，南北城门相对，大和往来通衢也。"南诏

_____
① 魏子元. 南诏大理都城：考古与保护研究 [D]. 北京：北京大学，2020年.

大衙门楼今已不存，但元世祖平云南碑的位置，应该如太和城南诏德化碑一样，位于当时大衙门前，以此为起点向东，就是明清大理城的西门内大街，这或许就是阳苴咩城的主要东西向大街之一；西距元世祖平云南碑约一公里处，正好就是明清大理城西门内大街与南北大街的交会点，明清大理城的南北大街应该就是先前阳苴咩城的南北大街，明初营建大理卫/府城应该就是以这条两既有道路为轴线，平行或垂直布设主要街道。也正由于明代大理城延续了先前阳苴咩城的十字形道路主框架，在背山面海的整体形势制约下，尽管明初有意识地摧毁先前段氏都城的规制，但照搬外来的坐北朝南的城市规制，终究因不符合地理形势和文化传统，在明代后期就陆续改正。明代隆庆年间，就连大理府署等公共建筑也都从坐北朝南改为坐西朝东了①。

由于明代对元代以前的文化传统和城市进行了有意破坏，现代大理城市建设又对大理古城外占压严重，因而学术界对南诏大理时期的阳苴咩城的范围边界和内部结构还没有统一的认识。关于阳苴咩城的范围，古今都认同该城北西枕苍山、东临洱海、坐西朝东的总体形势，西山东海是其边界，但对城市南北边界的认识差异却较大。唐《云南志》说羊苴咩城"南距太和城十余里，北距大厘城四十里"②，《新唐书》南蛮传上记异牟寻"更徙苴咩城，筑袤十五里"。基于这些记载，加上现场考察，《（民国）大理县志稿》卷三建设部城市阳苴咩城条认为："按羊苴咩城，东西以山河为界，南顺龙溪北河沿，北顺桃溪南河沿由西而东，至今城基犹有存者。若大理城，系明洪武时建筑，其规模之缩小，什一而已，非遗迹也。"③民国年间大理地方学者的意见是值得重视的。阳苴咩城的北城墙，在今大理古城北城墙以北的桃溪南岸。现在仍然可见东西向的土垄一道，其北段与桃溪平行，中段斜向明城方向，在明城东东北角与城濠相会，南段向东直至洱海边上。研究者都认为，这道土垄应该就是南诏大理阳苴咩城的北城墙。笔者认为，这道土垄紧靠桃溪南岸的北段是阳苴咩城的北城墙，应该没有问题；中段则是大理古城北门外大路斜向通往原先西侧的上下关城之间官道的路基，是否其下就是城墙还有待验证；东段其上至今还有水渠，土垄已经改造得笔直，这道土垄与原阳苴咩城北城墙的关系还需要研究。从《（民国）大理县志稿》大理坝子测绘图清晰可见，桃溪河南岸的土垄、县城北面的道路以及县城东面与北城濠基本在一条直线上的土垄，三者相差明显，后二者距离桃溪已经有一定距离，应该不属于阳苴咩城的北城墙。阳苴咩城的南城墙，有学者将其推定在大理城南不远处的绿玉溪，但如此著名的南诏大理古迹五华楼，就位于阳苴咩城之外，不符合《元史·地理志》"城中有五花（华）楼"的记载。如果按照《（民国）

---

① （明）李元阳《托建大理府治记》："大理为郡，西据苍山，袤乎千仞；东距洱海，浩乎万顷。山水交于其外，城邑奠乎其中，此非所谓固而守者乎？然山延其麓，河流其霭，忱山襟河，惟其位也。及旧治，面离而出，席坎而居，抚既卑山，襟亦失东；始拘法制之小得，终亏奥地之大观。识者每以为言，吏事委之循习。"引自（明）刘文征撰《滇志·艺文志》卷之二十，第671页。

② 樊绰，云南志校释[M]．赵吕甫，校释．中国社会科学出版社，1985：193．

③ 今文献或将大理古城北侧的桃溪与更北面的梅溪相混，按（明）李元阳嘉靖《大理府志·地理志》卷之二："按《一统志》记其峰溪，自南而北：一曰斜阳峰阳南溪；二曰耳峰莫蓴溪；三曰佛顶峰莫残溪；四曰圣应峰青碧溪；五曰马龙峰龙溪；六曰玉局峰绿玉溪；七曰龙泉峰中溪；八曰中峰桃溪；九曰观音峰梅溪；……"可知近大理城北为桃溪而非梅溪。

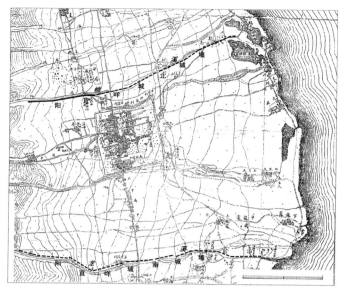

b 阳苴咩城古城墙考古测绘图

a 阳苴咩城范围推测图

c 阳苴咩城范围推测图（魏子元）

图2 南诏大理阳苴咩城范围推测

来源：a 以《（民国）大理县志稿》附图为底图；b 为大理州文物管理所提供；c 采自魏子元《南诏大理都城考古与保护研究》（北京大学博士学位论文，2020年）。

大理县志稿》的看法，将阳苴咩城南城墙的位置推定在龙溪北岸，五华楼遗址就在阳苴咩城内，这就符合文献关于五华楼位置在城内的记载，也符合考古学家吴金鼎等五华楼遗址在元世祖平云南碑东南三里的推断[①]。1993年，田怀清曾对五华楼遗址的位置进行过复核，在今大理古城西南侧的亚星饭店主体建筑后发现一座高台遗址，其内发现了南诏瓦片等遗物，田先生判断该高台就是五华楼遗址的一部分[②]。这是非常值得注意的线索（图2）。

南诏大理时期的阳苴咩城的范围既然确定，我们可以知道，明初重建的大理城只是原阳苴咩城的中北部，约为原城区的1/8。如果不计东部临海的空旷空间，原阳苴咩城也比大理古城大4~5倍，这是我们思考大理古城的历史延续性时必须考虑的问题。

2 大理古城的空间关联

明初大理卫在重建大理府城的同时，还在原先大理城北35km处的龙首关，南面15km的龙

[①] 吴金鼎、曾昭燏、王介忱《点苍山下所出古代有字残瓦》："出大理城门过双鹤桥，沿道行二里许，道右旁有断断续续之石残基，略作方形，每边长里许，周约五里。墙内西部及中部有平台等建筑遗迹……地面上时见'白王冢'式残瓦。其中有绿釉、黄釉及带字瓦者，疑即五华楼故址。"引自吴金鼎、曾昭燏《云南苍洱境考古报告》（乙编）第96页，1942年。

[②] 田怀清. 南诏五华楼考 [M]//大理民族文化论丛（第3辑）. 北京：民族出版社，2009：72-79.

尾关旧址上，改筑和重建了上、下二关城。

　　大理卫/府城所在的洱海地区，是云南高原上山环水抱的长条形断陷盆地。盆地中心的洱海形如腰果，水面达246km²，是云南第二大高原淡水湖泊。湖的东西两侧为两道与湖大致平行的山脉，西岸苍山自第三纪中新世以来就不断上升，海拔高程达3074~4122m，成为大理盆地的天然屏障。随着西侧苍山的抬升和山溪冲积泥沙的积累，盆地西部形成了较为广阔且不断向东延伸的冲积平川。在海西陆地向湖中延伸的同时，湖水也相应地向东延伸，海东本来不宽的山前地带逐渐被湖水淹没。这种地理状况使得这里古今城镇都集中在洱海西岸一带，大理国的都城羊苴咩城就处在苍山东麓的海西平川中间。平川西侧高耸的苍山，如同一把弯弓拥抱着海西地区，弯弓的南北两端直插洱海的南北两头，将海西地区的南北两头基本封闭起来。在洱海南北两端西侧，还各有一条流入洱海和流出洱海的河流，这些河流成为海西地区的天然城濠。这种自然地貌自然会被古人利用，只要在苍山与洱海之间的南北两端相接处各修了一道不很长的城墙，在城墙内筑城屯兵守御，就可阻断洱海地区以外的敌对社群和国家进入海西地区的道路，成为以洱海地区为中心的国家和地区的最后屏障。

　　上关城原名龙口城，又名龙首关。城址位于大理市喜洲镇上关村西侧，西依苍山云弄峰山麓，东临洱海北端的水口。这里山海之间缓坡狭窄，只需要一段不长的城墙就可切断南北往来，适宜筑关设卡。据民国《大理县志稿》载："上关在城北七十里，倚苍山云弄峰麓、以箭洱河之入口。山水衔接，为郡北要隘，昂然突起如游龙之矫首，故又名龙首城。"[1] 该关城始建于南诏早期，唐樊绰《云南志》："开元二十五年，蒙归义逐河蛮，夺取太和城。后数月，又袭破咩罗皮，取大厘城，乃筑龙口城为保障。"可见上关筑城早于阳苴咩城的创立。大理国时期继有修筑，《南诏野史》载："宁宗乙卯庆元元年（1195年），修龙首、龙尾二关。"[2] 明洪武十五年，大理卫指挥使周能在兴筑大理卫/府城的同时增修了上关城，清《（康熙）大理府志》："上关城：明洪武壬戌年大理卫指挥使周能筑关，在城北七十里，名曰龙首关。周四里，为门四。郡北要害，明初守御甚严。今设塘汛，拔兵守之。"明初扩建和增建后，一直到明末清初没有大的变化[3]。清代晚期的咸丰六年，大理回族起事，重修上关城墙，这是上关最后一次修缮。以后城墙和关楼等年久失修，逐渐倾圮，成为今天的上关遗址[4]（图3a）。

　　南诏、大理至元代的龙首关城的城墙都是土筑，与阳苴咩城一样，明代重建时先可能仍为土筑，明代嘉靖、万历年间包砌砖石。现存于地表的横亘在山海之间的城墙，从北至南明显分为两组三道：第一组城墙从苍山第十八峰云弄峰顺山势而下，在山麓分为大致平行的内、外两

① 《（民国）大理县志稿》卷三建设部城市．
② 倪辂．南诏野史会证［M］．王崧，校理，胡蔚，增订．木芹会，证．云南人民出版社，1990：301．
③ 《读史方舆纪要·云南一》卷一一三："今石门南有上关城……周四里，四门．一曰龙首关，当西洱河之首，亦曰河首关．"
④ 《（民国）大理县志稿》卷三建设部交通目关哨汛塘："上关……咸丰六年，回族据大理，役民重修．袤延五百八十丈，高五尺，上接至山半．今倾圮三十二，关门城楼亦倾圮．"

股，一直延伸到海边；第二组顺云弄峰顺山势从西南下至东北，在山麓下也分为两道，一道城墙向北与第一组城墙的内城墙相交，一道城墙折向东直抵海边。两组城墙构成了一个三面有城、一面临水的四边形的城堡，朝向海口河的喇叭口一侧原筑有城墙，现已经无存。如果南北三道城墙在与道路相交处各辟一门，就有三座城门，另一座城门很可能就开辟在面海的那道城墙上。何金龙曾对上关城作过调查，关城西、南两道城墙的构筑方式相同，都是夯窝较大而密集，夯面坚硬光滑，具有明代夯窝的特征。这两道城墙地表现状都是土墙，但当地村民建房所用砖多取自于这两道城墙的内外两侧，墙砖印有嘉靖、崇祯等年号，说明这两道城墙确为明代上关城的南城墙及西城墙①。2010年，云南省文物考古研究所对明城墙围合的区域进行了发掘，发现了大量清代的建筑石墙基、铺石路面、筒瓦引水管和不明性质的规则长条形沟、灰坑、柱洞等遗迹，出土遗物主要为明清时期的砖瓦、陶片及钱币等②，可以确认该城墙围合区域就是明代上关城。明上关城城外的最北面那道城墙，根据2008年大理文物管理所的勘探资料，在这道城墙以及其南的上关城北城墙的瓦砾堆积中发现了大量有字瓦等南诏时期的遗存③，这应是南诏初期所建的龙首关城墙。至于上关第二组西南端的那道城墙，它从当地人称"八角碉"的苍山脚下至明上关城堡西南角，城墙墙体全用黏土掺加大量碎砂石夯筑，夯层明显但夯面不明显，不见夯窝，这种夯筑方式与太和城山坡上的城墙相同，其年代当为南诏时期。

下关城又名龙尾城、龙尾关、玉龙关，简称下关。关城位于苍山最南端斜阳峰与洱海出水口西洱河的交汇处，东南临水，西面靠山，以苍山山麓为壁，以海尾河水为壕，内高外低，易守难攻④。关城也筑于南诏阁罗凤时期，唐樊绰《云南志》卷五载："龙尾城，阁罗凤所筑。萦抱玷仓南麓数里，城门临洱水下，河上桥长百余步。"关城建成后，成为南诏和大理都城的南面屏障。元郭松年《大理行记》于龙尾关着墨不少，他描述当时景况道："至河尾桥，即洱水之下流也。架木为梁，长十五丈余，穿形饮水，睨而视之，如虹霓然。……河尾桥之西有关焉，北入大理，名龙尾关，即蒙氏之所筑也。"明洪武十五年重筑上关城的同时也修筑下关城，城有三门，清《（康熙）大理府志》："下关城：筑同下关。关去城南三十里。城南有桥，桥南有壁，周二里，为门三。今城倾圮，宜修筑以为郡南屏障。"清代的下关城有三次大的修缮，一是道光二十五年大理地方官重修关门城楼，二是咸丰六年回民起事据大理重修沿海尾河城墙和关城炮楼，三是光绪二年地方重修垮塌的外城楼⑤。现在的下关因近城市，城垣损毁严重，尤其是20世纪60年代建设西洱河电

① 何金龙. 龙首关. 南诏大理国的"山海关"[N]. 大理日报, 2010-6-30（A3）.
② 云南省考古所官网. http://www.ynkgs.cn/html/discover/20131219160046.htm.
③ 孙健、张灿磊. 大理龙首关北城墙勘探报告[M]//大理民族文化研究论丛（第五辑）. 北京：民族出版社, 2012:
    267-289.
④ （清）马恩溥《大理形势说》记下关说："跨山水之间，以山为壁，以水为壕，内高外下，仰攻甚难也。"《（民国）
    大理县志稿》卷二十五艺文部二.
⑤ 《（民国）大理县志稿》卷三建设部交通关哨汛塘："道光二十五年，永昌回变，各郡戒严，提督荣玉村、迤西道
    王发越、知府惇培、知县吴世涵捐资重修关门城楼。咸丰六年，大理回变，役民修筑，自石门关邑村，绵亘七
    里，周垣多建炮楼，颇称坚固。光绪二年，外城楼倾圮，提督杨玉科、知府毛庆麟集资重修。"

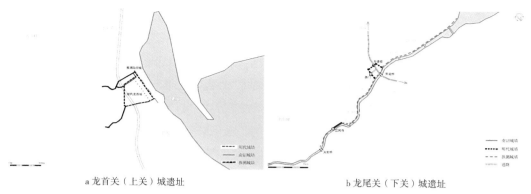

a 龙首关（上关）城遗址　　　　　　　　　b 龙尾关（下关）城遗址

图3　大理上、下二关城遗址
来源：b根据魏子元《南诏大理都城考古与保护研究》（北京大学博士学位论文，2020年）附图改绘。

站，修筑沿河道路，下关城沿河关墙大部被夷平[1]，只有少许地段还依稀可见关城的残迹（图3b）。

　　明清时期下关城的城墙遗迹，从实地勘察的情况看，在西洱河北岸今江枫寺到打渔村一段，还可见一段长约300m、残高不到1m的土墙，土墙利用陡坡切掉南面，与从江枫寺到打渔村的这段公路基本走向一致，根据城墙沿河岸修建的特点来看，这段公路的路基可能是利用城墙墙基而建。城墙原先应从斜阳峰的尽头山崖天生桥起建，经江风寺、打渔村、黑龙桥一直向东延伸到洱海西岸的关邑村，全长约4km。这道明清的城墙线，根据地形地貌和文献记载，也应该就是南诏大理时期的龙尾城沿河城墙所在，林声和李昆生两位学者认为南诏大理时期的龙尾城已经无迹可寻[2]，恐怕未必。今天的下关城是明清时期的遗存，规模不大，城呈梯形，周围不过一公里，南、北、西各有一城门，今仅存北门。城内丁字街道格局，南北向古道成为下关城的南北主干道（即现在的龙尾街）。从下关城的南城门而出，就是海尾河上的黑龙桥，这种状况南诏时期就是如此。《云南志》卷五说龙尾城"城门临洱水下，河上桥长百余步"，直到民国时期地图上仍然是这种状况，只不过元代以前的桥为木构虹桥，明清以后的桥为石构拱桥而已[3]。出下关城北门前往太和城遗址和大理古城方向的古道，据文献记载和考古材料，也就是南诏至民国时期的官道。因此，上关城丁字街的格局，其靠近西洱河长墙方向的南城门、南门外黑龙桥以及南门内通向北门的街道，都应该是南诏早期营建龙尾城以来的路线和节点位置。

　　明清时期的大理卫/府城居于洱海坝子之中的位置，下关城和上关城扼守着洱海坝子的南北两端，这个坝子西有高峻陡峭的苍山，东有宽阔幽深的洱海，形成了自然山水形势与人工

① 参看杨宴君、杨政业. 大理州文物保护单位大全 [M]. 云南民族出版社，2006：158.
② 林声. 南诏几个城址的考察 [J] // 学术研究（云南），1962（11）：25；李昆声. 南诏大理城址考 [J] // 载云南省文物管理委员会. 南诏大理文物. 文物出版社，1992：115.
③ （元）郭松年《大理行记》："至河尾桥，即洱水之下流也。架木为梁，长十五丈余，穿形饮水，睨而视之，如虹蜿然。"（明）徐霞客：《徐霞客游记》滇游日记八："北即苍山，至此南尽，中穿一峡，西去甚遥。西峡口稍旷，乃就所穿之溪，城跨两崖，而跨石梁于中，以通往来；所谓下关也，又名龙尾关."

城市工程相结合的城市与区域体系。明《（嘉靖）大理府志》描述大理的地形说"大理苍山以为险，榆河以为池阻之，以迴岭缘之""按全滇幅员万有余里，其间郡县里皆有险可凭，然都不如大理山河四塞，所谓据全省之上游，一夫当关，万夫莫窥之形势也"①。明清大理城市区域的这种形势，系通过元代大理城这一过渡时期，沿袭自更早的南诏和大理国时期的都城格局。南诏大理都城规划和营建，本来就是以阳苴咩城为中心内城，以其南的太和城和北面的大厘城为附属内城，以北南两端的龙首城和龙尾城为外郭门，以苍山山脊和洱海东岸为外郭边界的大都城体系。

按照通常的认识，洱海坝子先后存在着南诏和大理国时期的三座都城，也就是最早的太和城，短暂的大厘城，最后长期稳定的阳苴咩城；这些城邑才是南诏和大理都城，其外的区域应该是都城的近郊，也就是京畿的范围。不过，《云南志》卷五"六赕"说："大和、阳苴咩谓之阳睑，大厘谓之史睑。大和城、大厘城、阳苴咩城，本皆河蛮所居之地也。开元二十五年，蒙归义逐河蛮，夺据大和城。后数月，又袭破苴咩。盛罗皮取大厘城，仍筑龙口城为保障。阁罗凤多由大和、大厘、遵川来往。蒙归义男等初立大和城，以为不安，遂改创阳苴咩城。"在中国古代，"都城"这个概念往往是"天下"概念的一个缩影，古代的天下九州与王都的方九里，就是这种思想的反映。我们现在看到的帝王都城，有的只是一个内城，实际上在外面还有外郭和园囿，共同组成京都的范围。

根据笔者的初步理解，南诏、大理古国既然具有五岳四渎与中原国家相似的国家政治地理观念，其都城规划营建也具有同一性。他们很可能是先后以太和城、大厘城和阳苴咩城为内城，并始终以苍山、洱海、龙首、龙尾构成的封闭边界为外郭，规划出一个大的都城区域。也正是由于如此，唐樊绰《云南志》在记录南诏重要城市距离都城方位远近时，才以都城外边界作为起算的起点，或以龙口城为计算里程的起点，如"昆明城，在东泸之西，去龙口十六日程"。或以龙尾城为计算里程的起点，"银生城在扑赕之南，去龙尾城十日程"；"又开南城在龙尾城南十一日程……"，"安宁镇，去拓东城西一日程，连然县故地也。通海镇，去安宁西第三程至龙封驿。驿前临瘴川，去龙尾城八日程……"。此外还有以苍山作为计算距离起点的，如"永昌城，古哀牢地，在玷苍山西六日程"②。当时的人们不以阳苴咩城的南北城门作为南诏中心都城与地方城市距离的基点③，而是以龙首城、龙尾城和苍山这样位于洱海坝子边缘的某个关城，这说明南诏大理都城的外郭门就是龙首关和龙尾关，这两关及苍山和洱海的边界才是都城的天然外郭边界。在这两个关城中，由于龙尾城外就是南去拓东（今云南昆明）、西南去银生（今云南景东）和永昌（今云南保山）大路的三岔路口，最为重要，故当时人多以龙尾城作为离开都城去他处的起点，也将龙尾城作为进入都城范围的界线，南诏国在龙尾城设有客舍，接待外来使者。

---

① 李元阳.（嘉靖）大理府志：卷一形势 [M]. 大理州文化局影印，1982，53.
② 樊绰. 云南志校释 [M]. 赵吕甫，校释. 中国社会科学出版社，1985：205-255.
③ 明清时期的《大理府志》都是以附郭县的城门作为至其他地方的起算点。

明清大理卫/府城以及民国大理县城，已经只是云南省下属的地方城市，不再具有先前南诏大理国都城那样的地位，原先的外郭城也就无形中趋于消失。不过，由于传统的作用，以大理卫/府或附郭县太和城为中心，以上关和下关为两翼，以苍山和洱海为边界的传统地理空间还是人们脑海中的长久记忆。元郭松年《大理行记》记大理城说："是城也，西依苍山之险，东挟洱海之阨；龙首关于邓川之南，龙尾关于赵睑之北。昔人用心，自以为金城汤池，可以传万世。"明李元阳《（嘉靖）大理府志》描述大理形势说："大理苍山以为险，榆河以为池；阻之以迴岭，缘之以漾濞；此郡治要害也。……按全滇幅员万有余里，其间郡县虽皆有险阻可凭，然都不如大理，山河四塞，所谓据全省之上游，一夫当关，万夫莫窥之形势也。"故李元阳府志的"大理府总图"以及其后清康熙府志的"大理府总图"和"太和县地图"，都以大理府城（太和县城）为中心，两侧绘出上关和下关，上下绘出苍山和洱海环绕，大致呈椭圆形城郭区域（图4）。

 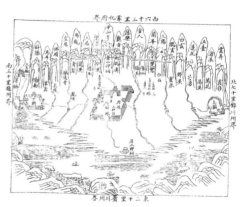

图4　明清地方志书大理城池图

无论是大理卫/府城还是更早的阳苴咩城，都是洱海坝子的中心城邑；而无论是上关城、下关城还是更早的龙首城、龙尾城，都是苍洱区域的边缘城堡，它们之间是一种中心与边缘的关系。从大理府城南门向南，沿着古官道经过南诏古都太和城遗址，穿过下关城过黑龙桥，就到达通往云南他处的三岔路口；从大理府城北门往北，沿着古官道而行，中间有岔路连通喜洲镇即古大厘城，出上关城，就可以启程北上或南下。南诏大理都城体系以及其后的大理府城（太和县城）体系的基本要素，都是被这条穿越都城内城或府城的南北向街道联系在一起的。根据云南省文物考古研究所的考古学家对穿过太和城遗址的这条古道的解剖，证实明清古道下面叠压着大理国时期的古道，大理时期古道下面就是南诏古道的路面[①]。南诏大理时期古道与明清时期古道的位置一直没有改变。

①　此据笔者与云南省文物考古研究所负责太和城遗址考古的朱忠华先生的个人通信

3 大理古城的整体保护和利用

　　大理是唐宋时期南诏和大理两个古国的核心区域，尽管经历了明初对地方传统的刻意割裂，经历了晚清对寺庙神祠遗产的有意摧残，经历了民国以来公路建设对原有古道的割裂，还经历了现代迅速发展的城乡建设对环境的干扰，但仍然保留了一些南诏大理古国以来的文物古迹和风景名胜。这些不可移动物质文化遗产，仍然以具有千年以上历史的大理古城为中心，以上下关城为北南两端点，以贯通这三个"城"的古道为纽带（尽管这条古道已经被割裂成）。如果串联古道沿线的古遗址、古建筑、历史纪念建筑和纪念地、历史城镇和传统村落，并以苍山和洱海为区域边界和自然背景，就可以部分复原南诏大理的文化空间和景观。因此，保护大理古城不能仅仅着眼于这座孤立的历史城市，而是将其同时放置在所处的区域空间和历史空间中，以系统论和系统规划理论为指导，系统保护明清以来乃至于南诏大理古国以来的大理城市和区域遗产体系。

　　洱海坝子、大理市域或苍洱地区文化遗产的保护，无论是基于唐宋时期的以南诏大理遗存为主体的遗产，还是基于明清时期以大理古城为中心的遗产，都离不开区域性、整体性和系统性的思考。早就有学者提出了这一区域遗产具有整体性的认识，如云南大学吴晓亮撰写了《洱海区域古代城市体系研究（公元前3世纪—公元19世纪末）》的博士学位论文，提出了"洱海区域古代城市体系"的概念①；北京大学的钱桂蓉《南诏中心城市体系空间格局研究》从宏观上对中心城市与次一级城市的层级进行了分析，也论及了南诏城市体系的问题。近两年北京大学魏子元也根据大理市域的相关南诏大理城址资料，撰写了《南诏大理都城考古与保护研究》的博士学位论文，将包括南诏起源地的早期都城在内的南诏大理都城视为一个由城址、道路、古迹等要素结合成的变化的系统，从"点、线、面"三个不同的层次，时间、空间和物质文化遗产本身三个维度对南诏大理都城格局（其中也涉及了明清大理城市）进行了论述，进而探讨以都城遗址体系为主体的区域文化遗产的整体保护策略。基于这些研究成果，笔者认为大理古城及其关联遗产的保护，应该规划为"一个中心、一条环界、两个节点、三条线路"的系统。

　　一个中心/一条环界：以大理古城及其所在阳苴咩城遗址为整个大理区域和文化遗产体系的中心。阳苴咩城本来就是南诏和大理古国首都的内城，明清时期是大理卫和大理府的治所，民国以来也是大理县和市的政府所在，自古以来属于洱海坝子和苍洱地区的腹心。今大理古城南北中轴线大街以西，一直到苍山脚下，是原阳苴咩城宫殿、官署和高级官员住宅所在②；这

---

① 吴晓亮. 洱海区域古代城市体系研究 [M]. 北京：云南大学出版社，2004年.
② 城内之建筑布局，现在从地面上已不可能知道，不过《蛮书》中却留下了较为详细的描述。马长寿认为，羊苴咩城城内主要为南诏衙门、官院和官吏们的住宅，城内的建筑布局十分整齐，住宅的位置当不越过南北之衢，若以北城墙遗迹之长度之，系位于城内之西部。这个推断是合理的。

个区域以南，则是南诏大理都城内仅次于上述区域的重要政治功能区，是南诏和大理各部聚集和接待宾客的地方，著名的五华楼就位于这个区域。这个区域的南诏大理的遗存尽管早已灰飞烟灭，但大理古城西北角外一塔寺的弘圣寺塔还是那时的遗存，南面遥对大理古城西门的元世祖平云南碑是记录重大历史事件的纪念碑，始建于南诏的著名苍山神祠就位于元世祖平云南碑西的苍山南麓[①]。现在的元世祖平云南碑及其周边一带，是一片草地和树丛，这里及其周围的地下应该有比较重要的南诏大理遗址，原先的南北大道的南北官道应该就在从元世祖平云南碑东不远处通过。需要指出的是，明清时期的大理卫/府区域，只有大理卫城或大理府城一个中心，但南诏大理时期这个都城区域除了阳苴咩城外，还有南面的太和城和北面的大厘城，可以视为南诏大理都城内的两个内城，也就是该区域的两个副中心，南诏和大理诸国王多在三个城邑间往来[②]。这两个副中心城邑在元代以后尽管已经失去了它们应有的地位，成为遗址和乡镇，但这两处地点仍是洱海坝子除了大理古城外最吸引人的去处。

作为大理古城辐射的周边区域，存在着苍山和洱海形成的天然边界。这道自然形成的"城池"边之间的缺口被上下两关封堵以后，就形成了一条东以洱海为池，西以苍山为城，山海之间有人工城墙为关的完整边界。在这个边界内的洱海坝子，既是南诏大理史迹等级最高、类型最多、最为集中的区域，也是明清以来地方文物古迹、文化景观和民俗文化最为典型和丰富的区域。以大理古城为中心的洱海坝子区域，既是大理州文化遗产最集中的区域，也是云南省两个文化遗产集聚区之一[③]。即使将洱海地区放在中国大地上几个古都集中的区域，像大理这样的既有丰富的地下都城遗址和寺庙遗迹，又有多样的地面历史城镇和传统村落，还有最为壮丽秀美的自然山水作衬托的历史文化区，也是很有特点的。如何保护好、展示好和利用好这样一份珍贵的自然与文化遗产，是我们需要认真思考的问题。

大理古城作为国家级历史文化名城，基本完好地保存了晚清以来的城市风貌和城郊崇圣寺等名胜古迹，在苍山和洱海的映衬下，古城今天已经成为旅游热点城市。由于大量旅游者以及相关服务业的涌入，迅速改变着该历史城镇的居民构成和文化传统。古城内的原住居民通过将房屋出租给外来商户，自己搬出古城居住，生活水平得到迅速提升；古城周边城乡居民也有不少将自己宅基地改扩建为客栈和餐馆，并有新的房地产和酒店项目在古城周边展开。大理古城的文化传统和物质表征也在发生异化，商业气氛日益浓厚，保护与发展的矛盾冲突也日益尖锐。基于明清大理古城只是阳苴咩城一部分的认识，重点将大理古城以西至苍山之间留出一个可以通视的景观廊道，将游客向西疏解到元世祖平云南碑、苍山神祠、弘圣寺（一塔寺）和三月街一带。而在大理古城以东则要保持一个更宽的喇叭形景观廊道，将游客引导至已经整治完

① 现存苍山神祠为清末重建，但其位置仍在原先的位置上。杨慎《游点苍山记》："北行二里至点苍祠，即《唐书》载使诏与南诏设盟处也……庙后有间俗学，俯瞰城郭楼观。"录于《（康熙）大理府志》卷二十九艺文中

② 《云南志》卷五"六睑"记南诏王异牟寻以太和城为都城中心时，"多由大和、大厘、邓川城来往"；注都大厘城和羊苴咩城后，太和城并没有被废弃，"自是太和别为一城"

③ 云南省另一个文化遗产集聚区是滇池地区，该区域以汉代及其以前的滇文化遗址群最为著称

毕的洱海之滨，从而稀释古城内的商业氛围。从更广的视野考虑，大理古城以北20km的喜洲古镇旅游业态已经初具规模，从大理古城东的洱海之滨至喜洲的沿海旅游道路和环境整治也已见成效，如何将大理古城与喜洲古镇更好地连接起来，是今后需要考虑的问题。大理古城以南不到8km处就是太和城遗址，该遗址周边城墙还暴露在地表，城西高处的金刚城遗迹仍然历历在目，内城南部的大型宫殿建筑基址已经发掘揭露，这些加上内城宫门处的南诏德化碑，遗址附近的佛图寺塔，具有建设国家遗址公园的良好条件。如果说从大理古城到喜洲古镇一路上可以"看海"，那么从大理古城到太和城遗址公园一路上就可以概括为"游山"。两者结合，各有特色，或许可以相得益彰。

两个节点：南诏大理都城南北中轴线的端点龙口城和龙尾城，即大理文化遗产区域南北边缘的上关城和下关城这两个交通枢纽地点。这两个节点之间，按照《云南志》的记载，距离累计95唐里，相当于50km。上关城今已无人居住，成为遗址，只是在邻近海边的平地有上关村（隶属大理市喜洲镇）。2010年扩建公路，选线时没有按照文物部门的意见绕行上关城，宽阔的公路穿城而过，切断了南北三道城墙，严重破坏了上关城历史遗存和环境景观。下关城位于进入大理的三岔路口，明清时期这里就既是军事防御关塞，又是商业贸易的场所，每逢丑、未二日有集市，促进了上关由军事关塞向商业市镇的转变。随着关城人口的增加，商铺民居沿着关城的三个城门（主要是南北城门）向外延展，关城城墙不利于交通，早在清末民初就已经逐渐拆毁，明代五孔石拱桥——黑龙桥也被现代钢筋水泥的桥梁所代替，现代下关城与大理州政府所在的下关镇城区已经连为一片，只剩下北门城楼淹没在民居商铺之中。

从长远的规划来说，未来在合适的时候，变更穿过上关城公路的线路（如用穿山隧道绕过上关城），封堵当代公路形成的缺口，恢复上关城"龙口"或"龙首"的完整性，再辅之以下关村沿线的环境景观整治和旅游设施的建设，例如恢复从下关村通往关城的步道，恢复原先应有的关城城墙内的顺城步道直至山麓城墙尽头。这些再加上大理四景之一的"上关花"的营造①，以及附近名胜古迹的关联，上关这个古代大理的重要节点很有可能成为当代大理旅游的新的增长点。而已经成为下关镇城区一部分的下关城，大理州政府等有关方面已经启动了龙尾关保护利用和环境整治工程，修缮了北关楼康寿楼及其两侧的城墙，整治了关城内南北主街道龙尾街及关城北的鱼骨街。今后如果能够将西洱河北的洱河北路改造为步行为主的滨河景观道路，在某些地点展示现存的部分土城墙，结合原先关城东西城墙路线和南门的标识，使得下关城的边界轮廓和入口城门能够清晰地突显出来，有利于城内以保护利用为主而城外以建设发展为主的功能分区。

三条线路：洱海坝子内连接上下关城两个节点之间的三条古代道路以及代替这些古道的现

---

① 大理"风、花、雪、月"四景，"花"即指上关花。上关花在明代已经是大理名胜，徐霞客游大理，入上关之前，先看上关花即"十里香奇木"。《徐霞客游记·滇游记八》："又二里，有坊当道，逾坡南行，始与洱海近。共五里，西山之坡，西向而突入海中，是为龙王庙。南崖之下，有油鱼洞；西山脉中，有十里香奇胜。……榆城有风花雪月四大景，上关以此花著。按《志》，榆城异产有木莲花，而不注何地，然他处亦不闻，岂即此耶？"

代公路。这种通道在近代以前有三条：中间的官道，又称"上路""大路"，这是南诏大理以来的南北轴线大道，直到近代仍是商贩货物的主要运输通道。东边的海路即"下路"，也就是滨海的通道，道路随着洱海西岸的地形，弯曲如蛇形，路途较长，非主要通道。西边的山路，通称"烧香路"，路沿苍山山麓而走，由于非主要通道，跨溪处多无桥梁，通行不便。除了以上贯通洱海坝子的道路外，还有从"大路"和"下路"通往喜洲即南诏大理时期的大厘城的道路，被称作"中路"。《（民国）大理县志稿》卷三建设部交通目记大理陆路："自上关至下关道路有四：一曰上路即大路，中多嵌石；二曰中路，由峨岷哨大路左出喜洲，南至阳南村与大路接；三曰下路，依洱河滨，曲折而行；四曰烧香路，行经苍山之麓，过越溪水，多无桥梁，且乱石纷积，不便行旅。"[1]以上四条通道，其中三条可以基本贯通洱海坝子，这些道路随着近现代公路的修建，已经基本废弃，其中有些道路的功能已经被现代道路所取代。

在以上的三条道路中，最值得关注的还是原先的"上路"，即贯通大理坝子的主要官道，这条道路既是南诏大理都城的南北轴线，是古代国家通往大理及其以西（包括西北和西南）的国家道路，也是宋代从阳苴咩城通往宋境广西邕州横山寨博易场的茶马古道，还是汉唐和元明清时期首都通往缅甸、印度的"南方丝绸之路"或"丝绸之路南亚廊道"的组成部分，其重要性不言而喻。这条"大路"南起下关，北至上关，在苍山山麓与东侧不远的214国道大致并行（部分路段被214国道或乡村道路叠压），古道宽约3m，全长50余km，经53个村落。路面当中铺条石以"引马"，两侧铺卵石，至今仍有部分路段路面保存完好，如太和城至凤阳邑段。在这条古道的沿线，从大理古城南至龙尾关今15km的距离内，除了大理古城周边的阳苴咩城遗址、元世祖平云南碑、崇圣寺三塔和弘圣寺塔外，沿途还有太和城遗址、南诏德化碑、佛图寺塔等名胜古迹；而从大理古城向北往龙首关，30km古道沿线还有大厘城遗址和喜洲古镇，且后者还需转入"中路"这条支线才能通达。这条历史上大理坝子中的主要官道，是大理文化遗产体系的一条联系纽带，自从214国道公路通车以后，这条纽带已经不断被截断、占压和蚕食，现在已经支离破碎。打通并恢复这条历史上的官道，使之成为大理历史之路和文化走廊，成为一条旅行者和当地居民的最佳步道，从而恢复大理文化遗产的体系，很有必要。这条道路的贯通和恢复，结合已经打通的沿洱海的新"下路"，也就是滨海的景观廊道，以及未来可能会逐渐贯通的山路（即先前的"烧香道"），就可以构成山麓步道、坝区步道和滨海步道这三条线路。这三条步道与平行或垂直的公路构成了整个大理坝区的交通系统，如果在公路与步道相交和相近处构筑一些小型停车场、进入口和观景台，投入不多但却可以形成大理古城为中心的车行、骑行与步行的休闲、健身和旅游道路体系，从而实现所谓的"善行"旅游。

如果从更大的范围着眼，苍洱地区的洱海之上，历史上就有水上交通，"洱湖中大船专供装运百物，其往来运载之买卖品，以油、粮、盐、木、牲畜、果物为大宗。自东岸至西岸三

---

① 除了以上道路外，还有从大路和烧香路通往苍山上一些重要寺庙的山路。"大路自府城北至上关，南至下关，均形如斜线，向左右斜下。仅城北自五里桥起，至上湾桥止"，引自《（民国）大理县志稿》卷三建设部交通目。

小时水程，自上关河口至下关小河边，计水程一百二十里，顺风六小时可到，逆风二三日不等"[1]。现在木船早已退出洱海航运，代之而起的以游船为主的客运轮船，旅游观光仍然使用这条航线。在洱海的东岸，也就是与苍山隔海相望的玉案山麓，历史上就有一条小道可以往来于上、下关之间，当年明军攻打大理的一支偏师走的就是这条道路[2]。这条古道，当代已经被环海东路大道所代替，该道与海西的大丽公路形成围绕洱海的车行观光环线。从下关前顺西洱河向西，是通向保山的官道，也是南方丝绸之路正道，民间以诸葛亮七擒孟获的传说而称之为"天威径"[3]。该路段苍山南麓一段也相当险要，明代杨慎在《滇程记》中描述从下关至样备（今云南漾濞彝族自治县）沿途景况，颇为可观[4]。从漾濞不继续往西，而是转向朝北，沿着苍山西麓另一条古道北行，就可以在洱源县境与苍山东麓向北的古道汇合，从而形成环绕苍山的环线。这条线路沿途有多条岔路可以东向进入苍山的溪谷，最著名的就是距离漾濞县城不很远的石门关，据说宋末元世祖和明初胡海就是从这条山路帅奇兵翻越苍山，绕至守军之后；晚明旅行家徐霞客当年也是沿着这条峡谷登上苍山，观景怀古。现在环苍山公路贯通，入苍山旅游道路早已启用，形成了一个苍山旅游的车行环线。如果调查确认并清理整治《徐霞客游记》中提到的药师寺、玉峰寺、玉皇阁等寺院遗迹，结合历史重要事件优化该线路的导览，定会丰富这条游线的历史文化内涵。

4 结语

大理古城是从南诏国以来洱海坝区和苍洱地区的中心所在，尽管经过了历史上多次战乱的破坏，但大理古城所在区域山海相映的自然景观依旧，南诏大理文化遗产和明清本地文化传统仍存。以大理古城作为大理传统文化的中心，以苍山洱海作为大理区域文化圈的边界和衬托，以古道作为串联上下关城之间众多南诏大理以来文化遗产的纽带，从而将孤立的点状遗产串联成为线状的遗产线路。南诏大理的历史线路、洱海之滨的观海线路、苍山山腰的游山线路以及

---

① 《（民国）大理县志稿》卷三建设部交通目。
② （明）陈建《皇明通纪》皇明启运录卷之七洪武十五年："大理城依点苍山，西临洱河为固，南诏皮罗阁所筑。龙首龙尾上下二关，号为险要。上菥段世闰王师且至，聚众五万，拒下关。英自将攻之，牢不可破。历令王弼以兵出洱水东趋上关，英兵缀下关，为犄角势。"引自（陈建.《皇明通纪（上）》[M].钱茂伟，校.中华书局，2008：231。
③ 《南诏野史》记南诏古迹天威径："大理府城南龙尾关之西，为达哦永昌大道。后汉诸葛武侯七擒孟获，获心服曰：公，天威也，南人不复反矣。故名此地为天威径。"（引自倪璐．南诏野史会证 [M].王崧，校理.胡蔚，增订.木芹会，证.云南人民出版社，1990：386.）
④ （明）杨慎《滇程记》："赵州三亭旧铺而达下关，故名河尾，蒙氏龙尾关也……下关八亭而达样备。样备江实神庄水，出鹤庆入洱海。关西为天桥口，石梁中横，下临无极，当苍山之冲，多暴风，贯四序不息，僵树走石，人骑眄易，至碗水哨锁乃平。又西为四十里桥，又西为响水洞桥，偕洞行，巨石峭崝，鸣若惊霆，类嘉陵散关。逶关有花桥，桥皆架木飞梯，横榰悬度，人上之憟。"（转引自方国瑜主编《云南史料丛刊》第5卷，第809页）。

三条线路之间的上下联系线路，它们又构成了一个区域交通和游览的交通网络，这个网络交织成为大理历史文化集聚区和苍山洱海自然与历史复合遗产区域。从大理古城走向大理区域（这是南诏大理都城的范围），应该是今后大理地区遗产保护利用、文化产业和旅游产业发展的方向。在今后所有的保护、管理和利用措施中，以大理古城为中心，打通下关即龙尾关至上关即龙首关之间的南北古道，依次串联沿线的文物古迹、历史城镇和传统村落，是最为基础和最为要紧的基础工作。如果这项工作完成了，古代驿道、茶马古道和南方丝绸之路/丝绸之路南亚廊道的大理路段也就贯通了，大理文化遗产集聚区的集聚效应也就会逐渐凸显出来。到了那时，如果新冠病毒感染疫情缓解或解除，大量游客涌入大理古城的时候，整个大理区域就有足够多量的文化遗产、名胜古迹和文化景观供游客选择，也有非常便捷的古代步道、当代步道和旅游车道可以通达这些旅游场所，大理的社会发展也就可能跨上一个新的台阶。

参考文献

[1] 樊绰. 云南志校释 [M]. 赵吕甫，校释. 北京：中国社会科学出版社，1985.

[2] 倪辂. 南诏野史会证 [M]. 王崧，校理. 胡蔚，增订. 木芹会，证. 昆明：云南人民出版社，1990.

[3] 李元阳.（嘉靖）大理府志：下关 [M]. 云南省图书馆藏抄本大理州文化局，1982.

[4] 黄元治，张泰文.（康熙）大理府志 [M]. 康熙刻本. 北京：书目文献出版社，2000.

[5] 张培爵，周宗麟.（民国）大理县志稿 [M]. 台北：成文出版有限公司，1916.

[6] 吴晓亮. 洱海区域古代城市体系研究 [M]. 昆明：云南大学出版社，2004.

[7] 魏子元. 南诏大理都城考古与保护研究 [D]. 北京：北京大学，2020.

徐觉民①
尹政威②

Xu Juemin
Yin Zhengwei

绍兴古城保护利用的探索与实践

Study and Practice on
Protection and Utilization of
Shaoxing Ancient City

摘　要　"在保护中发展，在发展中保护"是历史文化名城保护传承的必由之路。绍兴以"历史的真实性、风貌的完整性、生活的延续性"为原则开展古城保护，以"处理好保护与利用的关系、处理好重塑与再生的关系、处理好疏解与填补的关系、处理好效仿与特色的关系、处理好顶层设计与守住底线的关系、处理好打造景区与改善民生的关系"开启发展之路。

关键词　保护利用；辨识度；数字孪生赋能；有机疏解；织补更新

Abstract　Developing under protection while protecting on development, which is the only way to protect and inherit famous historical and cultural cities. On the cultural protection side, Shaoxing has carried out series of actions focused on authenticity of history, integrity of city style and features, and continuity of life. On the utilization and development side, Shaoxing has worked out a plan to handle the complicated relationship between protection and utilization, reconstruction and regeneration, dispersion and fill, imitation and characteristics, top-level design and baseline, scenic spots development and livelihood improvement.

Keywords　protection and utilization; identification degree; digital analog innovation; flexible function dispersion; small-scale revival

1 绍兴古城保护的历史沿革

绍兴是首批国家历史文化名城之一，绍兴古城拥有2500多年历史，源于春秋越王勾践筑城，迄今城址未变。古城范围为环城河外沿以内区域约9.09km²，浙东运河穿城而过，城内古味盎然，格局依旧，古桥、街巷、台门、传统民居等大量的历史文化遗存完好保留[1]。以"点、线、面"相结合的保护方式，基本完好地保留了"越子城、鲁迅故里、蕺山、八字桥、西小河、新河弄、石门槛、前观巷"八大历史街区约170余hm²。

绍兴在城市发展和古城保护的平衡中，没有盲目，走得早，也迈得稳，取得了不少成绩。从1982年成为国家首批历史文化名城开始，编制《绍兴历史文化名城保护规划》，出台《绍兴历史街区

① 徐觉民，绍兴市历史文化名城保护办公室。
② 尹政威，绍兴市历史文化名城保护服务中心。

保护办法》，基本完好地保留了"越子城、鲁迅故里、蕺山、八字桥、西小河、新河弄、石门槛、前观巷"八大历史街区。2001年成立历史街区保护办公室，专门负责历史街区的保护修缮。2003年，绍兴仓桥直街修缮保护获得"联合国教科文组织亚太地区文化遗产保护优秀奖"。2006年，第二届文化遗产保护与可持续发展国际会议在绍兴召开，发表了具有里程碑意义的《绍兴宣言》。2018年，完成《绍兴古城保护利用总体城市设计》，确立"一城一桥三故里"的整体发展框架。2019年，出台《绍兴古城保护利用条例》，确定了"保护优先、科学规划、严格管理、积极利用"的十六字方针，并成立了绍兴市历史文化名城保护办公室（后简称为"市名城办"），统筹、协调、管理、监督绍兴古城保护利用工作。

绍兴始终坚持以"历史的真实性、风貌的完整性，生活的延续性"为原则开展古城保护，走出了一条独具特色之路，同时一直在孜孜不倦探索古城活化利用的发展之路。

2 古城保护的绍兴模式

2.1 创新保护理念

在如何保护、传承好历史文化遗产，延续历史文脉的前提下开展有机更新，推进古城高质量发展的困惑中，绍兴在思考、在破题。历史文化街区、传统民居区日益严重的物质性衰败和结构性衰落的现实，充分说明就保护说保护，没有活力、不可持续，绍兴总结了历年古城保护的经验、教训，审时度势提出了"在保护中发展，在发展中保护"的发展理念。在2019年3月的绍兴市历史文化名城保护委员会（后简称为"市名城委"）第一次全体会议上，进一步提出了"处理好保护与利用的关系、处理好重塑与再生的关系、处理好疏解与填补的关系、处理好效仿与特色的关系、处理好顶层设计与守住底线的关系、处理好打造景区与改善民生的关系"的古城保护利用工作要求。

2.2 完善法规体系

为使古城保护利用有法可依、有章可循，绍兴建立了一套科学、完备的保护利用法规体系。以《绍兴古城保护利用条例》为总纲领，以《绍兴历史文化名城保护规划》《历史街区保护规划》为保护遵循，以《绍兴古城保护利用总体城市设计》为发展利用指引，辅助编制各类片区规划、专项规划和地块织补研究，深化、细化实施方案，科学、审慎、有序开展古城保护利用。

2.3 健全体制机制

由于古城市、区同城，是绍兴的政治、经济、文化中心，各类城市功能和人口过度集聚，存在古城保护投入与利用产出严重失衡现象，导致古城保护资金匮乏和发展利用意愿不强，同时一定程度上也存在"九龙治水"缺乏统筹的弊病。为更好地贯彻落实习近平总书记关于城市建设与发展"要妥善处理好保护和发展的关系，注重延续城市历史文脉"的重要指示精神，随着《绍兴古城保护利用条例》的颁布实施，绍兴市委、市政府开创性建立了"一个机构、一套机制、一项基金、一张清单"的"四个一"体系，全力助推古城保护利用。

"一个机构"。2019年3月25日，成立绍兴市历史文化名城保护办公室，作为市政府的派出机构，统筹、协调、监督、管理绍兴古城的保护利用等工作。

"一套机制"。建立了名城委议事规则、专家咨询委工作规则以及古城保护利用工作机制等基本运行机制。

"一项基金"。从全市的土地出让金中按比例计提设立保护利用基金，专项保障绍兴古城的保护利用。

"一张清单"。制定古城保护利用年度工作清单，内容涉及古城民生实事、文化传承、课题研究、政策制定、规划编制、街区更新、宣传推介等，由市、区两级职能部门紧密协作、分头推进。

后续又补充推出"民间工匠"选聘和"古城守护官"制度、越文化公益课堂，激发社会力量参与古城保护利用。

2.4 摸清古城家底

摸清古城家底，厘清传统资源禀赋，是古城开展保护修缮、活化利用、织补更新、文化传承的基础，是古城改善国计民生、保持繁华的根本，是彰显地方特色、展示城市辨识度的核心密码[2-3]。

绍兴市历史文化名城保护办公室自成立以来，致力于全面挖掘、梳理古城内各类文物保护单位、历史建筑、传统街巷、特色手艺、历史文化、房屋产权、基础设施、公共配套等各类资源，厘清各类要素管控。

古城内现状建筑面积884.4万m^2，其中新中国成立前建筑约72.4万m^2，新中国成立后至改革开放前建筑约18.8万m^2，改革开放后建筑约793.2万m^2。古城公共地下空间约90万m^2，市政公共管线545km。

古城八大历史街区保护面积170余hm^2，历史街区外传统民居区约23hm^2。古城范围内有94家文物保护单位（其中国家级文保单位9处、省级文保单位7处、市级文保单位37处、文保点41处），历史建筑82个，台门132个，传统街巷约45km。

对于历史文化的梳理，截至目前已梳理经典绍兴故事100个，地名文化185处，传统非物质文化遗产373个（国家级26个、省级86个、市级261个），并在持续摸排梳理中。

2.5 构建保护利用体系

绍兴古城按"点、线、面"相结合的保护方式，持续推动古城格局风貌的整体保护。以传

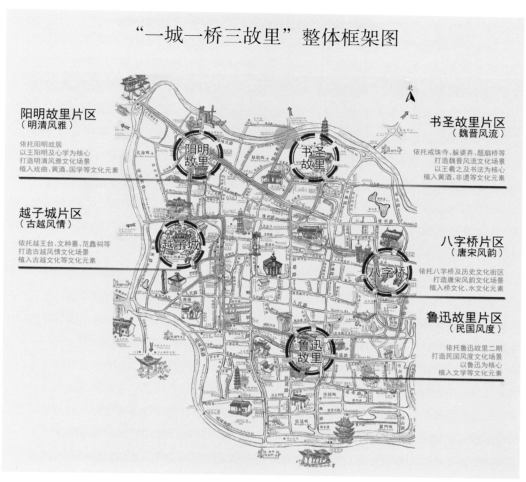

"一城一桥三故里"整体框架图

阳明故里片区
（明清风雅）
依托阳明故居
以王阳明及心学为核心
打造明清风雅文化场景
植入戏曲、黄酒、国学等文化元素

越子城片区
（古越风情）
依托越王台、文种墓、范蠡祠等
打造古越风情文化场景
植入古越文化等文化元素

书圣故里片区
（魏晋风流）
依托戒珠寺、躲婆弄、题扇桥等
打造魏晋风流文化场景
以王羲之及书法为核心
植入黄酒、非遗等文化元素

八字桥片区
（唐宋风韵）
依托八字桥及历史文化街区
打造唐宋风韵文化场景
植入桥文化、水文化等文化元素

鲁迅故里片区
（民国风度）
依托鲁迅故里二期
打造民国风度文化场景
以鲁迅为核心
植入文学等文化元素

图1　古城片区架构图

统风貌的街巷和水系为骨架，以醇厚的历史文化为底蕴，将古城八大历史街区和两个历史地段串联成环，形成了以"一城一桥三故里"核心保护环（图1）和以环城河为纽带的景观风貌保护环的全城保护利用模式。

2.6　确立更新路径

在摸清家底、厘清资源禀赋的基础上，以"文化导引、规划先行"的理念开展片区规划研究，对历史文化街区进行完整价值分析，明确保护利用的发展定位和目标，确定保护、织补、更新的范围，按照"重点保护、合理保留、有机疏解、普遍改善"的方针推进历史街区的提档升级，根据保护利用的"轻重缓急"量力而行制定项目实施计划，并针对重点更新区域编制城市设计。

2.7 "数字孪生"赋能

应用无人机遥感技术对绍兴古城进行全息三维扫描，建立准确真实的可视化实景模型，构建古城"数字孪生"底座，把已摸清的古城"家底"测绘、解析、叠加构建"数字孪生平台"，以此实现对古城全方位、多维度展示、即时查询与动态监管。同时，依托古城全域数字化，研发规划辅助决策、有机更新决策、建筑控高管理等多场景应用，赋能古城保护利用。

规划辅助决策应用。通过数字3D建模对比古城重大建设项目的规划方案进行任意视角解读，对规划布局、建筑风貌、建筑体量的融合性在区块环境中进行综合研判，确保地块"织补、绣花"式更新[4]。

有机更新决策应用。通过部门协同共享和实地调查全盘登记，任意框选古城有机更新区块范围，动态分析研判"织补"更新的范围和资金投入，为持续推进古城有机更新提供高效的决策服务。

建筑控高管理应用。通过数字模型高亮显示，根据高度数值输入，即时、定量、形象梳理古城内超高建筑的数量和分布；通过视线分析表现古城内任意位置视觉走廊的通视情况，以直观醒目的色块显示高层遮挡的不可视区域，并可拉近视角进行详细的成因分析；通过高层虚拟降层处理精准研判降层后视廊效果，为精准实施高层建筑降层改造提供决策依据。

2.8 注重民生改善

绍兴古城历经2510年，城址未变，格局风貌依旧，究其原因主要是绍兴古城选址、建设科学，民风厚实，建城至今没有发生重大天灾人祸，人们在此安居乐业、生生不息。"保护促民生"一直是绍兴古城保护的重要工作内容之一，从20世纪80年代起，绍兴一直在探索、在实践、在奋进。

自20世纪80年代以来，持续开展历史街区的保护整治，整饬面积50余万 m²。2001年，对历史街区基础设施进行了改造提升，针对街区巷弄狭窄、建筑密集的问题，为保持传统街巷小尺度的空间韵味，开创性地提出了"共用沟"做法。同时期还重点打造了以仓桥直街为代表的集居住、商业、旅游于一体的特色文化街区，开启了古城保护发展之路。2013年以来，结合"五水共治"开启雨污分流、污水零直排、水岸共治，古城全域特别是历史街区的综合环境得到了较大提升。

传统民居区微改造。传统民居区房屋产权形式多样、界定不清、分布破碎，居民自发更新困难、动力不足，加之居民违章搭建屡禁不绝，导致公共空间使用混乱、街区风貌肌理破坏、空间环境衰败且存在较大的消防安全隐患，原住居民生活品质亟待改善[5]。当前绍兴正在谋划开展古城传统民居区"绣花"式微改造，旨在维持现状风貌肌理的前提下，通过拆违、疏解，完善用地、建筑功能，改善人居环境，补齐基础设施和公共服务设施短板，接入智慧消防感知，提升防火防灾能力，增加公共开放空间，以整体修缮、局部改建、有机疏解等方式进行改造提升，切实做好民生需求的有效改善和城市品质的综合提升，增强人民群众的获得感，建设"古城版"共同富裕示范区。

2.9 弘扬历史文化

2500多年的不断叠加发展，绍兴孕育了以物质文化、非物质文化遗产文化、城市精神文化三者结合的越文化体系，被誉为"一座没有围墙的博物馆"。古城保护利用十分注重历史文化的保护传承，围绕"一城一桥三故里"的空间格局，针对历史街区的不同内涵特质，集中展示越文化、府衙文化、运河文化、古桥文化、台门文化、名人文化、黄酒文化、戏曲文化等，同时适配老字号、非物质文化遗产门店、文化创意、艺术创造和研学等业态，打造有文化辨识度的历史街区。

注重宣传推介。高质量承办"7·15"古城保护日；积极与主流媒体广泛开展合作，在《人民日报》《新华每日电讯》《浙江日报》等上进行专栏报道；在杂志上编写《名城绍兴》《又见一座城》《走进绍兴名人名屋》《绍兴地名典故》等文章，不断提升古城知名度。以"小师爷"形象制作古城居民"六要六不要"行为习惯宣传海报，举办"古城保护进社区"系列演出，让优秀传统文化走进社区、贴近生活。

目前，正在策划通过影视、戏曲、游戏、自媒体平台等解码历史文化基因，在传承、弘扬绍兴优秀历史文化的同时，带动古城全面复兴。

3 历史街区更新实践

鲁迅故里是绍兴古城最"引流"之地。鲁迅故里上一轮综合保护工程启动于2002年，提出了"从故居到故里"的模式，以街区的视角整体统筹古建筑保护与展示，开创了历史文化名城保护"绍兴经验"。但随着20年来文物古迹保护理念不断完善、游客文化旅游诉求不断更迭、古城有机更新对策不断进步，鲁迅故里文化展示方式老化、景区空间局促、公共空间缺乏、周边景区互动关联不紧密等问题愈发凸显。

以《绍兴古城保护利用总体城市设计》为指引，围绕构建古城核心文化展示环，加强鲁迅故里的价值完整性、空间连贯性和空间环境的整体综合提升，2019年市名城办委托浙江大学城乡规划设计研究院对鲁迅故里及其周边区域的保护利用进行规划研究。

从空间连贯性上。对鲁迅故里、青藤书屋、沈园、塔山等步行15分钟范围内的文化资源进行整体性保护（图2），构成了内涵完整、路径连贯的古城核心文化展示环。以"一河两界"（府河与会稽、山阴）、"一山一塔"（塔山与应天塔）、"三位大师"

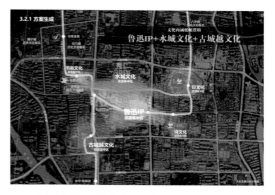

图2　鲁迅知识产权（IP）文化延展

（鲁迅、徐渭、陆游）、"三大文化"（故里水乡风情、青藤泼墨山水、沈园诗情文化）为线索构建文化地图，实现区域整体复兴，推动古城文化古韵串珠成链再升级。

从价值完整性上。结合建筑、水系、街坊融合的特色资源禀赋，参考世界文化遗产"文化景观"概念，对照《中国文物古迹保护准则》中"基于文化研究，全面地保存、延续文物的真实历史信息和价值"的要求，将《从百草园到三味书屋》《阿Q正传》《孔乙己》等名作场景、名人往事、名城风物中包含的水系、桥梁、地名、风俗等文化遗存纳入鲁迅故里完整价值，结合舆图史料与学者访谈，展示咸欢河、塔子桥、都昌坊、三味书屋等街巷院落、历史水系，引导故里成为讲述故人、故事、故乡的活态景观，成为展现民族精神的文化公园。

从空间微更新上。一是保护肌理，挖掘潜力空间。在不破坏"河街相依，台门窄巷"传统肌理的基础上，利用河埠头、祠庙前广场、台门庭院等见缝插针地布置公共空间，通幽文化小径；解决了游线单一、走回头路等问题，提升旅游舒适度。二是注入功能，拓展游憩空间。将观景打卡、小坐休憩、特色展演等功能注入公共空间，使长庆寺、土谷祠、恒济当铺等已失落的文化节点得到全面展示。通过茶馆、戏台、小广场等公共空间，将游客从建筑内部引导至街区空间，找到空间扩容与文化保护之间的平衡点[6]。三是优化"车行、人行、船行"三线，串联重要空间节点。在车行方面，组织街区内部交通微循环，实现人车分流。在人行方面，组织游学、亲子、休闲等多条主题游线。在船行方面，通过疏通断头河、修复河埠头、生态驳岸，畅通前观巷、鲁迅故里、沈园、赵园等文化节点乌篷船游线。

项目生成研究。重点开展东西咸欢河、南北塔子桥空间轴线的更新研究（图3）和以徐渭诞辰500周年祭为契机的青藤片区更新研究（图4），并进行详细城市设计、规划辅助决策，以求精准落地。

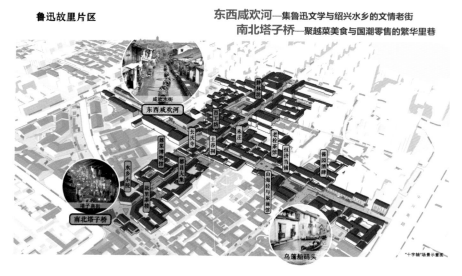

图3　鲁迅故里发展空间构架

青藤书屋片区

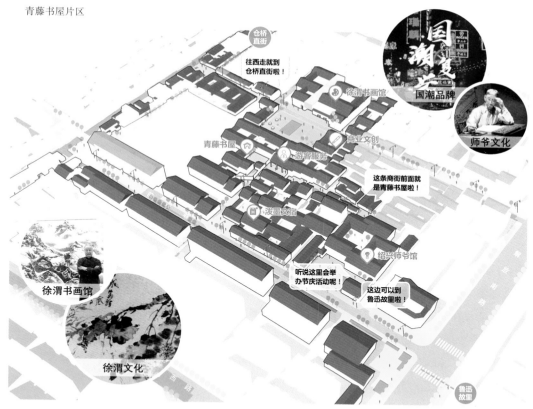

图4　青藤片区更新规划图

2021年5月和10月，徐渭艺术馆和绍兴师爷馆相继开馆运行。随着徐渭书画展成功举办，该片区半个月游客量多达3万余人次，成功地展示青藤画派泼墨大气的书画造诣和智慧儒雅的绍兴师爷形象，较好地支持了文化大事件的举行与旅游文化品牌的打响，成为绍兴古城新的引流之地。东西咸欢河、南北塔子桥沿线正在开展点式征收和落地方案深化完善。

4 高层建筑疏解实践

20世纪90年代是城市现代化快速推进时期，高层建筑作为现代化城市的标志，在全国各地如雨后春笋般拔地而起。古城是绍兴的政治、经济、文化中心，主观上希望通过高层建筑体现城市现代化，客观上由于人口的快速集聚，加之古城空间不足的现实困难和对历史文化保护传承的认识不足，古城高层建筑见缝插针建设对古城传统风貌肌理、空间视廊造成一定的破坏。

所幸的是，绍兴市委、市政府及时对古城高层建筑建设进行了纠正，并提出保护古城、发展新城的发展模式。2001年12月，《绍兴历史文化名城保护规划》正式颁布，明确规定"禁止在古城范围内再新建高层建筑"。2013年出台了《绍兴市城乡规划管理技术规定》，对古城内的建筑高度有了明确的量化控制，"古城保护范围内的新建筑，其檐口高度不得超过19m，建筑总高度不得超过24m"，核心保护区不超过6m。

2018年，市委、市政府委托清华同衡规划设计研究院对绍兴古城整体进行了城市设计层面的规划研究，通过对古城景观视廊眺望的要素分析、叠加分析形成综合高度控制图，提出分期对超高层建筑进行整治。2019年1月1日《绍兴古城保护利用条例》正式颁布实施，第二十条要求"对古城范围内现存不符合城市天际线、传统格局、历史风貌要求的建（构）筑物，应当根据古城保护相关规划逐步依法实施降层、改造或者拆除措施"。自此，绍兴古城开启了高层建筑疏解。

按照24m的量化控制要求，运用建筑控高管理应用并结合线下现场核实，全面摸排梳理出古城178幢高层建筑。围绕"显山露水、视廊互通、风貌协调、肌理重塑、文化传承"的理念，秉持"依法依规、充分研究、量力渐行"的原则，提出古城高层建筑有序疏解的设想。

当前，古城正在谨慎地对少量不符合古城发展规划的高层建筑进行拆改，谋定而后动，探索高层建筑的改造利用。实践案例如下。

原市委、市政府大楼改造利用。随着非古城功能的疏解，利用已腾空的原市委、市政府大楼，植入名人文化、清廉文化，纪念竺可桢对我国气象科学的贡献，将其改造为名人馆、清廉馆和气象博物馆。改造方案的建筑风貌和尺度在规划辅助决策应用中多次比选确定，项目于2021年完成建设并开馆运行，在改善风貌的同时激活利用，实现了社会效益和经济效益的双丰收。

王朝大酒店、新华书店改造利用。王朝大酒店、新华书店位于古城面积最大、风貌保持最完好的书圣故里历史文化街区南入口处（图5），与团箕巷（周恩来祖居）历史地段仅一路之隔，两幢近百米的高层建筑矗立在书圣故里戒珠街（中轴线）的最南端，"入口不显、风貌不佳"一直被市民、游客所诟病。王朝大酒店由于经营不善已闲置多年，新华书店也因周边配套不足，除一、二层书店维持经营外也基本闲置，均无法发挥应有的价值，改造利用恰逢其时。

按照规划先行、功能完善的理念，市名城办对该区块进行了规划研究，提出遵循书圣故里台门建筑粉墙黛瓦的风貌肌理、显现街区入口、完善入口配套、补齐街区公共服务设施短板、植入文化业态的改造利用要求，并规划多个改造方案在规划辅助决策应用中进行比选，确定最优方案（图6）。目前项目已经市委、市政府决策列入《2022年古城保护利用工作清单》，具体实施方案正在优化完善中。

此外，现正结合大运河（古城段）长桥直街段东西贯通、风貌恢复和保护传承进行现代大厦的改造利用研究，结合塔山显山露水、秋瑾故居周边风貌协调进行海港大酒店改造利用研究。

图5 书圣故里南入口现状

图6 书圣故里南入口规划方案

5 "织补"更新案例

　　孙清简祠坐落于越子城历史街区偏门直街31号,是明万历年间吏部尚书孙鑨祭祀祖先之地,系市级文物保护单位。其东小厅甚早时因火灾被毁,已改建为民居;幸存的大厅、西小厅、香火堂和东西厢房,基本保留了原来肌理,门屋至大厅范围,新中国成立后经改造作为绍兴市印刷包装厂(已闲置),其厂房的建筑外形、体量与历史街区的风貌、肌理格格不入,大厅则被作为印刷车间错位使用,加之年久失修,存在严重的结构隐患,同时厂区存在各种违章搭建,整体风貌、肌理破坏严重,消防安全隐患突出;西小厅为居民超负荷居住,为拓展使用空间私搭改建,与原貌相差甚远(图7)。总之,孙清简祠周边区域整体衰败,亟待更新。

　　2019年,市名城办践行《绍兴古城保护利用条例》,探索小区域的"织补"更新和文物建筑保护利用,对该片区实施了微征收、微更新。冀希通过对孙清简祠门厅、西小厅的抢救性保护利用、印刷包装厂范围的风貌协调改造、古城信息展示中心的业态植入和周边环境的综合提升,激活片区活力,促进保护、利用良性循环。

　　基因传承。从营建绍兴特色"台门"的理念入手,遵循粉墙黛瓦的风貌基因和传统工艺,充分汲取马头墙、小青瓦、花窗、挂落等传统古建元素(图8)。在核心保护范围,尊重孙清简

图7　孙清简祠现状

图8　孙清简祠改造后

祠的总体布局进行风貌、肌理重塑，对文物本体做到"修旧如故"；建设控制地带，以风貌协调和消防安全为原则，严控建筑的风貌和体量，通过"留改拆"的方式对现状建筑进行梳理，做到"应保尽保、能改则改、该拆就拆"。

精准施策。在设计阶段开展全方位的实地调查。对建筑普遍完好性、基础设施的完备性、环境风貌的协调性等进行详细的勘察、评估，精准施策制订微更新方案，同时主张旧料合理回用、新料协调使用[7-8]。

环境提升。在对片区建筑进行保护利用、"织补"更新的基础上，通过环境软实力提升触发片区活力尤为重要[9-10]。项目在保持原有街区风貌记忆的前提下，实施片区基础设施和景观微改造，如基础配套管线整治、太平弄老石板铺地、以人为本贯通人行步道、沿线景观提升、街头公园建设等，营造古朴、简洁、舒适的街区氛围。

本项目的实践使文物建筑在最大限度留住有价值的实物载体的前提下得到"重生"，使历史街区一度遭到损坏的建筑风貌、格局肌理得到显著改善，使基础配套设施与街区景观得到有效提升，也因配建绍兴古城信息展示中心带动相应的服务需求，"土气"咖啡、"青隐"茶室等相继营业，有效激活了街区活力，实现了"在保护中发展、发展中保护"的"双赢"模式，也为"小规模、渐进式"的片区微更新提供了现实样板。

6 结语

  国家历史文化名城是中华文明的重要承载地，是悠久历史和优秀文化的展示窗口，作为名城保护的守护人，要全面看待保护、传承与发展的关系。本文全面系统地总结了绍兴古城保护利用九个方面的理念和做法，辅以三个特色实践案例，希望以此为历史文化名城的保护利用、文脉延续、全面复兴提供绍兴样板。

参考文献

[1] 朱斯斯，钱云. 绍兴山水城市格局历史演变和传承研究 [J]. 工业建筑，2018，48（9）：70-75.

[2] 曹昌智. 中国历史文化名城名镇名村保护状况及对策 [J]. 中国名城，2011，25（3）：20-30.

[3] 阮仪三，严国泰. 历史名城资源的合理利用与旅游发展 [J]. 城市规划，2003（4）：48-51.

[4] 曾志辉，梁震川，吴韵. 文化传承与创新实现路径研究——以广州永庆坊微改造为例 [J]. 中国名城，2020，34（12）：55-59.

[5] 杨晓莉，刘骜，黄丽斐. 历史街区文化空间复兴与改造设计研究——以绍兴为例 [J]. 设计，2020，33（12）：135-137.

[6] 牟毫. 历史文化街区空间感知体验提升的策略研究 [J]. 中华建设，2019（4）：128-129.

[7] 张松. 中国历史建筑保护实践的回顾与分析 [J]. 时代建筑，2013（3）：24-28.

[8] 肖竞，曹珂. 历史街区保护研究评述、技术方法与关键问题 [J]. 城市规划学刊，2017（3）：110-118.

[9] 陆明，蔡籽焓. 原住民空间融合下的历史文化街区活力提升策略 [J]. 规划师，2017，33（11）：17-23.

[10] 胡汪涵，沈姗姗，杨凡，等. 基于多源大数据的历史文化街区活力评价及影响因素研究 [J]. 中外建筑，2021（9）：96-101.

扬州历史文化名城保护的历程、经验和启示

邱正锋 ①
郑 路 ②

Qiu Zhengfeng
Zheng Lu

The History, Experience and Enlightenment of Yangzhou Famous City Protection

摘 要 1982年国务院公布了首批24座国家历史文化名城。这项决策不仅改变了中国一大批历史悠久、底蕴深厚、遗存丰富、文化馥郁的城市性质和发展方向，对保护珍贵的历史文化遗产、防止大面积建设性破坏恰如雪中送炭。扬州位列其中，并被国务院作为试点设立名城维护专项资金的三座城市之一。40年来扬州在名城保护规划体系确立、历史城区大遗址发掘与展示、名城保护机构设立与创新、名城保护法律法规完善、各类文物保护单位和历史建筑修缮利用、历史文化街区保护和人居环境优化等方面，在全国历史文化名城保护中名列前茅，是让人们记得住乡愁的好地方。在牵头成立全国名城学术研究组织、《中国名城》杂志创办、引领全国名城学术活动等方面为中国历史文化名城保护事业作出了原创性、全局性、可复制、可分享、可示范的保护实践。

关键词 历史文化名城；扬州；名城保护；40年；《中国名城》杂志

Abstract In 1982, the State Council announced the first batch of 24 national historical and cultural cities. This decision has not only changed the nature and development direction of a large number of cities with a long history, profound heritage, rich heritage and rich culture in China, but also helped to protect precious historical and cultural heritage and prevent large-scale constructive destruction. Yangzhou is among them, and was selected by the State Council as one of the three cities to set up special funds for the maintenance of famous cities on a pilot basis. In the past 40 years, Yangzhou has established a protection planning system for famous cities, excavated and displayed large sites in historical urban areas, established and innovated famous city protection institutions, improved laws and regulations on protection of famous cities, repaired and utilized various cultural preservation units and historical buildings, protected historical and cultural blocks and optimized the living environment. In other aspects, it ranks among the best in the protection of national historical and cultural cities, and it is a good place for people to remember their homesickness. In leading the establishment of the National Famous City Academic Research Organization, the founding of the *China Ancient City* magazine, and leading the national famous city academic activities, etc., he has made remarkable originality, overall situation, replicable, shareable and demonstration for the protection of Chinese historical and cultural cities. conservation practice.

Keywords famous historical and cultural city; Yangzhou; famous city protection; 40 years; *China Ancient City* magazine

---

① 邱正锋，扬州市历史文化名城研究院副院长，副研究员。
② 郑路，住房和城乡建设部科学技术委员会历史文化保护与传承专业委员会委员，高级规划师。

引言

1982年2月国务院批转《国家建委等部门关于保护我国历史文化名城的请示的通知》，公布首批24座国家历史文化名城。这项决策不仅改变了中国一大批历史悠久、底蕴深厚、遗存丰富、文化馥郁的历史文化名城的城市性质和发展方向，对保护珍贵的历史文化遗产、防止大面积建设性破坏恰如雪中送炭。扬州因"春秋吴王夫差开始在这里筑'邗城'，隋朝开凿大运河以后，更成为南北交通的要冲，工商业发达，文化繁荣，是历史上闻名的商业城市和中外友好往来港口，有唐城遗址、史公祠、平山堂、瘦西湖、何园、个园等文物古迹"[1]而位列其中，并被国务院作为试点设立名城维护专项资金的三座城市之一。

回顾扬州40年的名城保护工作历程，总体可将其划为三个阶段。第一阶段（1982~2000年）积极改造明清城区时期。实施了较为积极的明清城区改造，在传统园林修复、文物保护、地方建筑风格创新等方面取得了一定成绩。第二阶段（2001~2011年）历史文化名城保护利用并举的多元化探索时期。开展了较大规模的以政府为主导的古城保护与复兴工作，古城活力明显提升，文化旅游产业快速发展。第三阶段（2012年至今）为自下而上古城更新阶段。以政府为主导的大规模古城复兴工作基本停止，以民间和社区为主导的"自下而上"的古城有机更新项目蓬勃兴起，为古城注入了新的活力。习近平总书记考察调研扬州时指出："扬州是个好地方，依水而建、缘水而兴、因水而美，是国家重要历史文化名城。"[2]此外，扬州作为发起城市之一，在牵头成立中国城市科学研究会（简称为"城科会"）历史文化名城委员会、《中国名城》杂志创办、筹划召开全国名城学术活动、出版历史文化名城丛书等方面也为国家历史文化名城保护事业作出了众多原创性、全局性、可复制、可分享、可示范的名城保护实践。

1 40年来，扬州编制了一系列"早、高、严、全"的古城保护规划，为指导扬州历史文化名城保护工作发挥了龙头作用

1.1 古城保护传统

扬州历史上屡废屡兴，数度独领风骚。古城既是历史文化名城的核心载体，也是先民留给我们的珍贵文化遗产。深厚的历史文化积淀使得城市管理者和广大市民有高度自觉的古城保护优良传统，也成为扬州历史文化名城保护事业最宝贵的财富。1949年1月25日，扬州城解放，为避免珍贵文化遗产流失，扬州市军事管制委员会于2月10日发布关于保护名胜古迹和图书文物的"一号通令"。通令指出："扬州为我国有名古城，名胜古迹、图书古物遗留极多，此乃我民族文化之珍贵遗产……通令各部，尤其是文教部门，应调查严格保护，并转饬所属一体重视为要。"[3]1954年9月扬州市成立扬州市文物管理委员会。1962年5月扬州市公布第一批文物保

护单位。"文化大革命"期间，扬州市文物部门和有识之士用石灰、泥巴涂抹及悬挂领袖语录等方式保护一批砖雕门楼、石刻碑文、名家楹联等免遭损坏。自1977年起，为保护老城区的环境，扬州市政府率先将48家"三废"污染严重的工厂从老城区内逐步迁出。1978年为了改善古城交通环境，实施三元路新建、石塔路拓宽工程，有效地保护唐代石塔、古银杏树及明代文昌阁等一批文物，并获得建设部规划设计优秀奖。在历届扬州市委、市政府的精心保护下，面积10.3km^2、位于主城区的蜀冈—瘦西湖风景区天际线50余年无变化，唐子城、宋夹城地上遗址保存丰富，城河完备，明清古城仍保留着较完整的街巷体系和古城风貌。

1.2　城市总体规划和古城保护专项规划

由于扬州市历届市委、市政府的高度重视，扬州古城保护规划出台时间早、起点高、执行严、体系全。1957年扬州在同济大学建筑系师生调研和协助下，在江苏省内率先制定城市总体规划，确定了城市文教性质和产业布局，特别是工业区的布局和蜀冈—瘦西湖风景区的保护，为扬州历史文化名城保护奠定了坚实的基础。

1982年，扬州市列入国家历史文化名城后，在杨廷宝、童寯、郑孝燮、单士元、罗哲文等专家的指导下，首次在城市总体规划（1982—2000年）中，把扬州定性为历史文化名城和具有传统特色的旅游城市，确定历史文化名城保护的原则及总体格局，明确5.09km^{2}老城区是扬州历史文化的重要体现区域。1990年，扬州市开始修订第二轮城市总体规划（1996—2010年），提出"保护古城"和跳出古城、十年再建一座扬州新城的"西进南下"的城市发展战略，首次制定历史文化名城保护专项规划。2002年，扬州市第三轮城市总体规划（2002—2020年）中再次修编历史文化名城保护专项规划，强调在老城区重点保护老城区的传统格局、历史街区和文物保护单位，逐步优化居住人口，大力改善老城区基础设施，严格控制老城区建筑高度、色彩和体量。2015年审批通过的扬州市制定第四轮城市总体规划（2011—2020年），进一步强化名城发展战略，此外组织编制的全国重点文物保护单位《扬州城遗址（隋至宋）保护规划》，拓展历史文化遗产及历史文化名城保护思路，提出"历史城市"的概念，强调历史城区的整体保护，以古运河作为城市的发展轴优化城市总体布局结构。2018年，扬州市着手编制第五轮城市总体规划（2020—2035年），在历史文化名城保护规划中重点保护市域范围内两个国家级历史文化名城和两个中国历史文化名镇，形成"一带、四区、多点"的历史文化资源保护框架。通过对历史文化资源的统筹规划、有效保护、合理利用、科学管理，充分发挥历史文化名城优势和效能，促进城市经济社会全面协调可持续发展。

1.3　控制性详细规划

为切实保护好5.09km^{2}的明清古城，2000年扬州市人大常委会通过决议，要求老城区在控制性详细规划编制完成前不得施行开发建设。2001年，扬州市规划局着手编制老城区控制性详细规划，分控制性详细规划大纲和街坊控制性详细规划两个阶段进行。2003年，老城区全部12个街坊的控制性详细规划编制完成。街坊控制性详细规划完善和细化了古城用地布局，首次确定了保护、整治和可改造三种不同的古城保护和有机更新模式，明确了街坊主、次干道的走向和宽度控制规定，提出了建筑高度、色彩、体量的控制要求等，为古城保护与建设完善了规划体系。

1.4 规划管理与执行

扬州在历史文化名城的项目方案报批中严格审查，召开专家会、办公会、规委会等会议进行决策，有些重大规划项目提交市人大审议，一经批准，任何人不得随意调整。对蜀冈—瘦西湖风景区始终坚持"科学规划、统一管理、严格保护、永续利用"的工作方针，加强景区环境建设。40年来坚持通过"放气球"这一简单而有效的方法，较好地保存了历史环境不为现代化建设所扰，保证了瘦西湖核心景区的视觉纯粹性、风景名胜区的视觉完整性和历史城区的视觉和谐性[4]。保护规划编制、政策制定、建设方案确定到项目具体实施的全过程，充分调动各部门和各级政府的积极性，邀请专家学者和市民代表积极参与、建言献策，营造了政府与广大市民良好互动的氛围，确保各项规划得到合理施行。

2 40年来，扬州对主城区历史遗址进行了全方位发掘、保护与展示，逐步摸清了家底，展现了厚重的历史文化底蕴，发掘成果多次被评为全国重大考古发现

2.1 唐城遗址发掘与保护

扬州唐代遗址涵盖全部历史城区，是中国东南地区著名的唐代城市遗址。自1987年起，唐城考古队对遗址进行全面钻探调查和发掘，为城址的范围、平面布局和建筑年代提供了新的资料。该遗址1996年被列为国家文物保护单位。

唐城包括子城和罗城两个部分，城周约20km。子城筑在蜀冈之上，为官府衙署集中区，城周6850m，面积约2.6km²，城内十字街贯通4城门。南北大街长1400m，东西大街长1860m，街宽10m左右[5]。扬州在唐子城上设立了唐城遗址文物保管所和唐城遗址考古工作队，整修观音山鉴楼、紫竹林、上苑等古建筑，重建子城南门天星门、仿唐建筑延和阁，新建唐城博物馆和崔致远纪念馆，疏浚贯通护城河，展示了封建社会繁荣时期扬州政治、经济、文化的基本面貌。

罗城筑在蜀冈之下。北界蜀冈子城南墙，南至今城南运河，南北长4300m，东西宽3120m。罗城交通设有水、陆两套系统。主要大街贯通城门，纵横交错；发现的河道干道，呈井字状分布，运河是流经城内的主要运输干道，沈括所著《梦溪笔谈·补笔谈》中记载的24座桥多半架设其上。1984年8月，扬州博物馆在住宅拆迁工地发现唐罗城南门遗址，与南京博物院、扬州唐城遗址文物保管所联合进行抢救性发掘，揭露面积约2000m²，发现有唐扬州城南墙砖包墙垣、瓮城、马面及道路遗迹等。该南门故址为唐、宋、元、明、清历代所沿用，尤其是瓮城门道遗迹建设采

用发券形式，不用过梁，是全国最早发现的实例。2005年，扬州拆除南门遗址上叠压的楼房建筑和违章搭建的平房，继续发掘南门遗址，修复洒金桥、响水桥、迎熏桥等史书记载的桥梁，重建唐二十四桥之一的青园桥，通过现场遗址展示，形成占地面积12000m²的南门遗址广场。

2008年10月，扬州在瘦西湖石壁流淙景区内考古发现唐罗城西城垣北端的西门，是4座西门其中之一，城门为一门一洞形制，始筑于唐代，沿用至五代。其中，唐代遗迹保存较好，城墙底宽12m，保存高度1.5m，主门道宽4.8m，南、北马道均宽2.7m。2016年，扬州建唐代罗城杨庄西门遗址为核心的罗城广场。

2.2 宋城遗址发掘与保护

唐末由于割据势力相互混战，扬州沦为一座空城。后周军攻陷扬州后，取城东南角筑新城，即所谓"周小城"，仅及唐城城周1/3。北宋沿用此城，称州城。1993年，扬州开发建设西门美食街，发现掩埋在地下1.5m处的宋大城西门遗址，解决了五代以后扬州城的修建年代、继承和演变关系等问题。宋大城西门遗址发掘获"1995年全国十大考古新发现提名荣誉奖"。扬州市政府决定停止开发商在西门遗址核心区的施工，就地建设宋大城西门遗址博物馆。宋大城西门遗址的有效保护为后来发掘的其他遗址保护提供了一个很好的范例。

1999年9月，在建筑施工时发现宋大城东门遗址；扬州市政府以壮士断腕的魄力炸掉了已封顶的两幢楼房，重新划定遗址保护区，建设东门遗址公园，搬迁遗址上的居民，恢复瓮城墙300m²，木栈道560m²，道路1500m²，广场2500m²，同时建成解读碑、木牌坊、井亭、炮台等景观和扬州城门遗址博物馆以及公园配套设施，公园总占地面积约1万m²，成为扬州古城展示和旅游重要节点之一。

2003年春扬州市扩建改造漕河路西段，发现宋大城北门和北门水门的遗址，揭露出瓮城东门宽3.67m、门道长（东墙宽）约13.5m，门道的西南角取"八"字形结构，门道的中东部设有吊落闸门的青石滑槽，并首次发现了一人高的闸门石。扬州市政府及时调整漕河西路延伸工程设计方案，科学保护和展示宋大城北门瓮城遗址，使之成为扬州古城保护的又一新景点。国家文物局将宋大城北门、北门水门遗址列为2004年度中国重要考古发现之一。

此外，扬州还在遗址区考古发掘了自战国以来古代宫殿、官衙、手工作坊、桥梁、住宅等遗址，对历朝历代城址范围及重要遗迹有了清晰的认知，取得了丰硕成果。

3 40年来，扬州创新了历史文化名城保护组织架构，专人专职、领导有力，效果显著

3.1 专职保护部门

1982年扬州入选国家历史文化名城后，扬州市政府经济研究中心率先承担起名城保护工作，1989年市政府明确市建委和文物局为历史文化名城保护主要工作部门。2004年，扬州市委、

市政府成立了由市主要领导任组长、市政府主要领导和分管领导任副组长，以及相关市和区职能部门负责人组成的古城保护与利用、改造与复兴工作领导小组，负责古城保护工作方面的决策与协调。领导小组下设办公室，具体负责日常工作。通过统一资源整合、统一规划设计、统一资金筹措、统一政策标准、统一保护利用、统一建设管理，逐步解决了古城历史文化资源部门占有、条块分割等问题，形成了推进古城保护与利用、改造与复兴工作的整体合力[6]。2009年成立扬州古城保护委员会，负责扬州古城保护工作的统筹、指导、协调、监督，日常工作由扬州市古城保护办公室负责，有效地保护了扬州古城和扬州历史文化资源。实践证明，只有一个职权明晰、协调有力、管理规范、机制创新的历史文化名城保护专职机构，才能统筹编制项目计划，审核项目方案，监督项目实施和资金使用，协调相关事项，指导、推进市域范围内名城名镇名村保护利用更新工作。

3.2 名城保护专业机构和智库

2006年7月，在扬州市政府的大力支持下，成立了古城保护与建设的实施主体——名城建设有限公司。该公司在实施古城保护项目的同时，与国内各大银行合作，累计已筹集资金近40亿元用于古城保护，古城的风貌和特色进一步彰显。此外，为加强古城保护的理论研究，进一步用理论指导实践，又成立了扬州市历史文化名城研究院，从事名城保护理论和古建筑修复技术的研究，为做好今后的古城保护工作提供了智力支撑[7]。

4 40年来，扬州高度重视古城保护立法工作，通过法治建设确保古城保护有法可依、有法必依、执法必严、违法必追

为保护好扬州古城，除严格执行《文物保护法》《城乡规划法》《历史文化名城名镇名村保护条例》等国家法规外，扬州市先后制定了《扬州古城保护管理办法》《扬州市市区历史建筑保护办法》等规范性文件。2016年扬州市获得地方立法权后，首部实体法《扬州古城保护条例》于2017年1月1日施行。《扬州古城保护条例》通过明确市、区两级政府（管委会）的职能和古城保护的组织机构与职责，设立扬州古城保护专项资金，建立古城保护名录，实行分区域保护，规范城市建设项目管理等法规条文，对多年来扬州古城保护工作的经验和成果进行固化，对扬州古城今后的保护和发展进行谋划，对损害古城的行为进行惩处和制止，有利于更好地用法律来保护扬州古城和扬州的传统文化，为扬州古城保护工作的法治化提供坚强保障。

5

40年来，扬州在全国范围内率先开展历史文化街区和历史地段保护工作，通过坚持最严格保护的理念，审慎更新的理念和以人为本的理念，采用积极向上争取专项资金和财政配套、鼓励社会资金投入和广大居民参与等方式，走出了独具特色的历史街区保护之路

5.1 历史街区保护

扬州市早在1996年版《扬州市城市总体规划》中就提出了要严格加强仁丰里里坊保护区、广陵路盐商住宅群等10处历史文化保护区的风貌控制。2002年修订后的《文物保护法》正式将历史文化街区列入不可移动文物范畴。当年《扬州市城市总体规划》的历史文化名城保护专项规划中，将保护范围进一步明确到东关、南河下等6个历史文化街区，并率先得到建设部历史文化街区保护专项资金的支持。2012年，扬州市确定古城范围内东关、南河下、湾子街和仁丰里4个历史文化街区的保护规划。2015年4月，南河下历史文化街区被住房和城乡建设部、国家文物局公布为第一批中国历史文化街区[8]；2016年1月，扬州4个历史文化街区被江苏省住房和城乡建设厅、江苏省文物局公布为第一批江苏省历史文化街区。

扬州在历史文化街区保护中坚持最严格保护的理念，确保历史文化街区有序更新，按照保护规划要求，着力保护历史文化街区的空间格局、传统风貌，严格加强建筑尺度、风格、色彩等外部空间的控制。早在20世纪80年代，扬州市通过市人大决议对古城区新建建筑物限高，规定古城区域最高6层24m，其中文昌阁周边中心区域及历史文化街区内的建筑高度最高4层16m，确保扬州古城建筑天际线平缓开阔、视觉舒适。逐条整治主要干道店招、广告牌匾，力求与历史风貌相协调，结合扬州老城区青砖黛瓦的特点，以传统素色为主，在黑白灰的主色调中带有冷暖变化，局部以较鲜艳的色彩进行点缀。按照"一路一灯、一路一景"的要求，古城区共新建、改造各类路灯3万余盏，每条道路的路灯造型都形态各异、各具特色，再现古代扬州"夜市千灯照碧云"的盛景。

扬州市持续实施十年一个轮次基础设施提升工程，每年改造古城区背街小巷30多条，方便市民和游客出行。在历史文化街区持续实施"一水一电一消防"为主要内容的基础设施提升工程，加强公共设施建设。利用历史文化街区的闲置地块，在东关街、新仓巷等处建成了3个兼有游园、避难等功能的公共空间，新建47个"口袋公园"和8处"城市书房"，新增一批旅游公厕、停车场、垃圾收集站等公共配套设施，让历史文化街区融入现代生活，居民安居乐业。目前扬州历史街区保护主要有以东关历史文化街区保护为代表的"政府主导、国企运作"的模式，以南河下历史文化街区保护为代表的"市直部门和区级政府联动"的模式，以仁丰里历史文化街区保护为代表的"政府引导、居民自主参与"的模式。

5.2　传统民居修缮

扬州市在修缮传统民居时按照"政府倡导、居民自愿"的原则，制定出台相应的激励政策，引导古城居民在保持古城风貌的前提下自主修缮传统民居。采用微改造这种"绣花"功夫，以"小规模、渐进式"的节奏，持续提升历史文化街区的宜居性，切实增强人民群众的获得感和幸福感，提高全社会参与名城保护的自觉性、积极性。近十年来，共发放修缮补贴900多万元，对古城近400户传统民居进行了整治修缮；投资1.5亿元，对近2000户、12万多m²的直管公房进行修缮，提高了古城区居民的居住条件和生活质量。鼓励新"传统民居"和"私家园林"发展。古城内先后建成60多户新"传统民居"，打造出100多处新"私家园林"，被专家称为"古城保护的新气象"，认为"住户们摒弃了干巴巴的方盒子，冷冰冰的瓷砖，用自己的双手恢复了老祖宗留下的诗情画意的家居环境，在用自己微薄的力量保护着历史文化，用自己的行动在找回渐行渐远的乡愁"。

6　40年来，扬州按照文物保护的有关规定和"修旧如旧，不破坏原状"的原则，制定文物保护建筑保护和整修计划，根据年度计划逐步整修古建筑，合理定位其使用功能，开放、利用了一批文物建筑和历史建筑，使得古老的文化遗产焕发了新生命

6.1　文保建筑修复与利用

扬州市历史城区有全国重点文保单位17处、省级文保单位18处和市级文保单位100多处，长期以来它们大多被单位和居民占用，且年久失修，破坏较为严重。扬州市在对历史城区现有文保单位进行详细调查的基础上，根据现存古建筑的实际状况，按照文物保护的有关规定和"修旧如旧，不破坏原状"的原则，制定保护和整修计划，重点修复全国重点文保单位和省级文保单位，先后投入10多亿元，恢复、整修了大明寺、天宁寺、重宁寺、准提寺、何园、个园、小盘谷、汪氏小苑、吴道台宅第、卢绍绪盐商古宅、汪鲁门盐商住宅、湖北会馆、二分明月楼等一大批文物保护建筑。同时，还就整修后文物保护建筑的开发利用进行了积极的探索、实践，结合非物质文化遗产保护，先后兴建、开放了大王庙、盐宗庙和中国佛教文化博物馆、中医博物馆、工业博物馆、淮扬菜博物馆、水文化博物馆、民间收藏展览馆、中国剪纸博物馆等。开发利用东圈门16号、阮元故居、朱自清故居等历史名人资源，推广追寻名人足迹之旅，打响"名人故居游"。

6.2　历史建筑调查与公布

扬州市于2010年起牵头组织对扬州市历史建筑进行调研，调研围绕文物管理会全国文物资料摸底普查资料，结合现场对900多处有价值的建筑进行调查，查阅相关史料，并多方征询意

见，2011年12月7日经市政府批准公布扬州市区第一批历史建筑计37处。2013年扬州市再次启动扬州市历史建筑的认定工作，2014年12月8日经市政府批准公布扬州市第二批历史建筑计19处。扬州市在完成历史建筑的认定后，立即着手进行历史建筑的测绘工作，建立三维模型，并现场拍摄照片，汇总整理相关的文字、图纸和图片资料，形成历史建筑的档案资料，完成历史建筑的挂牌工作，出版图书《扬州城区历史建筑》。为将历史建筑的成果资料应用于规划管理，扬州市将整理的成果录入规划管理系统，便于日常查询和历史建筑的保护。2017年扬州市制定《扬州古城历史建筑修缮管理办法》，进一步明确了历史建筑的修缮程序和费用来源。

7 40年来，扬州大力整治古城水环境，形成城河相依、一湖清水绕城流的动人景色

扬州市从20世纪80年代疏浚北护城河开始，累计投入30多亿元推动城市水环境综合整治和水景观建设，先后实施了瘦西湖"活水工程"、古运河整治工程和城区水系疏通等工程。从2002年起，扬州市对全长13.5km的古运河城区段进行综合整治，疏浚河道，拆违植绿，美化环境。先后搬迁居民3200多户，沿河100多家工厂退城进园，拆迁危旧房屋、棚户近50万m^2，新建绿化80万m^2。2009年老城区段实施南门外街整治开发、打通古运河至荷花池段航道等工程，9月底前实现古运河—二道沟—瘦西湖水上游览线的全线贯通。同时，实施了城河水系疏通工程，对城区瘦西湖、二道河、古邗沟等12条河流进行高标准整治，2013年疏通完成宋夹城城河水系，2018年疏通完成唐子城城河水系，有力提升了城市水环境和水景观，有效保持了古城"河城相依"的整体空间结构。

8 40年来，扬州加大古城保护宣传力度，开展古城保护理论研究，出版了一系列历史文化名城丛书，在全国率先完成了"历史文化名城解读工程"

为了让国内外游客在扬州游览过程中充分感悟、认知扬州的悠久历史和灿烂文化，提高市民名城保护意识，彰显城市文化个性，扬州市多角度、全方位利用媒体和推介会等手段对名城进行宣传，牵头开展学术研究，累计出版了《扬州文库》《扬州八刻》《扬州大运河》《扬州老照片》《扬州老地图》等200多种历史文化名城书籍。2004年9月，市政府决定在城市环境综合整治中，启动实施"历史文化名城解读工程"。"历史文化名城解读工程"解读对象涵盖官衙、城门（关隘）、革命纪念地、会馆、名人故居、墓葬、老字号、寺庙（祠堂）、书院（学校）、住宅园林、亭台楼阁、砖刻门楼、街巷（地名）、河道（码头）、古井、桥梁、古树等。2012年，又增加解读点200处，截至2020年底，共展示解读点470余处，基本完成了位于老城区各类古迹的解读。

9 40年来，扬州积极推动国家历史文化名城保护工作，为推动国家历史文化名城保护工作创新了经验，作出了卓越贡献

9.1 全国名城学术会议

1986年，在建设部、国家文物局、国务院经济发展研究中心的支持和倡议下，首届国家历史文化名城学术研讨会在扬州召开，大会形成的会议纪要后被国务院办公厅转发。会议还决定，由扬州市牵头成立中国城市科学研究会历史文化名城研究会，并创办《中国名城》杂志。1987年，全国性历史文化名城研究组织——中国城市科学研究会历史文化名城保护委员会（后简称为"国家名城委"）在曲阜正式成立。国家名城委自成立后，在整合学术资源、召开全国和片区名城会议、争取名城保护专项资金、献计高层领导决策、指导各地城市申报名城、推广名城保护经验及促进名城保护事业健康、有序发展方面发挥了积极作用，扬州作为重要的副主任委员城市，配合先后设在西安和北京的名城委秘书处，做了大量卓有成效的工作，先后在60余座历史文化名城组织开展学术年会和委员会30余次，片区会议20余次，学部委员会议20余次，并且是唯一参加历次年会和片区会议的城市，保存了最丰富的名城保护各类档案。

9.2 《中国名城》杂志发行

1986年随着名城研究会筹备组在扬州的设立，《名城保护通讯》创刊发行。1987年名城研究会正式成立后，决定将《名城保护通讯》改名为《中国名城》，并作为该组织的会刊和全国历史文化名城交流学术的理论平台、舆论阵地，委托扬州编辑发行，并争取早日公开发行。受全国历史文化名城委托，扬州市委、市政府主办了此刊物。1987年10月，《中国名城》试刊号出版发行，设有"发展战略""名城市长谈名城""规划与建设""旅游开发""名城保护"等20多个栏目，时任解放军艺术学院院长、红军诗人魏传统将军为刊物题写了刊名。杂志聘请郑孝燮、罗哲文、侯仁之等一批专家、学者为顾问，成立了以扬州市分管城建的副市长为编委会主任，各片区召集分管城市建设副市长为编委的编委会，扬州市建委承担了具体的编辑工作。2008年，杂志公开发行，时任住房和城乡建设部副部长、中国城科会理事长仇保兴担任新一届编委会主任，时任国家文物局局长单霁翔担任编委会副主任，杂志成为名城研究领域唯一的学术期刊。2009年4月，江泽民同志为杂志题写了刊名。截至2021年底，《中国名城》共出版243期，刊登各类学术文章3000余篇，共计2000余万字。

9.3 《中国历史文化名城》系列书出版

为推动名城保护工作的深入开展，宣传、研究中国历史文化，使城市建设具有更丰富、更深刻的文化内涵，自1990年起，扬州市依托《中国名城》杂志，与同济大学等高校和科研单位合作，系统推介国家历史文化名城，出版了《中国历史文化名城系列》丛书、学术论文集和画册共计100余本，全方位介绍各历史文化名城历史、经济、文化、旅游等方面特色，先后为51

座历史文化名城出版城市专刊，重点推介国内历史文化名城保护界名家著作，为宣传、保护、发展名城起到了有益的作用。

10 结语

回顾扬州40年的古城保护工作，从最初传统朴素的自发行为到深耕理念的自觉行动，从粗陋简略的城市总体规划构想到"早、高、严、全"的古城保护规划体系，从地域模糊、钻探不明的大遗址区域到地界清晰、科学展示的大遗址保护，从兼职代管到专人专职的保护机构，从法规欠缺、执行困难到法治完善、地方专项立法，从"点、线、面"保护理念转向全区域、全要素保护理念，从解决居民生活难题到全面提升居民幸福指数，从"三废"整治到水清气爽、景观美化，从保护有形文化遗产到有形、无形文化遗产统筹兼顾，从文物点简短介绍到全面展示扬州文化底蕴、全方位文化遗存解读，从扬州历史文化名城学术研究走向全国历史文化名城保护事业，扬州都取得了有目共睹的成绩，为全国历史文化名城保护事业作出了众多原创性、全局性、可复制、可分享的保护实践。但古城保护利用和传承、改造工作依旧任重道远，与扬州市委、市政府"全面保护古城风貌，彻底改变老城区居住条件，有效利用古城各类文化资源"的要求相比，与古城居民的期待相比，与国内在古城保护方面取得突出成绩的城市相比，扬州的古城保护工作仍处在实践和探索阶段，目前还存在不少现实难题，特别是传统营造技艺传承、历史城区公房改制与合理利用、传统建筑消防安全、建筑规范等问题，急需创新思路积极破解。随着中共中央办公厅和国务院办公厅联合发布《关于在城乡建设中加强历史文化保护传承的意见》，名城保护工作对延续历史文脉、推动城乡建设高质量发展、坚定文化自信、建设社会主义文化强国具有更加重要的意义。展望历史文化名城保护的未来，扬州将以习近平新时代中国特色社会主义思想为指导，全面贯彻党的二十大精神，深入贯彻习近平总书记对城市发展和历史文化名城保护系列重要讲话精神，按照党中央、国务院和省委、省政府关于推进城市更新工作的决策部署，坚持以人民为中心的发展思想，顺应人民群众对城市发展的新期待，强化各类资源要素有效整合，实施城市更新，促进经济社会可持续发展，在高站位编制扬州市历史文化名城更新利用规划、高起点探索历史文化名城保护特色路径、高质量实施一批示范项目、高水准设立一所传承中心、高规格组建一个专职机构、高精准探寻一批行业标准等方面寻求破局，着力把古城的资源"理出来、保起来、串起来、靓出来、活起来、传下来"，构建"全时域、全地域、全要素"的历史文化名城保护和有机更新体系，探索小组团、渐进式、微更新的保护利用路径，打造"看得见、摸得着、可复制、能推广"的历史文化名城保护和有机更新示范项目，强化对历史文化名城名镇名村保护工作的组织领导，为全国历史文化名城保护事业提供科学、全面、可推广的案例，推动扬州古城全面复兴，成为名副其实的古城保护示范。

参考文献

[1] 国务院. 关于批转国家建委等部门关于保护我国历史文化名城的请示的通知（国发〔1982〕26号）[Z]. 1982.

[2] 钱靓，朱旭东，王昕明. 木结构建筑在大运河国家文化公园中的应用 [J]. 哈尔滨职业技术学院学报，2022（1）：118-120.

[3] 吴涛. 基于地域文化的扬州历史园林保护与传承 [D]. 南京：南京林业大学，2012.

[4] 朱雷亭，翟振球. "传承历史文脉，彰显城市特色"——扬州实践分析 [J]. 江苏城市规划，2018（3）：18.

[5] 钟建. 近年田野考古物探的实践与思考 [J]. 考古学集刊，2010（2）：587-599，620-631.

[6] 徐善登. 文化传承与可持续发展——古城保护的扬州模式之启示 [J]. 城市问题，2009（11）：36-40.

[7] 刘荣. "资治"和"通鉴"：城市史研究中的悖论 [J]. 城市观察，2011（3）：123-128，109.

[8] 张孔生. 古运河畔的这些历史文化街区，你逛过吗？[N]. 扬州日报，2022-01-21（1）.

摘　要　通过回顾西安历史文化名城保护工作的历程，梳理在保护内容、保护方法、活化利用路径和制度建设方面的成效，以问题为导向，总结西安历史文化名城在保护传承工作中的方法和路径，以期对全国城乡建设中的历史文化名城保护传承工作提供西安经验。

关键词　历史文化名城；保护传承；西安

Abstract　By reviewing the course of the protection work of Xi'an Historical and Cultural City, this paper summarizes the achievements in protection content, protection method, utilization path and system construction, and summarizes the methods and paths of Xi'an Historical and Cultural City in the protection and inheritance.Hope to provide Xi, an experience for the protection and inheritance of historical and cultural cities in national urban and rural construction.

Keywords　historical and cultural city; protection and inheritance; Xi'an

西安历史文化名城保护
——传承经验的总结与思考

李琪①
姜岩②
冯锐③
杨斯亮④
董钰⑤

Li Qi
Jiang Yan
Feng Rui
Yang Siliang
Dong Yu

Summarization of Protection and Inheritance for Xi'an Historical and Cultural City

1 引言

2021年9月，两办联合发布《关于在城乡建设中加强历史文化保护传承的意见》，明确要求："在城乡建设中系统保护、利用、传承好历史文化遗产，延续历史文脉、推动城乡建设高质量发展。"历史文化名城是城乡历史文化保护传承体系的重要组成部分，如何做好历史文化名城的保护利用，是西安城乡建设中始终高度关注和持续探索的问题之一。

西安古称长安，有着长达3100多年的建城史和13个朝代逾1100年的建都史，入选国务院公布的首批国家历史文化名城和联合国教科文组织确定的世界历史文化名城，其蕴含的历史内涵、承载的历史信息、具备的文化影响力举世公认。西安作为中国古代城市规划的代表，从西周丰镐开始，历经秦、汉、隋、唐，特别是西汉长安

① 李琪，西安市城市规划设计研究院院长，教授级高级规划师。
② 姜岩，西安市城市规划设计研究院历史文化名城分院院长。
③ 冯锐，西安市城市规划设计研究院高级规划师。
④ 杨斯亮，西安市城市规划设计研究院高级规划师。
⑤ 董钰，西安市城市规划设计研究院高级规划师。

城和隋唐长安城，是中国古代都城从以宫城为主、无明确规划转向封闭式里坊制城市规划的典型代表。宋代以后西安降为地方城市，元代奉元城是以隋唐长安城的皇城为基础改建的，明初扩建为西安府城，仍保留着隋唐皇城的格局。西安历史文化名城囊括了中国古代城市发展的主要内容，浓缩了中华文明相当长一个时期的精华，见证了东西方文明相互交融和碰撞的历史，是人类历史不可缺少的重要组成部分和人类共同的宝贵财富。新中国成立以来，西安始终面临着保留历史文脉、保护历史建筑、保留古城的城市风貌和特色的重要任务。

然而，与大多数历史文化名城相同，在城镇化浪潮中，西安历史文化名城格局和风貌屡遭威胁，古都风貌保护与现代化建设的矛盾日益突出，在如何化解城市发展与历史文化保护的矛盾、使传统文化融入城市未来发展的图景方面，西安探索出自己独特的古城发展思路，具有比较典型的示范作用，也有值得探讨和反思的地方。

2 西安历史文化名城保护历程

西安在新中国成立初期率先施行保老城、建新城的发展战略，历经四轮总体规划，在坚守古都格局、保护文化遗产上一脉相承，并在每个时期都有所创新和发展。新中国成立以来，西安在城市规划中始终把文物古迹和历史文化名城的保护放在十分重要的位置，取得了成功的经验。

2.1 第一阶段（20世纪50~80年代）

在西安第一轮城市总体规划（1953—1972年）中，已把文物古迹作为现代化城市的组成因素，把文物保护与园林绿化结合起来，继承了棋盘路网和九宫格局，凸显和保护了重要的文物建筑。

（1）把文物古迹作为现代化城市的组成因素

第一轮总体规划重视城市的历史沿革，在进行总体布局、功能划分时，将文物古迹作为重要因素考虑，形成了中心商贸居住区、南郊文教区、北郊大遗址保护区及仓储区，以及东郊纺织城、西郊电工城等五大功能区。由于汉长安城和唐大明宫遗址，文物价值高，占地面积大，规划将此区域确定为文物保护用地，奠定了西安历史文化名城保护基础。

（2）继承棋盘路网和九宫格局

第一轮总体规划沿用唐长安井字形道路结构，城市干道采用大平直的线形，再现了唐长安城的严整格局和宏伟气势。在明城范围内完整地保存了传统布局的艺术特色，两条互相垂直的主干道，分别以高大的钟楼、鼓楼作为对景，对保持古都的历史风貌起到了生色增辉的作用。

（3）把文物保护与园林绿化结合起来

第一轮总体规划中，著名的阿房宫遗址、汉长安城遗址、大明宫遗址、兴庆宫遗址、明代城墙、大小雁塔、钟鼓楼、明秦王府等文物古迹，均被规划为公园、广场或绿地进行保护。

（4）保护和凸显重要的文物建筑

第一轮总体规划运用了多种规划手段为大雁塔、小雁塔、钟楼、鼓楼、西安城墙、城楼等标志性古建筑提供了轴线位置、空间位置以及内外观赏条件，凸显了古城格局和代表性古建筑。

2.2 第二阶段（20世纪80年代～2000年）

第二轮西安城市总体规划（1980—2000年）确定的城市性质，把历史文化名城放在首位。实行保护与建设相结合的方针，要求把保存、保护、改建与新建开发密切结合，把城市的各项建设与古城的传统特色和自然特色密切结合，建设成一座既有现代化城市功能，古都风貌又得到保护的历史文化名城。

这一时期，西安入选第一批国家历史文化名城，秦始皇陵及兵马俑坑被列入世界文化遗产名录，环城建设工程开始实施。西安在第二、第三轮总体规划中将历史文化名城保护内容纳入城市总体规划，提出"保护明城（老城）的完整格局，显示唐城的宏大规模，保护周、秦、汉、唐的重大遗迹"的保护战略，并通过立法保证历史文化名城保护规划的顺利实施。

（1）保护明城完整格局，显示唐城宏大规模，保护周、秦、汉、唐遗迹

第二、第三轮总体规划在城市东郊、南郊、西郊沿唐长安城城墙遗址开辟道路和林带，显示唐城的轮廓，同时，以"一环一线"为主要格局，将大慈恩寺、青龙寺、大兴善寺、大明宫、兴庆宫、东市、西市、乐游塬、曲江芙蓉园等连接起来，组成一个点、线、面结合的整体，反映唐长安的历史风貌。在城墙范围内，保持明城的完整性，保护城墙四门，在城内将钟楼、鼓楼有机地组织在市中心之内，从而显示明城严整的结构格局。20世纪80年代中期又制定了旧城区控制性详细规划，采取"保护与建设""保护与利用"相结合的方针对明城进行保护，根据经济条件逐步修复。

（2）划定文物保护范围和历史传统街区

在这一阶段，西安依照《文物保护法》，按国家、省、市县三级文物保护单位，将文物保护单位划分为三个保护范围，即绝对保护区、环境协调区、文物环境影响区，制定相应的保护政策和措施。另外，把明城内北院门和碑林两片传统民居集中的地方划定为保护区。

（3）建设古遗址公园和历史名胜风景区

从这一时期开始，西安将汉城、大明宫等遗址规划为公园，利用绿化标识其规模格局、殿宇位置。内设文物陈列室，展览文物史迹及复原模型等，以充分发挥文物遗址的社会教育作用。市区内的乐游塬、曲江池、兴庆宫及市郊的少陵塬、十里樊川、翠华山、南五台、沣峪口等历史名胜风景区均已纳入园林、旅游规划，逐年修建。

2.3 第三阶段（2000～2014年）

第四轮城市总体规划编制了历史文化名城保护专项规划。2002年国际合作项目——唐大明

宫含元殿遗址保护工程实施，《西安历史文化名城保护条例》颁布实施，2005年国际古迹遗址理事会第十五届大会通过《西安宣言》。2014年6月"丝绸之路：长安—天山廊道的路网"跨国申遗项目被列入"世界文化遗产名录"。在此背景下，西安市第四轮城市总体规划按照国际准则和国家法规开展历史文化名城保护工作，制定并且落实了"新旧分治"的城市发展战略，疏解旧城、建设新城。注重保护明城格局，发掘唐皇城文化内涵，突出城、宫、苑、市形象，保护周、秦、汉、唐重大遗址，恢复秦岭山脉、八水的自然环境。

（1）深化保护要求和内容

这一阶段提出完善西安城墙"路、城、林、河"四位一体的环城工程。严格保护明城内18个（24处）文物保护单位及其周边的环境风貌。划定北院门街、书院门街、德福巷和湘子庙街四条传统风貌街区加以保护。划定北院门、化觉巷、书院门、三学街、大清真寺、杨虎城公馆和七贤庄等18处历史文化保护区，确定其保护和整治目标。划定传统街坊保护区，并将北院门、化觉巷、钟鼓楼广场、竹笆市、德福巷、湘子庙街、书院门和三学街相联系，组成传统文化带。关于唐城的保护，强调了进行文物勘探和发掘，保护地下遗存的重要性。对于四大遗址的保护，编制了具体的保护规划，提出在保护的基础上对文物遗存进行合理利用，发挥文物的社会效益的思想。

（2）扩大历史文化名城保护的时间序列和空间范围

提出保护西安各历史发展时期完整序列。提出保护从蓝田猿人遗址开始，包括我国和西安各发展时期的文物遗存，直至近现代的代表性建筑。

扩大历史文化名城范围。结合历史文化名城外部自然环境及生态体系的保护，提出建立秦岭山地旅游区的构想。按照地理环境和文化内涵，提出建立骊山古人文景观与森林生态旅游区等六个生态旅游区，丰富了历史文化名城的内涵。

2.4 第四阶段（2015年至今）

2015年中央城市工作会议召开，《关中—天水经济区发展规划》、丝路之路经济带建设的启动以及《关中平原城市群发展规划》的发布，在更高层面对大区域的整体历史文化名城保护和利用有了更进一步的要求。

2019年陕西省政府批复《西安历史文化名城保护规划（2020—2035年）》（简称为《西安保规》），首次在总体战略层面建立了西安历史文化名城保护、利用和管理体系，成为西安各专项历史文化遗产保护工作的纲领性技术文件。

（1）突出历史文化价值，建立保护传承价值体系

新一轮《西安保规》从中华文明传承发展高度溯源寻根，从中华民族的重要发祥地、中华文明的重要标识地、闻名世界的东方古都、丝绸之路的起点和东西方文明交流的中心等方面，全方位阐释西安的文化价值和精神内涵。

（2）把保护和抢救放在第一位，建立全域保护体系

新一轮《西安保规》提出在市域层面挖掘丝绸之路、秦岭古道等线性文化遗产，形成展现

市域自然人文景观的历史文化廊道。在中心城区层面，规划整体保护西安经历代营城形成的历史空间格局，并对大遗址提出针对性保护策略。在历史城区层面，规划重点保护"一环、三轴、三片、多地段、多点"的传统空间格局。

（3）利用好历史文化遗产，促进合理永续传承

新一轮《西安保规》提出形成全域历史文化展示网络和优化展示利用策略，带动文化产业转型发展；提出在保护利用的同时，引领人居环境高质量发展。例如，大明宫遗址区坚持保护利用与民生工程相结合，通过建设国家遗址公园，完成棚户区改造，提升市政交通设施，形成大遗址区经济圈。

统观四个阶段，西安的历史文化名城保护从个体文物古迹的保护发展到整体保护，始终坚持"保护第一"的原则，70年来西安历史文化格局得到很好保护，历史文脉得以延续，从而巩固了西安作为世界历史古都的地位。

3 西安历史文化名城保护存在的问题

3.1 保护对象没有空间全覆盖、要素全囊括

历史文化名城保护工作集中于城区的文物保护单位、大遗址等对象，对主城区外围的古镇古村、古墓葬、古道、历史漕渠等历史文化资源关注不足。过去，西安历史文化名城保护工作聚焦于城墙、钟鼓楼等"明星式"保护对象，对广泛分布于市域的历史村镇等其他类型文化遗产资源重视不足。仅长安一区，明清以前上千个古村镇名称虽存，但古建筑已被现代建筑所替代，如秦镇只剩古城门和十余间明清时期的危房；周至老县城也已被破坏。截至2022年底，西安市域仍然没有国家级和省级的历史文化名镇名村。

历史文化名城保护工作注重对单个对象的保护，而对聚落格局、文化线路等跨区域遗产重视不足，遗产之间有机联系不够，缺乏系统整合。受到行政区划的限制，西安历史文化名城保护工作未能与关中京畿地区自然山水格局和历史行政单元进行有效衔接，对西咸新区、咸阳等地与西安密切相关的历史文化遗产的区域统筹保护力度不足。

3.2 保护传承方式不当，活化利用不充分

历史文化名城的文化特色、营建智慧尚未得到充分传承，城市特色空间的文化认知有待加强，资源价值尚未充分展现。尤其是周、秦、汉、唐的都城遗址和帝王陵寝与当代城市的土地利用和功能提升等方面都需要进一步协调。当代西安建成区是在历代都城肌理上发展起来的，中心城区约594km²面积中，重要遗址区就占到240多平方公里，其中最主要的是周、秦、汉、唐的都城遗址和帝王陵寝，这种叠加增加了传统意义上历史文化保护的难度，文物保护与现代城市的土地利用、古都风貌保持与现代城市功能提升等都需要协调。

3.3 政策法规不完善，体制机制不健全

在法律法规方面，西安在各项历史文化遗存的保护工作中，虽然陆续制定了多部专项法律法规，但适用于历史文化名城保护的地方性法律规章和规范性文件体系还不够完善。在保障制度方面，西安历史文化遗产众多且分布广泛，涉及历史文化名城保护的政策、制度、人员、资金都需要进一步保障。在参与机制方面，西安市对历史文化名城保护已经开展了大量宣传工作，但社会各界普遍对历史文化名城保护工作的整体思路和政府投入了解不够，如由于现存历史建筑部分相关使用主体缺乏保护意识，历史建筑在保护过程中出现利益冲突等问题，部分历史建筑的业主为特殊单位，在调研过程中无法进入，还有部分历史建筑的业主单位认为对历史建筑的保护与其未来的建设发展存在矛盾。

4 西安历史文化名城保护工作的经验启示

4.1 传承中华文明，认知价值特色

从讲述中国故事、传承中华文明的高度溯源寻根，认知城市价值特色，以价值特色为引领，探索区域遗产整体保护的新路径。西安是中华民族的重要发祥地和中华文明的重要标识地。以西安为中心地，华夏民族在此创造了周、秦、汉、唐等辉煌的古代文明，给西安留下了众多至高性、开创性、唯一性的文化遗产，也形成了西安"兼容并蓄"的城市文化基因，奠定了中华民族的精神气质。西安是中国都城文化的杰出代表，也是中华文明完整历史脉络发展演化的缩影。隋大兴唐长安城是世界古都营建的典范，具有承上启下的重要地位，对后期中国古代都城规划建设及同期的日本平城京（奈良）、平安京（京都）影响巨大。西安是丝绸之路的起点，是东西方文明交流融合的中心。西汉时期以长安为起点，以张骞出使西域为代表，开辟了丝绸之路，构成西汉以来两千多年东西方国家经济、政治、文化交流的主要通道，是亚欧大陆建立长距离东西方交通、开展广泛的人类文明与文化交流的杰出范例，在中国乃至世界文明历史上写下了辉煌篇章。

4.2 拓展保护视野，扩大保护范围

历史文化名城保护视野由明城墙范围、历代都城遗址范围逐渐扩展至市域乃至关中京畿地区（图1）。西安自古在八水环绕的关中平原建都营城、在川塬地区布局离宫别苑，在浅山地区依山就势布局寺庙与陵寝，体现了"象天法地、天人合一"的东方哲学思想和营城理念，逐渐形成了"背山面水、八水绕城"以及"山、水、塬、田、林、岗、池、城"协调共生的历史地理环境，其辐射范围到达了历史上"四塞"及"十大关隘"所控制的关中京畿地区，在这一区域内，75%的遗存分布在河滨、塬畔及山麓，自然山川形胜与历史文化遗存高度融合。

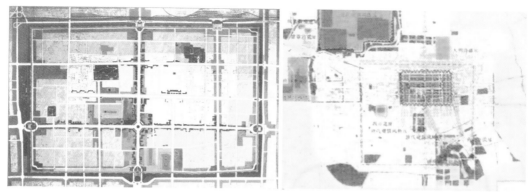

第二轮总体规划（1980—2000年）——历史文化名城保护规划图　　第三轮总体规划（1995—2010年）——历史文化名城保护规划图

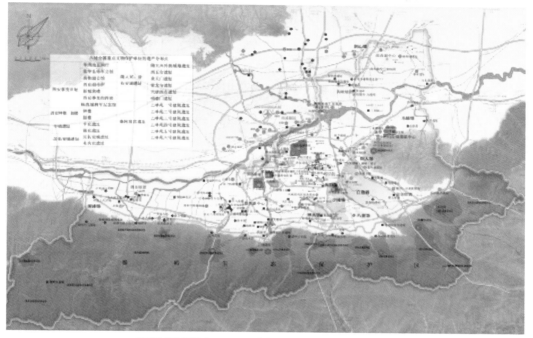

第四轮总体规划（2008—2020年）——历史文化遗产保护规划图

图1　西安历史文化名城保护范围演变示意图

　　1982年入选国务院公布的首批国家历史文化名城以来，西安不断探索实践，保护认知不断提升，保护范围由城墙及以内区域逐渐拓展至市域范围，将研究范围扩展至在整体保护自然山水格局和历史环境视野下的更大区域，形成了多层次、全域覆盖的历史文化遗产保护体系。将全域各类历史文化遗产的保护和控制范围纳入文化保护控制线中，作为刚性管控依据。

4.3　丰富遗存类型，完善保护体系

　　从空间分布、对象类型、保护方法三个维度建立整体保护框架，明确13类保护对象。在市域层级挖掘丝绸之路、秦岭古道等线性文化遗产，形成展现市域自然人文景观的历史文化

廊道；对6处世界遗产、428处文物保护单位分级分类制定管控导则；划定40余处历史地段并制定动态增补机制；完善历史建筑、历史村镇认定标准和信息档案。在中心城区层级周、秦、汉、唐四大遗址与城市建成区高度叠合，约占中心城区面积的13%。对大遗址提出整体保护西安经历代营城形成的历史空间格局，如隋唐长安城作为古代东方营城的典范，应注重彰显其宏大规模，整体保护城址轮廓、历史轴线。在历史城区层级，将我国现存最完整的古城墙——西安城墙环绕的区域划定为历史城区，面积13.5km²。重点保护历史城区的传统空间格局和历史街巷道路，提出不拓宽街巷、不影响风貌、不破坏肌理、不减绿、不增高的"五不"原则。

4.4 保护利用结合，优化城市功能

以用促保——创新各类遗产活化利用，促进城乡高质量发展。在有效保护的基础上，有序推动大遗址公园建设、文物古迹的活化利用，将遗产融入现代城市功能。例如，将汉长安城等遗址保护利用工程与民生工程、环境提升工程相结合，明确土地使用的准入标准，为公共服务市政设施提供空间落位，以文化引领城市布局；在实施火车站改扩建中，将大明宫丹凤门遗址展示与北广场建设相结合，协调历史环境风貌，提升城市形象；以唐长安城明德门遗址保护工程为依托，塑造城市公共空间，打通断头路，推动老旧小区人居环境提升。

4.5 搭建信息平台，落实底线管控

统筹各项历史文化遗产数据，搭建历史文化信息平台，落实底线管控。充分衔接国土空间信息平台，统一标准、数据格式和坐标系统，建立西安历史文化遗产保护信息数据平台，纳入历史文化遗产的相关调研和保护工作成果，形成保护要素名录和基础数据库。有效衔接国土空间规划管理"一张图"，通过"一张图"管理、遥感监管等多种科学的方法，加强对历史文化遗产的评估和监管，辅助成果审批和动态管理，实现"数据分析、科学管控"。

4.6 关注实施管理，保障资金投入

实施保护工程。西安市启动"唐皇城复兴计划"，按照新旧分治的理念，先后实施了市政府外迁、顺城巷更新提升、唐城林带建设等20余项保护工程。

举办学术会议。国际古迹遗址理事会第十五届大会在西安召开，会议通过并发表《西安宣言》（图2），在《威尼斯宪章》《奈良真实性文件》的基础上，进一步延展了历史文化遗产保护的内涵。

坚持依法管理。西安市制定形成了《西安市历史文化名城保护条例》这一主干法，《西安城墙保护条例》《西安市古树名木保护条例》《西安市周丰镐、秦阿房宫、汉长安城和唐大明宫遗址保护管理条例》等专项法，以及针对大雁塔、小雁塔、兴教寺塔等世界遗产和优秀近现代建筑等历史文化资源的保护管理办法。

图2　国际古迹遗址理事会发表《西安宣言》

提供多元化资金保障。西安市政府每年提供固定的文物保护经费350万元、城建维护计划等资金支持；同时，结合日本、挪威等外资和PPP融资模式等多渠道资金投入，重点支持历史城区和历史文化街区保护整治、历史建筑修缮维护、基础设施改善等。

5 结语

历史文化名城保护是贯穿西安城市发展始终的主题，面对时代文化精神的要求，如何在"发展中保护、保护中发展"是西安城市发展不可逾越的命题。未来，西安作为"一带一路"的重要门户与核心节点，将切实践行习近平总书记回陕讲话指示精神，从国家战略高度打造中华民族传统文化传承发展示范区，树立历史文化名城保护的西安经验。

参考文献

[1] 王景慧，阮仪三，王林.历史文化名城保护理论与规划 [M].上海：同济大学出版社，1998.
[2] 西安市城市规划设计研究院.西安历史文化名城保护规划 [Z].2020.
[3] 李琪，周文林.新时代背景下西安城市高质量发展的策略探索 [J].规划师，2020，36（24）：5-11.
[4] 姜岩，孙婷，董钰，等.国土空间规划体系下历史文化遗产保护传承专项研究及西安实践 [J].规划师，2022，38（3）：110-116.

拉萨历史文化名城的保护——规划历程与技术经验回顾①

张广汉②　陶诗琦③　钱川④

Zhang Guanghan　Tao Shiqi　Qian Chuan

Review of Planning Process and Technical Achievements in Conserving the Historic City of Lhasa

摘要 拉萨是首批入选的国家级历史文化名城，遗产丰富，文化深厚。自1989年起，中国城市规划设计研究院历史文化名城研究所长期服务拉萨历史文化保护工作，30余年来，拉萨历史文化名城保护的理论探索与保护实践是中国名城保护理论发展的实践地，时至今日，多层次、体系化的保护格局基本形成。本文介绍在拉萨历史文化名城保护工作中，历版保护规划编制思路的演变，回顾不同时期主要规划的编制背景、理论方法和重要贡献，总结三大经验，分别是多维度研究历史文化价值体系、开展全域全要素的整体保护工作和推动遗产全面融入城乡建设与生产生活，并结合新时期城乡历史文化保护传承工作的新要求，对未来工作提出展望。

关键词 拉萨；历史文化名城；规划历程；技术经验

Abstract Lhasa was one of the first National Historic Cities. Since 1989, Institute of historic city research in China academy of urban planning and design has been dedicated to the conservation of Lhasa's rich heritage and profound culutre. For more than 30 years, theoretical exploration and conservation of Lhasa has played an important role in the development of China's historic city conservation theory. Till now, Lhasa has formed multi-level and systematic framework of historic city conservation. This paper introduces the evolution of concept in various version of Lhasa's conservation plans, reviews the main background, theoretical methods, and important contributions in different stages of conservation, and sums up three main experiences of Lhasa. They are, respectively, multidimensional study of historical and cultural value system, wholesome and systematic conservation, and the merging of heritage into urban and rural development. In the end, in notice of the latest requirement of urban and rural heritage conservation, this paper carries out expectations for future works in Lhasa's historic city conservation.

Keywords Lhasa; historic city; planning process; technical achievements

① 本文受国家重点研发计划（项目编号：2022YFC3803500）资助。
② 张广汉，中国城市规划设计研究院副总规划师，教授级高级规划师。
③ 陶诗琦，中国城市规划设计研究院历史文化名城保护与发展研究分院高级规划师。
④ 钱川，中国城市规划设计研究院历史文化名城保护与发展研究分院主任工程师，高级规划师。

1 引言

拉萨是西藏自治区政治、经济、文化中心和交通枢纽，全市总面积29612km²。拉萨是首批国家历史文化名城，拥有藏传佛教三大寺庙（哲蚌寺、甘丹寺、色拉寺），以及布达拉宫、大昭寺、罗布林卡等世界文化遗产，是藏族传统文化的重要承载聚落。

自公元633年松赞干布于拉萨建立吐蕃王朝，拉萨至今已有近1400年的发展历史，城市发展的历史与西藏地区的历史息息相关，每一时期都留下了丰富的历史遗存和信息，层层叠加最终形成了今日拉萨城市独有的空间格局（图1）。1951年西藏和平解放以来，拉萨市进入城市建设的新阶段。川藏、青藏、新藏等公路相继修建完成，拉萨市城市基础设施、公共服务设施建设水平大幅改善。国家西部大开发战略实施后，拉萨的区域中心城市地位凸显，是西藏自治区人口、服务、功能集聚的中心城市，经济与文旅活动活跃，推动了近年来快速的城乡建设。如何建立与拉萨遗产特征相匹配的保护体系、系统保护历史文化遗产，并在城市建设中协调保护与发展的关系，是拉萨市历史文化名城保护工作的重点议题。

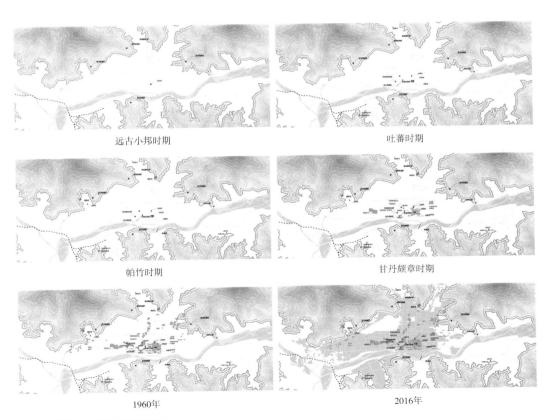

远古小邦时期

吐蕃时期

帕竹时期

甘丹颇章时期

1960年

2016年

图1   拉萨城市空间格局变化示意图

2 保护规划历程

1982年拉萨被公布为第一批国家历史文化名城，拉萨的保护工作自此正式起步。1989年，中国城市规划设计研究院应拉萨市政府要求，启动编制《拉萨市八廓街详细规划》，标志着拉萨的保护工作从关注文物保护单位向关注面状的历史文化街区转变，其后30余年的保护类规划编制工作中，规划工作的重点从历史文化街区逐步向城市扩展，逐步转向多层次的保护和体系的整体保护。下文重点介绍其中主要规划的编制背景、理论方法和重要贡献。

2.1 1989年《拉萨市八廓街详细规划》

1989年，由建设部规划司、中国城市规划设计研究院组成的工作小组赴西藏进行城市规划调研和咨询，承担八廓街地区详细规划设计和咨询工作。经过多轮汇报、调研、修改，规划最终于1994年正式付印。

此次规划编制时，全国正处于历史文化保护区理论与方法的探索时期。1986年，《关于请公布第二批国家历史文化名城名单报告》提出"历史文化保护区"的概念[①]，并建议历史文化保护区可参照文物保护单位的做法，着重保护整体风貌、特色。对历史文化保护区的保护方法仍不明朗，究竟是按历史文化名城的保护方法还是参考文物保护单位的方法、抑或另辟蹊径，在当时尚无清晰的认识。1989年，王景慧首次提出了"三个层次"的保护体系。三个层次是指文物、历史文化保护区和历史文化名城，并指出历史文化保护区应保护其整体的环境风貌，保护建筑物的外观和道路、绿化等，建筑物内部允许改造和更新，要能与现代化生活相适应，使历史文化保护区为现代社会生活继续发挥作用[②]。

在此背景下，《拉萨市八廓街详细规划》是对历史文化保护区保护方法的一次重要探索，也是"三个层次"保护体系中对历史文化保护区这个新层次的规划实践。规划首次就八廓街区的整体保护与规划控制提出了规划技术措施，在规划成果中设置了"街区保护"专章，提出对建筑物、构筑物单体的保护和街区整体的保护二者不可分割，对有价值的民居大院作重点保护。该规划还首次为拉萨划定了街区保护区划，将八廓街区分为四个级别的保护区，并前瞻性地对旧城改造提出了风貌保护和控制要求，对建筑高度、形体、群体空间组织、建筑与道路等提出规划要求（图2）。

---

① 《关于请公布第二批国家历史文化名城名单报告》提出，对一些文物古迹比较集中或能较完整地体现某一历史时期的传统风貌和民族地方特色的街区、建筑群、小镇、村寨等，各级人民政府可以根据它们的价值，核定为各级历史文化保护区。

② 详见1989年王景慧在同济大学城建干部培训班上题为"城市规划与保护遗产"的学术报告内容。

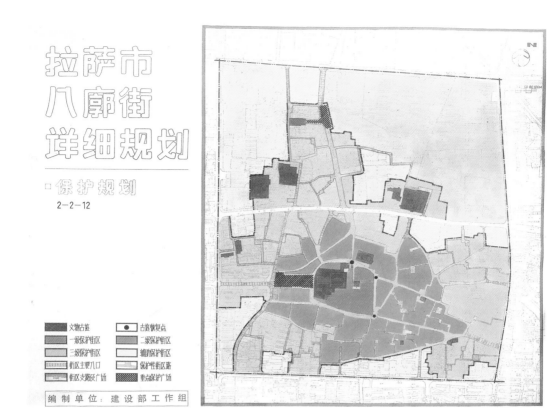

图2 1994年《拉萨市八廓街详细规划》—保护规划图

2.2 2002年《拉萨八角街地区保护规划》《拉萨布达拉宫地区保护及整治规划研究》

　　2002年，根据建设部安排，中国城市规划设计研究院承担了援藏任务"拉萨八角街地区、布达拉宫广场及周边地区保护规划研究"，于2004年分别形成《拉萨八角街地区保护规划》和《拉萨布达拉宫地区保护及整治规划研究》项目成果。

　　此次规划编制时，中国历史文化名城保护制度与规范已基本确立。历史文化街区的法定地位、保护方法初步明确，且伴随着《历史文化名城保护规划编制要求》对街区保护工作的细化，和"九五""十五"国家保护专项资金的补助方向，历史文化街区保护规划的重点还兼顾了建筑维修改善和基础设施改善等方面。

　　《拉萨八角街地区保护规划》首次为八角街（又名八廓街）历史文化街区提出系统的保护措施，包括保护区划和建筑分类保护与整治等。其中，建筑风貌综合评定与分类保护、保护区划划定等都是在当时新的理论发展背景下的首次提出。《拉萨布达拉宫地区保护及整治规划研究》在拉萨城市层面开展了整体保护的系统性思考，从全城层面开展拉萨重要历史文化遗产的视线分析，提出整体保护思路，研究拉萨遗产保护格局与城市空间形态的融合关系，并从全城功能结构调整的高度探讨遗产周边用地功能调整思路，开启了拉萨市整体保护工作的序幕（图3）。

图3 《拉萨八角街地区保护规划》分类保护与整治规划图

2.3 2012年《拉萨八廓街历史文化街区保护规划》《拉萨市老城区供排水改造工程设计及工程可行性研究》

2012年，为应对快速城市建设带来的保护工作新挑战，拉萨市启动编制《拉萨八廓街历史文化街区保护规划》。此版规划是对前两版的补充，并结合新时期保护要求进行了多方面的深化与完善。其后，为指导拉萨八廓街的保护整治实施工程，中国城市规划设计研究院还编制了《拉萨市老城区供排水改造工程设计及工程可行性研究》。

此次规划编制时，我国历史文化街区保护理念已趋于成熟、完善。2008年国务院颁布《历史文化名城名镇名村保护条例》，明确历史文化街区的法律定位，历史文化街区的保护从此进入新的阶段，保护方法不断发展完善，国内外关于历史性城镇景观、非物质文化遗产等新的遗产保护理论不断充实到街区保护方法当中。

此版规划继承和落实了上版规划的保护要求，并主要在传统文化保护、基础设施更新、风貌管控、保护管理等方面进行了完善。在规划研究中，将街区的保护工作与历史文化名城的整体保护工作融合起来，系统研究了城市发展的历史文化脉络与八廓街区的关系，并通过将街区保护的视野拓展到对历史景观环境的保护中，保护并控制对街区重要性与独特性产生重要影响的城市景观环境。此外，此版规划还关注街区历史文化保护与人居环境改善的关系，对街区设施与环境改善、高度与体量控制、现代建筑风貌指引等提出更细化的控制要求。自此，拉萨市的保护工作形成从建筑到街区再到环境的多层次保护格局（图4、图5）。

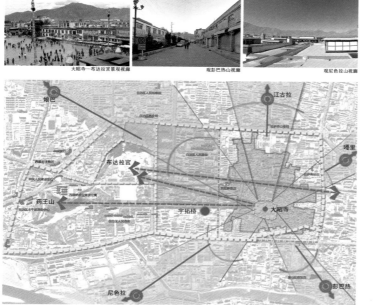

大昭寺—布达拉宫景观视廊　　　　观彭巴热山视廊　　　　观尼色拉山视廊

图例

不协调建筑
重要视廊
观山视廊控制区域
转经路
视廊敏感区
核心保护范围
建设控制地带

图4　《拉萨八廓街历史文化街区保护规划》中关于街区与外围环境关系的规划内容

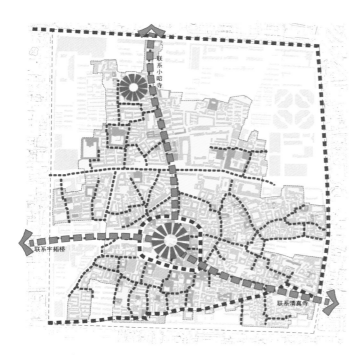

图例

保护核心
重点保护带
重要保护节点
历史街巷
核心保护范围
建设控制地带

图5　《拉萨八廓街历史文化街区保护规划》历史格局保护规划图

2.4 2015年《拉萨历史文化名城保护规划》

2015年，为加强对拉萨历史文化名城的管理工作，拉萨市启动编制《拉萨历史文化名城保护规划》，填补了长期以来拉萨市历史文化名城保护规划的空白。在此之前，名城保护规划长期以来作为拉萨市历版总体规划的专项内容进行研究，在《拉萨市城市总体规划（2009—2020年）》中确立基于市域、中心城区、历史城区和历史文化街区四层次的保护体系，并划定了历史城区范围。

《拉萨历史文化名城保护规划》延展了拉萨保护工作的时间范畴与空间范畴。此版规划将构建拉萨市保护体系作为重点，加强对各类历史文化资源的发掘与抢救，全面系统地保护拉萨的历史文化遗产资源。在对拉萨历史文化价值的认知中，从全国的遗产价值格局中认识拉萨，并将新中国成立后拉萨建设的成就作为拉萨历史文化价值的重要组成部分。在保护体系的构建中，强调保护工作的全覆盖、特色化、层次性，分别在拉萨全市域、拉萨河谷（即拉萨中心城区）、历史城区、历史地段和文物古迹五个层次开展保护工作。此外，此版规划还从历史城市保护与发展角度，对拉萨城市总体结构、老城功能疏解升级、解决河谷型城市交通关键问题、老城人口疏解与结构调整等内容提出思路建议（图6）。

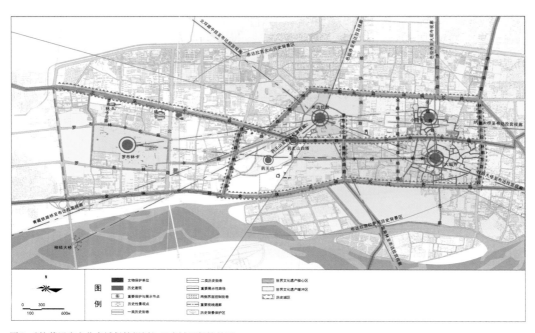

图6 《拉萨历史文化名城保护规划》历史城区保护总图

2.5 其他后续规划

历史文化名城保护规划编制之后，拉萨市积极推进名城规划内容的传导和落实，先后组织开展多项规划设计工作。其中，《拉萨建筑风貌导则》在中心城区层面落实历史文化名城保护要求，实现历史城市的整体风貌管控；《拉萨八廓历史文化街区保护规划实施评估》回顾、跟踪历史文化街区保护规划的实施工作，《拉萨八廓街历史文化街区保护修缮与综合提升工程》旨在持续改善历史文化街区人居环境，指导街区内重点工程的实施工作；《拉萨市尼木县吞达村历史文化名村与传统村落保护与发展规划》将拉萨市域内乡村历史文化遗产的保护纳入保护体系，这些规划设计工作进一步丰富了拉萨历史文化名城保护工作的深度和广度。

3 技术经验

中国城市规划设计研究院在拉萨系列保护规划的编制过程中积累了宝贵的技术经验，主要包括以下三大方面。

3.1 多维度研究历史文化价值体系

历史文化价值是名城保护工作的关键引领，为拉萨名城的全域、全要素、多层次的保护奠定前提。作为西藏社会、经济、文化、宗教发展的重要见证，拉萨积淀着丰厚的历史信息，对历史文化遗产价值的认识一直是拉萨保护工作的核心。中国城市规划设计研究院的编制团队从对八廓街区历史文化价值的综合分析起步[1]，逐步从街区、城市、区域甚至更大的地理范围认知历史文化价值，形成融合历史观、系统观、整体观与环境观的多维方法，深入研究城市历史文化积淀过程，并从文化、社会、经济、宗教等多条线索梳理，理解城市碎片化分布的历史文化遗产之间的网络化关联，构筑历史价值信息与历史遗存体系的对应关系（图7、图8）。

在长期价值研究的工作基础上，《拉萨历史文化名城保护规划》将拉萨的历史文化价值总结为：中国藏族传统文化积淀深厚的代表性城市、中华民族多元文化融合与民族团结的独特载体、中国古代西藏政教合一制度下的独特城乡聚落、西藏区域贸易中心与交通要塞、新中国建设社会主义新西藏的重要见证地。这五条历史文化价值从更广的时空维度丰富了拉萨作为国家历史文化名城的文化内涵。

多维度的历史文化价值体系有力地拓展拉萨历史文化遗存网络，在历史文化价值的载体中，不仅包括世界文化遗产、国家级文物保护单位等长期受关注的遗产，还系统囊括了拉萨在古代、近现代历史和当代重要建设成果，引领后续的整体保护工作。其中，特别关注拉萨在见证和平解放、屯垦戍边艰苦奋斗、自治区成立与民主改革、举国援藏工程建设与住房建设等方面的价值脉络，呈现新中国成立后举全国之力建设新西藏的历史价值。

---

[1] 2002年《拉萨八角街地区保护规划》首次从历史、文化艺术、城市景观和旅游四个方面对八廓街的历史文化价值进行综合分析。

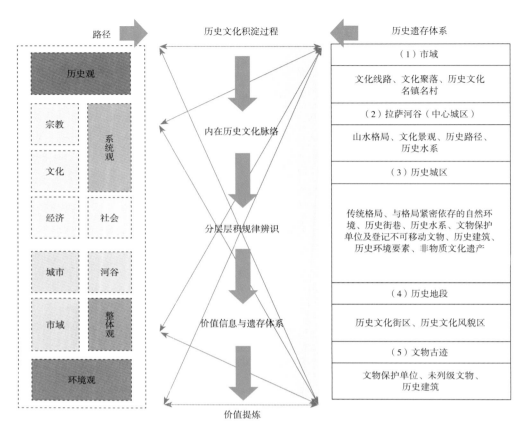

路径　　　　　　　历史文化积淀过程　　　　　历史遗存体系

	历史观		内在历史文化脉络	（1）市域

历史观

宗教	系统观
文化	
经济	社会
城市	河谷
市域	整体观

环境观

内在历史文化脉络

分层层积规律辨识

价值信息与遗存体系

价值提炼

（1）市域
文化线路、文化聚落、历史文化名镇名村
（2）拉萨河谷（中心城区）
山水格局、文化景观、历史路径、历史水系
（3）历史城区
传统格局、与格局紧密依存的自然环境、历史街巷、历史水系、文物保护单位及登记不可移动文物、历史建筑、历史环境要素、非物质文化遗产
（4）历史地段
历史文化街区、历史文化风貌区
（5）文物古迹
文物保护单位、未列级文物、历史建筑

图7　拉萨名城保护工作中的历史文化价值分析方法

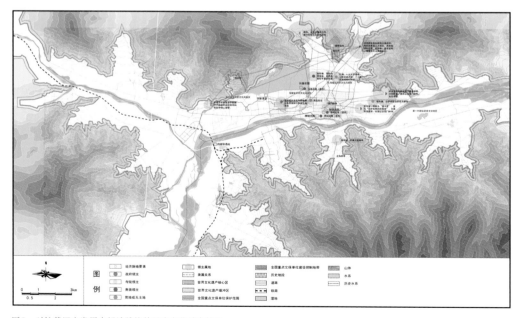

图8　对拉萨历史发展中经济脉络的历史文化遗存梳理

3.2 开展全域全要素的整体保护工作

在历史文化价值系统认知的基础上，拉萨保护工作中加强对市域历史文化遗产格局的理解、识别中心城区（拉萨河谷）文化景观系统，挖掘历史城区及其环境的关联性，形成覆盖市域、中心城区、历史城区、历史地段、文物古迹五个层次的保护体系。

在市域层面，《拉萨历史文化名城保护规划》将拉萨城市的"一湖二水、三山五谷"的整体山水格局纳入保护范畴，作为文化线路、文化聚落、历史文化名镇名村保护的基础底盘。此外，该规划实践城乡历史文化遗产聚落的理论方法，保护唐蕃古道等5条文化线路走廊，保护当雄牧区文化聚落、尼木河谷民俗文化聚落、曲水滨水临江文化聚落、拉萨河谷文化聚落、林周河谷文化聚落、墨竹工卡吐蕃文化聚落6处文化聚落及其共生自然环境，加强整体保护与展示。《拉萨市尼木县吞达村历史文化名村与传统村落保护与发展规划》对尼木河谷民俗文化聚落内历史村镇和非物质文化遗产的整体保护方法开展探索，上下联动加深市域保护工作的深度（图9、图10）。

在中心城区（拉萨河谷）层面，该层面是针对拉萨遗产特征增设的保护层次。《拉萨历史文化名城保护规划》分别针对拉萨河谷内山水格局的保护、藏地特色文化景观的保护和历史路径及其节点的保护，探索对拉萨河谷内山水景观界面、山水景观通廊、区域历史水系和历史路径的保护方法，并针对拉萨历史文化遗产与自然环境的整体关系，划定并提出对中心城区内若干处文化景观区的整体保护与展示要求。视线关系是拉萨历史空间组织的重点，支撑拉萨河谷内的整体价值。在《拉萨布达拉宫地区保护及整治规划研究》中，总结形成拉萨中心城区"群

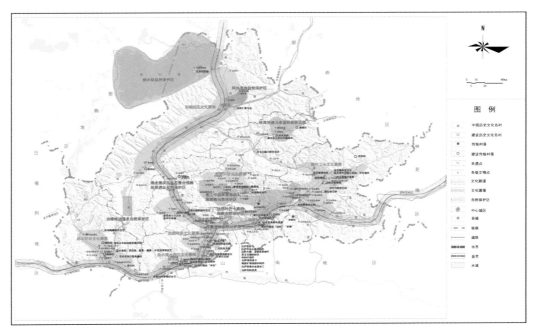

图9 拉萨市域山水保护要求

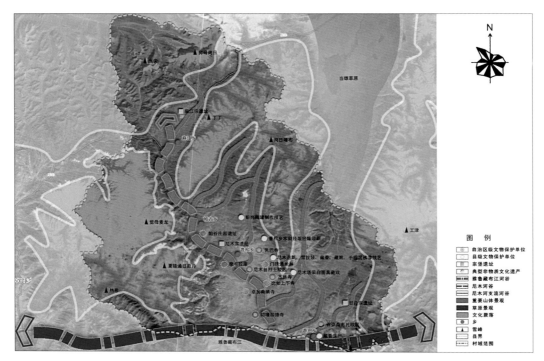

图10　对尼木河谷民俗文化聚落的保护

山四合、秀水中流、布宫突起"的空间特征，并提出保护远望视线、路径视线、区域视线共同构成的视廊系统。在此基础上，《拉萨建筑风貌导则》提出在中心城区范围内落实名城保护要求，用数字建模的技术手段开展了对核心历史文化遗产的全市视域分析，形成全市历史文化敏感区的研究基础（图11、图12）。

在历史城区层面，保护古城山水格局、街巷格局、历史水系、历史性湿地景观、建筑布局、历史环境要素、视线通廊。《拉萨市城市总体规划（2009—2020年）》划定6.7km²的历史城区范围，实现对世界文化遗产及其关联区域的整体保护，在历史城区内严格保护整体形态与格局肌理，重点保护历史格局、历史街巷、历史水系、历史景观系统、重要历史性片区和历史文化遗存。在历史城区范围外，《拉萨历史文化名城保护规划》补充划定历史城区的环境协调区，作为历史环境的重点区域予以保护控制，在该范围内保护核心历史文化遗产之间的历史文化关联性，兼顾城市发展需要提出高度控制要求，管控14条重要视线通廊，相应对视廊沿线的城市建设高度、界面、风貌等提出保护要求。

在历史地段层面，拉萨持续加强八廓街历史文化街区的保护工作，并结合历史文化价值分析，划定并保护了蔡一村历史文化街区，以及扎细、当巴、雪社区等反映近现代拉萨建设成就的历史风貌区。

在文物古迹层面，保护对象包括世界文化遗产、文物保护单位、未列级文物、历史建筑等，重点遴选反映拉萨悠久历史、体现拉萨城市建设和发展历程、最具代表性的文物古迹，除

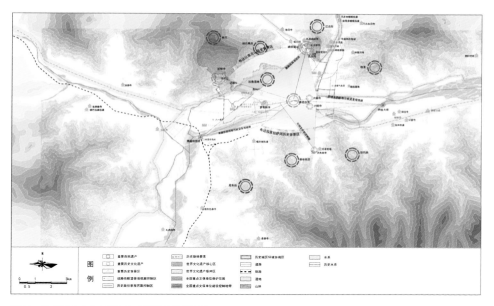

图11　拉萨河谷（中心城区）内的整体保护思路

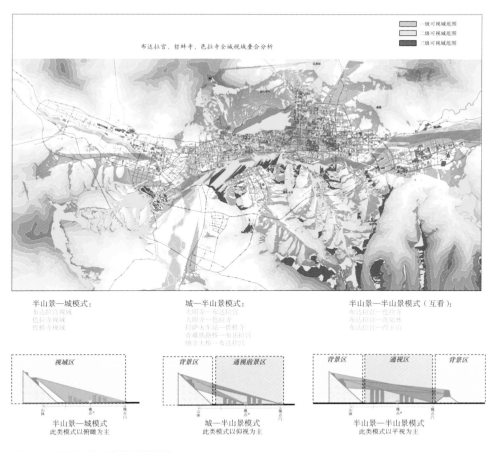

图12　中心城区内核心遗产的视域分析

八廓街内的45个优秀民居大院，还有11处体现近现代拉萨遗产价值的建筑被列入历史建筑名录加以保护。

3.3 推动遗产全面融入城乡建设与生产生活

（1）确定保护与发展协调的城市总体框架

拉萨的历史城区既是拉萨历史文化价值的最重要载体，同时也是城市区位条件最优越、土地经济潜在效益最高、建设发展最迅速的地区。城市长期以来以历史城区为中心圈层式发展，更强化了拉萨历史城区作为经济商贸、公共服务、宗教文化多重中心的地位。因此，拉萨市的系列保护规划提倡在城市发展的全方位工作中融入保护要求，谋划形成"遗产友好"的城市发展模式。

从全城保护与发展的角度，对拉萨城市总体结构、全城功能结构优化、解决河谷型城市交通关键问题等内容提出思路建议，将历史文化遗存的保护与城市经济结构调整、产业发展布局相结合，实现历史文化资源的综合利用和传承发展。

在历史城区及其周边，规划引导历史城区功能合理疏解，对现状用地中不合理、与历史保护有冲突的用地以及需要增强优化的用地进行局部调整，突出历史城区内的文化品质。落实老城区的交通保护壳策略，避免老城穿越式交通。采取社区内部提质等措施，有效组织历史文化展示空间，探索文化旅游可持续发展策略，激活历史城区活力，为保护与发展创造双赢局面（图13）。

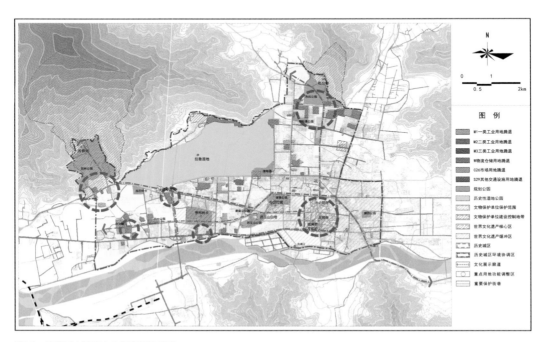

图13　拉萨历史城区内功能疏解的思路

（2）分层级营造城市风貌体系

在拉萨面临的一系列挑战中，城市风貌问题是近些年困扰城市的主要问题之一，曾一度引起世界遗产中心的关注。因此，结合保护实施工作，拉萨的系列保护规划提出历史城市的整体风貌营造技术，建立了宏观、中观、微观三级整体风貌营造技术体系。从宏观《拉萨建筑风貌导则》的整体风貌营造技术体系到微观《风貌整治指引手册》提出的整治指引具体措施，探索了历史城市整体风貌营造的技术路径。

第一，构建整体风貌营造技术体系。提取地域特色，确立控制层级，对接法定规划，实现编管结合，系统性地落实风貌营造管控意图。以《拉萨建筑风貌导则》为例，整体管控通过总则、通则、细则、管理四个部分构建了一套多层次的风貌管控体系。总则部分主要确定导则的基本原则、适用范围、构成、用语、手段等前提条件和基本框架；通则部分起到战略统领、结构共识的作用，提出"藏风新韵·山水圣城"的风貌定位，划定了七类建筑风貌分区；细则部分起到落实结构、具体管控的作用，逐层次细化管控措施，形成$3 \times 3 \times N$管控体系；管理部分起到流程控制、运用示范的作用。形成了一套"风貌+"的特色管理规程，推动导则成果向技术附件转换。探索"正负面清单"奖惩机制、规划条件风貌法定附件、报规文本风貌专篇等多项措施，实现从土地出让到竣工验收全过程风貌闭环管理（图14）。

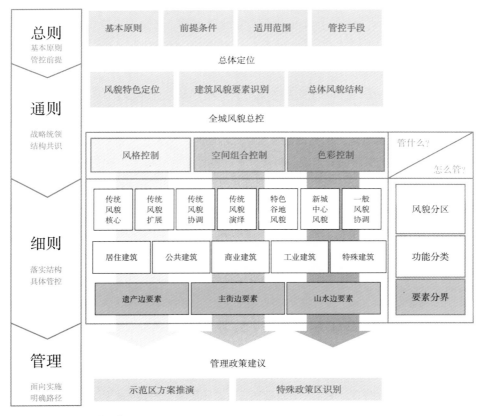

图14　拉萨建筑风貌管控体系

第二，提出整治指引具体措施。街巷与建筑单体是微观整治层面的重点，也是问题最为复杂的环节。在导则的分类引导基础上，详细的指引措施至关重要。在《拉萨市八廓街详细规划》中即已提出建筑风貌的分类规划管理思路，将街区内建筑风格按七类控制：传统藏式建筑（包括寺庙建筑、贵族住宅以及艺术价值较高的各类建筑）、一般地方风格的藏式建筑、藏式风格的现代建筑、有藏式风格符号的现代建筑、现代建筑、无限制和特殊规定。《拉萨八廓街历史文化街区保护规划》针对八廓街具体问题，从建筑风貌控制、街巷风貌控制两个层面制定了面向管理部门和普通民众的《风貌整治指引手册》，研究藏式建筑风貌和街巷环境风貌的要素，提出风貌管理规定，引导规范化使用（图15）。

以上两方面的技术成果有效地指引了拉萨建筑项目中针对风貌的审批，指引了2012年八廓古城保护工程实施，取得良好效果。例如，拉萨市土地出让条件纳入了《拉萨建筑风貌导则》中的管控要求并在多项建筑项目审批中得到运用，有效纠正了原设计方案的风貌问题。八廓街中曾经普遍存在的街巷广告、店招、防盗网、门窗等长期影响街区风貌的顽疾，按照《风貌整治指引手册》中的要求得到了规范。按照技术导则开展综合管线工程实施后，街区内所有架空线路全部实现入地，彻底解决了私拉乱接造成的"蜘蛛网"现象，街巷景观提升显著（图16、图17）。

（3）系统提升遗产地人居环境

历史文化遗存与现代发展的和谐共存是当前遗产保护的正确方向。设施的更新并不意味着一定要"拆旧建新"，作为历史文化载体的老房子一样能够通过设施更新满足现代生活需要。避免大规模拆改，是拉萨人居环境系统提升的首要目标。

拉萨市在八廓街的保护实施工程中，采用整体保护与民生改善相结合、先地下后地上、避免大规模拆改的方式，在系统提升遗产地人居环境方面取得显著成果。系列规划探索形成历史城市"最小干扰、精准改造"的基础设施更新技术体系。在《拉萨市老城区供排水改造工程设计及工程可行性研究》中研究形成受限条件下的供排水精准改造方案，提出周边改造、内部加压以及内部改造三种方案。研究体现文化遗产保护意图的基础设施选型，对设施管线入地布局提出管控要求和风貌建议，确保大部分架空线路入地；提出适合街区特点的工程管线设计指引，针对狭窄街巷内市政工程管线的实施功能，寻求在确保安全底线的前提下有效利用地下空间。

2012年八廓古城保护改造工程实施，新建地下综合管线、管沟31.42km，新建供水主管道1.2km，疏通排污主管道29.43km，排查消防安全隐患260处，清除消防通道障碍89处，合计安装电取暖器24152组，解决老城区11万人的供暖问题。改造后，人民群众在用水、用电、出行等方面的基本生活条件得到极大改善。2021年，拉萨八廓街历史文化街区保护修缮与综合提升工程启动，以问题为导向，围绕街道风貌整治、市政基础设施优化、交通设施提升等开展保护实施工作，其重点区域品质提升，整体生活质量明显改善（图18、图19）。

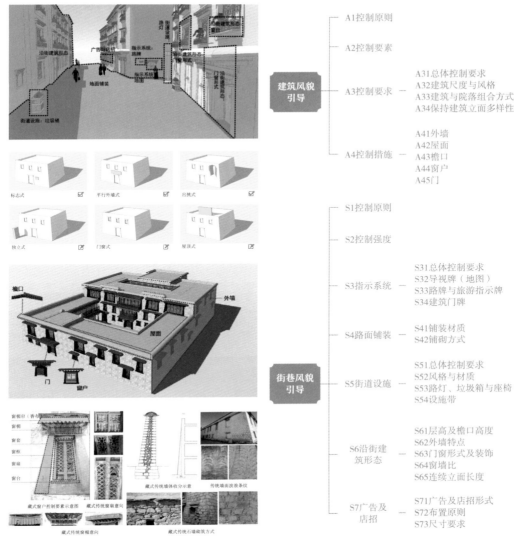

图15 《拉萨八廓街历史文化街区保护规划》中的《风貌整治指引手册》

图16 街巷风貌整治前的东孜苏路

图17 街巷风貌整治后的东孜苏路

图18 管线综合规划布置和历史建筑现代化改造   图19 交通设施提升工作效果图

4 结语与展望

在遗产保护制度与理论方法不断发展的背景下，拉萨的历版保护规划都在前期规划研究的基础上有了思考、继承与完善。时至今日，拉萨市已探索形成以《拉萨历史文化名城保护规划》为总纲，地方性法规为法律保障，《拉萨八廓街历史文化街区保护规划》《吞达村历史文化名村保护规划》等规划为支撑，《拉萨建筑风貌导则》等规划为专项补充的保护类规划体系。

在这一滚动开展的保护实践过程中，拉萨历史文化名城的保护历程见证了我国历史文化名城保护理论与方法的演化，工作重点从对历史文化保护区、历史文化名城保护方法的探索，到城乡历史文化保护传承体系构建的新思路，工作成果覆盖了名城、街区、镇村的多种类型，涵盖保护规划、保护实施、保护管理等多个领域，历史文化名城的保护方法与体系已基本清晰。

2021年，中共中央办公厅、国务院办公厅印发《关于在城乡建设中加强历史文化保护传承的意见》，展望未来，随着多层级、多要素的城乡历史文化保护传承体系构建形成，文化遗产的概念在不断扩展，将包含所有具有历史文化价值的对象。历史文化名城要系统地展示中华民族五千年文明的历史、中国人民近代革命的历史、中国共产党领导中国人民追求民族解放、1949年以来国家建设以及改革开放以来我国在政治、经济、社会、文化、生态等方面取得的伟大成就以及灿烂、丰富的地方文化和民族文化的多样性，落实好国家在整体保护、展示、利用和传承工作中的部署。

在新理念指导下，拉萨市的历史文化名城保护体系还将不断丰富、完善，加强规划衔接，对接实施，强化规划指导地位。在下一步工作中，拉萨市应持续开展对各类型历史文化遗产的挖掘和保护工作；组织开展对市域内茶马古道、川藏古道等历史文化线路沿线村镇聚落的保护研究，加强展示利用，形成覆盖拉萨市域、融入生产生活的历史文化展示网络；对标住房和城乡建设部关于历史地段划定即将出台的技术标准，公布并启动保护历史地段，指引保护与民生改善。相信拉萨市将在新时期的保护规划、建设、管理工作中，为全国一盘棋的城乡历史文化保护新格局贡献新时期的拉萨实践经验。

参考文献

[1] 仇保兴. 风雨如磐：历史文化名城保护30年［M］. 北京：中国建筑工业出版社，2016.

[2] 张泉，袁锦富，胡海波. 拉萨市城市总体规划理念探析［J］. 城市规划，2009，33（11）：22-25.

[3] 张广汉. 历史街区在现代化过程中的新生［J］. 北京规划建设，2002（6）：12-15.

[4] 图登克珠，李青. 论中国历史文化名城的保护与发展——以拉萨老城区为例［J］. 西藏大学学报（社会科学版），2011，26（2）：53-62.

[5] 杨涛. 历史性城市景观视角下的街区可持续整体保护方法探索——以拉萨八廓街历史文化街区保护规划为例［J］. 现代城市研究，2014（6）：9-13，30.

[6] 中国城市规划设计研究院. 拉萨市八廓街详细规划［Z］. 1994.

[7] 中国城市规划设计研究院. 拉萨八角街地区保护规划［Z］. 2004.

[8] 中国城市规划设计研究院. 拉萨布达拉宫地区保护及整治规划研究［Z］. 2004.

[9] 中国城市规划设计研究院. 拉萨八廓街历史文化街区保护规划［Z］. 2012.

[10] 中国城市规划设计研究院. 拉萨市老城区供排水改造工程设计及工程可行性研究［Z］. 2012.

[11] 中国城市规划设计研究院. 拉萨市尼木县吞达村历史文化名村与传统村落保护与发展规划［Z］. 2018.

[12] 中国城市规划设计研究院. 拉萨历史文化名城保护规划［Z］. 2019.

[13] 中国城市规划设计研究院. 拉萨建筑风貌导则［Z］. 2020.

阆中历史文化名城保护40年

张涵昱①
鞠德东②
王　铎③
邱岱蓉④

Zhang Hanyu　Ju Dedong　Wang Duo　Qiu Dairong

Forty years of protection of Langzhong historical and cultural city

摘　要　阆中历史文化名城保护工作的40年，也是我国历史文化名城保护工作进步的40年。聚焦阆中古城整体性保护工作，对其自20世纪80年代起经历的各保护阶段及保护规划进行回顾，就保护理念、保护重点、保护方法等方面进行梳理。在此基础上，总结了"保护为本""保护古城，开发新区"、小规模渐进式改造模式、健全保护管理机构和制度、鼓励公众参与等工作经验，为我国其他历史文化名城的保护工作提供借鉴和参考。

关键词　历史文化名城；阆中；名城保护制度；整体性保护

Abstract　the 40 years of the protection of Langzhong historical and cultural city is also the 40 years of progress in the protection of China's historical and cultural city. Focusing on the overall protection of the ancient city of Langzhong, this paper reviews the various protection stages and protection plans since the 1980s, and summaries the protection concepts, key points and methods. On this basis, it summarizes the working experience of "Protection Oriented" "protecting the ancient city and developing the new area", small-scale gradual transformation mode, improving the protection management institutions and systems, and encouraging public participation, which provides reference for the protection of other historical and cultural cities in China.

Keywords　historical and cultural city; Langzhong; Protection system of historical and cultural city; Integrity protection

　　阆中位于四川省东北部，嘉陵江中上游，至今已有2300多年的建县史。阆中古城近2km²，拥有8处国家级、18处省级重点文物保护单位，各类不可移动文物1018处，全国历史文化名镇1个，国家级传统村落4个。阆中古城具有唐宋格局、明清风貌，是中国保存最完整的古城之一；风水营城、天人合一，是传统营城智慧的杰出代表；是军事要地、区域中心，是历代县、郡、州或军、府、道治所所在；文化名郡，载体众多，是巴文化的重要传承地。因其杰出的历史文化价值和城市特色，阆中于1986年被国务院批准公布为第二批历史文化名城。

---

① 张涵昱，中国城市规划设计研究院历史文化名城保护与发展研究分院规划师。
② 鞠德东，中国城市规划设计研究院历史文化名城保护与发展研究分院院长，正高级工程师。
③ 王铎，中国城市规划设计研究院历史文化名城保护与发展研究分院助理规划师。
④ 邱岱蓉，中国城市规划设计研究院历史文化名城保护与发展研究分院助理规划师。

1 阆中名城保护工作 阶段回顾

阆中名城保护工作主要分为四个阶段：20世纪80年代起始，提出"保护古城、开发新区"的保护理念；自1998年起，调整保护重点，侧重于改善民生；自2002年起，关注系统性保护制度的建立；2010年后，旨在实现古城经济效益与社会效益双持续，实现高质量保护。

1.1 探索期（1986~1997年）：提出"保护古城、开发新区"保护思路

1984年，时任国家文物局文化遗产保护司处长郭旃到阆中调研，将阆中评价为"了不起的古城"，表示其历史性、原真性和科学的建筑布局全国罕见。众多专家学者、文物和城建等部门为阆中申报国家历史文化名城而不懈努力。同年，阆中被列为四川省历史文化名城。1986年，阆中被国务院批准公布为第二批国家历史文化名城。1987年，全国历史文化名城学术讨论会在阆中召开（图1），会议肯定了阆中作为国家历史文化名城的价值和在规划保护上所做的工作，会上对阆中古城作出定位性的评价：我国保存较为完整的四大古城之一。

1993年，县委、县政府班子提出了"保护古城，开发新区"的思路，跨江建设新城，这种保护理念不仅打下了阆中古城保护规划的坚实基础，而且具有理性、科学决策的前瞻性。自2002年起，一方面启动政府南迁工程，鼓励城区企业退城入园，为古城保护留出空间；另一方面对古城进行基础设施改善，整修古建筑，拆除不协调现代建筑，坚持以"修旧如旧、仿古如古"为原则，大力实施古城保护提升工程。

图1　1987年历史文化名城规划学组在四川阆中县（现阆中市）召开了全国历史文化名城保护规划学术讨论会

1.2 转变期（1998~2001年）：提出"侧重改善民生，留住原住居民"保护重点

在此阶段，"九五"期间（1997~2000年）国家补助资金1.2亿元，用于68个历史文化街区的基础设施改善和传统建筑维修。阆中以此为机遇，保护重点转向对传统建筑维修改善、基础设施改善（图2）。通过改善古城内的基础设施，完善了电网、水网、天然气、排水排污系统，实现了路通、气通、信息通、污水排放通，解决了基本的民生问题，提高了居民的生活水平，让居住在老城里面的人们体会到居住环境的改变带来的实惠，从而留住了大部分原住居民。在此基础上，阆中意识到古城保护对城市经济的带动作用，开始全力保护和利用旅游资源。

图2 20世纪初期院落修缮，基础设施提升

1.3 深化期（2002~2009年）：推进制度保障和系统保护

随着名城保护制度不断完善，阆中着力推进名城的系统性保护工作。2003年组织编制《阆中历史文化名城保护规划》《古城保护实施办法》，成立了名城保护委员会，划定古城核心保护区、风貌保护区和环境协调区，逐步形成以古城为中心、城南一条带、城北两个片、外加若干点的全方位的历史文化保护体系；2007年4月，地方管理部门发布了《阆中古城维修指南（修订稿）》；2008年3月，编制了《阆中市汉桓侯祠历史街区保护与整治详细规划》，同年12月，出台了《阆中市华光楼历史街区保护与整治详细规划》，阆中古城得到整体性保护；2009年，阆中市人大通过了《〈四川省阆中古城保护条例〉实施细则》，通过立法的形式明确了保护范围和规划目标，组建古城保护与旅游开发管理委员会。

1.4 高质量保护期（2010年至今）：全面推进历史文化遗产保护和利用

为了顺应历史文化名城保护的新形势与新要求，阆中于2012年成立阆中市文化和旅游发展公司，旨在保护利用的基础上对古城景区实行统一管理、整体营销，充分发挥古城景区社会效益和经济效益。近年来开始实施一系列保护整治工程，总修缮面积达2.5万m²，投资8000余万元。2012年市级文物保护单位阆中绸厂旧址（部分）打造为阆中文化创意产业园

图3 阆中文化创意产业园（原阆中绸厂）

图4 蜀道金牛道拦马墙段的古柏和古道

（图3）；2014年后积极开展蜀道（阆中古城）申遗工作（图4）；2017年核定公布86处历史建筑；2018年提出"世界古城旅游目的地"的发展目标，阆中古城景区管理局正式成立，同年进行了《阆中历史文化名城保护规划》修编工作；2019年5月，四川省人大对《四川省阆中古城保护条例》进行修订，并于2019年7月30日开始执行修订后版本；2020年5月成立阆中古城保护专家委员会。

2 阆中保护规划编制历程回顾

近年来，阆中已经编制了《阆中华光楼历史街区保护详细规划》《阆中历史街区保护详细规划》《阆中历史文化名城保护规划》《阆中市汉桓侯祠历史街区保护与整治详细规划》《阆中市华光楼历史街区保护与整治详细规划》《阆中历史文化名城保护规划（修编）》等多个保护规划。名城保护相关的法律规章、制度日趋完善，保护规划也在不断调整和更新。

2.1 《阆中华光楼历史街区保护详细规划》（1999年）

《阆中华光楼历史街区保护详细规划》是阆中第一个与历史文化名城保护相关的专项规划。华光楼历史街区随着水运业而兴起、繁荣和衰退，有着因水成街、因水成市的街区发展特点。21世纪初，街区主要面临的问题是房屋质量参差不齐、市政设施不完善，使用功能未发挥以及防洪标准低，该规划中对此明确了保护范围和建设控制范围，提出尽量保存历史信息的真实载体、保护街区整体风貌特色、积极改善基础设施、保持街区活力的保护原则，对文物古迹、街道格局、环境风貌、建筑整治都作了详细的规划和要求。

在此规划的引导下，2000年起实施的整治工程完成了大东街及上下华街路面、水电气等市政设施改造，对沿街建筑的门面进行统一整治（图5）；2001年底完成了盐市口街、左营街路面和水电气的改造整治。对建筑立面也进行了保护和整治，粉刷墙面，统一屋檐的瓦当和滴水，对必要的部分进行加固和更换部分构件，较好地实现了环境真实性和风貌完整性的保护（图6）。

图5　统一制作店招、店牌　　　　　　　　　　　　　图6　古城风貌整治

2.2　《阆中历史街区保护详细规划》（2003年）

在2003年编制《阆中历史街区保护详细规划》（图7）中，保护范围扩大，重点保护区面积为63.08hm²，建设控制区面积为115.32hm²。此次规划针对当时历史街区面临的功能性衰退、多（高）层现代住宅对古城风貌的破坏、市政基础设施不完善、木结构建筑缺少维护亟待整治、部分房屋室内环境需要改善等问题，提出搬迁保护区东南处的一些加工厂、处于上风上水的火力发电厂和大中型仓库；优化住宅建设用地，增加文化娱乐设施并开辟部分地段作为居民活动绿地；合理布局商业服务设施并控制沿街开店地段和规模。针对历史文化保护，该规划提出保护历史街区与嘉陵江、周边山脉共同形成的古代风水城市的整体景观；保护文物建筑、传统民居和其他有价值的建筑或建筑局部；保护其他历史遗迹和历史文化内涵（历史事件、历史人物、历史变迁等）。针对实操层面提出相关政策建议，如在资金方面提倡"政府出一点、单位出一点、私人掏一点"的方式，设立低于商业贷款利率的专门贷款，帮助在地居民进行房屋整治和维修；在古城经济复苏方面提倡增加老城区的经济、文化刺激点，复苏古城区经济，以古城区经济发展带来的经济收益反哺于历史街区的保护，从而形成良性的保护循环过程。该规划

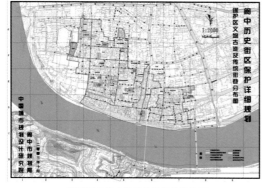

a 保护区文物古迹及传统街巷分布图

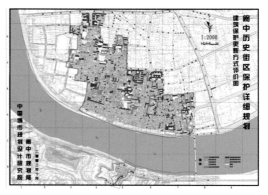

b 建筑保护更新方式评价图

图7　《阆中历史街区保护详细规划》（2003年）

从空间层面、政策层面都提出了相应的手段，并对传统建筑立面、内部、构件、细部、不协调建筑等制定了详细的整治导则，有效指导了街区的保护整治工作。

2.3 《阆中历史文化名城保护规划》（2003年）

《阆中历史文化名城保护规划》（2003年）（图8）中树立了整体保护的思想，确立了分层次保护的保护路径，突出保护重点，建立了市域历史文化环境、历史文化名城、历史文化保护区与文物古迹4个层次的保护体系。此规划中确定了阆中古城历史文化保护区、南津关历史文化保护区和老观历史文化名镇3处历史文化保护区，将保护的内涵进一步扩大。该规划提出"发展新城，保护古城，疏解古城区"战略，优化城市产业结构，搬迁改造古城内热电厂、丝绸厂等有污染的工业或大型企业，搬迁行政中心至七里新区，重点保护"山、水、城"相依的城市自然历史文化特色和古城整体风貌，强调"微循环"，分期分批、坚持不懈地进行古城更新。

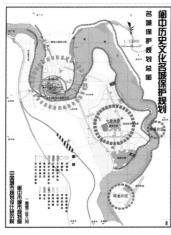  

a 名城保护规划总图　　　　b 名城格局及环境风貌分析图　　　　c 古城区保护规划总图

图8　《阆中历史文化名城保护规划》（2003年）

该规划科学制定、高瞻远瞩，规划中的强制性内容基本得到了落实，但由于规划编制时间较早，与当前的保护形式存在部分偏差，如保护内容不完善、规划缺少历史建筑和非物质遗产的保护内容；历史城区、历史文化街区缺失法定划定范围，在实施中非法定规划代替法定规划指导保护工作开展；市域范围内缺失了古村镇、蜀道等文化线路内容，对规划的管理实施造成一定障碍。

2.4 阆中市汉桓侯祠历史街区、华光楼历史街区两处保护与整治详细规划（2008年）

因"5.12"汶川特大地震，街区内众多历史建筑和市政公用基础设施损毁严重。为申请"2006~2010年国家历史文化名城保护专项资金"维修整治历史街区内的传统风貌建筑，尽快恢复市政公用基础设施，实现街区有效保护，阆中市于2008年编制了《阆中市汉桓侯祠历史街区保护与整治详细规划》与《阆中市华光楼历史街区保护与整治详细规划》。《阆中市汉桓侯祠历史街区保护与整治详细规划》（图9）对街区范围内的所有历史建筑进行了重点整治：提出详细的建筑修缮要求以及消防、天然气、管道等市政设施的铺设方案，为原住居民提供便利的生活条件；对临街面建筑提出协调统一的风貌修缮措施，对瓦当等构件颜色进行恢复以区分历史上的建筑等级，对墙面、窗格等要素进行整改；拆除现代建筑；设立咨询亭、公厕、垃圾箱等各类公共设施，为游客提供便利。《阆中市华光楼历史街区保护与整治详细规划》（图10）针对地震受损严重的历史建筑、民居院落提出保护修缮措施，充分利用现存的历史、人文资源发展城市文化，开发以观光旅游和文化旅游为主的多类型旅游产品体系，推动古城阆中的经济发展。

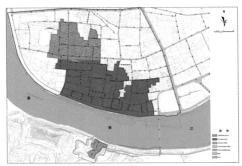

图9 《阆中市汉桓侯祠历史街区保护与整治详细规划》（2008年）文物古迹及传统街巷分布图

图10 《阆中市华光楼历史街区保护与整治详细规划》（2008年）历史街区分布图

2.5 《阆中历史文化名城保护规划》（修编）

2018年启动了《阆中历史文化名城保护规划》（图11）修编工作。规划中进一步提出保护"以蟠龙山为主山，锦屏山为案山，嘉陵江环抱古城，中天楼为中心，依水成街棋盘式布局"的格局结构；保护古城城址环境和城垣遗存、古城重要的视线通廊、传统民居院落、历史街巷，以及山水城和谐至美的历史城市景观；贯彻"建新区、保老城"的政策方针，提出古城以传统历史文化为核心功能的发展定位。在市域层面，对蜀道文化遗产提出构建完整的遗产保护体系，推动蜀道申报世界自然与文化双遗产工作。

除保护规划外，《阆中市城市总体规划（2012—2030年）》《阆中市国土空间总体规划》等规划也提出了历史文化遗产保护的任务，明确了市域历史保护与历史文化名城保护的内容。总体规划中明确了历史城区的保护范围，提出了城址环境、城市轮廓线、视廊等内容的保护和管控要求，针对文物古迹、历史文化街区提出了详细的保护措施。

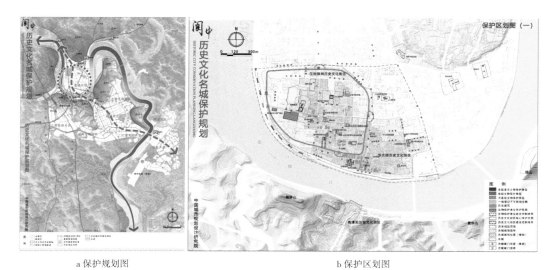

| a 保护规划图 | b 保护区划图 |

图11 《阆中历史文化名城保护规划》（修编）（2018年）

3 阆中名城保护工作经验总结

在各类保护规划的指导下，阆中始终坚持"保护为本"的发展理念，在全国较早实施了大规模、系统性的古城和传统文化保护。在山水城环境营造方面，阆中因古城与周边山水关系、理想风水模式的契合度极高，保护规划中提出了全域山水的分级、分段管控的方法，通过视线模拟方式划定了古城的环境协调区；在改善民生方面，先后投入4亿元对古城区电力、通信、给排水管道等实施改造升级，持续不断维护古城基础设施，改造旱厕620座，新铺设破损路面4600m，改造所有城区水电气网，废除古城区燃煤和柴火传统；在历史文化保护方面，阆中的历史文化遗产本体和环境得到了较好保护，古城格局和风貌完整性得到了较好保存，分期、分批对古城内花间堂、镇江楼、钱币博物馆等30余个特色文化院落进行了保护性提升，大力实施风貌整治，拆除和改造不协调现代建筑，整体保护古城风貌；在古城发展方面，阆中文化遗产的良好保护大力推动了社会经济发展，在保护原有空间肌理的基础上延续传统功能，并将传统文化进行展示和利用。回顾阆中名城保护40年，可将保护工作经验总结为理念、路径、模式、政策、公众参与5个方面。

3.1 始终坚持"保护为本"的保护理念

历届阆中市委、市政府高度关注国家历史文化名城保护工作，始终秉持"保护为主、抢救第一、传承发展"的原则，始终把名城名镇名村保护与传承作为阆中经济社会发展的出发点和落脚点，正确处理保护与利用、继承与发展、近期与长远之间的关系。阆中规划建设管理部门对古城保护的意识与投入全国领先，较早开展大规模、系统性的古城和传统文化保护工作。保护区内文物数量从1986年入选全国历史文化名城时的210处增至现在的1018处，对古城垣、古城墙、古寺庙等25个类别224处古遗址进行史料考证和编辑，对86处历史建筑实行挂牌保护。"十二五"以来，累计争取到名城保护规划编制和基础设施建设补助资金9349万元，地方政府投资及配套30亿元，为历史文化名城保护和提升利用提供了有力保障。

3.2　始终坚持"规划先行"，较早确定"保护古城，开发新区"的保护路径

阆中是我国最早一批编制历史文化名城保护规划和历史文化街区保护规划的城市，严格按照规划保护与监管，名城名镇名村保护修缮工作科学合理、严谨周密，有效保障了阆中历史文化城区、街区和历史遗存的完整性与真实性。早在2003年编制的《阆中历史文化名城保护规划》中就提出"保护古城，开发新区"的发展路径，疏解历史城区的人口密度和功能，合理的城市布局为历史文化名城保护与发展奠定了良好的基础。保护区范围内所有复建、改建和修缮的建设工程，坚持多方考察论证，并由市规划委员会集体审查通过；保护区内重要遗迹恢复和景点、景观建设均实行公开公示，在广泛听取有关专家、学者乃至社会公众等各方面的意见后再行实施。

3.3　始终坚持"小规模、渐进式"的更新模式

阆中住建、文物、古城管委等部门一直秉承"坚决拆、慎重建"的原则，防止大拆大建现象发生，确保历史文化名城保护工作的整体性和一贯性。鼓励古城内工业企业向新城工业园集中，累计拆除和改造保护区内不协调现代建筑30多万㎡。鼓励业主进行自我修缮更新，形成了以"十大院落"为代表的古城文化院落，分布在阆中古城核心街区8条街道上。不同院落展示不同的文化内涵，坚持"活生生的原生态"理念及"一院一特色，一院一主题"（图12、图13）的文化定位，充分挖掘和体现传统文化精髓。

图12　阆中古城花间堂酒店　　　　　　　　图13　阆中古城镇江楼客栈

3.4　不断健全保护管理机构和制度

2004年7月四川省人大通过《四川省阆中古城保护条例》，为阆中名城保护工作提供了法律

保障。2019年5月四川省人大对《四川省阆中古城保护条例》进行修订，进一步适应了新时期的保护要求。历届市委、市政府都高度重视阆中古城的保护与发展，认真贯彻落实《四川省阆中古城保护条例》，投入了大量的人力、物力、财力，健全保护管理机构和制度。阆中古城保护办对古城内需要修缮、复建或改建的项目实行书记、市长"双签字、双联审"的审查措施与"现场指导、方案评审、规委会审定"三级保护管理体制，规划、建设、古城保护、文化等部门严格监管建筑改造修缮并依法查处违法违章及破坏传统风貌等建设行为，纪委、检察院、目标督察等部门积极参与监督，确保相关职能部门依法行政、履职尽责；依据《阆中古城保护与管理八项制度》和《市级相关部门古城保护管理主要工作职责》，建立健全了周三部门联席办公、古城包街巡查、古城修缮准入等制度，全面落实了古城保护办、规划局、住建局等21个部门（单位）的管理职责，配备了古城保护管理的专（兼）职人员，并将古城保护人头经费全额纳入财政预算，做到了古城保护有机构、有人员、有经费；依据《阆中古城景区综合执法实施方案》，从综合执法、市场监督、文化旅游、文物保护、公安、交警等部门抽调42名人员入驻阆中古城景区，在古城景区管理局的统筹指挥、牵头组织下，开展古城景区综合执法工作，健全了古城景区依法治理体系，构建了协调联动、快速查处的景区综合执法机制，为古城保护保驾护航；严格按照《阆中古城修缮指南》《古城风貌整治技术要点》等规范性文件要求，对修缮古城内民居的高度、材质、体量、色彩、风格等十大项53个小项进行了明确规定，对进入古城的施工队伍资质进行严格审查，并进行合同化管理，排除了施工队伍随意施工；贯彻执行《四川省阆中古城保护条例》，对在古城核心区擅自上升下挖、改变房屋维修方案或变维修为改建的，立即依法制止和处罚，对违规乱搭乱建及新出现的不协调建（构）筑物，坚决予以拆除，严肃查处古城各类违规修缮行为。出台了《阆中市老观历史文化名镇保护暂行办法》《关于古城院落特色文化建设和保护的指导性意见》《关于加强东山园林景区管理保护的通知》《关于进一步做好永安寺保护提升工作的通知》等多个有关古城、景区、文物保护方面的文件。

除以上管理机构和制度之外，阆中古城还针对消防问题提出解决措施，设立消防中队，有针对性地开展消防扑救处置应急工作；在全国率先开展古城消防安全评估；因地制宜，创新管理模式，依托社区和沿街消火栓位置，将沿街商铺和古城居民组成百十个"十户联防"组织，并常态化开展古城消防应急演练；坚持常态监管，整治火灾隐患（图14）。

3.5 尊重居民意愿，鼓励公众参与

阆中积极鼓励居民通过多种方式反馈关于古城保护的意见和建议，鼓励自下而上的古城维护和保护工作。通过设立专项奖励、举办知识竞赛、开辟电视栏目等方式，深入宣传名城名镇名村保护法律法规知识，使保护工作深入民心，营造了"人人争当名城形象大使、个个甘当名城保护卫士"的良好氛围。

图14　阆中古城内消防救援车及各类灭火设施

4 阆中名城保护工作的意义与影响

　　阆中始终坚持保护规划确定的"以保护促发展"的方针，大力推动了阆中的社会经济发展，旅游人次不断创新高，旅游业突飞猛进，2018年旅游总收入达到全市生产总值的56.8%。阆中作为我国历史文化名城保护工作的典型案例之一，在取得了突出成就的基础上，仍在坚守历史文化遗产保护的初心，并在名城保护领域发挥越来越重要的作用。例如，整体性保护、古城消防等具有突出成效的保护与治理模式，可为其他古城的历史文化保护实践工作提供借鉴和参考。

摘　要　本文探讨的"新旧分离"规划是指基于城市保护思想，采用"保护旧城，另建新区"的规划方法，对旧城的城市功能、人口和空间进行疏解，以达到整体保护历史城区目的的规划模式。本文以20世纪80年代的《平遥县城总体规划》为例，对该规划的背景、内容、实施过程及其对平遥保护与发展的作用机理进行剖析，总结出平遥"新旧分离"规划模式的特点：一是以保护古城为出发点，二是以平衡古城与新城的发展需求为目标，三是以古城与新城分离为空间策略。本文探讨20世纪80年代以平遥为代表的"新旧分离"规划模式的特点及其历史意义，为当下的历史城镇保护与发展提供借鉴。

关键词　历史城镇；新旧分离；规划模式；平遥

邵甬[①]　岳磊[②]

Shao Yong　Yue Lei

中国历史城镇『新旧分离』规划模式研究
——以20世纪80年代《平遥县城总体规划》为例

Study on the Theories and Practices of "New-old separation" Planning Model for Chinese Historic Cities: The case of Pingyao Master Plan in the 1980s

Abstract　The "New-old separation" planning discussed in this paper refers to the planning model based on the concept of urban protection, adopting the planning method of "protecting the old city and creating a new district" to relieve the urban function, population and space of the old city, so as to achieve the overall protection of the historical urban area. Taking the master plan of Pingyao in 1980s as an example, this paper analyzes the background, content and implementation process of the plan, as well as its mechanism for the protection and development of Pingyao, and summarizes the characteristics of the "New-old separation" planning model of Pingyao: the first is to protect the old city as the starting point; the second is to balance the development needs of the historic city and the new city as the goal; and the third is to separate the historic city and the new city as the spatial strategy. This paper discusses the characteristics and historical significance of the "New-old separation" planning model represented by Pingyao in the 1980s, and provides a reference for the conservation and development of historic towns in the present.

Keywords　historic cities; "New-old separation"; planning model; Pingyao

1 引言

　　中国传统城市建设中就有因为人口增加或者军事防御需求脱离旧城另建城池，形成双城、三城并置的格局，如余姚、淮安等；近现代城市建设中，也有因为工业发展或者新城建设形成跨越式的多城区并置格局，如南通、洛阳等。与这些因为人口、功能疏解需要

---

① 邵甬，同济大学建筑与城市规划学院教授，博士。
② 岳磊，同济大学建筑与城市规划学院硕士研究生。

进行城市"新旧分离"而"多城并置"规划模式不同，本文拟探讨的"新旧分离"规划是指基于城市保护思想，采用"保护旧城，另建新区"的规划方法，通过对旧城的城市功能、人口和空间进行疏解，以达到整体保护历史城区目的的规划模式。

王瑞珠（1993）认为从保护的角度来说，欧洲历史城镇空间发展模式中新城偏向一侧或两侧的发展相对来说是更有利的一种布局方式[1]。其原因是，在这种模式下新城布局灵活，城市用地调整相对较小，老城可以减少变动，更有利于保护。

回顾我国的历史城镇保护历程，早在1950年，以"梁陈方案"著称的《关于中央人民政府行政中心区位置的建议》明确阐释了北京需要发展新区与保护旧城并重[4]（图1）。虽然该方案因为种种原因未能实施，但阮仪三认为"梁思成指出要有全面保护有价值的历史古城整体环境的重要意识，并阐述了如何合理利用这历史遗存的方法和内容。"[2]

吴良镛（1984）也在中国第一批历史文化名城公布后，从古城保护目的出发探讨了名城空间布局结构的可能性；同时，以杭州、苏州与西安为例，认为有意识地开辟新区可避免旧城改造带来的破坏（图2、图3）[4]。

可见，20世纪80年代，学术界已经有强烈的老城区整体保护的意识，但是还是如吴良镛在1984年提到的"旧城新增过多单位，聚集过多人口，则迟早会迫使旧城非作较大的拆改不可。"[4]这其中既有将城市保护等同于文物保护单位碎片化保护的问题，也有在城市总体规划

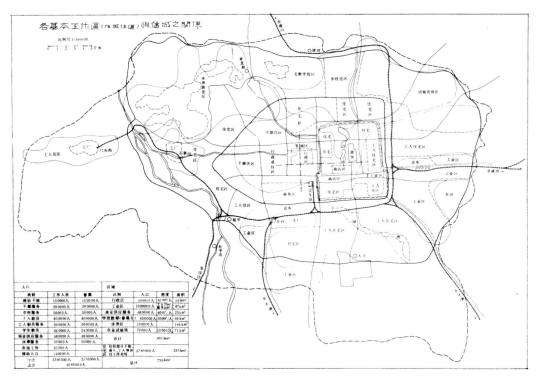

图1 "梁陈方案"中新区与旧城的关系
来源：梁思成. 梁思成文集：第四卷［M］. 北京：中国建筑工业出版社. 1986.

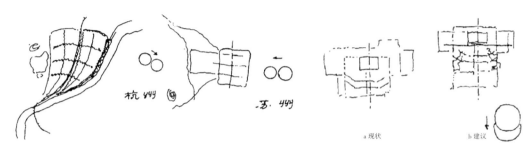

图2　杭州与苏州城市空间发展建议
来源：吴良镛. 历史文化名城的规划布局结构［J］. 建筑学报. 1984
（1）：22-26. 87.

图3　西安城市空间发展
来源：吴良镛. 历史文化名城的规划布局结构［J］.
建筑学报. 1984（1）：22-26. 87.

层面未能及时地处理保护与发展的关系，从而未能很好地将城市功能、人口、空间进行合理规划的问题，造成20世纪90年代旧城区积重难返大规模的旧城改造。

　　纵观当前中国的历史城镇，老城区比较完整保存的如平遥、丽江、苏州、周庄等均在20世纪80年代编制了比较明确的"新旧分离"的总体规划，以及相应的历史城（镇）区保护规划，并且得到了较好实施，从而取得了显著效果。限于篇幅，本文以20世纪80年代的《平遥县城总体规划》为例，对该规划的背景、内容、实施过程及其对平遥保护与发展的作用机理进行剖析，探讨20世纪80年代以平遥为代表的"新旧分离"规划模式的特点及其历史意义，为当下的历史城镇保护与发展提供借鉴。

2 20世纪80年代《平遥县城总体规划》的背景及历程

　　本文所探讨的平遥"新旧分离"规划是指在1981年开始编制，在1985年由山西省人民政府正式批准的第一版具有法律效力的《平遥县城总体规划》（以下简称为《1981平遥规划方案》与《1985平遥批复规划》）。

2.1　全国城市建设与文物保护发展（1949~1980年）

1949~1976年城市规划制度发展缓慢，城市规划工作曾一度停滞[5]。直至1978年3月，国务院在城市工作会议上通过了《关于加强城市建设工作的意见》（以下简称《意见》），4月中共中央批转国务院《意见》，提出控制大城市规模、发展中小城镇的城市工作基本思路[6]。

　　在文化遗产保护领域，从20世纪上半叶开始，我国陆续发布了文物保护的法律法规。随着改革开放，城市进入大规模发展阶段，历史城镇保护所需要解决的问题"渐渐从文物建筑转向整个历史传统城市"[7]。

　　可见，在《1981平遥规划方案》之前，一方面全国已经开始了城市建设的大浪潮；另一方面，虽然全国的文物保护制度不断完善，但是对于历史城镇来说，主要还是保护城墙、公共建筑等点状的文物保护单位，而历史文化名城制度正在酝酿，尚未对城市规划、城市建设产生重要影响。

2.2 平遥社会经济与城镇空间发展（1949~1980年）

平遥位于山西省晋中市，从目前城市影像图来看，平遥县城主要由两个区域组成：一是明初扩建形成的城墙内区域，目前俗称"平遥古城"（在20世纪80年代平遥规划中被称为"旧城"和"古城"），面积约2.25km²；二是改革开放后城墙外发展的新城区域（图4）。

图4　平遥县城现状（红线内为古城）
来源：根据天地图改绘。

自1971年开始，平遥的全县工业生产总值才开始超过农业。到1980年，全县工业总产值达6377万元，农业总产值达5910.41万元。县城工业总产值5811万元[14]，其中以轻纺为主，约占工业总产值的70%。县城也有大量农副产品加工与机械制造工厂的建设，工业逐渐成为平遥主要的经济支柱。

1949~1980年，随着人们对社会生活需求的提高，现代的公共服务功能以及多层住宅等开始在古城内部出现，同时向古城外面蔓延。

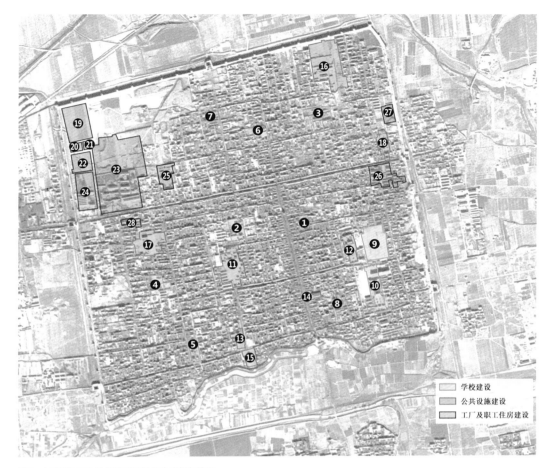

图5　1980年前平遥古城内的现代化功能与建设
来源：底图为20世纪60年代卫星影像图. https://earthexplorer.usgs.gov/.

（1）古城内部传统空间的占用与拆除

古城内对传统建筑的破坏与占用主要表现在学校建设、政府办公等公共设施建设，以及工厂与职工住房建设三方面（图5）。

首先是学校建设，如城守营小察院、吉祥寺、火神庙、西巷民居、武庙、关帝庙、二郎庙、赵举人宅院等作为城关一小到八小（分别为图5中编号1~8）。此外，平遥中学占用文庙全部区域（编号10），并逐步拆除尊经阁、泮池、泮桥，后又占用原太子寺、娘娘庙用地（编号9）。

其次，新中国成立前后，对县衙（编号11）内部建筑陆续拆改。此外，城隍庙（编号12）改为县剧场、电影院、县总工会、工人俱乐部和灯光球场，拆除了大公馆／二公馆（编号13）建设了警察局等（编号14~18）。

再次，工厂与职工住房建设需求。例如，在古城内陆续侵占空地及寺庙建设了柴油机厂及其宿舍、招待所、礼堂、幼儿园、篮球场、职工医院等（编号19~23），建设了棉纺织厂（编号24）与农机公司（编号25），拆除了部分民居建设了电灯公司、面粉厂与第二针织厂（编号26）等。

（2）城镇空间外溢与分散

1）对外交通逐步建设，古城道路向外延伸

20世纪50年代后，平遥陆续在古城外修建了顺城路、平黄线等。1962年与1968年建设专用铁路线，满足沥青库与电机车厂运输需求。对外交通除铁路外，1966年设立平遥汽车站（图6）。

1979年在平遥县基本建设委员会组织下，将西大街从柴油机厂门口至西关百货大楼一段道路进行改建拓宽。1980年，为了更好地对接城外的道路交通，将古城内柴油机厂门口至沙巷北口长300m的路面进行拓宽改建（图6）。

图6　1980年平遥古城内外用地与交通建设
来源：根据参考文献［8］绘制。

2）工业用地在古城外分散式布局

新中国成立初期，随着生产力发展以及国家疏散沿海工业支援内地建设，平遥传统的小农经济、小型手工业等经济发展形式被打破，现代工业生产方式进入平遥，由于传统建筑的空间限制，众多工厂选择依附于平遥古城城墙内外的空地进行建设，大多突破城墙分布于城外。同时，因平遥火车站的交通优势，古城以西工厂分布数量多于古城以南、以东。除了北面有铁路阻隔，城市分别在古城西、南、东三面发展，形成了三面蔓延与分散布局的趋势（图7）。

相比较同时期邻近的榆次、太谷、祁县、介休等地，在1949~1980年基本都是以上两种城市空间发展特征（图8、图9）。

图7　1949~1980年平遥工业用地分布
来源：根据调研与《平遥县地名录》整理自绘。

2.3 平遥城市建设规划方案（1949~1980年）

1958年，平遥县计划委员会首次编制"城市建设规划"，因种种原因，未能实施。1976年，县建设局开始第二次编制"城市建设规划"。由于规划方案不理想，县建设局请晋中地区城乡建设规划队对平遥城市规划作了修改。

此后规划方案主要是参考北京、太原等城市的规划，采取破城开路的方式，包括打通拓宽东西大街至城外，沙巷街贯通至城外过境道路，将南部衙门街—城隍庙街向东延伸到古城外连接对外交通。"同时对市楼的处理则采用了西安等城市钟鼓楼的规划方法，保留单体建筑，在其周围扩宽道路，形成环岛"[①]，"规划就是把市楼周边拆开中间形成一个广场，把市楼北面街道也拓宽了一下"[②]（如图10中黄色虚线圈所示）。对古城内大量文物则采取了划定保护区的方式。

正如孙施文（2019）对中国现代城市规划体系的建构与形成的研究认为，在新中国成立后，城市规划主要是承担经济计划所确定的具体建设任务。"为建设而编制规划，或者说没有建设就不需要规划，规划设计、规划编制所确定的结果都是要进行建设的，而且都是要马上建设的。"[11]虽然，改革开放后，平遥对城市总体规划有进一步的探索，但没有完全突破"建设规划"的局限。

① 2021年9月13日冀太平访谈信息。
② 2021年3月22日王国和访谈信息。

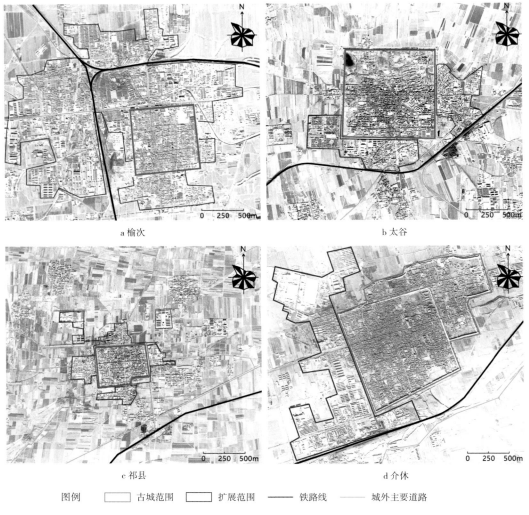

a 榆次　　　　　　　　　　　　　b 太谷

c 祁县　　　　　　　　　　　　　d 介休

图例　　　▭ 古城范围　　▭ 扩展范围　　━━ 铁路线　　━━ 城外主要道路

图8　榆次、太谷、祁县、介休1980年前城市空间发展示意
来源：根据https://earthexplorer.usgs.gov/底图绘制。

　　因此，平遥在1977年遭遇洪水后，便开始根据当时的方案实施。一是城市排水。按照规划，为修建下水道向城外排水，在西北侧城墙开了口；二是西大街的沙巷街以西段，以及西关大街到顺城路的道路建设。

　　可以说，这一时期的平遥古城一方面要考虑古城内部的现代功能、道路交通、防洪排水等现实需求；另一方面，虽有对文物保护的重视，但主要还是集中于历史价值较高的城墙、市楼等，对平遥未来的整体城市建设规划更倾向于现代化改造，如同当时的北京与西安的规划和建设。此时，平遥的城市建设与文物保护陷入了僵局，需要有一个能够寻求共赢的规划方案。

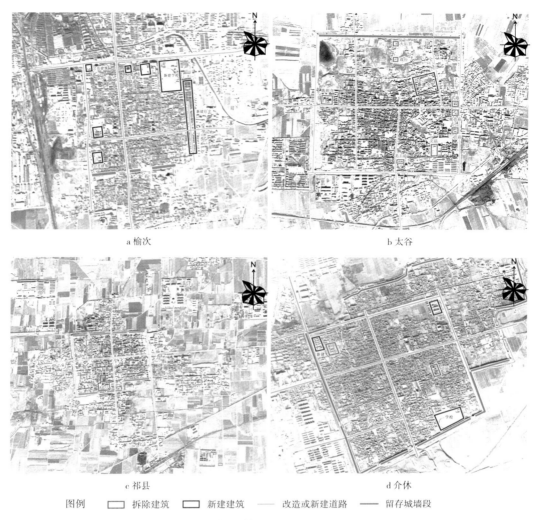

a 榆次   b 太谷

c 祁县   d 介休

图例 □ 拆除建筑 □ 新建建筑 —— 改造或新建道路 —— 留存城墙段

图9 榆次、太谷、祁县、介休1980年前古城内城市建设情况
来源：根据https://earthexplorer.usgs.gov/底图绘制。

2.4 《1981平遥规划方案》历程

（1）"新旧分离"规划思路的提出

1980年，同济大学阮仪三教授带领学生在山西榆次进行城市规划的课程实习，期间去往平遥古城调研，发现古城因水灾损毁严重，正在进行的建设施工对传统建筑与城墙造成了破坏。于是，阮仪三向山西省城乡建设环境保护厅规划处指出平遥当前城市建设的问题。时任平遥县建设局建委主任张俊英得知情况后，派王中良带上当时的总体规划方案前去请教阮仪

图10 1976~1980年平遥规划方案示意
来源：底图来源于参考文献[9]。

图例
□ 工业用地
□ 居住用地
□ 仓储用地
□ 特殊用地
—— 规划贯通道路
—— 规划拓宽道路

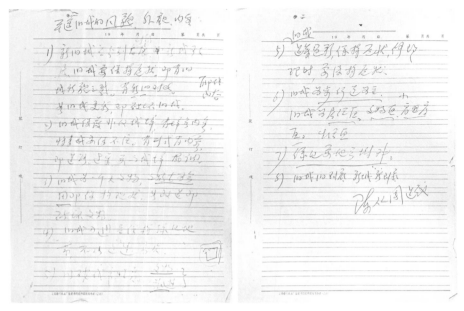

图11 陈从周先生手稿《平遥旧城的风貌、外貌、内容》
来源：阮仪三提供。

三。阮仪三在认真、仔细地看了规划后，表示愿为平遥搞城市规划[10]。

阮仪三回到学校后，一方面向董鉴泓先生申请教学经费和工作团队，一方面向陈从周①先生请教了关于平遥县县城总体规划编制的问题。陈从周先生围绕平遥古城的风貌、外貌、内容提出了九点建议（图11）。其中，第一条就是"新旧城应分别发展，新城可发展、旧城要保持原状。即有旧城新貌之感，有新旧对比。若旧城更新，即破坏旧城。"最后一条"旧城旧到底、新城新到家。"这为阮仪三在平遥的"新旧分离"规划实践提供了理念雏形。

（2）"新旧分离"规划编制与审批

1981年暑假，阮仪三带队于8月2日再次回到平遥②，同行的有助教张庭伟及10位同学。山西省城乡建设环境保护厅规划处（原山西省城市建设局）的郭振业、张维强、赵俊甫三人，晋中地区城乡建设环境保护局连英文、马克勤，平遥县建设局张俊英、王中良、张光华、孙宝森以及文物局李祖孝、李有华一起编制规划（图12）[14]。期间，同济大学赴平遥工作组与地方技术人员配合，对平遥县建筑、城墙、古建筑、典型民居进行了测绘（图13）。

经过半个月的现场调查与研究，同济大学平遥工作组很快形成了一个规划方案。阮仪三明确提出了平遥县城规划的三点原则："一是平遥古城是祖国宝贵的财富，要认真保护；二是整个古城是一个大文物，不能只保护城墙和几座古建筑；三是城市要发展，旧城要改造，应采取

----

① 陈从周（1918~2000年）：同济大学教授、博士生导师。中国著名古建筑园林艺术专家，擅长文、史，诗词、绘画。新中国成立以来，积极从事保护、发掘古建筑工作。
② 2021年12月7日阮仪三访谈信息、王中良平遥古城"申遗记忆"。

图12　同济大学城市规划专业平遥工作组师生与当地专业人员在清虚观前合影[1]
来源：阮仪三提供。

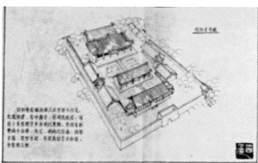
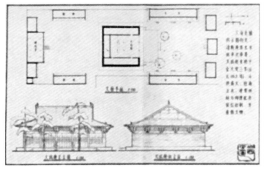
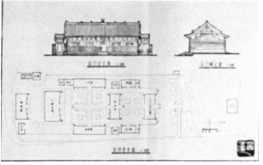

图13　同济大学城市规划专业平遥工作组测绘手稿
来源：阮仪三提供。

---

① 后排左起：张伟、任雨来、苏功洲、李祖孝、阮仪三、张庭伟、李育华、于一丁、沈毅；前排左起：吴志强、吴
晓勤、李伟利、史小予、熊鲁霞、刘晓红。

分别处理的方法"[8]。8月18日，《平遥县城总体规划》方案完成（图14）。

一份阮仪三与张庭伟写于1981年9月的《平遥古城总体规划》[12]的报告中采用了"抓住城市特点，发挥古城特色"的大标题。开宗明义写道"我国历史悠久，土地广袤，在现有三千四百余个城镇中，还保存着不少古老城镇，这些城镇的格局、街景、古建、民居，反映出我国独特的传统，迥异于世界上其他国家的城镇，它们是我国宝贵的历史遗产，应很好继承保护。同时，封建社

图14 《1981平遥规划方案》总图
来源：同济大学城市规划专业平遥工作组，1981。

会城市的狭街小巷，又和今天的社会生活不相适应。这些城镇的居民，较普遍地希望改善居住环境，希望城市有一个符合时代进展的新面目。这是一个矛盾，探讨在这些古老城镇的总体规划中如何保存特色，处理好这些矛盾，是一个有意义的课题。"可见，对于同济大学城市规划专业工作组来说，他们不仅仅编制一个县城的总体规划，更多的是在思考这一类城市的规划问题。这个规划方案后来被郑孝燮先生称为"刀下留城"①，这既是同济师生从20世纪50年代开始持续调查研究逐步形成的对中国历史城镇价值的认识，同时也是梁思成先生、陈从周先生、原民主德国H.雷台儿②教授有关城市保护思想影响的结果。

1981年10月《平遥县第七届人民代表大会关于加强城镇建设的决议》中第一次提出"搞好城镇规划，按照古城特点建设城镇。"除了强调古城保护要求外，该决议还明确"经过三至五年的努力，把县城境内建设成为具有完整古城风貌、特色鲜明、布局合理、交通便捷、市容整洁、市场繁荣的社会主义小城镇。今后，新区建设要向南和西南拓展，达到经济合理、环境优美的综合效果，为城镇人民居住、劳动、学习、交通创造良好条件。"可见，"新旧分离"规划被城建与文物保护等不同部门接受，并且很快作为城市建设的依据。此后，平遥县基本建设委员会技术工作人员对《1981平遥规划方案》进行了一些修改调整③，在1982年1月，经平遥县第七届人民代表大会常务委员会第二次会议审议通过。1984年10月由王中良执笔，张光华、孙宝森、

---

① 郑孝燮时任城乡建设环境保护部城市规划局顾问，全国政协委员等职。他在1982年对《平遥古城总体规划理论研究成果评审意见书》中写道："从发现到作出规划，起到了'刀下留城'，避免了无知破坏的关键作用。"并在最后提出"规划将有可能作为第二批全国历史名城之一提供考虑或建议。"

② H.雷台儿，德国魏玛大学建筑系城市规划教研组教授。1957年9~12月，同济大学邀请其讲授《欧洲城市建设史》与《城市规划原理》，介绍了欧洲的新老建筑区分区方法。

③ 当时主要的调整有三个方面：1）环城绿带缩小，以建设大量单位宿舍、单位集资建房，甚至植入工业用地；2）新城道路网调整，首先是将新城的南北道路与古城沙巷街相连，其次是增加了古城西侧组团南北向道路与南侧新城东西向道路的联系，使原来的南北分立两个组团改变为"L"形半包围空间特征；3）功能细化，在南侧新城增加了学校、商业等用地，在西侧的工业区增加了行政机关与广场、体育场等用地。

阎清瑞、冀太平、张平武参与测绘、绘图、排版的《平遥县县城总体规划》最终形成（图15）。1985年8月，山西省政府正式函复平遥县政府，批准了该规划，即《1985平遥批复规划》。

图15　1985年获批的《平遥县县城规划总图》
来源：平遥县基本建设委员会。

3 《1981平遥规划方案》中"新旧分离"规划模式内容及其实施

3.1 "新旧分离"规划内容

解析《1981平遥规划方案》与《1985平遥批复规划》中"新旧分离"规划内容，我们可以从城市性质、空间策略和保护方法三方面进行。

（1）城市性质调整

该规划认为原来规划中确定的城市性质"以发展轻纺工业、机械工业为主的中小城市"是非常不合适的。规划分析了平遥县的特点，它的工业以轻纺为主，但规模不大，生产发展的原料来源也不可靠，机械工业发展前景不明，小煤矿也不足以做工业开采。而平遥所拥有的古城风貌，则是国内罕见的特例，且城内、城外有众多文物古迹，交通便利，均为独具的特点。因此，经过反复讨论，规划将平遥县的城市性质确定为"国家重点保护的、具有完整古城风貌的县城。"[12]这在当时以城市工业发展为主要目标的大环境中，是非常罕见而且大胆的。但是这也非常好地贯彻了当时的全国城市规划工作会议的要求，即要"根据城市的特点，正确地确定城市的性质，并据此去规划、建设城市，这是城市工作的方针"。

（2）城市空间结构调整

《1981平遥规划方案》提出不应该围绕古城进行盲目地、分散蔓延式地拓展城市空间，而应该"从城市用地实际出发，将城市划分为两个相对独立的部分，一部分为古城部分，另一部分为新建居住区部分。旧城要基本保持原有风格，新区可以有崭新的市容，于绿带中穿行自行车、步行交通系统，使新旧城有方便的联系，这样既保证了旧城不致被现代设施和建筑所破坏，又有强烈的新旧对比。"[12]

该规划据此形成了南、北两个组团：北边以古城与西侧已有工业区形成一个组团，南边以新城区与已有工业区形成另一个组团，南、北组团之间以环城绿带与柳根河进行分割，又通过生活性道路加强新旧区联系，通过交通性道路加强新区与火车站的联系。新城与古城形成了相对独立又相互协作的空间结构（图16）。

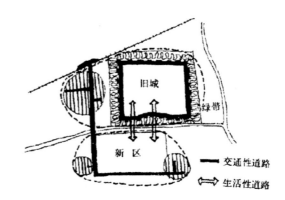

图16 平遥城镇空间发展布局
来源：阮仪三，张庭伟. 平遥古城总体规划［Z］. 同济大学科技情报站，1981.

在《1985平遥批复规划》中，城市建成区面积由1980年的4.2km²，发展到2000年的8.9km²；人均用地面积从1980年的90.91m²，发展到2000年的127.37m²。

规划对新旧区的功能进行了详细的规划。古城逐步调整为生活居住为主的地区，保留无污染的工厂，旧城改造应遵循"保存特色，充分利用，加强维修，逐步改造"的方针。民宅内部可以逐步现代化，但外观应保持原有风貌。新区市政设施力求完善，建筑形式可以与老城有所不同，但要体现地方风格。为达到这个目的，规划确定了明确的工作路径。

1）工厂外迁

结合已有分散的工业布局，将新规划的工业用地集中于西、东南两个工业组团。西部工业片区主要解决古城居民的就业问题。同时，将古城内柴油机场、棉织厂、第二针织厂、永红绢厂、衡器厂、烈军属厂以及城墙外围农修厂、汽修厂、五金厂等逐步迁入。新城是以中纤维厂为主的纺织工业区，古城内部发展服务业与地方手工业。

2）疏解人口

古城将逐步调整为以生活居住为主，将工厂搬迁后的用地改作公共绿地和停车场。古城还需外迁部分居民，远期古城保留3万人。古城在改造中遵循"保存特色，充分利用，加强领导，逐步维修"的原则。

在柳根河南岸的新区以已有的人民医院为中心，居住面积定额按5m²/人计算，规划人口1.7万，用地40~50hm²，总建筑面积8.5万m²。主要完善市政设施建设，要求建筑反映时代特征与地方风格。

3）道路分类

新区的道路采用十字形交叉的方格网道路系统，并且按照功能分为三级：一级道路24~32m，作为交通性干道；二级道路18~22m，作为生活性干道；三级道路9~16m，作为小区级道路或过境道路。

古城内道路按照功能也分为三类：商业步行街、机动车道（主要机动车、畜力车道路系统形成两个单行的环）和非机动车道（供自行车和人力车通行）。

4）公共建筑完善

县级党政军机关沿古城外侧的顺城街与新建街建设。新区在东西干道上，以已有人民医院为开端，陆续建设了百货大楼、广播电视大楼、邮电大楼等，铁道兵团部、饭店、旅馆这些建筑构成了新城的面貌。

古城仍然作为全县的中心。古城在东、南、西、北城区布置适当的商业网点，满足群众日常需要，增设手工艺品及手工业商品商铺。

（3）古城整体保护体系确立

古城保护是"新旧分离"规划模式的重点内容。因此，规划中专门设了古城保护规划、古城城区保护规划以及旅游规划三个篇章。

该规划认为历史城镇不同于文物保护的方法，不能仅对个别文物或几个地段进行保护，必须对周围环境变化进行规定，保证历史城镇的整体风貌特色。因此，历史城镇保护需要从全城出发，采取整体性的措施对古城进行保护与控制。

平遥"新旧分离"规划中对古城的保护采取重点文物古迹与优秀典型民居的选点保护、具有传统特点的重要商业街保护，以及总体布局风貌全面保护的"点—线—面"结合的办法。

该规划通过制定明确的古城内外保护区范围、等级、要求，建筑高度控制要求，街巷、典型民宅、店铺的保护范围、等级、要求、措施等，实行"全面保护古城"的政策，保持了原汁原味明清以来的街市民居风貌。

1）针对文物保护单位，划定了绝对保护区与视线保护区的范围（图17）。

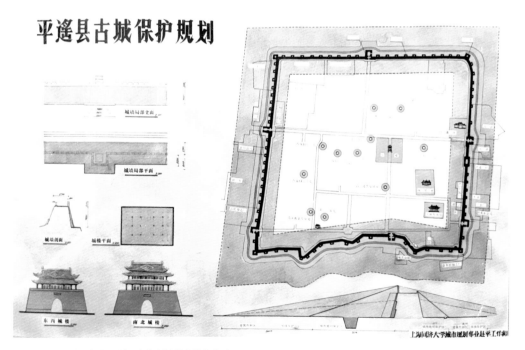

图17　平遥县古城保护规划—文物保护单位保护范围
来源：上海同济大学城市规划专业平遥工作组和平遥县基本建设委员会，1982年5月。

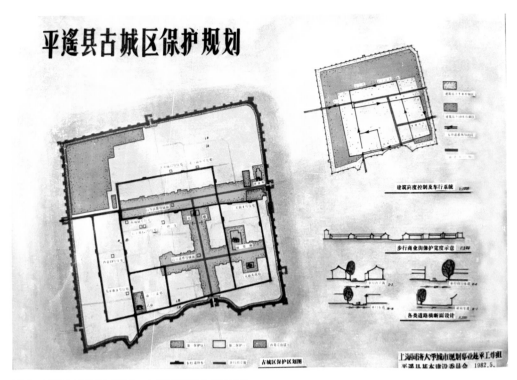

图18 平遥县古城区保护规划—古城风貌整体保护区划图
来源：上海同济大学城市规划专业赴平遥工作组和平遥县基本建设委员会，1982年5月。

2）针对整个古城采取分区保护（图18），将古城保护划分为以下几类。重点保护区：要求严格保护文物古迹、民居的原有面貌，对破坏的建筑环境进行精心维修，恢复保护。一般保护区：要求在保护原有风貌、格局的前提下，对原有建筑环境进行改善、修建、改造，提高居住环境质量。改造区：近期内严格控制发展，对污染工业企业进行迁址，达到远期为绿化点及居住用地的目的。

3）对古城区建筑高度进行严格限制。

3.2 《1981平遥规划方案》中的"新旧分离"规划实施与延续

（1）古城保护实效

1981年平遥"新旧分离"规划为平遥古城的整体保护奠定了重要的基础，一方面古城内重要的文物保护单位都得到妥善的保护；另一方面，古城的街巷、民居、肌理都很好地保存了下来，古城内的传统居住商业与生活形态也都很好地保存了下来。1986年，平遥被列为第二批国家级历史文化名城。1997年，平遥古城（含双林寺、镇国寺）被列入《世界遗产名录》，联合国教科文组织（UNESCO）对其突出普遍价值评价为："平遥古城是中国汉民族城市在明清时期的杰出范例，平遥古城保存了其所有特征，而且在中国历史的发展中为人们展示了一幅非同寻常的文化、社会、经济及宗教发展的完整画卷。"[13]这是对古城整体保护效

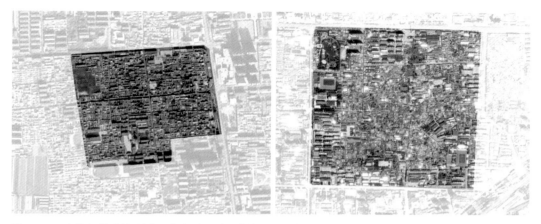

图19　2022年祁县昭馀古城历史街区范围（左）、太谷古城历史街区范围（右）
底图来源：天地图。

果的最好评价。

再回到1980年与平遥相似情况的周边历史城镇，基本还是延续原来的拆城拓路、分散蔓延的方式，造成高大体量的新建筑不断蚕食历史肌理与环境，从而形成"新旧两难"的局面（图19）。

（2）"新旧分离"规划模式的延续与发展

从1981年至今40年间，平遥城市性质虽然经历了几次调整，但始终没有改变其作为历史文化名城与旅游城市的性质①。

在城市空间结构方面，平遥县城几轮总体规划方案基本延续了1981年提出来的"新旧分离"的规划思路。古城因为有保护规划从而保证了其内部空间保留了完整的历史空间格局。新城则因为1985年规划缩小了古城周边的环城绿带，造成对古城的半包围趋势。20世纪80年代末，环古城地带建设了大量宿舍与单位集资住房，建筑质量较差，环境恶劣，同时南侧原有风雨雷电坛等历史遗存消失。1999年批复的《平遥县总体规划》明确恢复环城绿地，并在2007年进行招标建设。如果不评价该绿地设计方案的优劣，《1981平遥规划方案》中环城绿地的恢复则实实在在起到了既隔离新旧城空间、又弥合新旧城功能的作用，成为新老区居民都愿意去休闲娱乐的重要场所，同时也为旅游服务设施提供了空间（图20、图21）。

①　1999年获批城市总体规划明确平遥城市性质为"中国北方明清时期汉民族文化的世界级历史文化名城和山西省旅游核心城市"。

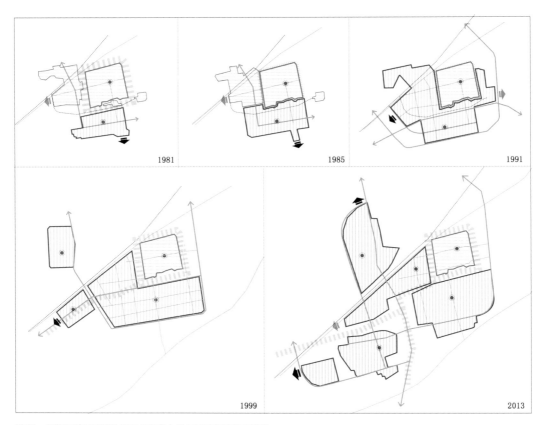

图20 历版平遥县城总体规划方案中古城与新城空间关系示意

图21 平遥古城南面环城绿带中迎薰公园成为新老城居民重要的活动交流场所

4 平遥"新旧分离"规划模式的意义与反思

4.1 作为规划目标的理论价值

首先，回顾20世纪80年代《平遥县城总体规划》，我们可以看到，"新旧分离"不是简单的一个规划措施，而是基于非常重要的发展理念，也就是转变现代化建设与古城保护相对立的思路，将古城视为一种重要的发展资源。该规划认为古城既是城市历史文化的空间载体，同时也是城市特色功能的宝贵场所。这为城市后续发展提供了良好的基础，并创造多元的发展条件。

其次，我们也可以看到，1980年以前，平遥对文物尤其是城墙保护相当重视。但是由于仅仅关注点状的、割裂的文物保护单位，因此无法与城市安全防灾、道路交通、现代功能的现实需求相抗衡，从而陷入僵局。该规划非常重要的是提出了古城要整体保护的思路，并构建了"单体文物—历史街巷—整体格局风貌"的多层次整体保护体系。这也为后来中国的历史文化名城保护规划提供了重要的理论基础。

4.2 作为规划方法的实践意义

"新旧分离"规划模式作为城市规划方法，将保护古城作为城市总体规划的重要组成部分。发挥城市规划在空间层面分析与解决问题的优势，通过空间规划的途径，另建新城区，保护古城区，从而解决了历史城镇遗产保护与建设发展在空间上的矛盾。

"新旧分离"规划模式中建设新城的目的不是为现代化建设服务而放弃古城，而是通过外迁部分人口、合理确定古城功能与性质等，转移古城建设压力，在城市总体规划层面做好"保下来"的第一步，接着逐步改善古城区，最终达到"新旧协同"的目标。这在平遥、苏州、周庄等历史城镇的实践应用中都很好地达到了这样的效果。

综上所述，笔者总结出平遥"新旧分离"规划模式的特点：一是以保护古城为出发点，二是以平衡古城与新城的发展需求为目标，三是以古城与新城分离为空间策略。在这个过程中，专业力作为政府力的重要组成部分，起到了非常关键的作用。

4.3 问题与反思

我们也可以看到，平遥"新旧分离"规划模式也走过了一些弯路。例如，新旧城之间环城绿带的作用被忽视。在20世纪80、90年代随着企业集资建房的兴起，原来规划中确定的新旧城之间的绿化带缩小、被占用，逐渐形成了新城包围旧城的趋势。再如，古城的功能曾经偏离原规划中确定城市有机体属性，将古城的功能确定为旅游城、博物馆城与影视城，造成古城区的人口过度外迁，功能过度旅游化、商业化，而缺乏对人居环境的改善。又如，新城建设缺乏对历史文化的尊重、缺乏特色风貌的传承等。

因此，2006年开始编制的《平遥古城保护性详细规划》再一次强调了平遥古城是一座"活着的古城"，需要兼顾遗产保护与人居环境改善；也再一次强调了平遥古城与新城之间环城绿带的重要意义，以及空间视廊保护、功能互补等问题，从而重新建立新旧城之间的平衡，再次探索从"新旧分离"回归"新旧协同"。

参考文献

[1] 王瑞珠. 国外历史环境的保护和规划 [M]. 新北：淑馨出版社，1993.

[2] 阮仪三. 我国的城市保护及其前景——学习梁思成先生的城市保护思想 [C] //建筑史论文集，2002.

[3] 梁思成. 梁思成文集：第四卷 [M]. 北京：中国建筑工业出版社，1986.

[4] 吴良镛. 历史文化名城的规划布局结构 [J]. 建筑学报，1984（1）：22-26，87.

[5] 邹德慈. 新中国城市规划发展史研究：总报告及大事记 [M]. 北京：中国建筑工业出版社，2014.

[6] 李秉仁. 我国城市发展方针政策对城市化的影响和作用 [J]. 城市发展研究，2008（2）：26-32，37.

[7] 王景慧，阮仪三，王林. 历史文化名城保护理论与规划 [M]. 上海：同济大学出版社，1999.

[8] 阮仪三. 旧城新录 [M]. 上海：同济大学出版社，1988.

[9] 曹昌智. 幸存的古城 [M]. 太原：山西经济出版社，2018.

[10] 王中良. 平遥古城"申遗记忆" [R]. 1995.

[11] 孙施文. 解析中国城市规划：规划范式与中国城市规划发展 [J]. 国际城市规划，2019，34（4）：1-7.

[12] 阮仪三，张庭伟. 平遥古城总体规划 [Z]. 同济大学科技情报站，1981.

[13] UNESCO. Pingyao Ancient City. 1997.

[14] 平遥县城县建设环境保护局.《平遥县县城总体规划》说明书 [Z]. 1984.

[15] 国务院批转全国城市规划工作会议纪要 [Z]. 中华人民共和国国务院公报，1980（20）：646-652.

平遥历史文化名城保护的历程、经验和启示

The Conservation Process, Practical Experience and Enlightenment of the Ancient City of Pingyao

李锦生①　温俊卿②　冯璐③

Li Jinsheng　Wen Junqing　Feng Lu

摘　要　本文系统回顾了40年来平遥古城保护工作的历程，全面阐述了平遥古城保护工作从起步到名城保护制度体系化探索，再到申遗成功后的转型发展三个阶段的主要工作内容，总结了在创新保护规划编制方法、活态保护历史文化名城、传承创新乡土建筑技艺、激发文化新活力四方面的实践经验，并在此基础上指出，抢救历史建筑、改善居住条件仍然是历史文化名城保护工作的重要任务，留住生活、留住人是历史文化街区不出现经济社会断裂的关键，梳理和研究产权问题是历史文化保护和城市更新的基础。

关键词　平遥；历史文化名城；保护历程；实践经验；工作启示

Abstract　This article reviews the conservation process of the ancient city of Pingyao in the past forty years systematically, and comprehensively expounds the main conservation work of Pingyao in the three stages from the beginning of the conservation to the systematic exploration of the system and to the transformation of the ancient city. It Summarized Pingyao's conservation practical experience in four aspects: innovating the compilation method of conservation planning, living the protection of historical and cultural cities, inheriting innovative vernacular building skills, and inspire new cultural vitality. On this basis, it is pointed out that rescuing historical buildings and improving living conditions are still important tasks of the historical and cultural cities, retaining life and people is key to avoid economic and social fractures of historic conservation district, combing and studying the property rights is the basic work for the conservation and renewal of the historical and cultural cities.

Keywords　Pingyao; historical and cultural city; conservation process; practical experience; enlightenment

---

① 李锦生，山西省住房和城乡建设厅，主要从事区域规划、历史文化遗产保护研究工作。

② 温俊卿，山西省城乡规划设计研究院有限公司，主要从事国土空间规划、历史文化遗产保护研究工作。

③ 冯璐，山西省城乡规划设计研究院有限公司，主要从事国土空间规划、历史文化遗产保护研究工作。

1 名城保护发展历程回顾

1.1 第一阶段（1981～1985年）：古城保护起步阶段

平遥是历史文化遗存大县，1978年改革开放后，平遥即争取国家资金启动了古城墙等文物保护单位的维修。1981年，平遥县政府委托阮仪三教授团队开展编制《平遥县城总体规划》，创新地提出"在旧城外开辟新城"的规划方案，将平遥城市性质确定为"国家重点保护的、具有完整古城风貌的旅游县城"，并首次在总体规划层面提出了古城保护思路和举措，详细叙述了关于"古城墙、古城区保护规划"，提出要"整旧如旧""保护城墙周围环境"等内容。这项规划的实施及时阻止了古城建设性破坏行为，为古城完整保护奠定了扎实的基础。

这个时期古城内外的重要遗存如古城墙、双林寺、镇国寺、清虚观、文庙大成殿等文物保护单位均得到了有效保护，古城墙按照"修旧如旧，不改变文物原状"的修复要求绘制修复方案，详列工程预算，烧制仿旧城砖，以当地的土、传统的夯土工艺和原样原质地的砖、传统的砌筑手法对古城墙进行了全面修复，由此也为培育本土专业化工匠队伍提供了良好的契机。

1.2 第二阶段（1986~1996年）：名城保护体系化探索阶段

1986年，平遥公布为第二批国家历史文化名城。1987年山西省建设厅安排山西省城乡规划设计研究院编制《平遥历史文化名城保护规划》（以下简称《保护规划》）。1987年，项目组驻扎平遥历时半年多，以摸清历史文化遗存家底、价值特色提炼、保护困难问题、发展对策路径为重点开展现场踏勘、地毯式调查。《保护规划》编制工作历时三年，1989年12月正式完成。《保护规划》总结20世纪80年代平遥历史文化名城保护存在的主要问题：一是历史文化名城保护得不到重视，对历史文化遗产的认识普遍不高，保护还处于消极被动状态，致使各方面的保护管理工作难以开展；二是历史文化名城建设性破坏和自然性破坏日趋严重，对历史文化名城保护缺乏认识，文物古迹和民居建筑年久失修等；三是基础设施极为落后，晴天尘土飞扬、雨天泥泞难行；四是管理体系等亟待建立和完善。

针对当时平遥古城面临的困境和突出问题，《保护规划》将历史文化名城文化遗产得以保护延续、城市经济和建设得以发展、通过规划实施赋予历史文化名城新的生命力作为规划目的和目标，提出了"全面保护、突出重点，保护与整治相结合，古城保护与新区建设相结合，历史文化名城保护与旅游发展相结合"的指导思想，在规划文本中提出"平遥古城不同于一般文物古迹，而是一个不断发展的社会。因此，保护历史文化财富和改善生活居住环境是两个同等重要的问题，否则保护将失去群众基础"，这些超前理念、保护观点在今天看来仍不落后，《保护规划》提高了人们对保护的思想认识，平遥始终坚持生活着的古城状态，保护正常的社会生态。

1.3 第三阶段（1997年至今）：古城保护发展转型阶段

1997年，平遥古城与镇国寺、双林寺共同列入《世界遗产名录》，随后小长假的施行促使我国旅游业快速发展，平遥古城旅游业也出现井喷式发展，平遥迅速成为国际、国内旅游热点城市。古城原本是平遥全县政治、商业、服务业、教育医疗的中心，由于各种旅游服务设施建设的迅速发展，古城空间出现严重拥挤，必须按照规划搬迁县委、县政府等党政机关，也是在这个阶段我国城镇化、房地产业快速发展，以行政事业单位带动居住人口外迁的模式推动了平遥县城新区的快速拓展，古城由传统社区转变为"社区、景区、保护区"三区合一的城市特别区、文化遗产城市，完成了第一次跨越式发展转型。

为了适应古城发展转型，2001年平遥县启动了《平遥古城保护性详细规划》（以下简称《详细规划》）编制工作，委托山西省城乡规划设计院承担了规划基础调研工作，历时两年获得最新的古城保护和建设现状。为提高规划设计水平，有效解决古城面临的新矛盾、新问题，该规划后由同济大学继续完成编制，以保护文化遗产、改善人居环境、促进社会发展为目标，按照"遗产古城、旅游名城、生活和谐城"的思路推动古城各项事业发展，突出平遥古城普遍价值，贯彻人居型世界遗产保护方法，建立保护工作科学体系，制定历史建筑修缮管理导则，强调公众全过程参与，按照世界遗产动态监管的要求编制了《世界文化遗产平遥古城管理规划》，基本形成平遥的保护工作技术管理体系。

1998年，为有效加强历史文化名城和世界文化遗产保护，山西省人大启动古城保护立法工作，并于当年颁布了《平遥古城保护条例》，将历史文化名城保护规划中的核心保护内容和保护措施纳入了古城保护条例，使得规划实施有了强有力的法律保障。该条例实施20年后，为适应新时期历史文化遗产保护发展要求，2018年山西省人大对其进行了全面系统修订。

2001年，平遥首次创办"平遥国际摄影节"，至今已连续举办21届，成为一项有影响力的国际活动。在保护古城遗产的同时，平遥秉承"文化活动让古城更具活力"，积极搭建文化平台，不断加强名城发展软实力。2013年，"又见平遥"作为"十二五"期间山西转型跨越的重要旅游发展项目在平遥正式公演，如今已成为平遥最具代表性的文旅品牌之一。2017年，"平遥国际电影节"成为国内第五个获得国家批准的电影节。2018年，平遥县政府组建"平遥城乡文化遗产保护与发展国际工作坊"，召集国际、国内众多设计研究团队共同研究平遥。2019年举办"首届平遥文化遗产国际交流周"，来自50多个国家和地区的文化遗产保护权威机构、学者在平遥进行了为期一周的学术交流活动，举办学术论坛20余场，3000余人参与其中。文化活动促进了平遥文化遗产活化利用、科学传承，文化创意、文化休闲产业不断创新。

2 平遥古城保护的经验总结

2.1 因地制宜、因城施策，创新保护规划编制方法

20世纪80年代是我国名城保护制度创建初期，平遥是国内仅存不多的完整古城，甚至可谓是最完整的。完整保护与满足交通需求、增加基础设施建设空间、提升居民生活设施现代化水平一直处于矛盾之中，《保护规划》提出的"赋予古城新的生命力"的规划思路如何落实下去是当时面临的主要问题。每座城市因为区位不同、经济发展水平不同，获得生命力的方式不同。当时平遥县城有6万多人，古城集中了近85%的人口。为了摸清每处遗存和每户居民的真实情况，保护规划调研组在1987年对古城每处院子的建筑质量、历史文化价值、产权权属、人口结构、从业情况等进行了系统调查，建立了传统民居的科学调查、价值评价和现代生活适应性体系。在此基础上，将古城划分为28个社区单元，对每个单元住房质量、建筑密度、人口密度、设施配套建立了赋分评价指标体系，根据指标因子值数据，制定改善住房和人居环境质量的单元举措，不同单元确定不同建设重点，指导政府实施规划。同时，提出了人口调整、用地调整、建筑功能调整的规划方案。平遥古城保护规划的早期探索对系统保护古城、完善我国历史文化名城保护体系有着重要的实践意义。

2.2 保留居民、保存生活，活态保护历史文化名城

平遥古城是以人为本策略下遗产社区活态保护的典型案例。历经40余年的保护发展，平遥古城通过行政职能外迁逐步带动人口疏解，确保古城一直保持相对合理的人口密度，居民生产、生活有了适宜的空间，而"留住居民的生活"也成为促进古城活态保护的关键举措。

目前古城常住人口约2万，主要分布在"干"字形商业街及主要景点等核心旅游区外围，从古城内人口分布情况来看，平遥古城依然是以当地居民为主的生活型社区，承担着居民正常工作、生活的重要职能，游客与居民丰富的行为活动共同构成了古城多元化、活态化的特征，贯彻了历史文化名城保护延续生活的理念和保护真实性原则。在留住居民的同时，平遥古城致力于改善人居环境品质，通过渐进式微更新的方式进行分片区、集约化、一体化的环境整治，有序地对古城内各类市政基础设施管线进行综合改造，对居民的居住条件、生活环境进行提升与整治，为古城留住居民、留住生活做了重要的基础保障性工作。

2018年《平遥古城保护条例》（修订版）第十条中提出平遥古城保护的重点内容包括保护"古城区内居民生活、社区基本服务的配套设施"，第三十二条提出"鼓励当地居民在古城内居住，参与古城保护利用，展示当地传统生产、生活方式，开展民俗文化活动"。《平遥古城保护条例》以法律形式保障了当地居民在古城内生活的权利，保护了居民生活配套设施的建设需求，是古城活态保护的重要制度保障。

平遥古城不仅在物质层面实现了历史文化名城制度下的真实性与完整性，更重要的是，在

整体保护的框架之中通过政策引导、法律保障、环境改善等措施，留住了古城居民与生活内容，以活态保护的方式为名城保护传承、转型发展提供了良好的保护样本。

2.3 乡土技艺、传承创新，科学修缮遗产遗存

我国历史文化名城保护相关法规均对名城、名镇、名村以及街区等的真实性保护提出了要求，指出要保护历史信息的真实载体[1]。平遥在长期的城市遗产保护修缮、跟踪实施工作过程中培养了一批本土专业化古建筑修缮团队，在修缮过程中遵循最小干预原则，确保修缮的真实性和完整性，并将其贯穿于传统民居等乡土建筑修缮过程中，综合考虑自然条件对传统建筑的侵蚀，在尊重传统风貌的基础上进行技术创新，在传统工艺中融入智慧科技手段，完善修缮技艺。

例如，在平遥城墙修缮过程中，沿用"桢干筑墙法"技艺保证古城墙原貌，同时融入现代材料检测技术，完善材料配比，保证城墙修缮的坚固性；搭建平遥古城世界文化遗产监测预警系统平台，对城墙、市楼、文庙、协同庆票号旧址等历史遗产的裂缝和倾斜状况进行重点监测；保证队伍对先进技术的掌握能力，在对双林寺的保护过程中，使用多种无损、微损科技保护手段和系统的现场病害调研对双林寺彩塑壁画进行数字化勘查记录，将数字化成果用于彩塑保护、管理、展示、利用和监测等各方面[2]。

2.4 延续文脉、塑造品牌，再现文化新活力

平遥的文化价值积淀于千余年的经济社会文化发展过程中，历史信息在一座城市不断叠加，最终形成了丰富、厚重、立体的平遥。在当代，历史文化名城制度下的系统化保护使平遥古城成为国内"保存最为完好的四大古城之一"，城内丰富的物质遗存与非物质遗存充分体现了北方汉民族明清时期县城的文化特质。进入21世纪以来，在国家大力推进文化建设的背景下，文化遗产成为城市发展的重要资本，在保证文化遗产真实性与完整性的基础上，平遥古城通过对历史文化的创意创新再利用，成功激发古城新的生机与活力，大力推动平遥由传统旅游型城市向高质量发展转型。

平遥古城在遵循整体保护的理念之下，充分利用古城内重要的历史建筑与公共空间开展节庆展览、非遗体验、文化交流等社会活动。这些活动如同古城内流动的血液一般在新的发展语境下持续造血，利用现代化的文化交流媒介，挖掘古城特色文化符号，创新演绎方式，拓展非遗受众，推动了平遥知识产权IP数字文创产业链发展，建立了"又见平遥"这一代表性文化演出品牌，极大地促进了古城历史文脉的延续与传承，再现了古城文化新活力。

与此同时，平遥古城积极搭建学术交流平台，举办各种类型的国际学术研讨会和论坛，推动学术知识交流和成果分享，并将各项成果回馈古城，为古城文化创新再利用提供了充足的人才储备与科研储备。

3 历史文化名城保护启示

3.1 抢救历史建筑、改善居住条件仍然是历史文化名城保护工作的重要任务

历史建筑、传统风貌建筑是历史文化名城体现名城价值的重要物质组成，也是城市内居民生活的重要空间，是承载城市记忆重要的物质载体，但同时，历史建筑和传统风貌建筑位于我国历史文化名城保护制度下目前名录保护中的末端，也是保护名录价值序列的末端。改革开放以来，40余年的快速城镇化过程中，大多数城市经历了用地扩张、人口增加，建设活动不仅发生在新城，也发生在旧城，历史建筑和传统风貌建筑大多因加建、改建的建（构）筑物改变了原有的院落空间，甚至有一些被拆除重建，影响到了旧城原有的城市肌理，也因人口密度大、公共空间不断被挤压、街巷狭窄难以敷设管道而逐渐成为旧城中人居环境差、改造难度大的原因。在历史文化名城中，这类区域往往分布着众多有历史文化价值的历史建筑和传统风貌建筑，保护与发展的矛盾更为集中和突出。

平遥县政府自2012年开始，即研究出台了《平遥古城传统民居保护修缮工程资金补助实施办法》，以政府补助资金带动居民自有资金的方式，由政府牵头组织先后五批修缮了100余处传统民居院落，切实修缮了一批历史建筑，提高了居民的保护意识，创新了修缮措施，改善了人居环境，还于2015年获得联合国教科文组织亚太地区文化遗产保护"优秀项目奖"。以修缮点状的历史建筑和传统风貌建筑串联古城的全面保护。

历史文化名城中往往还保留有数量庞大的历史建筑与传统风貌建筑，受修缮资金缺口大、居民保护意识不强、相关保护修缮制度不完善、整体基础设施落后等诸多因素的影响，大量历史建筑和传统风貌建筑仍处于破败状态，相关区域的人居环境水平仍然不高，作为人居型的遗产，抢救性修缮历史建筑、改善居民的居住生活条件，仍然是新时期历史文化名城保护的重要工作。同时，在修缮过程中，还应当重点研究居民住宅的现代化适应性改造模式，因地制宜，在保证传统风貌协调的情况下提升居民的居住生活条件和生活品质，有条件的情况下，还应充分展现其历史文化价值，对其进行活化利用，合理安排新的功能与业态，以用促保，充分发挥历史建筑的文化展示和文化传承价值，探索出一条既能古今融合，同时又能兼顾未来的保护发展路径。

3.2 留住生活、留住人是历史文化街区不出现经济社会断裂的关键

不同的历史城市受城市性质、经济发展、产业结构的影响，其保护的模式不尽相同，但就本质而言，活态保护是历史文化名城保护最科学、最可持续、最根本的保护路径。留住当地居民与生活内容始终是历史文化名城保护、传承、发展重要的社会支撑，是推动历史文化名城发展融入现代社会重要的实现基础。

从目前已有的古城保护案例中可以发现，有些城市在面对老城更新或街区改造中采取简单

粗暴的方式一刀切，迁出原住居民，通过拆真建假的方式使得原本多元化的遗产社区向单一性商业化"景区"转变，忽视原住居民在遗产保护过程中的重要作用，使得古城空有传统建筑的外壳，而缺少内在的文化连接与社区建设，直接导致古城在文脉延续、社会治理、经济发展层面出现明显的断裂问题，是古城遗产保护与文化传承不力的根本原因。

平遥作为古城活态保护的典型案例，其关键之处是留住了居民，留住了古城的日常生活，在古城内实现了居民、游客、外来商户共融共建、和谐共享的发展目标。因此，对历史城市街区的保护应当遵循以人为本的基本原则，首先保障居民在古城内正常生活的权利，从社区治理的角度因地制宜，探索出一条适合古城保护与发展的社区营造模式，将居民与生活作为历史城市街区复兴与传承的重要资源加以考虑，在严肃的物质保护语境下填补历史城市街区出现的经济社会断裂空隙，让古城在生活延续中实现传承与复兴。

3.3 梳理和研究产权问题是历史文化保护和城市更新的基础

产权复杂是历史城市保护更新的难点，老街区、老房子的产权尤为复杂。就平遥而言，作为一座完整保护的活态古城，其产权发展与国家治理体系改革同步，经历了土地改革、经租房等时期的产权变更，古城内部的房屋产权极其复杂，普遍的情况是大量历史建筑的产权不是按照单独的院落或单栋建筑进行划分，而是按照建筑的间数进行分割，私产、公产、集体产权相互交错，其中还混杂着包括租借者、经营者、使用者在内的不同利益群体。产权的复杂性为古城历史建筑、传统民居的修缮工作开展带来了极大困难。

针对此类问题，一方面，应当将产权现状分析纳入历史文化名城保护、更新的主要工作之中，在保护工作前期集中力量系统梳理产权现状，明确每栋历史建筑、传统民居的产权归属与实际使用情况，并在建筑档案中补充完善此类信息，为之后的活化利用、保护修缮提供基础资料；另一方面，应当从城市管理角度制定出适应产权复杂性的遗产保护制度，深入研究产权制度下遗产权属合理分配问题，宜公则公、宜私则私，做好遗产价值评估[3]，在此基础上明晰各类遗产使用者保护及使用边界，平衡遗产相关利益者的利益诉求，制定更加灵活的政策机制，实现遗产保护效率最大化。

参考文献

[1] WORLD HERITAGE COMMITTEE. Convention concerning the protection of the world cultural and natural heritage [R/OL]. (1998-02-27) [2022-05-28]. https://whc.unesco.org/archive/1997/whc-97-conf208-17e.pdf.

[2] 包媛迪，陈琛，郑宇. 数字化保护在双林寺彩塑壁画勘察中的实践与发现 [J]. 中国文化遗产，2017 (5)：40-50.

[3] 沈海虹. "集体选择"视野下的城市遗产保护研究 [D]. 上海：同济大学，2006.

宜兴历史文化名城特征的初步认识

宜兴历史文化名城特征的初步认识

贺云翱[①]

He Yun'ao

A Preliminary Study on the Characteristics of the Famous Historical and Cultural City Yixing

宜兴，一称阳羡、荆溪，是江苏一座延续了2200多年历史的江南古城，山水秀丽，古迹众多，名人辈出，文化积淀丰厚，有着很独特的历史文化风貌和文化传统；又因地处江、浙、皖交会之地，区位优势明显，水陆交通发达，有着广阔的发展前景。在现代化建设的过程中，宜兴市政府和宜兴市人民十分注意保护和弘扬宜兴富有特色的优秀传统文化，努力使宜兴成为融历史风貌与现代文明于一体的特色城市。2011年1月24日，国务院批复同意将宜兴列入国家历史文化名城。

根据调查研究，笔者认为作为国家历史文化名城的宜兴，其历史文化具有以下几方面特征。

1 宜兴历史文化源远流长，史前文化遗存十分丰富。多年来对宜兴的多次考古调查和发掘所取得的成果，都充分证明宜兴的历史文化在长江下游文明进程中起到了重要的作用

考古资料证明，早在1万年前，宜兴境内就已有人类生息繁衍。宜兴灵谷洞发现的古人类化石为此提供了强有力的证据。在宜兴发现的其他史前文化遗址更是多达20余处。为此，自2001年起，南京博物院考古所和宜兴市文物管理委员会多次组织对相关遗址开展考古发掘研究工作，其结果令世人所瞩目。其中，在对骆驼墩遗址的发掘过程中发现了以平底腰檐釜为主要特色的太湖流域又一支全新文化类型，并在长江下游地区首次发现了瓮棺葬，这一发现填补了太湖西部史前考古学文化的空白，对研究长江下游古代文明进程具有重要意义[②]。骆驼墩遗址的发掘被中国社会科学院考古所评为"2000年全国六项重大考古发现"之一。宜兴境内发现的良渚时期的玉器还表明这里是中国早期玉文化的重要分布区和良渚文明的波及区。

宜兴在上古时代地处吴、越两国之间，又有古中江东连海滨、

① 贺云翱，南京大学历史学院教授，南京大学文化与自然研究所所长。
② 林留根，田名利，徐建青. 江苏宜兴市骆驼墩新石器时代遗址的发掘[J]. 考古，2003（7）：579–585，673–674.

西达长江（今芜湖境内），与楚国沟通，因此文化来源丰富，文化面貌复杂，境内既有吴越文化特征的石室土墩遗存，又有楚文化风格的墓葬、铜器、漆器等出土。这反映了宜兴早在上古时代就拥有沟通和融汇不同区域文化的重要地位。

2 宜兴是我国著名的"陶都"，与中国"瓷都"景德镇共同昭示着中国这个世界陶瓷大国辉煌的陶瓷文化成就

作为我国著名的"陶都"之一，宜兴的陶瓷文化是十分丰富多彩的。

中国的瓷器生产肇始于商周，成熟于六朝。商周时期，在我国的东南沿海，已能烧造原始青瓷，而烧造出严格意义上的瓷器则要到东汉三国时期，也是在南方，率先烧造出了名扬天下的青瓷。目前在宜兴已经发现了春秋战国时期的瓷器和几何印纹硬陶遗存，代表了中国原始瓷烧造阶段的成就。

六朝时期，宜兴的经济、文化出现了空前的繁荣。原始青瓷也在这一时期走向成熟，成为真正的瓷器。根据考古材料及其他资料，当时长江下游地区有两处制造青瓷的中心，一处在浙江上虞及曹娥江流域，另一处在太湖西岸的江苏宜兴。从各窑址采集的标本中可以发现，宜兴和浙江的青瓷属同一系统中的两种流派，浙江上虞的青瓷总体上胎体偏灰或灰白，釉层薄，釉质细腻；而宜兴青瓷胎体偏红，釉层肥厚，色光亮，显得古朴大气。最为著名的宜兴宜城镇周墓墩出土的那件青瓷神兽尊，文物考古界大体认为是宜兴本地烧造，它代表了六朝时期很高的青瓷工艺水平。

唐代宜兴仍是瓷窑遍布，瓷业发达，推动了中国陶瓷文化的整体发展。宋以后，宜兴的陶瓷品种中增加了两朵奇葩——紫砂和均陶。宜兴均陶始于宋，成熟于明，国内外号称"欧窑"，产品的窑址多在丁蜀镇西南3km处的均山，故又名均窑或均陶。

在宜兴古老悠远的陶瓷文化中，最让宜兴自豪并且获得世人珍视的无疑是紫砂。

宜兴紫砂，始于宋元，成熟于明。紫砂茶壶赢得人们的无比珍视，首先在于它的材质。其原料是宜兴的本山土砂，而且它仅产于宜兴，得天独厚，用它加工成的壶泡茶，透气性好，既不夺香，又无熟汤气。其次在于一代代紫砂艺人对紫砂工艺的不断探索和精益求精，以及众多文人雅士的介入推动，把紫砂器锤炼成一件件精美的艺术品，成为国内外文博机构、美术馆和藏家争相收藏的文化珍品。

自明以来，宜兴紫砂壶制作名家辈出。明人自供春后，有万历间的董翰、赵梁、元畅、时朋四名家；后有时大彬、李仲芳、徐友泉三大妙手；清代有陈鸣远、杨彭年、杨凤年兄妹和邵大亨、黄玉麟、程寿珍、俞国良等；近代有朱可心、顾景洲、蒋蓉、徐汉棠等。当代中青年艺人更是人才辈出，他们在继承传统的基础上，吸纳现代工艺成就，创作出了许多享誉中外的紫砂陶作品，代表着宜兴这座"中国陶都"在陶瓷文化方面的发展与开拓。

从七千多年前的骆驼墩先民烧造出宜兴已知的第一批陶器，到今天宜兴陶瓷业的百花齐

放，存在着一脉相承的文化传承关系。正是有了古代宜兴先民在陶瓷文化方面的独特成就，才有了今天名扬四海的"中国陶都"。宜兴以拥有"宜兴窑"①（唐宋及其之前的以青瓷为主要特征的窑系）、"欧窑"（以均陶为特征的窑系）"蜀山窑"（以紫砂陶为特征的窑系）三种窑系而成为罕见的陶瓷名都，为中国、为江苏也为宜兴赢得了崇高声誉。这是宜兴历史文化遗产中最为夺目的篇章。

3 宜兴拥有丰富而独特的非物质文化遗产，这对凸显地域文化特色和地位，对展示江苏文化构成的多样性和创造性，对丰富中华文化的内涵都有不可或缺的意义

宜兴的非物质文化遗产丰富而独特，最著名的是梁山伯与祝英台的传说。二人忠贞不渝的爱情故事在一代又一代人口中传颂，又以《梁祝》的民族音乐形式在世界上展现华夏人民美丽的心灵，感人至深。宜兴善卷镇作为梁祝故事的主要起源地之一（在浙江宁波境内也有梁祝传说），还保存着众多与这个美丽传说相关的历史遗迹与景观，如有祝陵及祝陵村、护陵河、碧藓庵、祝英台读书处、祝英台琴剑之冢等。"十八相送"中的许多历史地名至今仍在沿用。宜兴善卷镇是国内外研究"梁祝文化"的专家学者及爱好者经常考察的地区。在宜兴市政府的关注和领导下，"梁祝文化"已成功列入国家级非物质文化遗产，并积极准备向联合国教科文组织申报人类口述及非物质文化遗产②。

宜兴的手工紫砂陶艺也是十分重要的人类口述及非物质文化遗产。宜兴手工紫砂陶艺是宜兴地方先民独创的一种手工成型工艺，具有口耳相传的特性，它从选料炼泥、成型装饰，到焙烧直至使用等一套工艺流程，都富含民族智慧，其中除独具特色的成型工艺外，还与中国的诗、书、画、印等民族文化艺术形成极为巧妙的有机结合，以至近代以来不少艺术大家如丰子恺、徐悲鸿、刘海粟、亚明等都成为紫砂手工陶艺的合作者。紫砂手工陶艺作品更是传播中华文明、增强中华民族凝聚力的中国茶文化的特色载体。宜兴手工紫砂陶艺数百年来的发展，形成了独树一帜的紫砂文化，成为体现宜兴地域特色和地域空间文化创造性的重要文化形态，受到国内外文化界、艺术界、茶艺界高度重视。目前，它已经是国家级非物质文化遗产，宜兴市人民政府也已启动为其申报世界非物质文化遗产的工程项目，相关保护措施正在逐步落实。在宜兴市南城区的丁蜀镇，至今还保留了历史上原有形态的手工紫砂陶艺相关遗产，包括古代和近代的紫砂窑址、采泥矿遗址、金沙寺遗址以及古龙窑等。即宜兴手工紫砂陶艺的一系列文化

---

① 贺云翱."宜兴窑"初论[J].东南文化，2015（4）.
② 联合国教科文组织确认的人类口头非物质遗产的定义是指"人们学习的过程及在学习过程中学到的和自创的知识、技术和创造力，还有他们在这一过程中创造的产品以及他们持续发展的必需的资源、空间和其他社会及自然结构；这些过程会使现存社区具有一种与先辈们相连续的意识，对文化认定很重要，对人类文化多样性和创造性保护也有着重要意义"。

形态都还完好保存于现代都市之中，这是极其宝贵的传统文化遗产资源，并且得到了地方政府的高度重视和精心保护。

宜兴的产茶、制茶工艺也具有悠久的历史，尤其是在唐代，由于得到茶圣陆羽的推荐，宜兴制作的茶叶曾经获得称冠全国的地位，史称"阳羡茶"或"义兴贡茶"，这在《苕溪渔隐丛话》《檀几丛书》《画墁录》《茶疏》等历代古籍中均有记载，所以唐代诗人卢仝诗有"天子未尝阳羡茶，百草不敢先开花"之句[①]，评价极高。一直到明代，宜兴仍向中央贡茶。今天，宜兴还是江苏重要的产茶基地。经实地调查，与唐代以来阳羡茶相关的历史遗迹在宜兴境内仍有保存，如市区宜城镇的茶局街（明代管理贡茶的机构），丁蜀镇的唐贡里、唐贡山以及南岳寺（唐代贡茶产处）、洞灵观（唐代制贡茶处）、唐贡嘴、离墨山茗岭（唐代贡茶产地）、善权寺等。在一些古代窑址中，古代茶具残器更是大量分布，这些综合体现宜兴古老而卓越的茶文化成就的历史遗迹，见证了宜兴历史文化方面的又一独特贡献。

宜兴的民间文化遗产项目非常多，青狮、盾牌舞、十番锣鼓等传统文艺节目都在国内外的表演中获得好评。

4 宜兴自秦代建县至今的2200多年历史中，城址虽有过改动，但总体上还是在今宜兴市区范围之内

宜兴古城具有依水而建的特点。其古城内水道包括城周护城河多还存在。古宜兴县城以长桥（蛟桥）及南北延伸道路为南北轴线，以穿越市区的蛟河为东西轴线的城市格局自古以来基本未变。

史载宜兴县始设于秦始皇二十四年（公元前223年），初名阳羡县。当时的城址在今市区宜城镇南部土城新村的位置。东吴赤乌六年（公元243年）以后，县城稳定在今宜兴市区城北区宜城镇旧城区的位置上。在漫长的历史变迁中，宜兴城市多次修建或扩建，但这座江南古城的历史城区格局仍大体完好地保存着。其空间的划分自古以来一直是以长桥及其南北延伸道路为南北轴线（即今宜兴市区城北区的宜城镇南北中轴线—人民路一线），以蛟河为东西轴线。如今蛟河两岸还保留着整齐而壮观的古代石条驳岸和一座座的河埠，它们印证着宜兴古代城区水运发达、市民依水而居的生活场景。宜兴古城城垣虽在历史上已被拆毁，但城垣护城河大体都还存在，如北面的太滆河，东、西两面的东汔和西（团）汔等，南面的南虹河也是宜兴老城之南的一条重要历史河道。这几个水面围合的空间完整地保存着宜兴古城区的四至范围，为当代和未来做好古城范围的确认与历史风貌保护提供了良好的条件。宜兴老城四周护城河及城内蛟河的存在，也能说明千年古城宜兴县城作为江南太湖之滨的历史名城，具有因水筑城，"城在水中，水在城中"的特有地域历史文化景观。

---

① 卢仝. 走笔谢孟谏议寄新茶 [M] // 全唐诗: 第388卷. 北京: 中华书局, 1960.

宜兴文物古迹众多，现有国家文保单位6处11个点，省级文保单位13处23个点，市级文保单位116处122个点，市级文物控制单位65处，历史文化名镇1个，历史古街区3处，古桥130余座。其中，位于善卷历史文化景观区内的国家文保单位国山碑为三国时期所立，碑文记载了当时地震及谶纬方面的内容，具有很高的历史、科学和艺术价值。位于市区宜城镇中心区的省级文保单位周王庙是为纪念晋平西将军周处而建的专祠，始建于西晋元康九年（公元299年），其殿内有唐、宋、元、明、清历代碑刻18方，其中以立于唐元和六年（公元811年）传为西晋文学家陆机撰文、东晋"书圣"王羲之手书的《平西将军周府君碑》最为著名。周王庙原具墓、祠、庙合一的体制，是江苏除苏州范仲淹墓、祠合一遗迹之外的唯一一处同类遗存，而且它的年代要远早于苏州范氏遗迹，因此周王庙历史建筑群是研究江苏乃至全国历史名人祠、墓合一制度的重要遗产地。其他如市区的徐大宗祠、文昌阁、太平天国辅王府等古建筑也都反映了宜兴各历史时期的文化风貌。

宜兴现有的历史街区中，北城区宜城镇的东风巷老街区与南城区丁蜀镇的蜀山老街区这两处保存最为完好。东风巷老街区为明清时期的古街巷，原名为东月城。古街两侧依然存留多处明清时期的民居，街区旁边就是古代的护城河，在青石铺设的街道尽头连着一座明代的石拱桥——东仓桥。在这里我们依稀能看到宜兴城旧时的街区和护城河的历史风貌。蜀山老街是宜兴现存最为完好的历史街区，宜兴代代相传的制陶手艺在这里依然延续着，传说与越国名臣范蠡有关的"蠡河"从古街旁穿过。明清之际，这里还是宜兴陶瓷的主要集散商业中心，它对研究宜兴城市历史风貌、古代陶瓷文化及传统经济形态均有重要价值。

此外，在宜兴郊区还有一些重要的历史文化景观区和古镇。例如，"善卷历史文化景观区"是宜兴具有深厚历史文化内涵和独特观赏价值的地域空间。景观区域内有国家级和市级文保单位及文物控制单位、古建筑、古石碑、古树名木、古溶洞等近20处。善权（卷）山西峰是东吴时期由国家封立的圣山"国山"，山顶有国家级重点文物保护单位国山碑、吴自立大石等重要文化遗存。山上石灰石山体经自然剥蚀，外观呈奇特的波浪形状，是不可多得的地质自然景观。善权（卷）山东峰南麓自六朝萧齐时即建有善权寺，梁武帝又于山顶设"九斗坛"祭天祈雨。特别是自南朝以来，"梁祝文化"在此区域逐步生成发育，留下了诸多珍贵遗迹，如唐代的碧鲜庵碑、英台琴剑冢、善权寺遗址、祝英台读书处、英台阁、祝陵、圆通阁、善卷洞、祝陵村、护陵河、玉带桥等。其中，善卷洞是罕见的喀斯特地貌洞穴，洞内展现了瑰丽奇伟的岩溶地质现象，全洞面积约5000m^2，游览线约800m，洞体外还有多种古树名木，山谷上下保存着500多种植物种类，其中不乏野生植物，如"银缕梅"是东亚原始被子植物种属之一，与恐龙同时代，距今已有约6500万年历史，为中国宜兴所独有，也是国家一级濒危珍稀物种。善卷洞与法国里昂洞、比利时汉人洞并称为世界三大奇洞。这些不同形态和特质的文化遗产与自然遗产等相互交融，共存于同一山体，构成了宜兴地区一处别具特色的文化景观区。

除此之外，周铁镇历史街区、归径镇归径桥历史街区等都保留有较大面积的历史建筑区和历史风貌，也是了解宜兴城镇形成过程及宜兴历史文化特点的珍贵地段。

5

宜兴自古以来文化名人众多，当代有中国"教授之乡"的美誉。这些历史文化名人不仅曾在我国的教育、文化、艺术、科学技术、经济、法律等诸多领域作出了卓越贡献，而且也在宜兴留下了大量的故居和遗迹，它们构成了宜兴又一道历史文化风景线

早在明清时期，人们就赞美宜兴是"山水明秀，英贤蔚兴"。隽秀灵毓的山水与人才辈出的发展过程共同铸就了宜兴历史文化的另一篇章。宜兴也因此而成为远近闻名的"文化之邦"和"教授之乡""书画之乡"。

宜兴人一直延续着耕读传家、为文立德的思想，从古至今，宜兴共出了4位状元、10个宰相、385名进士、920名举人，众多的将领，6000多名教授，23名两院院士，还有众多的文坛巨匠、艺术大师、学术名流。从东汉蒋氏兄弟封侯的蒋澄、蒋默"一门九侯"，到三国两晋时期周氏的"四代英杰"，其中周处被称为"阳羡第一人物"，其知错能改，勇"除三害"的故事千古流传；至唐代则有文学家蒋防，所著小说《霍小玉传》为传世的不朽名著；宋末四大家的词人蒋捷，其"流光容易把人抛，红了樱桃，绿了芭蕉"成千古佳句；明代状元畲中和邵刚、邵材被称"一邑三魁"；抗清名将卢象升、卢象观、褚允锡名垂千古；明代著名戏剧家吴炳著有《粲花斋五种曲》；清代崛起的以陈维崧为领袖的"阳羡词派"，与同时代的常州词派一起成为当时最重要的文学流派之一，并诞生了陈维崧、蒋景祁、蒋永修等一代词坛名家。近现代以来，宜兴名人更是不胜枚举，在绘画领域，有徐悲鸿、钱松岩、吴冠中、尹瘦石、吴大羽等大师；在文艺领域，有歌唱家张权，歌词作家倪维德，装帧艺术家曹辛之，二胡演奏家储师竹、闵惠芬；在社会科学与自然科学界，有现代会计之父潘序伦，有著名科学家周培源、唐敖庆、史绍熙、潘汉年、潘菽、潘梓年、蒋南翔、虞兆中等。如此众多的名人诞生于这方水土，将宜兴称之为"人杰地灵"之地实不为过。

除此之外，一些非宜兴籍的历史名人也在宜兴留下了踪迹，如南朝梁代的"任（昉）公钓台"、唐代李幼卿的"玉潭山庄""（杜）牧之水榭""陆相山房"，宋代的"东坡别业""东坡海棠园""东坡买田处"、岳堤、岳飞衣冠冢及岳霖墓，明代湛若水的"甘泉精舍"等，它们也构成了宜兴历史文化遗产的重要组成部分。

宜兴的历史文化名人在家乡留有大量的故居和遗迹。近年来，宜兴市人民政府十分重视对名人故居的保护与利用，先后建成了周培源故居纪念馆徐悲鸿故居纪念馆尹瘦石美术馆宜兴名人馆等，其他如蒋澄墓、周王庙、沙氏故居、吴冠中故居、蒋南翔故居等，都是展示宜兴历代文化名人事迹和贡献，是进行爱国主义和热爱家乡教育的重要场所，也是展示宜兴历史文化成就的重要景观地。

6 宜兴作为一座有着千年文化历史底蕴的江南古城，风光秀丽、人文荟萃、古迹众多，旅游资源十分丰富，历代一直被视为"山水秀发，人文蔚起"之地。在经济飞速发展的今天，有效保护和合理利用本地的文化遗产资源，将对宜兴历史文化的继承和发展，对科学发展观的探索和实践起到重要作用

　　宜兴是一座典型的江南古城。依水建城的传统在现代城市建设中得到了继承，如今天的宜兴市区，南、北有6条大河流从城区东西穿过，河上长桥飞架，水面船影翩翩，一派江南水城的美丽景象让人驻足难忘。在宜兴市到太湖岸边的大浦至周铁一带，一条条纵横交错的河流上保留了几十座历史古桥，从砖石结构、混合结构、拱券技术到艺术审美等多方面丰富着地方历史、科学和艺术的内涵。小桥流水的景色在这里得到了充分体现。历代以来很多名人因留恋于宜兴的山水美景而留下赞叹之词和驻足之迹，如苏轼就曾写下"买田阳羡吾将老，从初只为溪山好。来往一虚舟，聊以造物游。"的词句。

　　宜兴地貌景观丰富，山、河、平原，洞、潭、湖泊，竹、木、茶苑，构成缤纷多彩的自然风物，加上人文的开发和积淀，形成了诸多的风景名胜。早在明清时期，就有著名的"荆溪十景"，1949年以来地方政府十分重视景观资源的保护与开发，先后完善或建成了一大批文化旅游景区，如宜兴市区的龙背山森林公园、宜园、蜀山景区、氿滨公园以及善卷历史文化景观区、张公洞景区、竹海风景区、灵谷洞景区、玉女潭景区、阳羡风景区、陶祖胜景、龙池山风景区、铜官山森林公园、南岳寺景区、太湖兰山景区、宜兴观光农业科技示范园、横山水库景区等风景名胜。其中，善卷洞历史文化景观区、宜兴竹海风景区、龙背山森林公园为我国4A级风景旅游区。这些星罗棋布的风景名胜区不仅保存了十分丰富的文物古迹和自然遗产，而且每年还吸引大批中外游客前来旅游观光。同时，由于市政府重视社会协调发展，全市综合经济实力不断增强，国民经济正在持续快速发展，多年来均在全国百强县（市）的评比中名列前茅。在物质文明快速发展的同时，宜兴的精神文明建设也提升到了一个高度，教育、科技、文化、卫生等事业获得同步发展。特别是在现代化建设过程中，宜兴人民日益认识到文化遗产保护的重要性，如何让宜兴历代先民创造并遗留下的宝贵遗产得到更好的保护，让后代能更多地了解和享用宜兴丰富多彩的历史文化，是宜兴各级政府十分重视的一项工作。宜兴早在1958年就成立了宜兴市文物管理委员会，并分别于1958年、1984年、2002年进行了三次全市性的文物普查活动，发现并保护了大批文物古迹和流散文物。近年来市政府每年都拨出专款对市内文保单位和名胜古迹进行维修，先后修整了国山碑、周王庙、太平天国王府、东坡书院、张渚城隍庙戏楼以及梁祝遗迹等重要的文物保护单位。建立了一批不同类型和规模的博物馆、纪念馆和展览馆。启动了"梁祝文化"和紫砂工艺申报世界非物质文化遗产的文化工程。这些都使宜兴历史文化的继承和发展得到了有力保证。

为了更好地贯彻执行《文物保护法》和《江苏省历史文化名城名镇保护条例》，宜兴市政府还制定颁布了《宜兴文物保护管理办法》等地方性规章，其他有关历史文化遗产保护的地方性法规也正在抓紧制定之中。在习近平总书记有关指示引领下，在地方政府的主导下，在宜兴人民积极主动的参与下，宜兴这座古老而美丽的国家历史文化名城一定会得到更全面的保护和发展，从而为率先实现自然与人文、传统与现代、物质与精神全面、协调发展的小康社会乃至基本实现中国特色社会主义现代化的目标而作出自己的贡献。

历史文化名城特色凸显与价值重构

——陕西历史文化名城特色保护发展战略的成效

侯卫东 ①

Hou Weidong

The Renovation and Rehabilitation of the of Historical City's value Successful Agency in Historical city Preservation of Shaanxi Province

摘 要 文明是现代人类的标志，也是文化的主要体现，本文从文明的根源切入，从文明的矛盾说起，强调保存历史文化的重要性。并将历史文化名城作为文明及文化的主要演绎舞台，说明其作为文化遗产保护的不可替代性。

陕西是中华文明的主要发祥地之一，保存了极其丰富的近千年的中国早期历史的遗迹、遗物，陕西有6座国家级历史文化名城。这些历史文化名城标识了陕西历史文化发展的脉络，同时也是中国历史文化的重要基点。

在中国历史文化名城保护40周年之际，对陕西历史文化名城的保护与发展进行评价具有重要的意义。在过去改革开放快速发展的几十年，陕西的城市建设也面临巨大压力和发展机遇，其中与历史文化保护的矛盾是其突出的特点。在《文物法》《中国历史文化名城保护条例》等政策法规的指导下，在各届政府的不断努力协调下，陕西逐渐摸索出符合自身特点的名城保护机制和策略，使得历史文化名城的价值不断得到显现和重构。本文以西安历史文化名城将各时代早期遗址保护作为特色、榆林古城以保护修复九边重镇军事要塞形态、韩城作为关中文化荟萃商业昌盛代表的历史文化名城保护做法给予初步的归纳，希望通过研究对今后的中国历史文化名城保护提出一种可借鉴和探讨的对象。

关键词 文明；历史文化名城；汉、唐长安遗址；地域中心；榆林古城；韩城；古城墙；价值重构

Abstract Civilization is the symbol of modern human beings and the main expression of culture. The article starts from the roots of civilization, speaks from the paradox of civilization, and emphasizes the importance of preserving history and culture. It also takes the historical city as the main stage of interpretation of civilization and culture, and shows its irreplaceability as a cultural heritage.

Shaanxi, one of the major source of Chinese civilization, has preserved its rich sites of nearly 1,000 years of early China, and there are six historical cities in Shaanxi. These historic and cultural cities mark the feature of Shaanxi's historical and cultural development, as well as being an important base of Chinese history and culture.

On the occasion of the 40th anniversary of the protection of historical cities in China, it is of great significance to evaluate the protection and development of historical cities in Shaanxi.

During the past decades of rapid development of city, urban

---

① 侯卫东，中国文化遗产研究院原总工程师，研究员。

in Shaanxi has also faced tremendous pressure and opportunities for development, of which the conflict between preservation and development is a prominent feature. Under the guidance of policies and regulations such as the 〈Law of heritage conservation of China〉 and 〈the Regulations on the Protection of Historic Cities of China〉, and with the continuous efforts and coordination of various governments, Shaanxi has gradually worked out a strategy for the protection of historical cities in line with its own characteristics, making the value of historic cities continuously renovation and rehabilitation. The article gives a preliminary summary of the conservation practices of the historic cities in Xi'an, which are characterized by the preservation of early sites of various eras, the ancient city of Yulin, which is a military fortress in the form of a conservation and restoration of nine important military towns, and Hancheng, which is a representative of the cultural as well as commercial prosperity local center of Guanzhong plain, in the hope that the study will provide a reference and an object of discussion for the future conservation of historic cities in China.

Keywords civilization；historical City (Town)；archeological site of Han and Tang dynasty；local center；historical city Yu Lin；Han Cheng city；ancient city wall；renovation and rehabilitation of value

1 引子

　　文明是人类前进的动力，人类作为这个星球的智慧生物，早已不满足于简单的生存，人类通过自己的不断创造，改善人和人的交往方式，改善人和其他生物的依存关系，改善人和自然的协调关系，这些关系的和谐程度就是文明程度。文明的追求也是一种竞赛，也会造成文明的冲突，世界的战争、和平就是文明发展不均等造成的现象。这种冲突体现在宗教、政治体制、民族信仰等领域。

　　人类的文明不是突发的，是千百年甚至上万年的缓慢进化铸就，文明也不是唯一的，不同地域、不同种族在特定的环境下有着对文明的不同理解。

　　文明不是绝对的主观现象，是一种相对比较产生的客观体验。人类在不断地完善或者调整文明的概念。

　　历史是文明不可忘却的记忆和不可逾越的体现，人类只有在意识到自己只是历史长河曾经掀起的一滴水花，广袤草原生生不息的一季绿草，宇宙茫茫浩瀚星空的一颗流星，才能真正体会到历史的意义。

　　当我们从中国的典籍中学习到尧、舜、禹的贤能，夏桀、殷纣的残暴，从秦宫、汉陵遗址中领会古人创造的礼制，身处唐、宋都城感受当年人们生活的城市聚落空间，从明清府衙、寺庙、民宅体会各朝代人们的生活和风俗习惯。这种历史营养的沁润，才能使今天的国人超越了现代的时空，仿佛经历了千年。同样，我们也感知到西方世界的存在，从《圣经》、莎士比亚的故事中知道了基督、穆斯林的宗教冲突，观赏罗马的斗兽场、英国的哈德良长城，也有巨大的震撼和似曾相识的感觉。使得生活在一隅之地的人群，突然有了拥有千里之外的感慨。

　　历史是文明的坐标，任何文明都会打上历史的烙印。没有抽象的文明，只有历史上的文明；没有绝对文明，只有区域性和族群性的文明。因此，文明的冲突是人类历史上必不可少的。如何解决文明的冲突，恰是历史的回顾可以说明和解释的。

2 历史文化名城的源与脉

历史文化名城是区别于单一性质遗产的历史综合体，它所反映的历史文化更加典型和集中，它与国家、民族的历史关系更加紧密，国家和民族的命运与这些历史文化名城紧密相连。

历史文化名城的价值点，任何时候都应立足于其历史，历史是一个国家、民众、群体乃至一个城市、族群、地域作为自身认知的标志，对于进入文明阶段的人类来说，是必不可少的。可以明确地定义，文明基于对历史的认知，没有历史就没有文明。

城市是人类文明的重要支柱，诸多文明现象皆由城市作为显现的窗口。人类文明的方方面面，城市建设、军事防卫、祭祀祭奠、宗教活动、商业流通、风俗节庆、日常起居等都需要一个舞台，这个舞台的集大成者就是城市。中国早在四五千年前就有城市的雏形，如良渚遗址、石卯遗址等，现在研究的学者都将其归结为具有城市形态的文明。可见城市已经成为文明的标准。

近代以来，随着工业化、全球化对世界秩序和物质世界的强烈冲击，人类文明有出现断层的可能。过去几千年人类循序渐进的模式被打破，各区域、民族和文化积淀的传统很可能被所谓更加强大的生产力和技术化的标准代替。民族和地域越来越无法识别，这引起了人们对人类文明多样性式微的担忧，同时引发了全球化进程中保存各地域、民族、国家和人群的文化的共识。

历史文化名城作为杰出的文化遗产，基于其在历史上所扮演的角色，在人类文明进程中发挥了重要的作用。千百年来古城及其民众所关联的种族、宗教、信仰、生产力和生产活动的习俗；城市作为文明的象征，其群落形制产生于政治、经济、交通、军事、文化等所赋予的独有的定位。城市的选址等又是自然与人工的双向选择，城市与山水田园的互相依存，与地理、地势、地貌的和谐相处。任何历史文化名城都应清晰和突出自己的特色，不求其千篇一律。任何历史文化名城都有其产生、昌盛和衰退的时期，应突出其历史上的代表意义，而非提倡其永恒不变。

2022年是中国历史文化名城保护制度建立40周年，同时也是世界遗产保护公约缔约50周年，但对于有着长达5000余年的文明来说，保护的概念还很短暂和仓促，我们这一代人作为保护文化遗产和其多样性的新理念的创建者和发轫人，应做好这一代人应该做的事情。既不能代替先人，更不能越庖来者。

历史文化名城的保护启自1982年，正值改革开放的开端，百废待兴，经过"文化大革命"

后大部分古物凋零，尽管相关机构提出了历史文化名城的概念，为其颁布了保护的规章，但在当年以经济为主线的大格局下，保护的力度其实较为有限。

城市文化的各类遗存，才是历史文化名城的核心所在。尽管各类城市的规模不同、性质各异，但功能大致相同。在封建或奴隶制度下的社会，阶级矛盾、民族矛盾和宗教矛盾必然导致各类社会危机。安全是各阶层的首选思虑。"筑城以卫君，造廓以守民"就是最集中的体现。因此，封建或奴隶制城市最明显的标志就是城墙建筑。可以非常肯定的界定方式就是，有城墙的城市必然是封建时代的产物，而封建时代的城市必然有城墙的存在。中国城墙的历史源远流长，即便是近期对中国历史断代有重大意义的石峁、良渚遗址等四五千年前的遗址，都在探寻城墙的遗迹，以其作为达到国家或者城市文明的高度的证据。遍观国家各类历史文化名城，其发轫无不与城墙有关，只是由于历史的原因，城墙保存的程度差别很大。北京作为从金中都到元大都再到明清时期的都城，其城墙无疑是最具价值、最杰出的代表。可惜未能完整保留，残存的几处基址，仅仅能够启发人们对曾经有过的辉煌封建王朝的回忆，但已经不能有直观的感受。南宋临安、北宋汴梁城池轮廓已经不存，城墙已无法全面考证。西安（隋唐长安）虽然现在有完整的城墙，但不是都城规模，仅仅是当年皇城改造的府城规模。西汉长安、汉魏洛阳古都城尽管可能只是皇城的规模，但其最具代表性的城墙遗址遗迹都保存了下来，成为中国历史上最伟大都城的代表和符号。概括来说，目前中国真正能代表封建时期都城完整城市形态的遗产基本不存在了。尽管这些历史上的都城大部分都是国家的历史文化名城，但都难以展现全部都城的历史内涵和价值。

3 聚周、秦、汉、唐 历史之魂的长安（西安）

中国现存历史文化名城中，除去都城，大部分是各时代具有代表性的府城，如陕西的6处国家级历史文化名城，基本都是各时期地方政治中心或区域政治文化中心，除西安外，榆林、延安、汉中、咸阳、韩城成为陕西各不同地域的中心，如榆林、延安地处陕西北部，汉中为陕南重镇，而咸阳历史上一直是长安（西安）的京畿之地（秦时则为长安的前身），韩城则位于陕西关中与山西（晋）黄河交界的龙门口。这几处古城历史上代表了陕西政治、经济、军事和商贸的方方面面，也成为省域时空的轴心。保护好这几座国家历史文化名城也就保存了陕西的大部分历史。

尽管历史文化名城在历史上有着相当多的共性，但毕竟由于历史和区域的不同，其历史价值各不相同；再加上近代遭遇的不同，使得保存古城历史遗迹的程度也不同。因此，抓住各名城的历史价值核心，对其进行凸显和提升，应成为历史文化名城保护的重要举措。

历史文化的绚烂篇章，需要有各种不同的旋律和节拍。名城的价值框架基本都由历史、类别、区位几大要素组成。历史是首要的价值点，历史文化之所以为文化遗产的首要标牌，就是人类对逝去的时光的憧憬，对于个体寿命不到百年的大众，过去几百年、几千年甚至几万年的人类及其环境永远是知识和智慧的源泉。因此，历史文化名城一定要体现时代的特征。例如，陕西的西安、咸阳两座名城，其最大的价值点，是周、秦、汉、唐所缔造的中国早期近千年历史的见证。而且这几座名城的地位，并不仅仅是陕西历史早期的见证，更是中国历史早年的见证。

一个我们无法逆转的历史必然就是，越是早期的东西越是凤毛麟角，越是珍贵。我们不可能要求早期的历史遗迹像后期的那样有完整的、系统的保存。好在历史是公平的，它为你关上一扇门的时候，就会敞开一扇窗。早期历史遗迹的最直接体现就是考古遗址。近现代考古手段作为历史研究的重要工具，使得陕西这块历史的丰土重新被人类所认识。过去只存在于典籍中的文明传说，都陆续得到认证，周都丰镐遗址所展现的宫廷贵族的车马坑，使今人真正体会到什么叫"事死如事生"。就像西方寓言中人死后只有乘坐船才能到达下一个人生的彼岸，因此西方文化中很多陪葬品的重要东西都是船的模型。中国人死后的想象和现世人间一样，也需要必需的交通工具。因此，早期各代帝王、贵族墓葬多有车马坑作为主要陪葬遗物。

汉唐时期的宫殿建筑遗址以及陵墓是最重要的考古发现和历史现象。过往的历史其实就是一部帝王的兴衰史，《史记》作为中国历史传记的不朽杰作，更多的是反映帝王世家的历史。当然，我们也必须承认，与大部分默默无闻的普罗大众相比，帝王、贵族、王侯将相的历史对历史画卷着墨的权重更大一些。幸运的是，长安和咸阳作为黄土地上的历史印记，保存下很多建筑物、构筑物和城市设施的遗存，这些遗迹很多经过考古发掘得以为世人所认识，使我们在千年以后仍能感受到那些年月的一些城市场景。汉唐长安的宫殿遗址如未央宫、大明宫，帝王陵墓如秦始皇帝陵、汉唐十八陵，更有唐长安城的里坊、漕渠、水道、城墙、城门、寺庙、市肆、道路等，虽然大多已经只存遗址于地下，其遗迹在地下勾勒出一座气势宏伟的都城轮廓。这些遗迹遗址，不需要高大雄伟的体量，这类默默沉积于地下的历史遗痕较之现代的高大宏伟的建（构）筑物，其实毫不逊色。因为在它身上所加注的历史砝码是巨大而无法计量的。对于西安、咸阳这类以早期历史遗址为其重要历史元素的名城，保护和利用好这些考古遗迹是名城保护不断探索和追求的目标。

西安和咸阳都是现代和历史叠加的城市，城市建设无法避开历史地段，更无法躲避各时代埋藏于地下的遗址遗迹。在过去的年代城市幸运地遗留下诸多珍贵遗址，是因为历史上的建设开发规模及建造形式与现代的城市开发建设和建造过程无法相比。过去可能留下遗迹，现在则可能荡然无存。由于西安的历史文化名城明确界定早期重要的各时代遗址遗物是历史文化名城的重要组成部分，因此保护古遗址不仅仅是文化遗产保护的需要，同时也是历史文化名城保护的重要途径。我们已经无法逆转既定的城市建设格局，但如何能在发展中让遗址与城市共生，是近年来西安历史文化名城保护自觉或不自觉的行动目标。汉长安城遗址由于区位和规模的条件，按照整体保护的原则，基本没有过大的建设风险。唐长安城是一座巨大的遗址宝库，但由于后期的城市建设完全与遗址叠压，文物保护与城市建设的矛盾凸显，这些年通过政策法令严格履行《文物保护法》和《历史文化名城保护条例》，使得西安历史文化名城的保护逐渐步入正轨。近些年借城市建设的契机不断发现和完善唐长安城以及相关区域的历史遗迹，使得古代都城的格局与规模逐渐显现。例如，唐长安城的城墙位置、明德门遗址保护及展示，朱雀大街的轴线，原皇城城墙遗址（现西安明清城墙的叠压），东市、西市遗址、碑林北侧近期发现的学宫遗址，小雁塔及附近的里坊遗址，大雁塔及曲江遗址、大明宫宫殿遗址等。这一系列的遗址及其保护和展示丰富了西安历史文化名城的内涵，为凸显其历史文化名城特色和价值提升作出了必要的贡献（图1）。

当然，西安除了地下遗迹，保存完好的明清古城包括完整且雄伟的古城墙、城门、钟鼓楼、碑林、清真寺、城隍庙等大型古建筑群。以此为基础完善的环城公园景观带，钟鼓楼广场以及穆斯林"坊上"特色街区，还有西安半坡遗址、蓝田猿人遗址将中国历史在西安这个历史古城拉向更久远的史前年代，秦代的咸阳宫和阿房宫遗址以及体系庞大的秦始皇陵国家考古遗址公园，加上始于秦、兴盛于唐的骊山汤（华清池），这些共同编织了西安历史文化名城的华丽乐章，也是多年来西安历史文化名城价值不断提升的很好范例。

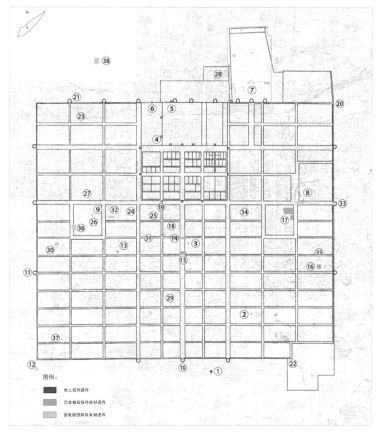

图1　唐长安与西安市市域叠加图

西安历史文化名城还有很多可供发掘的巨大潜力，陕西俗语"南方的才子北方将，陕西黄土埋皇上"。各时代的各类陵墓也遍布西安周边，汉景帝阳陵已经建设成为国家考古遗址公园，咸阳北板上的众多气势雄浑的帝陵如何能够在历史文化名城的建设中更上一层楼，汉代长安城遗址、刚发现的太平夏商遗址如何搞好保护和利用，仍有巨大的上升空间，可以预计西安历史文化名城的未来将会由于早期遗址的不断发现，使得其历史文化名城价值不断凸显和丰富，为大众呈现丰盛的历史盛宴。

4 边塞古城榆林卫城

榆林古城是陕西省北部的重镇，为中国自古以来草原文化与农耕文化的交界处，历来是兵家必争之地，早在秦汉时期即为北部要塞。到明代更成为九边重镇之一。榆林卫城是封建时代杰出的军事城市的范例，直到20世纪该城保存的中国古代城市要素较为完好。

榆林1986年被国务院公布为第二批国家历史文化名城，榆林卫城是2006年国务院批准的第六批全国重点保护单位，榆林古城（延绥卫、榆林卫）还是中国长城系列的组成，是明代的九边重镇之一。这一系列标志的价值核心，其实都是城市文化的物质实体。

榆林古城几经周折，保存下来较为完整的城市建筑体系，包括作为军事重镇标志的城墙，几次城市拓建形成的六楼骑街的独特布局，由于地形地貌造就的东北岗阜高起、西南面河溪阻隔的城址，中间南北狭长的东西鱼骨巷道民居体系。榆林古城近代经历了几次战争，其胜负都与城墙有关，尽管我们一直认为城墙是冷兵器时代的主要设施，但在近代仍然有过明显的作用。例如，抗日战争时期利用长城一线的战争，很多战争的焦点还是聚集在有城墙的一些古城。榆林就是典型的代表之一。

榆林在近代也经历了较大的城市改造，但毕竟与西安等中心城市不同，榆林当年的大部分建设绕开了古城的区域，可能因为城墙阻隔的因素以及用地条件的限制，榆林依托老城没有很好的发展空间，因此将老城区作为商业中心，而将新的居住、政务、工业功能都布置在老城周边，当年有东沙、西沙新区，后来更是逐渐将老城内的企事业机构迁出，终于保证了古城的完整性，避免了大拆大建。榆林各届政府都有很明晰的古城保护思路，在城市建设中尽量避免矛盾，但基于历史的局限性，很多保护和控制不够精准，仍然造成了古城各类要素不同程度的损失。例如，城墙在20世纪80年代初有部分被拆除为其他建设活动让路（南城墙西段），为了解决居住、办公等问题，将城墙不同程度地作为建设场地或者建筑附属场地，从而造成了较为严重的破坏（东城墙和西城区北段）。

由于榆林古城城墙在陕西的地位和代表意义，且由于在历史上保存较好，20世纪60年代曾由陕西省专业测绘机构专门作过记录测量。当时的古城墙保存完好，是陕西乃至全国古城墙的杰出范例。虽然后来遭受了不同程度的破坏，这些既有自然因素，也有人为因素。自然破坏最具代表的就是风沙掩埋，从明代建城到近期进行保护修缮，500多年的风沙沉积深达4m左右，东城墙部分将近一半的高度被掩埋，即便是后来清代修建的城墙，也有1~2m的沙土积淀。这些因素对城墙有影响，但某种程度上也起到了一定的保护作用。时至今日，榆林古城仍有80%的城墙存在地面以上的基址，60%的城墙轮廓清晰、墙体耸立。

榆林古城南北向的老街是城市的轴线，也是城市的脊梁，六楼骑街的建筑风貌保持基本完整，以老街为主体的鱼骨巷道及两侧民居四合院格局保存基本完好。后期改造的古城西侧部分已经形成现代建筑风貌，新旧分明，对古城的重要核心区域保护虽有一定影响，但还是可以维持这种变化。

古城在20世纪初曾遭到过破坏，原有的古城六楼中，有三座被破坏或者拆除，包括文昌阁、凯歌楼和鼓楼，所幸后来都及时进行了重建，由于具备完整翔实的资料档案，重建后几座楼阁得到公众和专家的普遍认可，证明重建并未造成对古城认知的误判，反倒对古城六楼骑街格局的完善起到无法替代的作用。当年榆林卫城的寺庙等多建在东山等处，如戴兴寺等五处庙宇的建筑群，榆林发源地普惠泉附近的梅花楼、吕祖庙、城南的凌霄塔及庙宇等，都因地形成为榆林古城景观的代表。

古城内用地为南北狭长且东高西低的特点，因此东西向没有大的交通需求，故都是宽2m左右的鱼骨窄巷，一般民居朝向窄巷子内侧开门（只有官府衙门及贵族乡绅府邸才有朝向大街的门面），沿街以商铺为主。2006年登记国保档案时，尚有保存完好的四合院民居80余处，近些年对民居的翻修较多，但以居民自建为主，因此建筑高度、体量及规模有限，虽杂乱无章，但整体尚可维持古城老街区的历史风貌。一些20世纪六七十年代加建的具有当地特色的乡土建筑虽异于古城原有的传统四合院建筑，但也具备了一定的历史价值。再加上一些近现代代表性建筑如榆阳中学、两处党校旧址、榆林农校旧址等，这些建筑可以与标志性的人物或事件相关联，如陕北很多近现代名人都曾就读于榆阳中学，几处党校及农校旧址如窑洞、窑院等有着很浓厚的乡土建筑特色。

榆林卫城最重要的构成之一是城墙系统，包括城门（瓮城等），城墙从20世纪80年代开始已经经过了几轮维修和修复，既有南城墙东段的整体维修，也有各部位不同时期的抢险和加固。南门修复了瓮城和城楼，西墙南段兴乐门以南进行了维修，但限于当年的条件，城墙的规模没有得到真实体现，修建长城路时对兴乐门以北的部分墙体做了整修，但只是照顾了外墙的形式，内侧的夯土城墙尚未得到完全保护。近年来对东城墙的保护维修是较为科学和合理的，整治了城墙的周边环境，拆除了侵占城墙的民房等违章建筑，对保存较好的外包砖墙进行现状整修，对保存较好的夯土墙体原状保存，仅进行了局部坍塌危险部位的加固以及上部结合利用具有防护功能的栈道设置。对居民建房破坏的夯土进行补夯。并按照当地传统做法修复海墁雉堞宇墙。由于原明代筑的城墙底宽在12m、高达10m，上部空间宽敞，为今后的利用创造了很好的条件（图2）。

目前榆林历史文化名城的整体格局及特色保存很好，是国内这类历史文化名城的杰出代表，在陕北高原农耕与草原交界的五省交会的核心区域，保留一座完整的明清时期古城，是文

图2　榆林古城现状鸟瞰

化遗产保护的杰出范例。榆林历史文化名城的特色可以更加清晰，价值可以更加丰富，未来仍有很大的提升空间。例如，根据其保存的现状和区位环境，不断完善和修复城墙及其城门等防御设施。对古城核心区域造成重大影响的不和谐因素进行逐步、有机剔补。使得榆林古城形神兼备，既有可观、可赏、可游、可体验的古城、街区、典型建筑，又有陕北风俗演义、小曲传唱、沙漠走马的边关情怀。

5 文化荟萃、商贸云集的韩城古城

韩城是陕西历史文化名城的另外一个类型，它没有西安那样年代久远的史迹遗址，也没有榆林卫城那样的边关风情。韩城就像一个小家碧玉，围合在四面高起的台塬中央，有平坦肥沃的土地和涓涓细流；有黄河的屏障，又有着秦晋文化交流的渠道。历史上韩城也曾是进出关中的主要通道之一，芝川司马迁祠的千年古道就是非常真实的佐证。韩城城市商贸的重要地点，也曾经有宏伟的城池，但由于历史的原因，韩城的城墙仅余部分遗址。但韩城古城也很幸运，在当年城市建设发展的重要关头，选择了保留古城另建新城的思路，使得古城的核心区得以保存。韩城的特色在于保留完好、技艺精湛、年代久远的古建筑和古建筑群。韩城是陕西保存元代建筑最多且最集中的地区，其以明清建筑为主的城隍庙、文庙、北营庙等古建筑都是陕西乃至全国古建筑的杰出代表。韩城历史文化名城的特色在于古建筑文化，在于其街区的繁盛和古建筑艺术的传承与体验。因此，韩城不必在意于城墙是否完整，是否还有更早的文化遗存，将古建筑的文化发扬到底，就是韩城历史文化的前途。

6 后续思考

不用赘述的是延安是以革命圣地作为其名城的价值核心，它所传承的革命年代的爱国、艰苦朴素、官兵一致等延安精神，要通过那些原始的窑洞、简陋的会堂、黄土铺地的会场等来传递当年一心为国家、为人民的奉献精神。

汉末的三国是中国脍炙人口的历史和传说富集的时代，其很多内容已经演化为中国文化的一部分，如关云长的忠孝和勇武，诸葛亮的智慧和鞠躬尽瘁等。汉中虽然偏距陕西南部一隅，但独特的地势和汉江流域的富饶盆地，恰是三国时期很多历史事件发生地，如褒斜道、汉台、拜将台、武侯祠和墓。尽管这段历史在中国几千年的历史长河中只是短短的一段，但确实值得记忆。因此，汉中历史文化名城还要坚持发掘相关历史遗存，不断丰富名城的特色和价值。

陕西的六座历史文化名城具有各自不同的内涵和价值，在历史的进程中保存的机遇也各不相同，但都被列为国家历史文化名城，则说明这些历史上的古城在中华文明的塑造过程中都有着积极的作用和意义。陕西如此全国亦复如是，每个省的文物古迹和历史文化名城都不相同，都要突出各自特色，都要不断发现和凸显其特色，提升其价值定位。这样，全国的历史文化名城就能为中国历史文化编织出时间和空间各异、内涵和形态互补的让大众尽情享受的美丽篇章。

福州三坊七巷整体保护研究与实践①

保护研究与实践

张 杰②

Zhang Jie

Integrated Conservation, Research and Practice of Three Lanes and Seven Alleys in Fuzhou

三坊七巷是我国重要的历史文化街区，特色鲜明。"一片三坊七巷，半部中国近代史"高度概括了它的历史与人文价值。多年来它的保护与文化复兴受到各级政府、社会、专业人士的广泛关注，其保护历程也成为观察、思考中国历史文化名城理论与实践发展的重要窗口。笔者和团队与当地以及来自全国的专家有幸参加了这项里程碑式的街区保护工程，开展了艰苦的探索。从2006年笔者开始介入这项工作，至今已有16个年头，其间笔者作为街区的首席规划师和团队不断地参与相关的技术咨询和服务工作。今年适逢中国历史文化名城保护制度建立40周年，在此对三坊七巷的保护规划与实施工作作一回顾，具有特殊的意义。

1 三坊七巷的历史沿革以及发展背景

福州是我国重要的历史文化名城之一，它不仅体现了中国古代独特的城市布局形制，更是中国近代城建史上最为杰出的代表之一。福州位于福建中部，闽江下游。秦始皇统一中国前的数百年间，福建地区由周王遗部闽王统治。福州城最初形成于公元前2世纪，最初作为铜币锻造基地，故称冶城。公元3世纪西晋时期，城市实现了第一次扩张，城市建设得到了风水名师郭璞③的指导。郭璞将福州城市与三座山体密切结合，形成了独特的景观形胜，真正成为中国古代"城在山水间，山水融于城"的典范。这三座景山位于闽河下游广阔的河谷地带，相互之间自然形成了奇特的三角空间关系。郭璞的设计不但确保了城市发展的空间及丰富的水资源，同时形成了使城与环境完美结合的文化景观。至清代，福州已经向南扩展数里至近代闽江北岸的洪水线。在这一过程中，福州城市经历了5次大的扩展，从现今的城市形态中仍可辨析其痕迹（图1）。

三坊七巷最初建于唐代，位于城市的主要区域，是城市现存的

---

① 本文主要内容曾收录于《衡与变——当代中欧城市保护的理论与实践》（王景慧、哈罗德·霍耶姆、张杰等，同济大学出版社，2014：92-98）原题为"福州三坊七巷整体保护战略研究"。本文在原文的基础上主要增加了实施部分的相关内容。感谢同济大学出版社陈立群先生的鼎力支持。谨以此文缅怀王景慧先生。
② 张杰，清华大学建筑学院教授、博士生导师。
③ 郭璞，东晋的著名学者、地理学家。

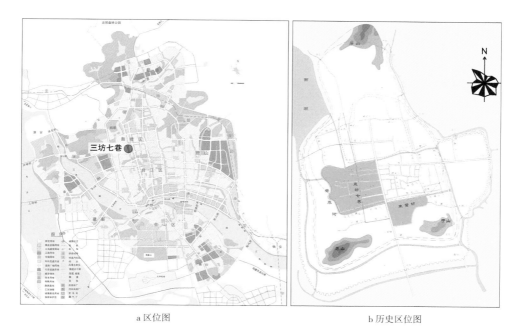

a 区位图

b 历史区位图

图1　三坊七巷区位图

古代坊巷中最重要的片区。虽然城市在近代扩张至闽江北岸，但三坊七巷作为城市核心坊巷的地位一直延续至今。三坊七巷中的"三坊"与"七巷"也形成于唐代，并一直延续至清代，其后的历史时期虽有局部的改造等，但总体的格局与风貌得以保留。三坊七巷的名称也由其特色布局而得名。南后街作为骨架，7条巷道分布其两侧，并服务于3个主要的坊（图1）。1949年以前，这三个坊的居住者多为名门望族。

明代以后，特别是清代中期，三坊七巷随着中国与欧洲贸易往来的发展迎来了繁荣时期。作为中国5个主要对外贸易口岸之一，福州一时间成为中国仅次于广州的经济中心城市。城市也因其区位的特殊性而成为明、清两朝对外特别是防御日本及其他欧洲海上列强的战略防御体系中的重要城市之一。福州由此成为当时政治、文化及贸易精英向往的城市。其中，钦差大臣林则徐就居住在三坊七巷。1840年他领导了著名的虎门销烟，是近代重要的改革家和民族英雄。今天，林则徐祠堂已被开辟为博物馆（图2）。晚清思想家严复——戊戌变法后被称为中国近代史上向西方国家寻找真理的"先进的中国人"之一，也曾居住在三坊七巷。

随着与西方贸易和文化的交流，福州城市迅速发展。其中，位于三坊七巷东部的主要商业街——南后街在20世纪30年代被拓宽，街两侧建成西洋风格的商业建筑。毗邻繁华之地，三坊七巷也一直受权贵与富商的青睐，这也是为什么这里有如此多的大宅院的原因。为了适

图2　林则徐纪念馆

应当地潮湿、炎热的气候，很多大宅院都开辟了小花园。西洋式建筑形式的住宅多见于清朝晚期和民国时期。作为街巷骨架的南后街也因木结构商铺经常失火而被频繁改建，出现了很多廉价的柴栏厝建筑，同时一些流行西洋式建筑取代了传统土木结构的店面。

随着新中国的成立，三坊七巷片区的社会空间形态发生了很大变化。首先，大部分富绅家族的宅院被收为国有，变为政府办公场所或被划分成小的住宅单元作为平民住房。随后坊巷中也出现了街道工业及其他非居住功能，在计划经济时期，南后街及街区周边的商业随之减弱。至20世纪70年代末，三坊七巷居住人口多，密度大，街区内的商业服务设施很少。由于资金匮乏，房屋得不到应有的维护。

在改革开放前十年的城市改造中，因为政府和开发部门都无法承受片区改造需要的巨大改造资金，所以三坊七巷的变化有限。但是1992年市场经济确立后，三坊七巷开始面临巨大的开发压力。

习近平总书记在福州工作期间，十分注重文化遗产保护工作，在文物和民居保护方面做了大量卓有成效的工作，对三坊七巷日后的全面保护打下了必要的基础。2005年市、省两级政府启动保护工作，在国家文物局的支持下，街区内9个主要传统住宅被列为文物保护单位，8个被列为省级文物保护单位（图3），150多处老建筑被列为市级文物保护单位和历史建筑。同时，整个街区也被市政府公布为历史文化保护区。

图例
□ 各级文物保护单位本体
□ 各级文物保护单位保护范围
□ 建设控制地带
□ 一类堆冲区
□ 二类堆冲区
□ 乌山风貌保护区

图3 保护区划图

2 价值评价

中国的历史街区保护始于20世纪90年代初。当时为了应对大规模的城市改造，街区保护的目标是在大拆大建的形势下尽可能多保留一些老房子。例如，1994年清华大学对北京国子监地区的保护规划就最先提出了以院落为单位的小规模有机更新的思想，并按院落对建筑、产权、人口、绿化等开展详细调研，在诊断的基础上提出分类保护更新的对策。1998年北京市规划委员会开展的25片历史文化街区的保护规划就广泛采用了国子监地区的保护规划方法。当时的历史街区保护规划虽然也进行了较深入的历史人文研究，但并没有明确提出价值评价的要求。

进入21世纪后，随着世界文化遗产申报工作在全国开展，世界文化遗产以价值评价为基础的保护思路开始被接受，这也影响了全国历史街区保护工作的思路。由于城市建设管理与文化管理部门的条块分割，当时的街区保护规划主要涉及与有形遗产要素相关的内容，一般不包括非物质文化遗产或无形文化遗产要素。

由于三坊七巷街区丰富的遗产要素促使我们开始思考，是否将有形和无形遗产要素一起考虑，提炼其综合遗产价值，开展整体保护。在国家文物局和当地文物、住建系统的支持下，三坊七巷开始了基于有形与无形文化遗产整体保护的理论与实践探索。

考虑到我国历史城市的传统，笔者团队认为对任何街区遗产价值的认识，首先要从城市角度把握它在整座城市中的角色与作用，进而确定其在整座城市遗产保护中的地位。其次，在保护策略上，对街区周边区域进行评估，以了解街区保护需要解决的问题与难点。再次，对街区内部进行全面研究，以确保保护措施能确切落实。最后，对不同等级的遗产进行翔实研究与分析。正是通过以上4方面工作，对三坊七巷的有形和无形遗产的价值及其保护有一个综合的把握。

在我国当时的管理体系中，有形遗产归文物局管，而无形文化遗产归文化局管。由于三坊七巷有多处国家级文物建筑，所以其保护规划需上报国家文物局审批。在综合的遗产保护规划中，我们用"文化空间"这一重要概念将有形和无形文化遗产紧密联系在一起。

文化空间具体来说就是口头文化遗产，如戏曲艺术、传统技艺、宗教仪式、节庆等，以及当地传统手工艺生成与发展的整体环境。依据这一定义，保护规划可以建立起一系列文化空间，通过它们，众多有形文化遗产能够得到保护与展示。

在当地政府及众多领域学者、专家鼎力支持和参与下，经过深入研究，三坊七巷遗产的价值和特色可概括为以下几方面。

1）三坊七巷中的国家、省、市级文物保护单位及历史保护区是福建东部地区民居建筑的杰出代表。2）街区中159个登录历史建筑展现了三坊七巷从明代至20世纪40年代不同历史时期、不同风格的建筑实例，同时展现了其完整且极具特色的街区物质空间环境及其组合方式，是19世纪中国城市街巷空间发展的杰出代表。3）其高品质的优美的梁架、砖墙、砖瓦工艺、抹灰工艺都体现了当地建筑艺术特色。4）独特的花园设计与私人住宅结合完美。5）街区作为一个整体，体现了其形成于唐代的"里坊"格局和形态特征。6）街区是福州作为国家历史文化名城中最为重要的历史片区，其与安泰河和乌山相连。而安泰河和乌山是福州重要的地标景观之一。它们共同形成的区域成了城市保护工作必不可少的战略实施部分。7）众多保留下来的历史房屋是当地社区重要的文化与宗教产物。例如，南后街之前是正月十五观灯节重要的场所。水榭戏台是闽剧演出的重要场所（图4）。

图4　水榭戏台

另外，街区内还有许多庙宇。所有这些都展示了当地社区典型生活形态与内容。8）许多特殊的地名、地点均与地方传说、历史典故有密切关系，是社区群体集体记忆的重要内容。9）街巷中的一些重要商铺对当地传统商业与手工艺有深远影响。10）三坊七巷中的许多居民在1949年前移居台湾，使该街区成为台湾与大陆之间联系的直接纽带。

3 现状与问题

当时三坊七巷像国内的很多街区一样面临诸多问题。首先，众多国家级、省级文物建筑的历史完整性与主体结构保存良好，其中仅有两处被重建并辟为博物馆。但一些文物建筑局部损坏严重；一些文物建筑因产权问题在空间上被人为分隔开。人口密度过大是文物建筑和其他有价值历史建筑与历史风貌建筑面临的首要问题。

整个三坊七巷面积约40hm²，平均居住面积仅有15m²/人，远低于福州城市平均水平（25.7m²/人）。与城市其他地区相同，三坊七巷众多的历史建筑都缺乏现代生活设施，如排水设施、电力设施、燃气等。由于年久失修，许多精美的建筑细部或保存状态较差或已经消失，许多庭院被加建的房屋填满。少量建筑被用作工厂，使古建筑受到不同程度的破坏和威胁，同时火灾隐患严重。

在业态方面，虽然坊巷东侧的八一七路就是福州最重要的商业街，但南后街沿街却以小商店为主，它们租金较低，多是小本经营，绝大多数商业业态与文化产业无关，而且还聚集了一些殡葬产品商店。

交通是坊巷的主要问题之一，南后街较为狭窄，但承受了很大南北交通压力，包括行人、自行车及机动车等。采取拓宽街道的方式解决交通拥挤问题在当时是常用的方式，所以如何处理好交通问题将是整个街区保护的关键所在。

虽然街区西北角的一个街坊已被改为底商高层住宅，但其余街坊内的一些新建筑大多在4层以下，另外南后街南端西侧有一栋9层高的办公楼。新建筑多用作办公或工厂等功能。

就三坊七巷有形与无形文化遗产的现状而言，最普遍的问题在于一些传统功能的消失，传统手工、艺术的生存能力脆弱，尚存的传统技艺也多缺乏继承人。除了缺乏保护意识和扶持政策，资金缺乏也成为坊巷保护的另一关键问题。

4 保护规划

面对三坊七巷这样一个价值极高、构成丰富、问题复杂的街区，准确把握其遗产价值，将科学保护与合理利用相结合，确立正确的保护原则和可持续的管控政策都是保护规划需要解决的关键问题。经过编制团队的深入工作和多轮专家把关以及公众参与，保护规划形成了以下主要内容。

（1）文物建筑的保护

规划要求严格保护国家、省市级文物保护单位，保护工作应遵循《文物保护法》的基本原则和相关技术要求，确保遗产的真实性与完整性。为了保障规划的有效性和可实施性，规划建议调整原有文物保护单位的保护范围，将与其遗产相关的周边建筑与环境完整纳入保护范围，如周边的院落、建筑等，以形成完整的空间结构，取代现有抽象的保护范围。

（2）片区保护规划控制

明确历史街区保护范围，整体保护历史坊巷，以确保未来的保护与发展工作有明确的法律保障。街区保护政策分为三个层次。1）国家级文物保护单位的保护范围。该范围包括了街区内各级文物保护单位、历史建筑、其他保护类的建筑。在此范围内严格控制建设活动，保护文物和其他保护类建筑及坊巷的真实性与完整性。保护范围内由国家文物局直接管理。2）一级建设控制地带。此区域围绕在保护区周边，主要控制文物保护周边的新的建设活动，主要控制建筑高度、体量、色彩及用地性质等。3）二级建设控制地带。这一范围设立的目的是保障街区与南面的乌山之间的视觉及城市空间关系，主要控制建筑高度及屋顶形式，以保护并延续城市的景观特色。

（3）建筑修缮

街区内159处历史建筑及其周边众多历史风貌建筑是构成街区的重要部分，也是中国历史城市保护中最受争议的部分。规划要求修缮这些历史建筑和历史风貌建筑，包括整治建筑外立面、改善房屋内部设施，以满足活化利用的要求（图5～图7）。

图5　建筑修缮导则

图6 修缮后的光禄坊   图7 修缮后的民居

（4）整体风貌的保护

历史风貌环境的保护是街区的重要内容。三坊七巷的重要价值在于其街区的完整性。如果失去街区的整体历史环境，其中的文物建筑、历史建筑等就失去了其存在的基本依据。因此，保护历史街道、小巷及其他丰富的历史特征都显得十分重要。只有这样，丰富的历史信息才能更好地被人们认识和理解。

保护规划要求采取谨慎而适当的措施改善坊巷的电力、通信、上下水管道等设施。同时，街区的保护还包括街面整治及其他环境风貌整治工作。为了确保整体风貌的多样性和地方性，规划要求使用传统的石材、砖瓦及建造工艺来满足墙面及多种式样木结构和砖木结构房屋的要求。房屋色彩要求延续街区传统，但不能简单套用某一种经典模式（图8、图9）。

（5）建筑的更新

由于历史原因，南后街作为坊巷主要街道经历了严重衰败。20世纪50~90年代沿街绝大多数建筑没有基本的维护，许多小店面残破不堪。因此，需对沿街的一些建筑进行更新，完善街区功能。保护规划提出以下更新措施：1）为文物建筑及历史建筑开辟更多功能空间以满足新的使用要求；2）为居民增设新的基础设施，如垃圾箱、公共卫生间、信息亭及小的旅馆等；3）对南后街实施交通控制及限时交通管制等。

（6）保护无形文化遗产

保护规划要求以多种方式建立系统的无形文化遗产档案，方式包括文字、图片、录像、多媒体影像、网络等。相应的档案馆应确保这些档案的可查阅性，以提高社会的保护意识与公众参与。地方政府需建立传统曲艺及手工艺等无形遗产传承与发展的渠道，保护老字号，保护重要的文化空间，通过景观保护与提升彰显已消失的重要文化空间。通过合适的标识体系展示现存的无形文化空间，以确保当地居民及游客可以更好地了解相关信息。与此同时，保护规划还在坊巷中拟定了历史访寻路径。

（7）土地利用调整与人口疏散

为了落实以上措施，规划提出相应的土地利用调整规划。规划要求搬迁街区内的工厂和大

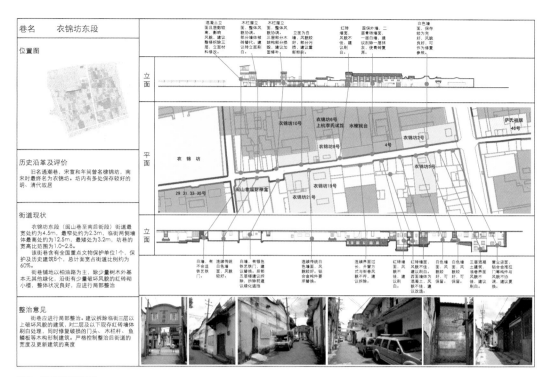

巷名	衣锦坊东段

位置图

历史沿革及评价

旧名通潮巷，宋宣和年间曾名棣锦坊，南宋时最终名为衣锦坊。坊内有多处保存较好的明、清代故居。

街道现状

衣锦坊东段（闽山巷至南后街段）街道最宽处约为4.5m，最窄处约为2.3m，临街两侧墙体最高处约为12.5m，最矮处为3.2m，坊巷的高宽比范围为1.0~2.8。

该街巷含有全国重点文物保护单位1个，保护及历史建筑8个，总计面宽占该巷比例约为60%。

该街巷铺地以柏油路为主，除少量树木外基本无其他绿化，沿街有少量破坏风貌的红砖砌小楼，整体状况良好，应进行局部整治。

整治意见

街巷应进行局部整治。建议拆除临街三层以上破坏风貌的建筑，对二层及以下现存红砖墙体刷白处理，同时修复破损的门头、木栏杆、鱼鳞板等木构形制建筑。严格控制整治后街道的宽度及更新建筑的高度。

图8 街巷整治导则

图9 整治后的街区

型办公机构，以减少不必要的交通压力及污染。适当减少街区内的居住人口，这不仅基于旅游发展的考虑，也是改善街区居住环境、提高居民居住水平的更新措施前提，并为大量违章建筑的拆除和传统建筑恢复提供了必要条件。

（8）保护管理

遗产保护是一个综合而持续的过程，不能一蹴而就。因此，从基本技术控制到社会宣传与公众参与等，都需建立完善的日常管理制度。现状的管理职权分散在许多政府机构，如市文物局、市规划局等。因此，需要建立统一的遗产保护管理机构，使各项决议得到综合有效实施，社会资源得到有效利用。

5 保护工作的实施与成绩

福州三坊七巷的保护是一项多领域、多团队的协作性工作，包括文物保护、城市规划、建筑设计、管理运营、修缮施工等多方团队、不同专业的贡献，共同造就了三坊七巷保护复兴的成果（图10）。在保护规划的指导下，首先建立了专门的三坊七巷管委会，全面执行保护规划，处理日常的保护管理工作。较早开展的保护工作是重要文物等重点保护院落的修缮设计研究工作。研究团队对重点保护建筑进行了详细的现状勘查和考据研究，对所有文物建筑进行了全面细致的测绘和复原设计、历史街区管理数据库和重点文物建筑的3D模型数据库建立等工作。这些工作为全面深入认识三坊七巷古建筑群的历史格局及其发展演变、古建筑的价值内涵、现

图10　三坊七巷修缮后鸟瞰

存技艺特点等都提供了重要的支撑。

直至2014年，项目先后对国家级文保单位14处、省级文保单位12处以及其他历史建筑院落等实施保护修缮，工作一直持续至今。建筑修缮过程中高度重视挖掘使用福州民居特有的灰塑、糯米墙等传统材料、样式及工艺；参加工程的多家施工单位与工匠在修缮过程中开展了多方面的试验与探索，体现了"真实性"的修复原则。经过修复的大量古建筑院落等用于文化展示与活化功能，极大地提高了三坊七巷的整体保护。

在保护规划的指导下，福州市规划设计研究院的团队深化了南后街及主要街巷的市政、消防基础设施及环境改善措施，为整个街区生活环境提供了有力保障。在此基础上，街区持续实施了建筑整治与修复更新设计工作。三坊七巷管理部门与实施主体积极开展了文化挖掘、展示与功能利用工作。2011年在清华大学的策划规划下，街区建设了国内第一座城市社区博物馆，以光禄坊的刘家大院作为三坊七巷社区博物馆的中心馆，将整个街区的整个场景环境与社区居民参与融入整个展示体系中，形成了"1个中心馆、37个专题馆和24个展示点"组成的文化遗产展示网络。

由于三坊七巷在遗产保护方面的工作成就，2009年入选首届全国十大历史文化名街，2015年获联合国教科文组织亚太文化遗产保护奖（UNESCO Asia-Pacific Awards for Cultural Heritage Conservation），2021年获中国建筑学会建筑设计一等奖。2022年3月习近平总书记视察三坊七巷，对文化遗产保护发表了重要讲话，这既是对三坊七巷保护与文化传承工作的高度肯定，也为中国历史文化名城的保护指明了方向。

徽州屯溪老街保护的历程、经验与启示

万国庆 ①

Wan Guoqing

The Course, Experience and Enlightenment of Tunxi Old Street protection

摘　要　本文通过徽州屯溪老街保护实践，总结了在规划理念、保护管理、法规建设、文化传承、业态打造、社区稳定、公共安全、智慧管理八个方面的经验，总结了朱自煊教授在屯溪老街保护中的创新实践及成就，提出了历史街区在保护与发展、整体与局部、商业与业态、规划与制度等方面的对策和建议，为我国历史文化街区保护再出发、再探索、再推进提供了有益的参考。

关键词　屯溪老街历史街区；保护历程；经验；启示

Abstract　this paper through tunxi old street protection practice, summarizes the planning concept, protection management, law construction, cultural inheritance, formats, community stability, public safety, wisdom management eight experience, summarizes the professor Zixuan Zhu in tunxi old street protection innovation practice and achievements, put forward the protection and development of historical blocks and, overall and local, business and formats, planning and system countermeasures and Suggestions, for our historical and cultural block protection again, explore, advance, provides a useful reference.

Keywords　Tunxi Old Street Historic District; protection process; experience; enlightenment

1 历程

1.1　屯溪简况

屯溪，地处皖南山区率水和横江交汇处，是新安江的源头，是徽州府治下休宁县的水陆交通枢纽、物资集散中心和商业重镇，过去人们往往称屯溪为"屯溪街"，街则称"老街"，老街就是屯溪的核心和全部。

屯溪历史悠久，曾出土西周时期（公元前10世纪）古墓葬文物；春秋时先后属吴、楚；三国时期孙权屯兵于溪，设犁阳县；南北朝时期撤犁阳县入海宁县（今休宁县），成为休宁首镇。屯溪老街东向十余里地的篁墩，曾经作为中原氏族移民迁徙徽州的首选地，而被徽文化学者誉为"徽州的耶路撒冷"。

随着明清两朝徽商崛起，屯溪商埠兴隆，3华里（1500m）街面

---

① 万国庆，黄山市政协副主席，原黄山市规划局局长，高级工程师、注册规划师。

摩肩接踵，老字号比比皆是，屯溪所产名茶"屯绿"与祁门的"祁红"曾比肩驰名中外。抗日战争时期作为第三战区的后方基地，这里更是畸形繁荣，在人口规模、商业活力等方面已成为皖南山区首镇。

新中国成立后即设屯溪市，曾两度省辖，为徽州行署所在地，是皖南山区的政治、经济、文化中心，1987年成立黄山市后为市政府所在地。

1.2 保护缘起

保留。1978年，清华大学朱畅中、朱自煊等7名老师带领研究生编制了《屯溪市城市总体规划》，指出要"充分利用旧城，保持古城特色"，认为"屯溪老街具有民族及地方特色的古老建筑，保留这样的老街为步行商业街，国内外已经有很多的经验和实例，不仅充分利用旧有设施，节省城市建设投资，而且也为居民创造了一个很好的生活环境，为城市保存了独特的面貌和风格，也为发展旅游事业创造了有利的条件"[①]。

《屯溪市城市总体规划》还作为我国小城市总体规划典型案例，被写进了普通高等学校城市规划专业教材。

保护。1979年，邓小平登上黄山，与时任安徽省委和徽州地委主要负责人交谈，认为"黄山是个好地方，黄山应该先富起来"。徽州行署[②]为此确立了"旅工农"的发展战略，屯溪市作为黄山的主要旅游服务基地。后黄山市委、市政府接受了清华大学的建议，把屯溪老街保护利用、发展旅游提上了议事日程。1984年发布《关于加强保护屯溪老街的布告》，正式启动屯溪老街保护整治和旅游开发工作。

作为徽州人，清华大学朱自煊教授家乡情结浓郁，时刻惦记着屯溪老街。1984年夏季受邀承担老街保护规划任务，担任政府规划顾问。由此开启了长达30余年的与地方合作保护实践，探索出一套历史文化街区保护的理论和方法。

2 经验

2.1 实践经验

（1）创新规划理念，树立保护标杆

1986年，朱自煊教授编制《徽州屯溪老街历史地段的保护与更新规划》，严格遵循"保护、整治、更新"的方针，把老街街区看成是城市有机体一个重要的组成部分。首次提出"整体保护和积极保护"的思想，科学划定"核心保护区、建设控制区和环境协调区"三个层次。

---

① 摘自朱畅中《屯溪市总体规划体会》北京市土建学会年会发言讲稿，1980。
② 为黄山市政府的前身。

"整体保护"和"积极保护"的理念是朱自煊教授学习借鉴国外经验、结合我国实际首创的，并在屯溪老街保护利用实践中得到深化，取得很好的实效，成为历史街区保护中最具代表性的保护理念和方法。

（2）加强保护管理，健全高效机制

屯溪老街保护管理，经历了从无序到有序、从粗放到规范、从商业到文化、从分割向整体的演变过程，形成了一套较为成熟的保护管理运行体制和机制。从1985年成立屯溪老街保护建设领导组，到1996年组建屯溪老街街道办事处，再到黄山市政府成立高规格的屯溪老街保护管理委员会，逐步完善了街区保护管理体制并发挥了重要作用。

在社区管理方面，建立了由政府（部门）、专家、居民代表组成的社区理事会制度，建立居民参与街区保护管理的机制，在保护、利用、管理等环节广泛征求社区居民的意见和建议，实现社区居民参与下的街区自我完善、自主管理、协调发展。黄山市政府还加大对屯溪老街社区保护与发展工作的督查考核，有效地促进了保护利用的效能。

（3）加强法规建设，规范保护利用

自1981年开始，黄山市政府先后制定出台《关于做好我市文物古迹保护和管理工作的通知》《屯溪老街历史文化保护区保护管理（暂行）办法》和《黄山市屯溪老街历史文化保护区保护管理办法》等管理办法和政策规定。

1995年，建设部城市规划司发文，正式将老街作为"历史文化保护区"的保护规划、管理综合试点，同时转发了《屯溪老街历史文化区保护管理暂行办法》。

1996年，建设部专门在屯溪召开历史街区保护（国际）研讨会，介绍并肯定了屯溪老街的保护理念、方法和政策法规建设等工作，多年的成功探索形成了"屯溪老街经验"向全国推广交流。

（4）注重文化传承，挖掘文化内涵

屯溪老街有历史建筑244栋，现有店铺385家、40多家文化企业。有非物质文化遗产传习基地3个（省级1个、市级2个），国家级非物质文化遗产项目10项，省级非物质文化遗产项目14项，市级非物质文化遗产项目10项；非物质文化遗产项目传承人5人（国家级3人、省级2人）。主要经营内容包含文房四宝、字画、根雕等各类工艺品，以及博物馆、书画院、陈列馆、工作室、书画篆刻演示，老街已成为徽文化最重要的展示中心。

政府还专门成立老街非物质文化遗产保护中心，从机构和服务方面保证非物质文化遗产保护工作的开展。对非物质文化遗产传承人实行免房租政策，注重加强非物质文化遗产传承人队伍建设，为老艺人、传承人开展政策培训，资助传承人开展授徒技艺、教学、交流、展示等活动。

（5）积极打造业态，开展诚信经营

政府致力于将文化遗产资源优势转化为经济优势，推动老街并带动周边地区的业态转化，保护性开发了老街一、二、三马路，打造古玩、休闲、小吃等特色街。目前，老街经营的古玩、字画、徽州四雕、文房四宝、工艺纪念品等文化商品占一半以上，成为名副其实的文化商业街。

政府积极推进"诚信街"建设，发放《致经营业主的一封信》和《诚信经营优质服务规范》，开展清理主体、商品、标价、店招、店容，帮扶商标、合同、招商、维权、销售、宣传、文化、设施、困难、自律的"五清十帮"活动。

（6）保持社区稳定，坚持持续发展

坚持原住居民保护，保留和延续传统街市生活习俗。积极改善传统民居生活环境，重点进行内部改造，更新生活设施。发动居民开展自治，自发组织夜间巡逻打更，自觉加强街区环境管理，维护街区安全稳定。

鼓励居民、经营者积极从事传统生产、生活与文化传承，帮助传承人或经营者策划展览、制作、销售，对非物质文化遗产的弘扬、传承以及原住居民就业起到了积极作用。

（7）增强安全意识，消除各种隐患

开发"雪亮工程"和"天网工程"，构筑系统完整可靠的传感、监控系统，街区消防安全科学化、系统化、整体化、智能化水平显著提高。

强化消防安全，对老街保护区室内外电力线进行全面改造，增设消火栓，成立老街专职消防队，装备适合街区空间特点的电动消防三轮车、摩托车等装备，开展针对性的训练和防范工作。

（8）开发"数字老街"，开启智能管理

2003年，开发集空间信息与相关属性信息于一体的老街保护和管理信息系统，为历史街区的规划、保护和管理提供准确而丰富的信息，初步实现了动态管理条件。2011年实施"数字老街"工程，在全国首创集保护管理、旅游、商贸、娱乐于一体的个性化虚拟3D街区，展示了老街历史文化景观，为游客提供内容丰富的旅游综合服务窗口，为网民提供在线游玩、购物、娱乐等网络平台。

"数字老街"工程实施在构筑街区安全防护网及增强保护管理科学化、旅游服务精细化、文化展示全景化、提升管理社会化水平等方面取得显著成效。

2.2 主要成就

20世纪80年代，国内一度流行仿古商业街开发建设，拆真建假。屯溪老街以保护真实的历史文化遗存为己任，打造传统文化商业步行街区，以一股清流引起了建设部及国内外规划同行的高度关注，更是吸引了大量海内外游客前来观光旅游。

建设部把屯溪老街作为全国试点单位，其目的就是"探索历史文化保护街区从规划编制、实施与管理到完善使用功能、保护社区活力、配套法规建设等方面的理论与实践。"时任建设部副部长叶如棠在1996年屯溪老街保护（国际）研讨会上指出："要把保护历史街区工作放在历史文化名城保护的突出地位，保护历史街区是更具有普遍意义的工作。历史街区的保护原则是要保存真实的历史遗存，要积极改善基础设施，提高居民生活质量，要采取逐步整治，忌大拆大建。要总结屯溪老街等历史街区保护经验，准备设立国家级历史文化保护区，争取设立国家历史文化名城专项保护基金，全面推动各地开展历史街区保护工作"[①]。

① 摘自历史文化名城研究会秘书处《中国历史文化名城保护管理法规文件选编》，1997.

朱自煊教授在长达30多年的屯溪老街保护跟踪研究实践中，对标国际、着眼全国，创新性地提出一系列历史街区保护思想，逐步形成了历史街区保护的屯溪经验和模式，对我国历史街区保护产生了深远影响，引领了我国历史街区保护的方向。朱自煊教授在屯溪老街保护实践中的主要思想、理论和实践体现在以下几个方面。

（1）"整体保护""积极保护"思想

"整体保护"是指不但要保护传统商业建筑和空间特色，还应包括老街周围地区传统城市风貌的控制，以及整个屯溪旧城区山水环境的协调。还包括老街商业的繁荣、居住社区的稳定、传统历史文化内涵的挖掘、继承和发展。

"积极保护"是把老街和城市看成统一的有机体，会随着社会的发展不断变化新陈代谢，因此保护与更新相辅相成，要处理好保护与发展、传统与更新的辩证关系。

（2）"历史真实性、风貌完整性、生活延续性"原则

街区保护一定要原汁原味，保护好其真实性；街区环境风貌不应是支离破碎，而是相对完整的，要保护其完整性；街区居民生活一定要改善和提高，可持续发展，要保持生活的延续性。

（3）"保护、整治、更新"方针

"保护"是针对老街传统商业建筑、老街地区传统城市风貌以及原有的山水环境而言的，是对具有价值的古建筑及其风貌环境采取的措施。"整治"是对老街地区建筑质量、环境情况和基础设施等方面进行的治理和改善，是对与风貌环境不协调的建筑环境采取的措施。"更新"是适应现代生活和社会发展在商业活动和生活方面进行的必要调整，是针对老街街区落后的生活环境采取的措施。

（4）"三区"划分原则

"三区"即"核心保护区、建设控制区、环境协调区"。"核心保护区"是历史街区最具价值部分，以保护为主，措施最为严格。"建设控制区"是在保护的前提下，限制和控制改造、拆除与新建。"环境协调区"则是保护好形成历史街区、历史城区周边的城市空间格局和山水环境，这对中小城市中的历史街区保护尤为重要。

（5）"镶牙补牙"式更新改造

历史街区不是一成不变的，但是要控制变量，切不可发生"质变"，要进行"镶牙补牙"式改造，就是要小规模、小尺度地间歇式、渐进式推进，即"微更新"。

（6）"红花与绿叶"的关系

核心保护区是保护的"红花"，建设控制区和环境协调区是绿叶，要突出和衬托好"红花"，分清主次，而不是喧宾夺主，才是建设控制和环境协调的应有之义。

（7）历史街区与城市设计的结合

因水而生的老街历史街区，与新安江是不可分割的有机整体，用（滨水）城市设计方法研究历史街区保护，已成为历史街区保护研究新的技术手段，自成一家、浑然天成。

（8）坚持专家领衔制度

从1984年开始，朱自煊教授义务承担黄山市政府的规划顾问30余年。针对保护存在的问题，他无数次深入现场调研，主动与黄山市政府主要领导沟通协调，甚至不惜得罪政府官员而大声疾呼。朱自煊先生与历届黄山市政府和规划主管部门领导均保持了良好的合作关系，深得地方领导和老街居民、经营者的尊重与信赖。

（9）坚持"一支笔"审查制度

坚持老街核心保护区修缮改建项目实行"一支笔"审查制度，由规划部门委托，黄山市建筑设计院总工程师具体负责，承担了近30年的老街改造建筑设计审查把关工作。朱自煊教授在屯溪老街的保护实践工作中的主要成就如下。

1）在国内率先提出历史地段保护概念，开启了我国开展历史地段保护研究的先河，形成了历史地段保护的屯溪模式，为全国的历史地段保护提供了样板。2）历史地段的保护研究在理念、方法和制度上的创新成果，丰富了我国名城保护理论体系，成为历史文化名城保护体系中不可缺少的层次，成为历史文化名城保护体系中的核心与重点所在。3）对标《世界遗产公约》《内罗毕建议》等国际标准，积极探索历史地段、历史城区（街区）保护理论和实践，缩短了我国与其他国家的差距。

3 启示

屯溪老街作为历史街区保护的样板，在"延年益寿"保护、"镶牙补牙"更新、"保持活力"发展的种种努力下，也存在着各种矛盾和问题，主要表现在老街街区拥挤过度、商业业态冷热不均、保护与发展协调不够、保护规划刚性不足等问题，历史街区科学保护与可持续发展面临着更大挑战。总结老街保护经验，得到以下几点启示。

（1）关于保护与发展

随着我国社会经济持续发展，历史街区旅游愈发活跃，老街游客量呈爆发式增长，环境容量、旅游交通、商业规模已大大超过历史街区保护极限，面临空前的压力。历史街区在城市发展中承担的份额是有限的，但承担的责任是无限的。历史街区既要科学保护，更要可持续发展，这是一个全局性的课题，需要在更大的空间内审视街区的保护和作用的发挥，要在更大的空间内安排城市生产生活与街区旅游的协调，要在更大的空间范围内去平衡因保护而带来的局部利益的损失。

（2）关于整体与局部

历史街区保护力度是由内向外递减的。在实践过程中，往往为了平衡各方利益，只保重点而放宽非重点。这种非均衡的做法，容易忽视历史城区和城市整体风貌对历史街区的影响。历史文化名城保护格局下的历史街区保护，应该扩大视野，放大历史街区效应，严格管控诸如视线廊道、绿化廊道，街道肌理、空间尺度、建筑体形、体量、高度、色彩、风格等要素，更加注重城市整体风貌和山水格局，注重城市文化传承，实施均衡的历史街区保护战略。

（3）关于商业与业态

历史街区内业态应以展示地方传统文化、商业文化和地方习俗为主。由于历史文化保护区内私有产房较多，业态"鼓励、控制、限制"三种手段运用难以到位，导致商品雷同、业态单一、文创产品缺乏、过度商业化等现象没有得到有效解决。除了运用市场杠杆自行调节外，更多的应是政府不断通过政策杠杆扶持和调整，如制定优惠性的税收、房屋租赁政策等措施；加大公产房招租、选租力度，以优化和控制街区相关业态。

（4）关于规划与制度

历史街区保护规划的核心原则是不变的，可变的是围绕着这一原则展开的各项建设活动。不同的时段、不同的外因和内因都会对街区保护产生不同的影响。规划的核心不变与动态的改变需要制度化、法治化来约束。要加快构建文化保护传承规划体系，实施严格的立法，制定保护管理条例，确保保护原则的刚性。要建立常态化的机制，强化专家智库作用，对街区各项建设行为进行专业化评估，加大专家在规划决策体系中的权重。要建立规划监管体系，要充分发挥人大监督作用，继续实行规划督察员制度，对街区保护、社区发展、生态环境等进行定期"体检"，使之成为一项制度性安排。

4 结语

2017年中国城市规划设计研究院历史文化名城研究所编制《黄山屯溪老街历史文化街区保护规划暨综合提升工程规划》中，进一步凝练了屯溪老街历史街区的价值，构建了屯溪历史城区、老街历史街区保护体系，对下一步保护目标提出了更高要求。保护和提升屯溪老街"需要从主街走向背弄，从老街走向三岸，从滨水走向环山，从挖掘走向重塑，从街区走向名城……"[①]项目组明确提出，要把屯溪老街作为"科学保护和可持续发展双重目标的全国历史文化街区复兴示范项目"打造。

时值我国历史文化名城保护制度创立40周年之际，回顾屯溪老街保护历程和经验，更加缅怀朱自煊先生对家乡的挚爱、对历史文化名城保护事业的执着和对历史文化街区保护的杰出贡献。我们有理由为朱自煊先生骄傲、为屯溪老街自豪。我们更有理由相信：为我国的历史文化名城保护事业，屯溪再出发！

---

① 摘自中国城市规划设计研究院《黄山屯溪老街历史文化街区保护规划暨综合提升工程规划》，2017。

1979年，清华大学朱畅中教授领衔编制屯溪市城市总体规划，提出保护屯溪老街要求。

1981年，屯溪市政府颁布《关于加强屯溪老街保护的公告》。

1985年，清华大学朱自煊教授领衔编制屯溪老街保护规划，并受聘为屯溪市政府顾问。同年，市政府发布保护布告，设立专门机构，开展风貌整治，制定管理办法，恢复商业活力。

1986年，屯溪老街保护更新规划获优秀规划设计二等奖。

1989年，安徽省人民政府公布屯溪老街为省级历史文化保护区。

1993年，朱自煊教授团队对老街保护规划进行修编，充实并强化了各保护层次中具体的操作规定。

1995年，建设部城市规划司发文，正式把老街作为"历史文化保护区"的保护规划、管理综合试点，转发屯溪市政府《屯溪老街保护管理办法》，推广屯溪老街保护利用经验。

1996年，建设部在屯溪召开历史街区保护（国际）研讨会，充分肯定屯溪老街保护取得的成效，以及形成的规划理论基础。

1997年，清华大学朱自煊教授团队与日本京都大学大西国太郎教授进行合作，对老街典型街坊进行研究，探寻街区保护、整治、更新的方法。

2003年，清华大学朱自煊教授团队和黄山市规划设计院合作，再次开展老街保护规划编制，建立了老街建筑模式库和数据库。

2004年，市政府颁布《黄山市屯溪老街保护管理（暂行）办法》。同年，朱自煊团队开展屯溪滨水地区城市设计工作，提出以老街为核心，包括黎阳、阳湖三江口的历史城区概念，提出"老屯溪、新黄山"的城市设计战略。

2006年，安徽省政府公布屯溪老街为首批省级历史文化街区。同年，黄山市政府正式颁布《黄山市屯溪老街历史文化保护区保护管理办法》。

2008年，由中国文化报社发起，联合中国文物报社共同开展"中国历史文化名街"评选活动，屯溪老街被评为"中国历史文化名街"。

2015年，住房和城乡建设部、国家文物局正式公布首批中国历史文化街区名单，屯溪老街历史街区成为国家级历史文化街区。

2016年，中国城市规划学会历史文化名城规划专业委员会年会在屯溪召开，主题是"机遇与挑战：历史文化街区保护事业的再推进"。

2017年，中国城市规划设计研究院历史文化名城研究所联合清华大学、同济大学等高校，总结历次保护规划和实践经验，结合市政府打造三江口核心商圈要求，编制《黄山屯溪老街历史文化街区保护规划暨综合提升工程规划》。

2021年，黄山市委、市政府正式启动黄山市国家历史文化名城创建工作。

参考文献

［1］建设部城乡规划司. 城市规划决策概论［M］. 北京：中国建筑工业出版社，2003.

［2］阮仪三. 城市遗产保护论［M］. 上海：上海科学技术出版社，2005.

［3］中国历史文化名街评选推介委员会，中国文物学会历史文化名街专业委员会. 中国历史文化名街文集（专家卷）［M］. 北京：中国青年出版社，2014.

［4］仇保兴. 风雨如磐——历史文化名城保护30年［M］. 北京：中国建筑工业出版社，2014.

［5］住房和城乡建设部，国家市场监管总局. 历史文化名城保护规划标准：GB/T 50357—2018［S］. 北京：中国建工出版社，2018.

管理与制度

关于名城保护管理与制度建设的回顾与思考——制度建设的回顾与思考

张 鑑 ①
徐奕然 ②

Zhang Jian　Xu Yiran

Management and System Construction of Historical and Cultural City Protection: Retrospection and Reflection

摘 要　本文立足江苏、面向全国，对历史文化名城保护制度的发展历程进行了回顾，分类梳理了国家层面和江苏省内历史文化名城保护领域的法律法规及技术规定，结合案例介绍了推动保护规划编制省域全覆盖、多举措保护利用历史文化街区的江苏经验，并从历史文化名城保护条例修订完善、技术规定查漏补缺、保护建设计划先行、执行情况评估检查四个方面，对新形势下历史文化名城保护管理与制度建设的进一步完善提出几点思考与建议。

关键词　历史文化名城；名城保护；制度建设；回顾与思考

Abstract　Based in Jiangsu province with a broader view, this paper first reviews the development trajectory of the protection system of historical and cultural cities, including sorting out the main laws, regulations, and technical guidelines at the national level and within Jiangsu province, as well as introducing the Jiangsu experiences on full coverage of protection plannings and taking multiple measures to protect and utilize historical and cultural blocks. Then this paper puts forward some suggestions on further improving the management and system construction of historical and cultural cities under the new situation from the following four aspects: amending the current regulations, supplementing technical guidelines, making annual construction plans, and evaluating the implementation of the plans.

Keywords　historical and cultural city；historical and cultural city protection；system construction；retrospection and reflection

　　2021年8月，中共中央办公厅、国务院办公厅印发《关于在城乡建设中加强历史文化保护传承的意见》，标志着我国历史文化名城保护制度建设进入新的阶段。在此背景下，本文立足江苏、面向全国，对历史文化名城保护制度的发展历程进行回顾，并对新形势下历史文化名城保护管理与制度建设的进一步完善提出几点思考与建议。

① 张鑑，江苏省城市规划研究会理事长，江苏省政府参事室特聘研究员，住房和城乡建设部科学技术委员会历史文化保护与传承专业委员会委员，研究员级高级工程师。
② 徐奕然，江苏省城镇化和城乡规划研究中心，国家注册城乡规划师。

1 名城保护管理与制度建设的回顾

1982年2月，国务院批转《国家建委等部门关于保护我国历史文化名城的请示》，公布了首批国家历史文化名城，我国历史文化名城保护制度由此创立。经过40年的共同努力，从国家到地方，从法律、法规、规章到技术规定，从保护规划编制到保护利用创新，历史文化名城保护制度在实践中不断深化发展，有效保障了历史文化名城保护工作的开展。

在首批24座国家历史文化名城中，江苏的南京、苏州与扬州三市入选，数量居全国各省首位，开启了江苏历史文化名城保护制度建设的新篇章。时至今日，江苏拥有3项世界文化遗产、13座国家历史文化名城、4座省级历史文化名城、31个中国历史文化名镇、8个省级历史文化名镇、12个中国历史文化名村、6个省级历史文化名村、5处中国历史文化街区、56处省级历史文化街区、1993处历史建筑，国家历史文化名城、中国历史文化名镇、中国历史文化街区数量位居全国第一。依托丰厚的历史文化资源，江苏在全国率先探索形成了较为完善的历史文化保护制度体系，为各类历史文化遗产的保护与管理明确了程序和技术要求，有效推进了历史文化保护利用与传承。

1.1 以法律法规构建保护制度基石

在我国历史文化保护制度体系中，属于法律范畴的立法性文件主要包括国家层面统领全国历史文化保护工作的法律、行政法规、部门规章，以及立足自身资源特色制定的地方性法规和地方政府规章。这些法律法规为依法保护、科学保护奠定了坚实的法治基础。

（1）法律、行政法规、部门规章

1982年11月，全国人大常委会通过了《文物保护法》，第一次明确定义了"历史文化名城"的概念，并将其写入国家法律。2002年该法修订，正式提出"历史文化街区"的概念，并对"历史文化村镇"保护作出明确规定。2007年10月公布的《城乡规划法》指出，历史文化遗产保护应当作为城市总体规划、镇总体规划的强制性内容。以上这两部法律与2011年颁布的《非物质文化遗产法》共同组成我国名城保护制度的"三法"，涵盖历史文化名城、名镇、名村、街区、历史建筑、文物及非物质文化遗产等各类保护对象。

2008年4月，《历史文化名城名镇名村保护条例》（简称为《名城条例》）颁布，对历史文化名城名镇名村的申报与批准、保护规划、保护措施、法律责任等方面进行了全面系统的规定，同时明确了"历史建筑"的定义及保护要求。《名城条例》是我国第一部历史文化名城保护领域的专门法规，与2003年颁布的《文物保护法实施条例》共同组成我国历史文化名城保护制度的"两条例"，为快速城镇化进程中维护历史文化遗产的真实性和完整性提供了更有力的法规依据。

2003年建设部发布的《城市紫线管理办法》，针对历史街区和历史建筑保护提出规划控制对策。2014年住房和城乡建设部颁布的《历史文化名城名镇名村街区保护规划编制审批办法》，进一步规范了保护规划的编制和审批工作。此外，还有财政部于1998年出台的《国家历史文化名城保护专项资金管理办法》，住房和城乡建设部会同国家文物局于2020年制定的《国家历史文化名城申报管理办法（试行）》等规章，为保护工作构建了明确规范的管理体制。

（2）地方性法规

2002年，江苏省在全国率先出台了《江苏省历史文化名城名镇保护条例》（以下简称《江苏条例》），奠定了江苏历史文化名城名镇保护的法治基础。2010年，《江苏条例》依据《名城条例》进行局部修订，如将保护规划的编制时限从历史文化名城核准公布起两年内完成修订为一年内完成；将历史文化名城的核准撤销修订为列入濒危名单并责成限期补救，与《名城条例》的相关规定统一。

南京、苏州等具有地方立法权的城市，根据自身资源特色和保护管理需求，也相继制定了一系列地方性法规。例如，2006年公布的《南京市重要近现代建筑和近现代建筑风貌区保护条例》，是全国首部近现代建筑保护的地方性法规，明确建筑的所有人、使用人和管理人应承担保护义务；鼓励支持单位和个人对重要建筑和风貌区进行保护、利用和恢复重建。2010年，《南京市历史文化名城保护条例》（以下简称《南京条例》）出台，在《名城条例》和《江苏条例》的基础上，将保护对象范围拓展至"老城格局和城市风貌、历史文化名镇名村、历史文化街区、历史风貌区、历史街巷、历史建筑、古镇古村、地下文物重点保护区、非物质文化遗产等"，细化补充了上位法的规定，构建了较为全面的保护体系。同时，《南京条例》还确立了一系列创新性的亮点措施，如实行"历史文化名城保护名录制度"，设立由规划、文物、文化、建筑、园林、旅游、宗教、历史、民俗和法律等方面的专家组成的历史文化名城专家委员会等。截至目前，南京已依据《南京条例》划定了11片省级历史文化街区、28片历史风貌区、38片一般历史地段，且均配有保护规划。

苏州市相继制定了《苏州市古建筑保护条例》（2002年）、《苏州市古村落保护条例》（2013年）、《苏州市古城墙保护条例》（2017年），分门别类明确保护对象管理机制，推动保护工作落到实处。2018年3月起正式施行的《苏州国家历史文化名城保护条例》，因地制宜地提出整体保护苏州历史城区内水陆并行、河街相邻的双棋盘传统格局和小桥流水、粉墙黛瓦、史迹名园的独特历史风貌，并将历史城区分级分区高度控制，以及传统街巷、水巷空间形态与尺度控制，作为重点控制和保护的内容。

（3）地方政府规章

在省级层面，2017年《江苏省传统村落保护办法》颁布，在国内首次以省政府规章的形式对传统村落进行立法保护，对江苏省传统村落的申报和认定、规划管理、保护和利用等作出规定，引领传统村落保护工作进入法治化、规范化的新阶段，使得历史文化保护制度体系涵盖的保护对象更加完整。截至目前，江苏省先后有33个村落入选《中国传统村落名录》，已命名五批共计439个江苏省传统村落。

在城市层面，苏州市率先探索管理制度创新，相继颁布了《苏州市历史文化名城名镇保护办法》（2003年）、《苏州市古建筑抢修保护实施细则》（2003年）、《苏州市市区依靠社会力量抢修保护直管公房古民居实施意见》（2004年）、《苏州市地下文物保护办法》（2006年）等规章。无锡市作为国内最早普查和保护工业遗产的城市之一，于2007年发布了《无锡市工业遗产普查及认定办法（试行）》，明确了本地工业遗产的对象、内容、普查登记方法和认定程序，提出了保护与利用的原则。常州市紧跟国家政策步伐，陆续颁发了《常州市区历史建筑认定办法》（2008年）、《常州市区历史文化名城名镇名村保护实施办法》（2009年）、《常州市区历史文化街区保护办法》（2013年）等，逐步建立"名城—名镇—名村—街区—历史建筑"全覆盖的保护制度体系。扬州市聚焦古城建筑修缮核心议题，依次出台了《扬州市老城区民房规划建设管理办法》（2009年）、《扬州古城传统民居修缮实施意见》（2011年）、《扬州古城历史建筑修缮管理办法》（2017年）、《扬州古城传统民居修缮奖补实施意见（试行）》（2021年）等规章，是"小切口"精细化制度建设的典范。

1.2 以技术规定提升保护工作质量

技术标准、规范、导则、指南等技术规定，旨在切实保护城乡历史文化遗产，提高历史文化名城保护规划编制及实施管理的科学性、合理性、有效性，是历史文化保护制度体系的重要组成部分。

在国家层面，2005年《历史文化名城保护规划规范》公布，成为我国历史文化名城保护规划领域首个国家标准。2018年该标准经修订，更名为《历史文化名城保护规划标准》，着重细化了历史文化名城与历史文化街区的保护内容。此外，住房和城乡建设部会同国家文物局等部门先后出台一系列规范性文件，包括《历史文化名城名镇名村保护规划编制要求》（建规〔2012〕195号）、《传统村落保护发展规划编制基本要求》（建村〔2013〕130号）等，据此指导各地作好保护规划的编制和审批工作。

2008年江苏出台了国内首部省级层面的历史文化街区保护规划技术规定——《江苏省历史文化街区保护规划编制导则（试行）》，将历史文化街区保护规划定位于修建性详细规划层次，明确了历史文化资源梳理要求、"五图一表"分析路径、适应性的交通和市政技术措施，规范了成果内容、深度与表达，推动全省历史文化街区保护规划工作再上新台阶。2014年《江苏省历史文化名村（保护）规划编制导则》印发，统一了全省历史文化名村（保护）规划的内容和深度；在坚持保护优先的前提下，综合统筹了历史文化名村的保护规划和村庄建设规划，建立了一套规划框架，解决了以往不同规划重叠冲突的问题；以历史文化名村的价值与特色研究为基础，根据江苏特点提出了易于操作的保护框架和技术措施要求；引导保护规划从技术文件走向共治共享的乡村发展共识。

在城市层面，常州市和扬州市分别于2011年和2017年制定了《常州市历史建筑修缮技术导则》和《扬州市历史建筑修缮技术导则》，对修缮的基本程序等作出严格的规定，与已有的地方政府规章形成配套，为历史建筑的管理、保护与修缮工作提供支撑。南京市积极推动制度创新，制定了《南京市历史建筑保护名录编制技术规定》（2016年）、《南京市历史文化街区及历史建筑改造利用防火加强措施指引》（2022年）等多项指导性技术文件，并在全国首创"历史建筑保护告知书"制度，明确约定历史建筑转让人与受让人、出租人与承租人的保护责任。

1.3 推动保护规划编制省域全覆盖

保护规划是各类历史文化遗产保护和管理的重要依据。一直以来，江苏高度重视保护规划编制工作，在1982年国家首批历史文化名城公布后，江苏的保护规划编制随即开展。1983年《苏州市城市总体规划》编制完成，历史文化名城保护规划被列入其专项规划。1984年编制完成的《南京历史文化名城保护规划方案》，是国内最早的一批保护规划。2005年3月江苏省建设厅下发的《江苏省城市规划公示制度》，将历史文化名城和历史文化街区保护规划列为主要公示内容。

2005年11月全省城乡建设工作会议召开，提出强化规划引导、实现城乡规划全覆盖的目标。自此，江苏积极组织推进历史文化名城、名镇、名村、街区等各类保护规划编制，逐步构建了从专项规划到详细规划的历史文化保护规划体系。2014年底，各历史文化名村保护规划在《江苏省历史文化名村（保护）规划编制导则》的指引下均编制完成，实现了历史文化名村保护规划在全国率先完成的目标。

经过多年努力，江苏历史文化名城、名镇、名村、街区的保护规划已基本实现全覆盖。目前，江苏正积极推进2035版保护规划编制工作，并将保护规划编制纳入高质量发展考核的个性化指标。

1.4 多举措保护利用历史文化街区

早在20世纪90年代，江苏就积极探索历史文化街区保护的开拓性对策，以兼顾文化、民生、物权的公共政策，开辟了小规模、渐进式的历史文化街区有机更新途径。1998年镇江市编制的《西津渡古街区保护规划》创设了"可走可留、可修可换"的西津模式，恢复了原汁原味的历史风貌。《西津渡街区房屋置换办法》遵从民意，自愿迁出的可选择货币安置或实物异地安置；自愿留下的由政府出资进行房屋外立面统一改造。经过多年持续有效的保护整治，西津渡实现了从破败居住区向集创意产业、商业、居住、文化旅游于一体的综合功能街区的转变，其保护更新工程获2009年"中国人居环境范例奖"。

2007年，江苏省政府转发《关于加强历史文化街区保护工作的意见》，推动江苏历史文化名城保护从宏观层面深入到街区层面。2009年，江苏省以《扬州东关历史文化街区保护规划》为试点，探讨了《江苏省历史文化街区保护规划编制导则（试行）》的可行性。扬州市对东关街沿线的街南书屋、花局里、东门遗址等地块进行了整治与改造，植入高端酒店、特色商业、老字号、遗址博物馆等功能，对基础设施逐步实施改造。扬州市还借助中德两国政府在"生态规划和管理"合作项目所建立的框架，与德国技术合作公司和国际机构城市联盟就古城保护理念、民居修复方案、社区参与方式、资金筹措等开展交流合作，形成了民居改造的样板。经过多年努力，东关街已成为扬州市最著名的一条历史老街。

近年来，江苏的街区保护目标逐渐拓展至激活街区内生动力，实现传统文化当代复兴，关注多元主体共同参与、促进以人为本可持续发展。扬州仁丰里历史文化街区鼓励居民参与更新改造，精心设计街区业态布局，通过"微更新收储租强文化"，走出了政府主导、社会力量参与的古城保护利用新模式。街道办事处作为工作组织方，有效协调了利益相关者的权益，原住居民的保留使得原有社会生活形态的相当部分获得了保护与传承。2021年，其保护与利用工程摘得中国建筑学会"2019—2020建筑设计奖·历史文化保护传承创新一等奖"。

2009年至今，江苏省累计下达历史文化保护专项资金近3亿元，用于对各类历史文化遗存和保护修缮项目进行奖励补偿，有效引导地方实施保护并开展实践创新。省级专项补助资金有效带动了当地政府的配套资金投入，各有关市县积极推进历史遗存维修整治和基础设施配套，有效保护了历史文化街区、完善了城市功能、提升了人居环境质量。

2 名城保护管理与制度建设的思考

历经40年持续探索，我国历史文化名城保护工作在取得长足进步的同时，还需清醒地认识到，一些地方对历史文化遗产的核心价值以及保护工作的意义认识深度还不足，仍存在拆真建假、文化流失、修复整治不真实、人口安置不精细等问题。同时，不断扩充的保护对象以及日益增长的修缮需求，亟待名城保护工作更为全面、有序、系统、高效地开展。这些存在的问题和面临的挑战，都需进一步加强历史文化名城保护制度建设以作应对。

2.1 名城条例修订完善

一是丰富保护内涵。现行《名城条例》修订于2017年10月，其主要的保护与管理对象为历史文化名城、名镇、名村，部分条文中也涉及了历史文化街区和历史建筑等内容，但与中共中央办公厅、国务院办公厅印发《关于在城乡建设中加强历史文化保护传承的意见》（简称为两办《意见》）所涵盖的保护对象范畴相比，仍有较多缺失。建议结合两办《意见》，将保护的对象和内容更加系统完备地写入《名城条例》。

二是强化高位协调。历史文化保护工作涉及人口、产业、房屋、土地等多方面政策，关乎政府、居民、专家、公众等不同群体，需要很多部门协同配合，如果没有一套高位的协调机制来统筹，将很难实现有效管理。现阶段，历史文化保护工作在地方主管部门的职能划分存在差异，在省、市、县多级对接工作时，面临实际困难，有关工作要求的下达和对目标任务的督查都不同程度存在障碍，工作机制有待完善。建议结合两办《意见》，在《名城条例》修订中进一步厘清、细化各部门工作职责，加强制度、政策、标准的协调对接，建立健全历史文化遗产保护传承的联动协同闭环机制。同时，要成立由省、市人民政府领导牵头的城乡历史文化遗产保护传承工作领导小组，以高位协调来统筹组织、落实、督促和管理历史文化保护传承相关工作。

三是拓展管理环节。现行《名城条例》中，真正可以作为行政管理抓手的内容不多。过去，历史文化名城保护管理主要在名城申报与批准、保护规划编制、破坏遗存处罚上发力。但其实，在优质历史文化资源基本申报完成、保护规划编制基本实现全覆盖之后，保护、利用和传承的工作量仍然很大，这部分的保护管理要求仍处于空白。参考两办《意见》，在推进活化利用、融入城乡建设等多个环节中，很多可以衍生成为落实保护工作的管理抓手，应在《名城条例》修订中予以补充。

2.2 技术规定查漏补缺

作为提升保护工作质量的重要依据，技术规定具有实用性、灵活性和特色性等优势。但现阶段，我国历史文化保护制度体系中，相较于持续迭代优化的法律法规制度，技术标准、规范、导则、指南等技术规定覆盖还不够全面，更新也不够及时。目前，国家层面现有的《历史文化名城保护规划标准》，主要适用于名城和街区的保护规划，缺失名镇、名村（传统村落）等相关内容；对于历史建筑的分类、定级、修缮等，也没有成文的技术规定。省市层面作了许多有益探索，技术规定类目众多，但总体缺乏系统性，许多规范内容鲜少动态更新，已经失效，还有部分导则、指南全文未作公开，应用率不高，难免流于纸面。

建议在国家层面，参照两办《意见》，结合历史文化保护传承工作更加丰富的内涵、历史文化遗产保护进一步扩大的对象范畴，补充配套相应的技术规定。在省市层面，建立专家指导委员会，为城乡历史文化保护传承工作提供专业指导和技术支持。针对城乡历史文化遗产保护的技术关键，制定抗震、节能、消防、造价等相关技术标准和导则。

2.3 保护建设计划先行

两办《意见》提出，建立城乡历史文化保护传承体系三级管理体制，要求国家、省（自治区、直辖市）分别编制全国城乡历史文化保护传承体系规划纲要及省级规划，要求市、县层面编制专项保护方案，制定保护传承管理办法。而在专项保护方案之后，保护的工作如何往下走，如何落到实处，如何监督检查，在制度层面还未具体阐明。需构建一套实施支撑体系，国家纲要、省级规划和市、县方案，三者紧密衔接、层层传导，落实到国土空间规划相关管控要求，叠加到国土空间规划"一张图"，最终从"规划"延伸制定出保护、传承、利用的"计划"。

建议进一步明确地方政府的工作责任，指导市、县编制确定"五年方案+年度计划"，即编制到"十四五"期末的城乡历史文化遗产保护传承行动方案，以及确定年度保护传承项目并纳入年度城乡建设计划。将"规划图"变为"时间表"，在终端指导保护项目的建设与运营，反哺城市经济社会发展和人民日常生活。其中，五年方案的目标任务应和国民经济与社会发展规划相配套，其确定的工作总量要跟社会经济发展水平相适应，与地方财力支持相匹配。年度计划的项目清单，宜依据前期调研、价值评估、测绘建档、设计施工等环节进行拆解，化解历史遗存修缮工作周期较长而财政资金使用周期较短（通常为一年）之间的矛盾。

2.4 执行情况评估检查

2021年11月，住房和城乡建设部、国家文物局发布《关于加强国家历史文化名城保护专项评估工作的通知》，开展名城年度自评估、省级每年定期评估、国家五年定期评估，以及不定期重点评估，内容涵盖历史文化资源调查评估和认定情况、保护管理责任落实情况、保护利用工作成效等。

为切实保障历史文化保护传承规划目标任务落地、落实，建议继续完善历史文化名城保护评估内容。一是评估历史文化遗产保护是否提前介入城乡建设，即各地在重大项目建设规划时，是否充分考虑了历史文化遗产及其整体环境的保护和管控，是否落实了基本建设考古前置。二是补充对保护建设计划执行情况的定期评估检查，如市、县"五年方案+年度计划"是否及时制定，是否符合法律法规要求，所列项目清单是否按期实施，是否实施到位等，强化事中、事后监管。

3 结论

历史文化名城保护制度创立40年，是"摸着石头过河，踩稳一步，再迈一步"的40年，是从"保下来"到"活起来"，从"底线抢救式保护"到"文化自信引领"的40年。江苏在实现经济社会瞩目成就的同时，坚守历史文化遗产保护的初心使命，紧跟国家政策形成了相对完善的保护制度体系，探索了许多因地制宜的创新保护模式和路径，在快速城镇化发展的浪潮中和高密度紧约束的条件下，努力寻求发展和保护之间的平衡。面对新发展阶段的机遇和挑战，历史文化名城保护管理与制度建设仍需与时俱进，以破解堵点、难点问题，为作好城乡历史文化保护传承工作提供坚实保障。

参考文献

[1] 中共中央办公厅，国务院办公厅. 关于在城乡建设中加强历史文化保护传承的意见 [J]. 中华人民共和国国务院公报，2021（26）：17-21.
[2] 历史文化名城名镇名村保护条例 [J]. 中华人民共和国国务院公报，2008（15）：27-33.
[3] 中国城市规划设计研究院. 历史文化名城保护规划标准：GB/T 50357—2018 [S]. 北京：中国建筑工业出版社，2019.
[4] 兰伟杰，胡敏，赵中枢. 历史文化名城保护制度的回顾、特征与展望 [J]. 城市规划学刊，2019（2）：30-35.
[5] 江苏省住房和城乡建设厅. 城镇溯源 乡愁记忆：江苏历史文化名城名镇名村保护图集 [M]. 北京：中国建筑工业出版社，2015.

和合守正 笃实前行
——安徽省名城保护工作的历程和经验

徐涛松①　刘旸②

Xu Taosong　Liu Yang

Practise Earnestly With Integration and solidity
——The History and Experience of Anhui's
historic cultural city protection

摘　要　我国历史文化名城保护制度创立40年，名城数量不断增多，保护制度不断完善，规划理念持续升级，保护内容和层次日益丰富。安徽省结合地域文化特色和历史文化遗存分布特点，不断深化保护传承工作，取得了一定成绩。本文回顾了安徽省历史文化名城保护制度的建设历程，并从制度、体系和创新实践三个方面进行阐述，在坚持整体性保护、系统性管理的价值导向下，安徽省在跨区域历史文化资源的整体保护、保护对象的保护与活化利用、立法和财政支持等方面取得了一些经验，可为其他兄弟省份在新时期加强历史文化保护传承工作提供参考。

关键词　历史文化名城；保护体系；保护制度；保护利用模式

Abstract　The protection system of historic cultural cities in China has been established for 40 years. During this period, the number of historic cultural cities has been increasing, the protection system has been gradually improved, the planning concept has been continuously upgraded, and the protection content and level have been increasingly enriched. Combining the characteristics of regional culture and the distribution of historical and cultural relics, Anhui Province has made some achievements in the exploration of protection and inheritance. The paper reviews the construction process of the protection system of historic cultural cities in Anhui Province from three aspects: institution, protection system and innovative practice. Under the value orientation of adhering to the overall protection and systematic management, some experience has been made in the overall protection of cross-regional historical and cultural resources, the protection and activation of protected objects, legislative and financial support, which can provide reference for other brother provinces to strengthen the protection and inheritance of historic cultural resources in the new era.

Keywords　historic cultural cities；protection system；protection institution；mode of protection and uilization

---

① 徐涛松，安徽省城乡规划设计研究院有限公司总规划师，教授级高级工程师，国家注册城乡规划师。

② 刘旸，安徽省城乡规划设计研究院有限公司设计二所主任工程师，工程师，国家注册城乡规划师。

1 引言

安徽跨长江、揽淮河，自古以来就是中国南北自然环境和人文地理的过渡区域，也是近代中国东西文明的交融地之一。安徽省历史文化遗存丰富多元，地域历史文化特色鲜明，是中华优秀传统文化的重要组成部分。自1986年亳州、歙县、寿县三座古城获批国家级历史文化名城以来，全省获批的名城数量不断增加，保护层次和内容不断丰富，在全国历史文化名城、名镇、名村、街区、历史建筑五级体系的基础上，安徽省积极探索跨区域历史文化资源保护，形成了具有地方特色的六级保护体系。历史文化名城的周边山水环境、整体格局风貌均得到较好保护，历史文化街区风貌得到提升，历史建筑得到有效保护和合理活化利用，在塑皖之风、扬徽所长，系统完整保护传承徽文化、淮河文化、皖江文化等地域文化，建设社会主义文化强国方面作出了安徽贡献。

2 安徽省历史文化名城保护的历程

全国层面的历史文化名城保护制度于1982年创立，经历了近40年的丰富完善发展，在制度视角上，经历了从概念诞生到体系完善再到立法保护的发展历程[1]。在理念视角上，经历了整体保护、旧城更新、新旧共生三个阶段[2]。在空间视角上，经历了城区—古迹保护、城区—街区—古迹保护、区域—城区—街区—古迹保护三个阶段。名城保护内涵不断丰富，制度体系、规划理念、空间层级不断与时俱进。2021年《关于在城乡建设中加强历史文化保护传承的意见》发布，将历史文化名城保护工作推向一个新的高度，也开启了构建多层级、多要素的城乡历史文化保护传承体系的新时代。

安徽省历史文化名城保护进程与全国总体同步，经历了制度建立、拓展深化完善创新阶段，下面具体从制度建设、体系构建和创新实践三个方面进行阐述。

2.1 保护制度建设

安徽省范围内的国家级历史文化名城于1986年首次获批，随后历经30余年发展，名城数量不断增加，立法和财政支持方面逐步完善。

1986年12月，第二批国家级历史文化名城名单公布，同时提出历史文化名城审定标准，首次提出历史文化保护区的概念。亳州、歙县、寿县进入第二批保护名录，标志着安徽省历史文化名城制度的正式建立。

在行政立法上，1989年颁布《安徽省实施〈中华人民共和国文物保护法〉办法》，标志着安徽省级层面历史文化保护立法工作走向正轨。1997年颁布《安徽省皖南古民居保护条例》；1997年颁布《黄山市屯溪老街历史文化保护区保护管理暂行办法》并由建设部转发，历史文化街区这一中间层次的保护对象首次在国家层面提出。2004年《安徽省皖南古民居保护条例》经修订后颁布，将境内长江以南地区1911年以前的具有历史、艺术、科学价值的民宅、祠堂、牌坊、书院、楼、台、亭、阁等民用建筑物全部提升到法律层面进行保护。2005年修订的《安徽省实施〈中华人民共和国文物保护法〉办法》，对不可移动文物包括世界文化遗产和历史文化名城、街区、村镇提出了保护措施。2010年《安徽省城乡规划条例》颁布，明确了历史文化名城名镇名村保护专项规划和总体规划的关系，并在总体规划和控制性详细规划层面提出了对历史文化遗产保护区和文物保护单位的强制性内容要求。2014年颁布《安徽省非物质文化遗产条例》，对本省行政区域内非物质文化遗产的保护、传承等活动进行了详细规定。2017年《安徽省历史文化名城名镇名村保护办法》正式出台，标志着全省层面的名城名镇名村保护工作正式得到法律层面保障；部分市县也先后颁布了古城、名城保护条例等地方性法规，立法工作成效显著。2017年黄山市颁布《黄山市徽州古建筑保护条例》，将古城墙、古码头、古水系、古坝、古道、古井等构筑物也全部纳入保护范围，保护年代从1911年向前延伸到1949年。2017年铜陵市颁布《铜陵工业遗产保护与利用条例》。

在财政资金方面，自2003年起，安徽省级财政拨付年度资金500万元用于世界文化遗产地文物保护、古民居维修、白蚁防治、公共基础设施建设及环境整治等工作，开始建立起财政对历史文化保护工作的支持。2013年成立"徽派建筑保护专项资金"，每年配套专项资金2000万元，重点支持历史文化名城、名镇、名村、街区的徽派建筑保护；2016年该资金更名为"历史文化名城、名镇、名村街区保护专项资金"，资金补助区域由皖南地区扩大到全省，补助范围从单一的建筑保护转向名城、名镇、名村、街区保护，财政支持力度逐步增强。

2.2 保护体系构建

1986~2002年，随着历史文化名城保护制度的正式建立，首先明确了"历史文化名城—单体文物"的两级保护体系。随着名城保护初期工作的不断开展，1997年《黄山市屯溪老街历史文化保护区保护管理暂行办法》明确"历史文化名城—历史文化保护区—单体文物"的三级保护体系。

继亳州、歙县、寿县成为国家历史文化名城之后，1989年经省人民政府批准，安庆、桐城、黟县、凤阳（1990年增补）成为第一批省级历史文化名城，1996年蒙城、涡阳、潜山、和县、贵池、宣州、绩溪进入第二批省级历史文化名城榜单，全省形成"3+11"的局面；2005年、2007年安庆、绩溪先后进入国家级历史文化名城榜单，到2008年共有国家级历史文化名城5座，省级历史文化名城9座；2019~2021年，名城数量再度增加，2019年滁州正式成为省级历史文化名城，黟县和桐城2021年入选国家级历史文化名城名录，全省形成"7+8"的局面。

2002年历史文化街区（村镇）法定概念的提出，标志着历史文化保护工作的视野开始由城市本身扩展到城乡全域，名镇、名村、街区逐步纳入到保护体系内，丰富了保护层次和内容。安徽省2003~2006年评选批准了三批省级历史文化名镇、名村，且2006年屯溪老街、东至县东流古街、五河县顺河街由"历史文化保护区"更名为"历史文化街区"；2003~2008年建设部、国家文物局四次在全国范围内组织评选历史文化名镇、名村，安徽省积极申报，先后有5个镇、

10个村获评中国历史文化名镇、名村；到2008年，安徽分别拥有"5+5"名镇、"10+13"名村、3个省级历史文化街区。2015年，屯溪老街入选第一批中国历史文化街区。

自2008年至今，在既有保护对象的基础上，继续拓展保护范畴，将非物质文化遗产、历史建筑、传统村落、工业遗产等纳入保护体系。不断创新资源活化利用模式，将历史文化保护与经济发展、城市建设、社会民生相结合，强化历史文化的创新性发展和创造性转化。

2.3 创新实践探索

1986~2003年，安徽省重视整体保护、积极保护，历史文化名城保护、历史文化保护区保护、世界文化遗产申报工作走在全国前列。屯溪老街先后编制了三版规划，即1986年的《徽州屯溪老街历史地段的保护与更新》、1993版保护规划、2003年的《屯溪老街保护整治更新规划》，三版规划核心保护范围经历了由单纯的沿老街主街两侧到纳入背巷，再到最终将老街沿街商业与背巷传统民居共同纳入的过程，对老街核心价值认识不断提高；在核心保护范围内采取了较为严格的保护措施，保护要求涵盖建筑、街巷、功能等各层面。1995年，建设部城市规划司将屯溪老街作为全国唯一的"历史文化保护区"的保护规划、管理综合试点，要求"探索新形势下我国历史文化保护区在保护规划的编制、实施与管理、完善使用功能、保护社区活力、配套法规建设等方面的理论与实践，为我国历史文化名城以及历史文化遗产的保护工作积累并提供经验。"1996年建设部在屯溪组织召开历史街区保护国际研讨会，介绍并肯定了屯溪老街的保护理念、方法和政策法规建设等工作，将屯溪老街经验向全国推广。2000年，通过精心准备和激烈角逐，联合国教科文组织将中国皖南古村落西递、宏村列入世界文化遗产名录。

2006年建设部试点项目《亳州市北关历史文化街区保护规划》，坚持历史载体真实性、风貌完整性、生活延续性原则，坚持保护与发展相结合。对周边环境、保护区划以及街巷格局、建筑风貌、特色街道、历史环境要素提出保护措施；结合建筑风貌、建筑质量等分析，对街区建筑采取分类整治措施；维持社区活力，对街区落后的基础设施和生活环境采取更新措施；制定非物质文化遗产传承利用、文化旅游发展规划篇章和街区保护管理规定。

2008年以后，开始从全省角度统筹考虑全省历史文化名城、名镇、名村保护工作，先后编制了《安徽省历史文化名城名镇名村设施建设"十二五"规划》《安徽省历史文化名城名镇名村街区保护"十三五"规划》《安徽省历史文化名城名镇名村街区保护及历史建筑保护利用"十四五"规划》，同时建立了重点项目库，注重将规划成果转化为实际项目并监督实施。2016年编制《安徽皖南区域性历史文化资源保护规划》，在全国范围内首次在区域层面探索如何开展历史文化保护工作；2017年编制完成屯溪老街第四轮保护规划《屯溪老街历史文化街区保护规划暨综合提升工程规划》；全面完成到2030年的历史文化名城名镇名村街区保护规划编制审批工作，并启动了多个到2035年的保护规划编制工作。近年来，更加注重编制前评估、编制后实施、实施后再评估的全过程管理，从保护体系、规划编制、实施绩效、管理机制和公众参与五个方面构建了安徽省历史文化保护工作评估体系，并在安徽省历史文化名城名镇名村街区及历史建筑保护工作评估中得以验证（表1）。

安徽省历史文化名城保护分阶段特征   表1

阶段	历史文化名城数量	保护体系	创新探索	行政立法	财政支持
制度建立	14座（3+11）	名城、历史文化保护区、单体文物	屯溪老街作为全国唯一的"历史文化保护区"保护规划、管理综合试点探索，形成屯溪老街前三版保护规划、屯溪老街经验	1989年，《安徽省实施〈中华人民共和国文物保护法〉办法》；1997年，《黄山市屯溪老街历史文化保护区保护管理暂行办法》《安徽省皖南古民居保护条例》	2003年起年度拨付资金
拓展深化	14座（5+9）	名镇、名村、街区纳入保护体系	部级试点《亳州市北关历史文化街区保护规划》	2004年修订后颁布《安徽省皖南古民居保护条例》；2005年修订，《安徽省实施〈中华人民共和国文物保护法〉办法》	年度拨付资金
完善创新	15座（7+8）	非物质文化遗产、历史建筑、传统村落、工业遗产等纳入保护体系	"十二五""十三五""十四五"历史文化保护专项规划，部级试点《安徽皖南区域性历史文化资源保护规划》；出版《中国传统建筑解析与传承》（安徽卷）；发布一系列标准导则；探索不同类型历史文化资源保护利用模式；保护规划的编制实践与创新思考；保护工作全过程评估	2010年，《安徽省城乡规划条例》；2014年，《安徽省非物质文化遗产条例》；2017年，《安徽省历史文化名城名镇名村保护办法》《黄山市徽州古建筑保护条例》《铜陵工业遗产保护与利用条例》；2021年，《池州市古建筑保护条例》《宣城市传统村落保护条例》《安徽省非物质文化遗产传承基地认定与管理办法》；各地陆续出台古城、历史文化名城保护条例（管理办法）等	2013年"徽派建筑保护专项资金"，2016年更名为"名城名镇名村街区保护专项资金"

3 安徽省名城保护工作的主要经验

3.1 持续完善保护名录和体系

一是持续将历史文化名城、名镇、名村（传统村落）、街区、历史建筑及其他法律、法规规定的需要列入名录的保护对象纳入保护名录。截至2022年5月底，安徽省共有历史文化名城15座（国家级7座、省级8座），名镇21（国家级11个、省级10个），名村45个（国家级24个、省级21个），传统村落1154个（国家级400个、省级754个），历史文化街区36片（国家级1片、省级35片），已公布历史建筑5945处；重点文物保护单位1090处（国家级175处、省级915处），非物质文化遗产606项（国家级99项、省级507项，其中入选人类非物质文化遗产名录4项），世界文化和自然遗产1处、世界文化遗产2处、世界文化遗产预备名单1处，世界灌溉工程遗产1处，国家级生态文化保护区1处，国家文化公园1处，国家大遗址7处（其中大运河为跨省大遗址），中国考古遗址公园1个、立项3个，国家级重点风景名胜区12处、省级29处，中国重要农业文化遗产5处，国家工业遗产9处，中国20世纪建筑遗产9项（图1）。

二是在单个历史文化名城的保护工作中，形成"市域—名城—历史文化街区—文物保护单

位与历史建筑—非物质文化遗产"五个层面的
保护框架，特别注重保护与历史城区联系紧
密的山水环境和名城空间格局。例如，滁州名
城保护工作中，坚持延续"西倚琅琊、东临清
流、山城水交织"的历史环境格局，保护琅琊
山向城中渗透的自然山体形态和历史文化名城
"双水、双瓮、双关"格局，抢救保护琅琊山
摩崖石刻及碑刻，完成北湖景观改造以及上水
关、下水关、广惠桥、文德桥修缮等工程，环
城山水风光给滁州历史文化名城带来"青山傍
城怡然境，碧湖潋滟画中游"的美景享受。又
如，寿县历史文化名城保护工作中，将寿县古

图1 安徽省历史文化名城名镇名村街区分布示意图

城和八公山风景名胜区作为重点区域，强调南伸、西延的"一区两带"的保护框架，并且通过
城墙、月坝、四角拐塘（占地40多hm²）等古代城防、水防设施整治修缮，疏通城市水系，使
山—水—城格局得到较完整保护，古城墙、护城河、四角拐塘、"金汤巩固"和"崇墉障流"
古涵洞等在抵御2018年的洪水灾害中，再现其防水御水的重要作用和古人智慧。

3.2 探索区域性整体保护策略路径

历史文化名城与其周边的自然山水环境、名镇名村紧密联系在一起，构成了一个完整的城
乡聚落。"城乡历史文化聚落"概念应运而生[3]，其跨越一个以上城市行政边界的区域性地理
单元，在有形和无形遗产上具有共性，包括丰富多样的历史文化遗产要素。在区域协调发展和
历史文化保护日益重要的今天，保护、发展城乡历史文化聚落，符合整体性保护和系统性传承
的价值理念。

皖南区域历史文化资源类型多样，集聚程度高，地域特征鲜明，历史文化价值独特，在全
国甚至世界都具有极高的影响力。本土的吴越文化、三次战乱中原望族举族迁移带来的移民文
化影响，加上相对封闭的区域环境使该区域发展逐步自成体系，形成徽文化影响区，大量物质
遗存在长期的建设冲击及战乱中得以较大程度保存。儒家文化及宗族文化在经济社会长期发展
与自适应过程中，逐步形成极具地方特色的徽文化，徽文化广博、深邃，赋予该区域历史文化
资源深刻内涵和强大凝聚力，徽州土地制度、徽州宗族、徽州工艺、徽州雕刻、徽派建筑、徽
州村落、徽州民俗等是历史文化资源的主要构成要素。"乡落皆聚族而居，族必有谱、世系数
十代"，且因历史变迁、经济发展、地理风貌等差异，空间上总体呈现出沿古水道、古驿道枝
状布局，山间盆地密集单元布局并存的网络化特征；城、镇、村体系在外向经济和强大的宗族
文化影响下，呈现弱镇强村特征；城乡历史文化聚落从"卜居"到建设，都坚持"天人合一"
的和合理念，顺应地形和山水环境，但"有序规划"大于"自然生长"，强调人工建设与自然

环境共生，形态不尽规则，功能齐备且布局灵活，每个村镇因其所处地理环境的差异显现出不同的特征，体现出共同价值观和个体独特性。

2014年，经住房和城乡建设部同意，安徽省开展了《安徽皖南区域性历史文化资源保护规划》编制试点[4]。规划建立区域性网络化的保护框架，包括文物古迹类、历史城乡聚落类、自然景观类"点状资源"，历史水系和古道在内的"线状资源"，自然环境和地域文化在内的"面状资源"（图2）。打破行政边界束缚，根据历史文化资源相关的自然地理条件、遗存现状、相互之间关系等进行单元划分，建立了从皖南整体的文化区域，到根据文化特征、习俗、心理认同等进一步划分的皖南徽文化区、沿江徽文化区2个文化子区域，再到19个文化单元和3类文化节点的四级保护层次，贯彻分别保护与发展策略。构建了历史文化资源的展示利用框架，提出徽州古道、水阳江、青弋江、新安江、秋浦河等多条陆路、水路历史文化轴线，组织区域内文化单元和多个文化节点的展示，衔接区域外文化展示线路，并明确旅游产业发展、交通体系改善、历史村镇发展利用引导等要求。探索区域性历史文化资源保护与发展的管理协调机制，明确省内及与邻近省份促进区域整体文化资源的活化利用协作措施。

3.3 创新保护利用模式并取得积极成效

一是推进名城名镇名村基础设施和人居环境的改善。在历史文化名城层面，不断优化公共

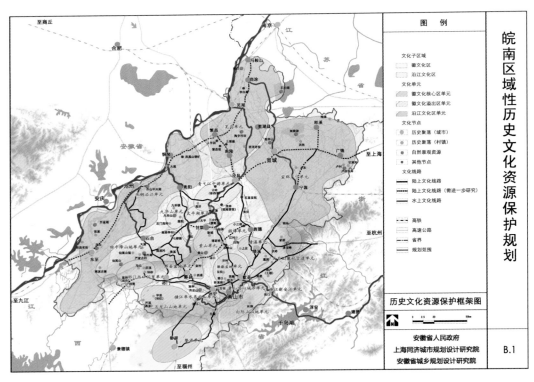

图2 皖南区域性历史文化资源保护框架图

服务设施和市政基础设施，逐步增强历史城区活力，促进城市发展。安庆市累计投资约6亿元，先后完成了倒扒狮街、天主堂巷等范围内的背街后巷整治工程，完成了湖心南路、人民路综合改造等市政道路改建工程，同步实施雨污分流，有效解决了城市内涝对历史建筑和文物古迹的侵害。寿县通过打造城南新区，吸引古城人口外溢，将古城人口由高峰时期的14万人逐步降至8万人左右，在不断缓解古城保护压力的同时，满足了居民的现代生活诉求，让保护和发展相得益彰。在名镇名村层面，传统格局、历史风貌留存较好，基础设施改善稳步推进，目前名镇名村开展的重点任务在于道路交通、给水、排水等基础设施的改善。部分镇村以利用促保护，将资源变资产，较好地提升了镇村活力，留下了原住居民。

二是着力推进历史文化街区微改造、微更新。屯溪老街是我国保存最完整、最具有南宋和明清建筑风格的古代街市，也是我国历史文化街区保护的典范。在保护理念、规划编制、保护措施、保护体制、保护方法、产业经营、公众参与、管理手段等方面都具有重要的示范借鉴意义。40余年通过持续的小微更新、修补提升，屯溪老街的山水环境联系、整体风貌、街区传统格局、历史街巷得到良好保护，建筑高度、体量、色彩得到有效控制，2015年入选住房和城乡建设部与国家文物局评出的第一批中国历史文化街区。为进一步加强保护利用，2017年编制完成第四版《屯溪老街历史文化街区保护规划暨综合提升工程规划》，并采取以下措施：一是定期召开老街保护管理联席会，协调市区住建、资规、消防等部门，做好老街核心保护区建筑修缮前置审查和日常监管工作，确保符合规划。二是明确工作标准，按"建筑修缮7步骤11项""门头、店招和室内装修5步骤9项"分类备案审批。三是对照省市文件要求，全面开展自查评估，对存在的不足特别是风貌管控不严不准问题，制定问题清单、责任清单、确定整改时限。四是积极争取历史文化名城名镇名村街区保护专项资金，2021年获批100万元专项资金，完成了6处历史建筑修缮，面积1480.2㎡；2022年获批100万元专项资金，继续用于10处历史建筑抢救性保护和安全隐患整治。另外，安徽省政府出台《关于进一步加强城市精细化管理工作的指导意见》，要求注重采用"绣花""织补"等微改造方式，从品质、环境、文化、创新、公共服务等方面持续增强历史文化街区宜居性，目前也有部分历史文化街区改造更新初显成效。例如，歙县府衙历史文化街区在建设控制地带内以县委大礼堂修缮建成徽州大讲堂，最大限度保留历史建筑的原真性，同时活化利用历史建筑，打造历史文化名城保护发声地，已累计举办"徽州建筑演变与发展""徽州设计师论坛""徽州文旅投资论坛"等百余场文化活动；依托民宿一条街、民俗文化节活动推出打卡网红民宿、尝徽派美食等活动，与歙县徽墨厂携手打造徽文化研学游。亳州北关、祁门东街、黟县古城等历史文化街区改造更新后，风貌凸显，市井烟火气浓厚，有效促进了街区内历史文化资源的保护，极大地提高了街区宜居性，让乡愁乡音可触可闻、乡情乡恋可感可依。

三是创新文物保护单位和历史建筑保护利用模式。黄山、铜陵、安庆等城市从实践着手探索，积极推进认租、认领、认购等方式，对历史建筑实行保护管理，取得了较好成效。各地积极探索，创新实践，打造了一批具有示范影响带动作用的文物保护单位和历史建筑保护利用示范案例。例如，黄山市先后实施"百村千幢"古民居保护利用、徽州古建筑保护利用工程，并获评"国家文化创新工程"，累计完成投资110亿元，对空间形态4类116处、单体建筑12类3358处古建筑进行全面保护利用。屯溪老街开元颐居·还淳精品民宿集群项目，充分利用社会资本对还淳巷及永新巷9幢历史建筑既抢救性保护修缮，又凸显了时代特征，成为徽派历史建筑保护修缮合理利用市场化运作的成功案例；黟县在塔川书院历史建筑保护利用项目中，遵循合法、适度的原则，引进社会资金，将塔川书院维修改善后作为休闲民宿；黟县"猪栏酒吧"民宿项目入选全国首批5个乡村遗产酒店示范项目。歙县崇报祠将原有祠堂改造利用为渔梁坝博物馆；歙县老胡开文墨厂对老厂房、工艺车间、生活服务设施及构筑物，在保持主体结构及外观特征不变的前提下，进行墙面和屋顶保护适应性改造，内部空间保持原工业生产空间特征，按参观、研学新功能进行布局和组合、划分，增加现代服务设施，达到现代徽墨制造的安全标准；蚌埠保留民国时期宝兴面粉厂老工业厂房特色建筑，尊重原有的外貌风格、空间布局、结构特点的基础上，融入艺术、时尚、创意等元素，按照部颁二级馆标准建成蚌山区图书馆；为保留石化工业记忆，安庆市拟打造滨江ECD（油罐生态文化中心），建设高品质城市公共空间和生态文化中心；"合柴1972"的首期改造中，利用园区老建筑将其改造更新为彰显家电发展的"合肥家电故事馆"，馆区内设有老家电故事馆、智能家电展示馆、未来家居体验馆以及创意家电集市。这些优秀案例都赋予古建筑当代功能，以用促保，实现了与城乡建设的有机融合。

四是以信息化手段助力保护利用传承。例如，黄山市于2016年启动"徽派建筑数据库建设工程"，对黄山市范围内古建筑进行数据化采集，并将单体的基本信息数据、二维测绘成果数据、三维单体建筑（BIM）数据、建筑特色构件、构造数据、建筑影像数据、基础地理信息数据等通过现代技术手段，以数据库的形式整合在一起，提供快捷搜索、查询，有效展示这些建筑所蕴含的社会、文化、艺术、科学技术价值，为保护、利用、管理、研究提供基础信息平台。目前已推进徽派建筑数据库五期建设，收集、整理27个历史文化名城名镇名村街区、8583处建筑基本信息，包括4052处历史建筑，实现了文字、图片、CAD图纸、点云数据、三维倾斜摄影数据等多源数据管理。全省各市县已公布历史建筑信息并及时录入住房和城乡建设部历史文化街区和历史建筑信息平台。安徽已建立省级传统村落管理信息平台，2020年3月中国传统村落数字博物馆单馆数量376个，其中安徽省逾70个村落入馆，入馆数量位列全国第一；2020年5月已实现1131个村落档案录入省级传统村落数字信息管理平台，安徽基本实现所有有保护价值村落的全档案建立和信息查询。

3.4　建立科学且规范化的工作保障机制

历史文化保护涉及多级政府、多个部门，以及专家、开发商、原住居民、游客等社会各界利益，建设科学合理、利益共享的保彰机制至关重要，安徽省主要从以下三个方面开展相关工作。

一是制定多层级、多类型的遗产保护政策法规和标准规范。为做到依法保护、规范管理、因城施策，安徽省及各市、县在贯彻落实国家相关法律法规的基础上，积极探索制定适应本地区的多层级遗产保护政策法规。在省级层面，出台了《安徽省皖南古民居保护条例》《安徽省历史文化名城名镇名村保护办法》，安徽省委办公厅、省政府办公厅印发了《关于在城乡建设中加强历史文化保护传承的实施方案》，安徽省人民政府办公厅发布了《关于加强传统村落保护利用发展的意见》；在市县层面，黄山市实施了《黄山市徽州古建筑保护条例》，7座国家历史文化名城都制定了古城、名城保护条例（管理办法）或历史文化街区、历史建筑管理办法，寿县出台了古城墙保护管理办法，宣城市出台了传统村落保护条例。部分名镇名村也制定了保护管理及相关配套政策。除此之外，安徽省住房和城乡建设厅先后颁布了《安徽省历史建筑测绘建档三年行动计划》《安徽省历史建筑普查与认定技术导则》《安徽省历史建筑保护图则编制导则》，黄山市结合全国历史建筑试点制定了《黄山市历史建筑保护与利用导则》《黄山市历史建筑数据库建设导则》等技术导则，指明了保护工作实施的具体方法和实施路径。

二是设置独立的保护管理机构。在国家级名城名镇名村中，有一半设置了独立的保护管理机构，其中国家历史文化名城全部成立专门的管理机构，并设置名城保护委员会等市级领导机构。2020年，歙县成立了国家历史文化名城保护委员会，全面负责和协调歙县历史文化名城保护工作，委员会下设歙县名城保护委员会办公室与徽州古城保护事务中心、歙县申报世界文化遗产工作办公室"三办"合署集中办公，歙县政府相关部门各负其责、分工协作，研究解决历史文化名城保护工作中出现的重大问题；聘请资深规划和文物专家为县委、县政府古城保护的顾问，城市重大建设项目必须征求城市建设领导组以及广大市民的意见；成立歙县徽州学学会，专门研究徽州学发展史和宣传徽州文化工作；斗山街成立古街区管理委员会。寿县人民政府成立了以县长任主任，县委常委、常务副县长任常务副主任的寿州古城保护管理委员会。省级历史文化名城宣城也成立了以市长为主任的宣城市历史文化名城保护管理委员会。在名镇名村中，毛坦厂镇、水东镇和万安镇等成立了历史文化名镇保护工作办公室或领导小组，西递、宏村成立遗产保护管理委员会，歙县许村、昌溪、渔梁、呈村降、北岸等近十个古村落成立村民保护委员会，有效促进了基层保护管理工作。

三是设立省级专项资金并强化使用管理。为支撑保护工作的开展，多年来形成了以省级专项资金为主导，地方配套为补充，社会资本为依托的保护资金投入机制。其中，省级专项资金重点支持国家、省级历史文化名城名镇名村街区历史文化资源保护、历史建筑普查建档及挂牌保护、保护规划编制、历史文化风貌环境整治提升、保护设施建设、保护数据库建设及相关重点专项研究等项目，保护了一批具有重要价值的历史文化资源，形成了具有影响、示范作用的保护案例，有效促进了全省历史文化保护体系的建立和完善。同时，为规范、有效地做好专项资金使用工作，最大限度地发挥省级专项资金效用，在项目组织申报阶段，要求细化项目实施进度、资金使用进度、配套资金来源，翔实反映项目实施内容；明确项目财务管理、建设管理制度。制定了专项资金项目绩效评价评分标准，通过对专项资金的绩效评价，促进财政资金规范管理，提高财政资金使用效益，进一步提升财政资金科学化、精细化管理水平。

4 结语

作为地域文化差异较大、遗产类型丰富多样、空间分布相对集中的省份，安徽省在保护历史文化名城、传承地方特色文化等的同时，也为完善未来全国层面的名城保护以及构建历史文化保护传承体系方面提供了经验参考。主要经验在于"整体性保护、系统性管理、示范性带动、针对性施策"。

一是整体性保护。历史文化具有较强的地域空间性，坚持并不断深化三个层次构成的保护制度是工作的核心。历史文化名城保护不能局限于城廓，街区保护不能截断于边界，古迹保护不能框定于外墙。跨区域历史文化资源保护需要打破行政界限，识别历史文化线路和具有文化共性特征的地域单元，协同实施保护与发展策略。

二是系统性管理。历史文化保护传承是一项系统性工作，建立全过程导向的"评估（申报）—编制—实施—监管"制度，形成全闭环管理非常必要。建构起"规划—法规—政策—管理—技术"五管齐下的工作路径是确保保护目标顺利实现的必备手段。

三是示范性带动。历史文化保护是一项具体实践活动，决定历史文化保护工作成功的关键在于处理好发展与保护的关系，安徽结合地方实际，通过示范引领、项目带动的方式，在发展中探索保护新路径，让历史文化遗产在有效利用中成为城乡特色标识和公众的时代记忆。

四是针对性施策。历史文化保护传承是一项具体的公共政策，安徽注重从立法和财政两方面给予保障，并设立政府主导、社会各界积极参与的工作机制，充分调动各方积极性，让行政主体、市场主体、人民群众都能认识到历史文化遗产的价值。

全国历史文化保护工作已进入保护传承的新时代，未来安徽省将牢固树立新发展理念，持续完善空间全覆盖、要素全囊括的保护对象名录，促进各类保护对象应保尽保，构建具有安徽地域文化特色的历史文化保护传承体系，完整系统讲好安徽故事，建成分类科学、保护有力、管理有效的保护传承管理机制，将城乡历史文化保护传承工作全面融入城乡建设和经济社会高质量发展，不断提升老百姓的幸福感、获得感和自豪感。

参考文献

［1］兰伟杰，胡敏，赵中枢. 历史文化名城保护制度的回顾、特征与展望［J］. 城市规划学刊，2019（2）：6.

［2］张杨，何依. 历史文化名城的研究进程、特点及趋势——基于CiteSpace的数据可视化分析［J］. 城市规划，2020，44（6）：10.

［3］张兵. 城乡历史文化聚落——文化遗产区域整体保护的新类型［J］. 城市规划学刊，2015（6）：7.

［4］上海同济城市规划设计研究院有限公司，安徽省城乡规划设计研究院. 安徽皖南区域性历史文化资源保护规划［Z］. 2017.

摘　要　结合近年对历史文化名街评估、名城中文物保护评估、浙江省历史文化街区评估等研究工作，对历史文化街区保护与可持续发展的评估工作提出评估应正视历史文化街区保护与发展的不同模式、评估应明确目标并以目标为导向、评估应建立稳定的指标体系、评估应在定期常态的评估对比中关注理解变化、评估应重视大数据的重要性等建议。

关键词　历史文化街区；保护；可持续发展；评估

Abstract　Based on the recent research work on the evaluation of historical and cultural districts with importance, the conservation of cultural relics in historical and cultural cities with importance, and the evaluation of historical and cultural districts in Zhejiang Province, it is proposed that the evaluation of the preservation and sustainable development of historical and cultural districts should face up to the different modes of the preservation and development of historical and cultural districts, as well as that the evaluation should be oriented with clear goal, the evaluation should establish a stable index system with big data, the evaluation should pay attention to understanding the evaluation.

Keywords　historical and cultural districts; preservation; sustainable development; evaluation

霍晓卫②

Huo Xiaowei

多元与渐变——历史文化街区保护与可持续发展评估研究①

Diversity and Evolution
——Study on the Evaluation of the Preservation and Sustainable
Development of Historical and Cultural Districts

作为历史文化名城保护体系的重要层次与内容，历史文化街区的保护具有突出复杂性与难度，体现在丰富的保护内容、街区内社会经济情况与街区外社会经济环境的变化，利益相关者尤其是街区内建筑直接使用者的数量、构成与需求，基于生活、生产等极复杂使用需求驱动的"小微改修扩新建"行为以及对应的管控等。与历史城区、文物或历史建筑相比，历史文化街区的保护对象细碎、价值构成复杂、日常监管难度大，一定程度上，历史文化街区的"变化"承载着历史文化名城"活态"特征的主体。

"评估保护状况"是各类历史文化遗产保护工作方法中的必要一环，对历史文化名城、历史文化街区及文物保护都是如此。近些年从中央到部门、从行政到研究领域，针对历史文化名城评估的工作都受到越来越多的重视。从国家层面来看，2011年在历史文化名

---

① 文章部分资料来自于北京清华同衡规划设计研究院相关课题研究，课题组主要成员包括霍晓卫、张捷、张晶晶、贾宁、彭剑波、王鹏、吴奇霖、黄志清等。
② 霍晓卫，北京清华同衡规划设计研究院有限公司教授级高级规划师。

城保护制度创立30年之际，住房和城乡建设部会同国家文物局组织开展了首次大规模、高覆盖度的历史文化名城保护评估，2016年基于《国务院关于进一步加强文物工作的指导意见》中"建立健全文物保护责任评估机制"的要求，国家文物局组织开展"历史文化名城文物保护评估研究"并对全部县级国家历史文化名城及部分地级国家历史文化名城中文物保护工作开展了评估，2018年住房和城乡建设部与国家文物局再次联合组织开展历史文化名城保护抽查评估，并于年底组织召开"国家历史文化名城和中国历史文化名镇名村评估总结大会"，会上提出"建立一年一体检、五年一评估的名城镇村保护工作体检评估制度"。2022年在两办发布的《关于在城乡建设中加强历史文化保护传承的意见》中明确提出"建立城乡历史文化保护传承评估机制，定期评估保护传承工作情况、保护对象的保护状况"。包括历史文化街区在内的各类历史文化名城保护对象都面临如何形成科学适用的评估体系的问题。历史文化街区保护的复杂性决定了对其保护状态评估的复杂性。笔者及所在团队近年来主持参与了针对历史文化街区保护与发展状态评估的研究实践，包括《浙江省历史文化街区保护与利用模式研究》《历史文化名街[①]保护发展评价体系》《历史文化名街保护与可持续发展评估（2016年/2021年）》《历史文化名城中文物保护评估》系列课题等工作，在此过程中有一些体会。

1 评估应正视历史文化街区 保护与发展的不同模式

2016年《中共中央 国务院关于进一步加强城市规划建设管理工作的若干意见》中提出"用五年左右时间，完成所有城市历史文化街区划定和历史建筑确定工作"的要求，随后住房和城乡建设部制定《历史文化街区划定和历史建筑确定工作方案》，要求对所有设市城市和公布为历史文化名城的县中符合条件的历史文化街区基本情况和保护情况进行核查，公布历史文化街区名单，到2020年末全面完成历史文化街区划定工作。截至2021年底，全国已划定1200余个历史文化街区[②]。这些历史文化街区规模与分布情况、价值与资源特点、保护与整治工作开展都体现出非常大的差异，并非所有街区所在城市都是历史文化名城，上报成为历史文化街区之前也并非所有街区都是按照历史文化街区的保护要求开展的工作，即便是历史文化街区也在不同的城市发展时期采取了不同的保护与利用策略而呈现出非常丰富的现实状态。科学评估当然要基于街区各自的现状开展。

以浙江为例，仅在调研涉及的省内15座国家级或省级历史文化名城内就有47片历史文化街

---

① 历史文化名街是2008~2012年，在文化部、国家文物局支持和指导下，评选推介出的历史文化价值较高、各类文物遗存较丰富，也是公众认知度较高的历史文化街区，共50条。
② 住房和城乡建设部办公厅. 关于进一步加强历史文化街区和历史建筑保护工作的通知 [EB/OL]. (2021-01-18) [2022-04-01]. https://www.mohurd.gov.cn/gongkai/fdzdgknr/tzgg/202101/20210126_248953.html.

a 原生态文化街区 龙泉西街　　　　　　　　　　　b 原生态居住街区 丽水酱园弄

c 文化展示街区 宁波伏跗室　　　　　　　　　　　d 文化商业街区 杭州清河坊

图1　浙江历史文化街区分类

区[①]。从街区遗产资源状况、原住居民情况、核心面积、土地利用与建筑功能、利用强度等自身条件，以及街区所在区位、交通、活力特征、经济环境等外部条件综合判断，可以将这些街区分为原生态文化街区、原生态居住街区、文化展示街区和文化商业街区四类（图1）。原生态文化街区以绍兴市蕺山历史文化街区、龙泉市西街历史文化街区为代表，街区特点是原住居民比例高，街区规模5~7hm²，自身历史资源状况好，街区空间肌理丰富，且外部环境条件较好。街区保护工作主要以改善居住为主，挖掘街区自身文化特征，并渐进式发展街区文化展示与传承及文化商业。原生态居住社区以丽水市酱园弄历史文化街区、杭州市小营巷历史文化街区为代表，街区特点原住居民比例高，外部城市环境开发压力尚不大，街区空间形态上缺乏主街，历史文化资源状况一般。保护工作主要是延续现状功能，逐步改善居住，仅修缮文物、历史建筑等重要资源，并将其作为街区文化展示场所。文化展示类街区以杭州市北山街历史文化街

---

① 2018年课题研究时数据，具体为：15个城市（杭州、宁波、温州、湖州、绍兴、台州、龙泉、兰溪、平湖、丽水、宁海、仙居、常山、浦江、平阳）的47个省级历史文化街区。

区、宁波市伏跗室永寿街历史文化街区为代表，街区特点整体规模偏小，资源状况好，并具有良好的外部开发条件，街区本身原住居民少。街区功能以文化展示为主导，基本无居住功能。文化商业类街区以杭州市清河坊历史文化街区、海宁市南关厢历史文化街区为代表，特点是街区整体空间形态上有主街，周边城市开发强度较高，商业环境较繁荣，街区经历了一次以上较大规模的整体性综合保护整治工作，收储外迁居民原有建筑，功能以文化商业为主，兼顾文化展示，基本无居住功能。毋庸讳言，对于浙江省历史文化街区呈现出的四种路径的水平高下，遗产保护的学术领域并不能达成共识。但无论如何分异现状不容回避，并且可以看出不同类型的历史街区对于各自的路径选择与街区内外部条件密切相关，选择不同路径也会面临未来的不同问题与威胁。那么，对历史街区的评估，当然要一定程度上体现不同模式的特点。

2 评估应以明确目标为导向

评估工作各环节的具体设计取决于评估主体拟开展评估工作时希望达到的目标，不同的评估目标导向不同。历史文化名城申报阶段历史街区评估的目的是判断遗产资源的价值、保护承诺与机制保障，历史文化名城检查时的评估目的是盘点遗产资源、检查已开展工作、发现有无出现突破底线的失保或破坏行为。对于"五年一评估"的定期常态化评估工作，评估目标应该不是对保护工作得与失的汇总报告与现场检查，不能仅限于对街区保护状态的基本了解，而应该增加设定对未来保护工作具有更多指导意义的工作目标，以引导更加深入的评估。

可以增加的评估目标之一是"比较与改进"。通过全国性、定期历时性的历史文化街区保护评估，可对各历史文化名城当前的历史街区保护水平进行横纵向比较，把握现实状况和未来发展趋势，以改进全国历史文化街区保护工作。

可以增加的评估目标之二是"引导与规范"。通过构建科学、合理的历史文化街区保护评估体系，建立评估指标标准，促进不同类型的历史街区资源保护基础工作、建筑遗产修缮、环境整治、设施提升与功能延续或转变、街区管理等方面形成各自的共识，引导多元的历史街区利益相关者依照评估标准开展行动，创造历史文化街区保护的良好局面。

2016~2020年国家文物局组织开展的"历史文化名城中文物保护系列评估"工作，在研究之初就设定了五个评估工作目标：1）促进名城重要文物基本消除险情，得到全面保护，更规范和更高水准地推进实施各项文物保护措施，减少和避免对文物真实性、整体性所构成的威胁。2）促进名城文物利用的广度、深度得到不断拓展，城市中的非物质文化遗产得到科学发掘和合理利用，不断增进历史文化名城文化内涵和自身价值。3）促进名城文物周边环境的可持续管理，引导设立前后一致的、持续性运用的、行之有效的法律、规划、政策、战略和实践，促进历史文化名城的风貌、格局得到全面维护。4）促进文物管理人员依法履行职责，加强部门之间协调配合，全力推进名城文物保护与城市建设的协调发展。5）促进社会力量包括专家、机构、社区、组织、个人等各方更广泛地参与名城文物工作，政策法规配套健全，社会资金合理参与，充分体现公众的知情权、参与权、享用权，提高公众意识。研究证明，这些目标的清晰设定对后续具体评估工作具有明确的导向作用。

历史文化街区评估不是为评估而评估，评估的目的应该是"诊断"而不仅仅是汇报或了解工作，评估是以结果为导向、促进历史街区获得更好保护与发展的一种方式。依据目标设定评估指标、程序与分析重点，通过评估获得评估结果，再根据评估结果发现问题，及时予以调适和修正，从而提高历史街区品质、保护管理能力和社区参与程度等。这应是历史文化街区评估的更高层次目标。

3 评估应建立稳定的指标体系

评估最重要的工作在于评估指标的设定，对于历史文化街区评估尤其是这样，之所以这样说正是因为前面所提到的历史文化街区的复杂性、历史文化街区的不同类型以及评估历史文化街区的不同目标。在开展评估工作时经常有这样的感受，每开展一次评估，就要重新梳理和设定一套评估指标，这使得针对包括街区在内的诸多历史文化遗产评估研究思路与成果不能得到有效积累。为应对近年来历史文化名城国家主管部门提出评估定期化、常态化的要求，确实也应该针对历史文化名城中不同类型保护内容如历史城区、历史街区、文物、历史建筑等设定评估指标体系的结构与主要指标，以及明确对新增评估指标的要求，从而形成稳定的评估指标体系。开展不同目标的评估工作时，可以基于稳定的评估指标体系，从中选取需要的若干指标进行组合评估。

在"历史文化街区保护发展的社会经济影响评价指标体系"研究中，针对历史街区的社会经济影响评价开展了国内外社会影响评价、经济影响评价、历史街区评价体系等领域的文献梳理和若干街区实地调研。评价指标体系的构建，除了遵循国际通行的科学性、系统性、可操作性、精练性等指标体系构建原则之外，结合历史街区再发展的具体情况，强调指标体系的导向性和可比性。最终确定的基本指标体系分为三级。

一级指标反映历史街区再发展社会经济影响的基本内容。指标体系借鉴1994年美国颁布的《社会影响评价指导原则》，并在其基础之上构建的我国规划类项目综合评价的理论框架，通过对若干历史街区的现场调研和研究分析，确定了四个评价维度，即四个一级指标，分别为"社会结构""经济特征""社区建设""社会文化"。二级指标借鉴国家行政管理部门出台的技术规范中明确的历史街区保护价值观予以确定。住房和城乡建设部2018年颁布施行的《历史文化名城名镇名村保护规划编制要求（试行）》中提出，正确的历史文化街区保护应该做到"保护历史遗存的真实性，保护历史信息的真实载体；保护历史风貌的完整性，保护街区的空间环境；维持社会生活的延续性，继承文化传统，改善基础设施和居住环境，保持街区活力"。从这些要求出发，确定了17项二级指标，包括街区使用者年龄结构、街区周边土地价值影响、社区活力、文化认同、遗产保护等。三级指标根据已经搜集和总结的现状问题资料，提出涉及未来引导发展的"需求导向"和应予以解决的"问题导向"的28个指标小项。在"需求导向"方面，以指标的设置体现对历史街区保护发展的引导和支持方向。例如，以"常住人口数同比增长率"体现支持原住居民在历史街区再发展前后趋于稳定的导向，以"文化产业业态比例"体现支持文化产业业态构成多元化和比例均衡的导向。在"问题导向"方面，以指标的设置引导管理者对历史街区保护发展的现状问题的重视，以期采取对应措施。例如，以"常住人口老龄化率同比变化率"引导解决历史街区再发展中原住居民变迁、老龄化严重等问题，以"老字号数量增长率""城市文化品牌贡献度增长率"引导解决历史街区再发展中趋同度偏高的问题。

随后，在2016年和2021年，分两次对若干历史文化街区开展了"街区利用与活力"为目的的具体评估，评估指标就是从上述评估历史文化街区可持续发展的指标体系内选取的（包括一级指标4个、二级指标17个、三级指标28个，见表1）。

历史文化街区保护发展的社会经济影响评价指标体系　　　　　　表1

一级指标	二级指标	三级指标
社会结构	年龄结构	常住人口老龄化率同比变化率（5%）
	性别结构	女性使用者比例同比变化率（3%）
	迁移情况	常住人口数同比增长率（2.5%）
		本市访客人次同比增长率（2%）
		访客总量增长率（2.5%）
	收入情况	低收入人口占常住人口比例变化率（5%）
	就业情况	失业率变化率（2%）
		就业人口数增长率（3%）
经济特征	街区经营性业态经营状况	营业额同比增长率（4%）
	周边土地价值影响	街区600米范围内租金（居住类）的同比增长率（4%）
	产业特征	文化产业商户数增长率（2%）
		文化产业业态比例（2%）
	商业活动趋同度	国内外连锁型商户数量同比增长率（3%）
	保护投入	社会投资与保护投入资金之比同比增长率（2.5%）
		累计营业额比累计保护资金同比增长率（2.5%）
社区建设	社区活力	社区活动次数增长率（3.5%）
		参与社区活动人次数增长率（4.5%）
	社区参与	常住人口的社区管理参与度增长率（5%）
		商户的社区管理参与度增长率（4%）
	社区归属感	街区综合满意度增长率（8%）
社会文化	文化设施	文化事业和文化产业设施数目增长率（7%）
	文化品牌	老字号数量增长率（2.5%）
		省级以上文化荣誉的数量增长率（2%）
		城市文化品牌贡献度增长率（3.5%）
	文化认同	访客口碑得分增长率（3%）
		本市居民对街区文化传承的认可度增长率（4%）
	遗产保护	分级别保护类建筑的数量增长率（4%）
		原有传统文化活动传承度增长率（4%）

4 评估应在定期常态的评估对比中关注变化并进行分析

单次评估反映的是被评估对象一定时期或者当下的状态。历史文化街区作为活态遗产，持续性的评估与对比分析具有更为重要的意义，能够显示变化趋势、暴露真实问题，促使研究者关注变化并分析变化背后的原因。这也应该是"五年一评估"的定期性、常态性的原因所在。

在上文提到的2016年及2021年《历史文化名街保护与可持续发展评估》中，评估团队采取了基本相同的指标包，从基本相同的数据源获取数据，将隔五年的两次评估结果进行对比，得出了很有意思的新的评估结论。

例如，与2016年度评价分析数据相比，部分历史街区中文化产业设施与一般消费设施的总体占比呈现下降趋势，如万安老街、三坊七巷、平江路、清河坊、南诏古街、清河坊、渔梁街、烟袋斜街及翘街等街区中文化事业设施的平均增幅高达300%。这间接说明近年来部分历史街区的"商业化"呈现弱化趋势。这些业态设施的不同进一步佐证了历史街区具有不同类型（表2）。

再如，与2016年度评价的31余个历史街区数据相比，2016年度中满意度低于90%的街区占据了绝大多数，2021年度中满意度高于90%的街区占据了绝大多数，反映了访客满意度逐步提升。其中，武康路、三坊七巷、紫阳街、清名桥、中央大街、八廓街的访客口碑在两次评价中稳居前列，南邵古街、太平街义兴甲巷、国子监街、多伦路文化名人街、惠山老街、平遥县南大街的访客口碑有较大提升，这些历史街区近年来基于自身历史资源特点，开展了一系列保护传承工作。

基于POI数据的历史文化名街分类 表2

文化商业类	原生态居住+商业类	原生态居住类
永宁老街	武康路	昂昂溪罗西亚大街
长汀县店头街	漳州古街	八大关
屯溪老街	高淳老街	新民大街
三坊七巷	清名桥	沙面街
磁器口	平江路	中英街
尧坝古街	河口明清古街	小鱼山文化名人街
八廓街	紫阳街	和平区五大道
黎平翘街	东关街	渔梁街
烟袋斜街	厦门中山路	陕西北路
泉州中山路	米脂古城老街	古十字街
南诏古街	惠山老街	龙川水街
黄桥老街	上下正街	国子监街
骑楼街	平遥县南大街	万安老街
山塘街	多伦路	中央大街
斗门旧街	太平街义兴甲巷	松口古街
加日郊老街	昭德古街	涧西工业遗产街
清河坊		
祁县晋商老街		

与2016年度评价相比，随着游客体验越来越深入，对历史街区的特色认知更清晰。例如，2016年度评价中南诏古街、清河坊的词频分析聚焦于单纯吃喝玩乐及历史氛围，在2021年度评价中出现了"名城""古城""文庙""胡庆余堂""河坊街""方回春堂"等文物古迹的具体名称。可以认为社会公众已逐渐对历史街区的历史资源特征、历史文化内涵及传统老字号等内容有所关注，侧面说明遗产保护传承渐入人心。

另外，2016年及2021年两次评估有一些相同的评估结果，互相印证了评估的科学性。

例如，历史街区仍然很本地化，各历史街区中活动人群以本地人为主，多数历史街区本地人占比不低于85%。多数历史街区工作日、周末本地人占比明显高于节假日期间，说明历史街区与本地人生产生活密切相关。

多数历史街区以普通收入人群为主，平均占比61%。东部沿海地区历史街区中小康人群占比均超过25%，西部、北部城市的历史街区低收入人群占比较高，部分街区超出40%。一线城市的历史街区中存在一部分超富裕人群。

以上这些例子都说明了评估应有长期开展的工作准备，通过对比评估结果确认特征、认识变化，进而解释变化的原因。

5 评估应重视大数据的重要性

评估需要客观可信、可快速获取的数据，没有数据的指标设定没有意义，评估也无从说起。很多评估的数据采取地方统计上报、现场抽检复核的方式，但会面临耗时费力、不同地区对同一评估指标理解不同的问题。大数据在历史文化街区评估方面可以有很多优势与作用，是重要的数据类型。

根据中国互联网络信息中心第49次《中国互联网络发展状况统计报告》公布的最新数据，截至2021年12月，中国网民已达10.32亿人，网民中使用手机上网的比例高达99.7%，近五年一直处于居高不下的基本态势。老年网民稳步提升，上网行为呈现群体化特点，手机使用率"遥遥领先"。截至2021年12月，老年网民使用手机上网的比例高达99.5%。50~59岁的网民占整体网民规模的16%，60岁及以上的网民占整体网民规模的12%。随着互联网与手机的持续普及，互联网数据统计趋于全覆盖，这意味着开展相关专项观察具备了更加有利的数据分析条件。同时，新自媒体和短视频平台的迅速发展，不仅为社会公众旅行提供了新选择，也为城市文旅宣传解锁了新方式。"网红打卡地"作为一个网络人气热词闯入大众视野，开始与历史文化遗产的活化利用产生了密切关联。随着新行业、新业态和新商业模式的"三新"经济时代来临，不少城市结合城市文旅发展需求，积极寻求与短视频头部平台的深入合作，创新历史文化现代化表达、主题文化国际化表达的实践，在激活文旅新活力的同时也收获了较高的社会关注度。由此可见，将历史文化街区评估与互联网思维方式相结合，具有统计学与评估学方面的科学可信度。

前文所述《历史文化名街保护与可持续发展评估》中就大量使用了大数据的评估数据源，主要包括：1）用于衡量文化类设施指标，来源于大众点评、百度地图、高德等平台POI（兴趣点）数据；2）用于衡量街区受欢迎程度，来源于大众点评、携程、去哪儿和马蜂窝四个平台的景区点评数据、百度搜索指数相关数据；3）用于衡量街区使用者特征，来源于联通手机信令数据；4）收集相关租房信息用于侧面分析经济发展特征（表3）。大数据用于评估的优势在此不再赘述，但相比五年前，2021年的一些重要数据源如腾讯数据售价上涨，给课题研究带来一定压力。

当然，大数据与常规统计数据并不相互排斥，二者擅长解释的评估指标多有不同，可以形成互补。考虑到大数据对文物资源的精准识别有限，为了更客观地把握被评估对象的真实情况，评估工作也需要通过实地调研考察，将现场调研情况与互联网数据分析相结合进行印证。

评价数据　　　　　　　　　　　　　表3

数据来源	数据涵盖范围	数据年份（年）
大众点评POI数据	部分名街	2016、2020
百度POI数据	部分名街	2016、2020
高德POI数据	全部名街	2016、2020
大众点评、携程、去哪儿、马蜂窝用户景点评论	全部名街	2002~2020
百度搜索指数	全部名街	2011~2020
百度搜索用户画像	部分名街	2016、2020
联通手机信令数据	部分名街	2016、2018
链家租金信息	全部名街	2020

随着全国层面所有城市历史文化街区划定工作的基本完成，历史文化街区保护与可持续发展的精细化管理成为当前及下一步工作的重点，有很多问题与困难有待解决。开展科学评估是支撑抉择与决策的有力工具，评估要从工作检查走向有效引导，从纯研究走向必要的公共管理，这就要求评估工作的组织者与研究者、实践者能够秉持更加开放的态度、更加系统化的思维、更加实用主义的价值观，直面问题，在评估实践中积累，推动我国历史文化街区保护与可持续发展评估的高质量发展。

参考文献

［1］霍晓卫，张捷，刘岩，等．基于互联网大数据的历史文化名街保护利用评估研究［J］．中国文物科学研究，2018（2）：12-22．

［2］马昱．基于认知评价的历史文化街区商业适宜度研究——以重庆市主城区为例［D］．重庆：重庆大学，2017．

［3］洪艳．大运河杭州主城区段历史街区现代适应性评价体系研究［D］．杭州：浙江大学，2016．

［4］谢周辰茜．历史文化街区缓冲区划定与评估研究——以成都市宽窄巷子为例［D］．成都：西南交通大学，2018．

［5］张捷，张晶晶，贾宁，等．历史文化名城（文物）保护评估研究［J］．中国文化遗产，2019（3）：12-18．

［6］彭建波，张晶晶，黄志清，等．历史街区再发展的社会经济影响评价指标体系内涵与推广研究［J］．中国名城，2017（9）：11-17．

发展让历史村镇走向未来

方明[①]
Fang Ming

Development Brings Historical Villages and Towns Towards the Future

摘　要　中国历史文化名镇名村绚烂多彩，是世界文化遗产的重要组成部分，其数量巨大、分布集中、种类繁多，且孕育了中国的传统文化，但是当前历史村镇面临着严重的空心化问题。本文就历史村镇的保护发展问题提出几点建议，首先要系统精准推进历史村镇保护发展。系统研究细分全国和各省文化圈层，开展历史村镇谱系研究，对重要历史村镇进行测绘，完善历史村镇保护体系，分级分类分区精准保护历史村镇。其次，应提炼历史村镇智慧指导城乡建设。传承中国古代城市规划的传统方法，营造具有东方神韵的意境空间，恢复和新建城市的新旧"八景"，沿袭发展中国建筑的神与魂，传承历史村镇和乡村传统智慧。让历史村镇在现代重放光彩，在未来永续传承，在世界展现精彩。

关键词　历史村镇；保护发展；历史村镇智慧；发展路径

Abstract　Famous Chinese historical and cultural towns and villages are an important part of the world cultural heritage, with a huge number, concentrated distribution and a wide variety, and giving birth to Chinese traditional culture, but the current historical villages and towns are facing serious hollowing out problems. This paper puts forward some suggestions on the protection and development of historical villages. First, the protection and development of historical towns systematically and accurately. Systematic research and subdivision of national and provincial cultural circles, carrying out research on the genealogy of historical villages and towns, surveying and mapping of important historical villages and towns, improving the protection system of historical villages and towns, and accurately protecting historical villages and towns by classification and zoning. Secondly, the wisdom of historical villages and towns should be refined to guide the urban and rural construction.Inherit the traditional method of ancient Chinese urban planning, create an artistic conception space with Oriental charm, restore and build the old and new eight scenes of cities, follow the god and soul of developing Chinese architecture, and inherit the traditional wisdom of historical villages and villages. Let the historical villages and towns shine again in modern times, inherit forever in the future, and show wonderful in the world.

Keywords　historical towns; protection and development; wisdom of historical villages; development path

---

① 方明，中国城市科学规划设计研究院教授级高级规划师。

中国历史村镇是世界上规模最大、绚烂多彩、仍然鲜活的文化遗产，在城乡关系重构的今天，历史村镇作为传统文化传承与重塑的载体，她是我们诗意栖居的家园。从严格保护到不断发展和传承，历史村镇将不断探索和创新。

1 绚烂多彩的中国历史村镇

1.1 历史村镇数量巨大

历史文化名镇名村自2003年第一批公布以来，至今已遴选了七批，共计799个。

中国历史文化名镇312个，笔者预测各级历史名镇还有2000个左右。

中国历史文化名村487个，中国少数民族特色村寨1652个，预计历史文化名村、民族村寨3000个左右。各级历史文化名镇名村、民族特色村寨将达5000个左右。

中国传统村落自2012年以来已遴选了五批，共计6819个，全国15个省公布了省级传统村落7313个。通过在各地调研，发现还有相当数量达到国家级水平的传统村落没有列入名录，笔者预测达到国家级水平的传统村落数量有1万个左右，各级传统村落总数在3万个左右。还有很多村镇保留了一些相对零散、建筑品质一般、破坏比较严重的历史遗产，它们将来可能是我们最后的一道保护底线。

全国有1.8万多个镇和200多万个自然村，国家级历史村镇和传统村落总数仅占全国总数的0.32%，也就是说，300个村镇只有一个能够找寻祖辈留下的空间记忆。这些数量巨大的历史村镇是我国也是世界上最大的一项历史文化遗产。

1.2 历史村镇分布集中

中国历史村镇全国均有分布，大部分分布于山区或丘陵地区。历史村镇主要分布在江浙片区和四川片区，在广东、福建、贵州、云南、山西、河北呈组团化分布。

传统村落呈现出"一心、三片、众特色"的分布特点。

"一心"：全国历史村镇最集聚的中心在湘黔渝鄂桂交界片区。即黔东南、湘西、渝东、桂北、鄂西片区，它恰恰是汉族与西南少数民族交融的文化区，处在几省的交界处。

"三片"：北、东、西都有集中片区。其中，云南片区包括云南，浙皖片区包括浙江、安徽、江苏，晋陕片区包括山西、陕西、河南。

1.3 历史村镇种类繁多

由56个民族及其众多的支系、5种不同的地形地貌、不同的经济发展水平以及数十个文化圈层经过几千年的农耕演变，形成上百种各具特色的历史村镇类别，形成了"十里不同风，百里不同俗"的村镇风貌，如图1所示。

图1　历史村镇风貌

1.4　历史村镇孕育文化

历史村镇是世界文化遗产的重要组成部分。全国55项世界文化和自然遗产大多与历史村镇的密集区高度契合，1300多项国家级非物质文化遗产和7000多项省、市、县级非物质文化遗产，绝大部分都在历史村镇里。历史村镇是中国传统文化复兴的源泉，是生态文明建设的重要载体，是乡村振兴重要的平台和抓手，是城乡融合发展的重要着力点，是助力精准扶贫的重要资源、重要的财产。

1.5　历史村镇"空心化"严重

历史村镇面临着传统建筑破损、建设性破坏、资金投入不足、发展依然比较困难、人才技术短缺等问题，其中"空心化"是当前历史村镇面临的最突出问题。

大量的历史村镇无人居住。如图2所示，由"空心化"所导致的传统建筑破损、自然损毁现象非常严重，城镇化、工业化加速了历史村镇"空心化"。房屋破烂不堪、断墙残垣，街道破碎，人去村空，这样的房屋还能坚持多久？

"空心化"颠覆了历史村镇的人文基础。历史村镇里面人走了，随之文化也带走了。

图2　历史村镇"空心化"严重

2 系统精准推进保护发展

历史村镇历经风雨沧桑，能延绵至今，实属不易，我们如何以敬畏之心、历史之责守护好祖先留下的宝贵遗存？

2.1　系统研究细分全国和各省文化圈层

研究区域历史文化，构建国家—省级文化圈层体系。中国经过几千年的农耕演变，有56个民族及其众多的支系、多种不同的地形地貌以及众多文化圈层，形成上百种各具特色的类别，丰富的历史遗产可形成大小近百个文化圈层，如晋中、闽南、粤北、湘西、桂北、黔东南等传统文化圈。同时，还要深入对城市本身肌理进一步挖掘和梳理，对有必要的还要进行复原。

2.2　开展历史村镇谱系研究，对重要历史村镇进行测绘

建立历史村镇文化谱系，编织起来一张结构清晰的历史村镇网。农耕时代形成的历史村镇最大的特征就是丰富多彩、各具特色，未来在保护发展中容易造成历史村镇的同质化，一定要进行谱系研究。

利用现代信息技术精细化记录，对重要传统建筑进行测绘。对历史村镇中有价值的要素进一步明确数量、找准位置、全面记录下来，做到家底清楚、变化可溯、及时增补、永记在案，作为历史村镇研究所需要的海量数据。

2.3　完善历史村镇保护体系

完善省级历史村镇名录体系，鼓励在历史村镇数量多的地区建立市县级历史村镇名录保护体系。设置历史村镇保护标识，对重要传统建筑挂牌明示。加强各级管理，处理好保护与发展的问题，正确引导。

2.4　分级分类分区精准保护

当前历史文化遗产主要分为三级，即国家级、省级和市县级，国家级要严格保护，省级要精准保护，市县级要注重风貌文脉的传承。对国家级、有价值的历史文化遗产要用最严格的方式保护，保护它的历史街区、历史要素，甚至鼓励当地人用传统的方式去生活；价值一般的历史文化遗产，在保护好传统风貌的前提下，可以更新和发展。

3　提炼历史村镇智慧指导城乡建设

3.1　传承中国古代城市规划的传统方法

我们应传承古代城市规划的手法也就是风水理论里面的科学部分，在更大范围内研究梳理城市扩张之后的山水格局，形成"山、水、城、文"一体的城景格局，并在一些重要的节点布置一些重要的景观建筑。阆中古城山水景观与天人相对应，古城环山而建，选址营建还经典地契合依山川、涉险防卫和水陆交通要冲等地理要素要求，简单又最完美、准确地体现了传统城市规划的"龙、砂、水、穴"意象。

3.2　营造具有东方神韵的意境空间

现在城市建设越来越美，很多地方也越来越有特色，但新建城市往往没有韵味，缺少意境。西方城市建设思路强调功能和布局，建筑则重物质重外观，着眼于实物。东方城市建设注重与自然山水的融合，注重空间意境的营造。中式古韵在文化浸润中达至静谧和谐之境界，在光与影的世界里呈现出东方的诗意与唯美。中式之美在于意境之美，衍生出符合现代审美的东方美学空间，带来独特的身临其境的体验感。

3.3　挖掘历史城镇"八景"内涵，继承创新

古代城市往往都有"八景"，这些"八景"是把人工的建筑和自然天象完美地结合起来，如北京的卢沟晓月、西湖的断桥残雪。近年来，我们城市新建很多景观，花了不少钱，但是很难达到古代城市"八景"的意境。未来在城乡建设中，我们应该把这些城市的"老八景"的内涵重新挖掘并继承创新，还要打造具有东方意境的城市新景观，把建筑文化跟天象完美结合起来，营造氛围，使人流连忘返。

3.4　沿袭发展中国建筑的神与魂

现代建筑多是采用西方理论建设，注重功能，注重式样。中国传统建筑注重轻盈、通透、灵动、线条感强，建筑有对联、有牌匾、有故事、有文化，非常尊重山形水势，与自然非常和谐，这就是中国建筑的神与魂。

3.5　传承历史村镇和乡村传统智慧

中国是世界农耕文明的中心之一，几千年来农耕生活孕育了博大精深的乡村智慧，历史村镇是这些乡村智慧的结晶。乡村智慧在社会的延绵、产业的选择、生态的态度等方面都充满了各种探索和经验，自己有一套行之有效的中医式、自然生态的"土"办法。

悠然自在的生活态度洋溢着幸福美满。简单的乡村生活态度，天人合一的生活哲学，熟人社会的交往规则，真善美纯的道德追求。融于生活的文化艺术更利于传承久远，文化艺术是乡村的灵魂，乡土文化是中华文明的基因，融于生产生活更利于传承。

4 让历史村镇在现代重放光彩

当前历史村镇最突出的矛盾之一就是居住者对现代生活的要求与历史文化保护之间的冲突。历史村镇因为没有现代化的基础设施和居住条件，居住的环境较为恶劣，难以适应现代的居住要求。

4.1　转变为了保护而保护思路

历史村镇不同于文物。文物通常是固定、不可移动的物品，是某一时刻的历史见证，具有唯一特定的保护价值，必须保持原真。而历史村镇是变化的，是"活的"，是有人类居住生活的整体空间环境，不仅要保护，也要发展。

抢救保护阶段已过，为了保护而保护难以为继。大多数明清建筑是土木结构，因自然风化，很难超过一二百年，传统民居建筑破损、自然损毁现象严重。

利用和发展是最好的保护。为了保护而保护是难以为继的，利用和发展是最好的保护，传承才是保护的真正目的。

笔者的老家湖南凤凰县在古城保护和发展方面进行了有益的探索，通过沿江传承发展吊脚楼风貌区，扩大了三倍，它借用现代的材料传承发展了吊脚楼、民居特色，又扩展了景区、搞活了经济，作为全县主导产业，结合现在年轻人的一些喜好，它不断地变化，形成一些新的意境。虽然无法再现沈从文当年笔下和文人画士心目中的安静、原真的凤凰，但是它伴随着时代的发展，不断传承和丰富，充满了活力，今天的凤凰更美（图3）。

图3　利用和发展历史村镇

4.2　探索现代需求的发展路径

（1）历史村镇需要转换功能和定位

失去传统使用功能的历史街区和村镇需要转换功能和定位，满足居民现代化的生活需求，进行现代化建设，否则，原住居民与外来人都不能接受。休闲康养旅居是未来的重点发展方向。

（2）旅游需要高质量发展

部分古镇古村旅游同质化严重，或单一以文化作为定位，或在发展中单一以保护为重点，而事实上老镇老村或古建筑文化，本身很难成为第一旅游目的地。

（3）拓展利用发展路径

使用是最好的保护，要采用多种多样的利用模式（图4）。

图4　拓展利用发展历史村镇

把城市的办公场所转移到历史村镇里来。 把文化、教育、工会等单位的有关办公场所转移到历史村镇里来，作为办公场所、活动地方、体验地。一个县一般只有几个历史村镇，几个单位很容易就可以把历史村镇里面重要的民居利用起来。

把教育文化创意活动延伸到历史村镇里去。 把开设音乐、绘画、木工的辅导班，承担各类体育比赛等文化体育创意活动延伸到历史村镇里去。作为摄影、写生基地，还有很多村是名人故里、发生过历史事件，像开慧村、韶山村、梁家河村等都属于这一类，作为教育基地拓展历史村镇用途。

大力推动认领和共享历史村镇民居。 一个传统建筑，10～20户共同来认养、共享，每人每年2000元，还可定期体验，便可让历史村镇很好地用起来、活起来。

（4）休闲和旅居是方向

以休闲旅游为发展核心，依托特色精品民宿，改变以往游客"打卡式"的走马观花游，让游客住下来、慢下来，真正享受世界一流的生态服务，感受与大城市不同的生活方式（图5）。

古北水镇原来是一个关口型历史名镇，随着交通格局的变化而衰败了，前几年在镇域五个村域基础上新打造的古北水镇文旅项目，是一种传统文化在镇域非镇区的地方延续，也符合北京周边的休闲需求，还植入了新的业态，这也是一种传承和延续。它可能比原来更集中、更彰显，它也是一种传统。

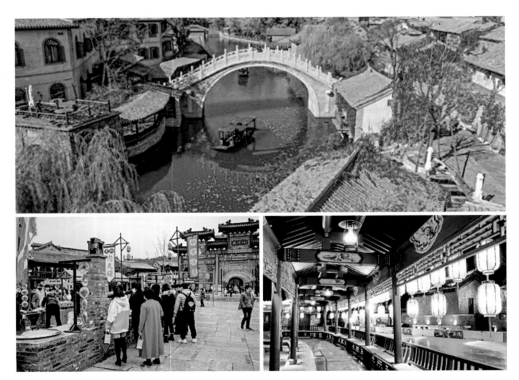

图5 休闲康养旅居历史村镇

4.3　重新转换发展历史村镇产业

历史村镇往往是以商贸、军事防卫、农耕为主，且大多在山区，随着交通和人口的变化，产业很难发展起来，经济上维系不了历史村镇的保护和发展，要优化调整适宜的产业，传统的产业要与旅游、教育、文化、休闲等产业融合发展，提升居民收入水平。

生态农业是历史村镇的基础。要让村镇进一步发展生态循环有机农业、特色农业，创立品牌。历史村镇的农业一定要结合一些品牌产业发展，如湘西保靖县的黄金茶与传统村落五寨联动，很好地发展了黄金茶产业。

传统手工业是历史村镇的特色。要鼓励支持传承传统手工业，提高附加值。云南云龙诺邓村发展旅游业也带动了诺邓火腿和井盐等传统产业的复兴，依靠诺邓火腿和井盐远销海内外，不少村民收入明显提高，助力特产销售的特色古建筑群也得到了有效保护。

休闲康养旅居让历史村镇复兴。重点发展民宿、旅游、康养、度假、休闲、"互联网＋"等新产业模式。

4.4　历史村镇要进行现代化改造

历史村镇也必须考虑按现代化要求改造，要适应现代化的生活，否则无论是原住居民还是外来人都不能接受。

用传统的方式完善基础设施和人居环境。用生态循环的理念、传统智慧提升基础设施，改善人居环境。

用现代的技术提升传统建筑功能和设施。传统建筑在通风、采光、防潮等功能方面不能满足现代生活要求，新的改造要结合现代化的需求，也要结合现代技术。建筑外观、外墙材料等既要维持原来的风貌，也要适当结合现代技术进行更新。

5　让历史村镇在未来永续传承

乡愁是乡村的文化记忆，相对于城市的浮躁、复杂与多变，历史村镇则有着更多的诗意与温情。

5.1　融入未来城乡发展新格局

城镇化依然是当前城乡发展的主流，历史村镇在城乡融合背景下不断发展。不断地发展是历史村镇最好的保护，发展才能体现历史村镇的价值，才会让历史村镇传承下去。我们的历史村镇尽管有数百年甚至上千年的历史，但是在未来一定要融入新的城乡新格局当中去，让历史村镇的功能和价值重构，否则存在不会长久（图6）。

近郊历史村镇要城乡融合一体化发展。随着城市的发展，历史村镇将和现代城市更加紧密

图6 历史村镇融入未来城乡发展新格局

地融合在一起，成为城乡生活的一部分。以前不被重视的城郊历史村镇现在也成了城市居民争相向往的"香饽饽"，已经变成城市的一部分，有的甚至变成了历史街区。

中郊历史村镇是未来乡村振兴重要的聚集点。对于离城市有一定距离的历史村镇，原生态的田园风光、原真的田园乡村风情、原味古朴沧桑的历史感，往往在乡村振兴新格局里是特色保护类村子，是未来乡村振兴重要的聚集点。未来乡村振兴的支持要向历史村镇集中，它还肩负起带动周边其他村镇发展的重任，一定要使它们联动起来。

远郊历史村镇是绿水青山变成金山银山的承载地。一些在偏远山区的历史村镇，可以依托青山绿水、良好的生态资源，发展户外、探险、摄影、体育运动等业态，成为绿水青山变成金山银山的载体。

湖南湘西的乾州古镇过去是个县城，后来随着吉首市成立，它变成了一个镇，而现在城市发展，它又变成了吉首市核心区的一个历史街区。乾州古镇还保留着完整的肌理和一些传统民居，近年通过商业、休闲业态的植入，特别是引入了黄永玉和张永和设计的"桥"美术馆等一些时尚网红建筑，成为吉首市中心充满活力的历史街区。

5.2 转换重构历史遗产的功能与空间

重构历史街区和传统民居功能，特别是在一些建筑上要大胆创新，需要经过更新与活化参与现代生活，使其充满魅力。传统建筑不必停留在某个特定时期，利用是最好的保护，提升传统建筑功能适应现代生活，大胆地改造适应新的社会需求。随着功能的转变，传统建筑的形式也会发生变化，有些传统的建筑形式制约着当前的功能需求，因此可以局部改造它的形式，对它的形式进行重构，激发出新的火花。中国建筑一个很大的特点是部件不断地在更新和更换，如门板、窗扇。不要像对待文物一样对待我们的建筑，要保持它的文化传承，而不必太刻意、原封不动地保护它的躯壳。

黄山徽州区西溪南村通过赋予精美徽派民居新功能，把20世纪80年代的农民房改造成精品民宿，并利用一些空地布置游泳池、草坪等浪漫空间，重构一个浪漫精美的乡村民宿，既保护了古建筑，又发展了旅游业，为当地居民增加了收入，是个很有意义的探索。

5.3 集中连片发展历史村镇

历史村镇发展面临的困境。单个的历史村镇内容往往单一，资源禀赋有限，不足1小时就可以看完，对游客的吸引力不足。一个区域里的历史村镇往往同质化。大部分历史村镇分布较为偏远，远离都市，交通不便。为了保护而保护，形成不了自我造血机制，难以为继。

找准历史村镇连片发展特征定位。每一个片区都有自己的特色及文化圈层，特别是基于从发展的角度找准历史村镇连片发展特征定位。

巧构历史村镇发展策划和融资模式。连片历史村镇不仅仅是为了保护，更重要的是为了发展（图13）。

合理布局特色资源。以历史村镇为对象，在其基础上植入一些现代旅游的要素。针对儿童设置游乐设施和场地，针对年轻人植入一些冒险的、新型的娱乐项目，针对中年人布置一些民宿项目，针对老年人布置一些休养康养的项目。

做好历史村镇空间连片的规划方案。构建一个历史村镇的空间，空间距离过远吸引不了游客，谁也不会跑几十公里路而只为了去看一个村子。各村落有意识地进行差异化打造，功能、风貌、产业等重新定位。例如，在甲村游览，乙村住宿，丙村购物，一定要把连片区域走完才能完成整个旅游活动，而不是只去一个村就不用去其他村子。

芙蓉镇（原名王村）历史上是土家族的土司王朝统治时期的商业重镇，20世纪80年代因为电影而闻名，变成了一个旅游名镇，火了一阵子，几年后又衰败了，近两年通过把附近的猛洞河漂流、瀑布、红石林、世界文化遗产老司城等资源集中连片，通过亮化工程、康养项目重新焕发活力，使之变成一个景区融合型的"网红"打卡地（图7）。

5.4 用现代材料和技术传承历史文化的精神

精选不同风格，融合、混搭现代风格和传统风格，老料新做、土料洋做、粗料细作、新旧搭配。研究新乡村人现代化的生活方式，为新乡村人设计，创新功能，适应新生活，创造未来新民居。如湘西十八洞村民居木墙刷传统桐油的做法，外观黑黢黢的，显得很破旧，不符合新时代的要求。在风貌提升中我们建议采用木的本色加清漆的做法，既采用了传统的材料，又显得亮堂和有新气象。

创新未来新民居，为新乡村人做设计。未来可能会出现逆城市化现象，未来乡村里的人是留下的人、返乡的人和逆城市化、旅居的人。而我们则要为这些新乡村人做设计，研究他们现代化的生活方式，创造新的功能，适应新的生活。

乡村建筑要采用新的建筑形式，如轻钢结构、新型木结构等新的形式，这些结构、材料也是适合乡村情况的。

图7　集中连片发展历史村镇

　　未来的乡村建筑要将互联网、太阳能等新科技、新技术反映到建筑上去。

　　大理喜洲镇的历史建筑非常有价值，但是由于这些大院每个占地都比较大，尽管处在一个著名的旅游点，但街巷并不繁华，人气并不旺，商业也并不发达，景区的保护发展效果也并不理想。但旁边的双廊镇玉几岛大胆引进杨丽萍的月亮宫和很新奇的民宿，这些是年轻人所喜爱的业态，反倒使这里充满了活力。这是两个极端、完全割裂的例子，一个原汁原味保护，另外一个又走向极端，尽管它很发达，经济也很好，成了"网红"打卡点，但这两个例子并不成功，这也值得我们深思，为什么我们就不能把它们结合起来？

5.5　积极探索传统建筑产权交易

　　传统建筑不适应当下村镇居民居住。住在传统建筑里面的村民并不喜欢这些老房子，他们更喜欢一些楼房。传统建筑就像老爷车一样，有实力的人才玩得起（图8）。

　　原住居民很难维护传统建筑的使用。住不起、修不起，虽然有些在开民宿，但是产生的价值不足以维护传统建筑，传统建筑的使用价值很难维护。

　　民居商业价值很难平衡。历史村寨的文化价值和建筑价值很高，但它的商业价值很难平衡。传统建筑的新建和改造资金较大。

　　传统精品建筑大多不是普通农宅。今天看到的都是一些保护质量好的传统建筑，都是一些外地经商的商人等修建的。把这些房屋当成农民的宅基地是不恰当的，它们是村里的公共历史遗产。

　　城市人更爱传统民居。随着中国经济与文化的崛起，国人的民族自豪感和文化自信随之不断提升，精神文化取向和爱好也逐渐回归到中国传统文化。

图8 探索传统建筑产权交易

呼吁国家放开农村传统建筑的买卖。全国历史村镇里有价值的传统民居有10万～20万套，平均到一个村子有20～30套，邻近每个都市圈分布的传统建筑有1万套左右，数量不多，建议用合适的价钱直接卖给城里人。

6 让历史村镇
在世界展现精彩

6.1 把中国的农耕文化遗产推向世界舞台

中国是世界农耕文明的中心之一，历史村镇是中国农耕文明的名片，我们要找到文化的自信、乡村的自信、历史村镇的自信，主动把我们的历史村镇推向国际，把中国的农耕文化推向世界，让中国几千年的农耕文化与西方的文化进行交流。

6.2 让历史村镇成为世界旅游休闲主要目的地

去欧洲旅游我们主要是游览古村、古镇，但国外的游客来到中国，往往是到北京、西安、苏州等城市，而更具特色、丰富灿烂、千变万化的历史村镇外界并不知晓。要把历史村镇推广成为世界旅游的主要目的地，提升历史村镇的旅游品质，采取措施引进国外游客、加强宣传、打通渠道、完善设施，让我们的历史村镇融入世界旅游大循环，让世界了解丰富多彩、数量庞大的农耕文化遗产，了解我们美丽鲜活的历史村镇。阳朔的乡村就做得非常好，很多外国人常年居住在这里，走出一条"民族的就是世界的"生态乡村建设之路。

6.3 加强历史村镇保护工作国际交流

从开展历史名村名镇评选，到现在开展传统村落保护以来，各地开展了大量实践，保护发展了大批优秀的历史村镇。2019年6月，联合国教科文组织第一次在四川眉山召开了"历史村镇的未来"国际会议，为全球历史村镇的保护与文化传承提供可示范、可推广的优秀案例与经验。通过比较发现，中国在历史村镇、传统村落的保护工作力度很大，积累了大量的实践经验，需要把这些经验宣传、传递向国际。还要积极地促进历史村镇价值的国际传播，要积极推动整体或片区申报世界文化遗产，开展经验交流、作好示范，共同探讨世界各地历史村镇保护利用的经验。

让我们携起手来，为中国历史村镇的保护发展、为中华民族的文化复兴共同努力！

我国历史文化街区的可持续保护与管理[①]

张松[②]
Zhang Song

Sustainable Safeguarding and Management for Historic Areas in China

摘　要　历史文化街区是历史文化名城保护制度中所确立的重要保护对象，其保护再生也是历史文化名城保护和特色塑造的关键所在，历史文化名城保护制度的深化完善离不开历史地区的全面保护和有效管理。本文在回顾和总结历史文化街区保护观念形成过程的基础上，参照英美日等国历史地区保护管理的经验，探讨在新时代构建城乡历史文化保护传承体系和管理机制进程中，历史文化街区可持续保护管理的整体性措施，以及地方政府在全面实施城市更新行动中遗产保护引领历史地段活化再生的基本准则。

关键词　历史地段；整体性保护；可持续管理；积极保护

Abstract　Historic areas are important protection objects set up in the conservation system of Historic and Cultural Cities, and their protection and regeneration is also the key to the urban conservation and the shaping of their characteristics. The deepening and improvement of the protection system of Historic and Cultural Cities cannot be separated from the comprehensive protection and effective management of historic areas. On the basis of reviewing and summarizing the formation process of the concept of historic areas, this paper discusses the integrated measures for the e conservation and sustainable management for historic areas in the process of building the historic and cultural protection inheritance system in the new era, with referring to the experience of the protection and management of historic areas in Britain, USA and Japan, as well as the basic principles for local governments to lead the revitalization of historic areas in the full implementation of urban regeneration.

Keywords　historic areas; integrated conservation; sustainable management; active protection

历史文化街区是构成历史文化名城传统风貌、反映地方景观特色的重要建成遗产（built heritage），也是依照《文物保护法》和《历史文化名城名镇名村保护条例》等国家法规应当严格保护的对象。自1982年历史文化名城保护制度建立以来，不少地方的历史文化街区在保护与利用方面有过一些成功的实践探索；但也有一些地方的历史文化街区被当作棚户区、危旧房彻底拆除改造了，或是为了旅游开发，打造成了新的休闲景区或仿古街区，这些不能不说是令人遗憾的重大失误。

---

① 国家自然科学基金课题"历史城区辨识、评估及保护设计的相关方法研究"（51778428）。
② 张松，同济大学建筑与城市规划学院教授，博士生导师。

本文通过回顾历史文化街区保护观念形成的过程，同时结合中央两办发布的《关于在城乡建设中加强历史文化保护传承的意见》相关精神，探讨新时代构建城乡历史文化保护传承体制机制进程中历史文化街区可持续保护管理的原则和整体性措施，以及在全面实施城市更新行动中遗产保护引领历史地段活化再生的基本准则。

1 历史文化名城与历史街区的关系

1.1 历史文化保护区的确立

历史地区是历史文化名城不可或缺的组成部分，也是与历史化名城保护制度同时诞生的属于建成遗产大类的保护对象。早在1982年国务院批准公布第一批国家历史文化名城的文件中即明确指出："对集中反映历史文化的老城区、古城遗址、文物古迹、名人故居、古建筑、风景名胜、古树名木等，更要采取有效措施，严加保护，绝不能因进行新的建设使其受到损害或任意迁动位置。"

1985年5月，建设部城市规划司建议设立"历史性传统街区"。1986年，国务院批转公布第二批国家历史文化名城的文件中要求"对一些文物古迹比较集中，或能较完整地体现出某一历史时期的传统风貌和民族地方的特色的街区、建筑群、小镇、村寨等，也应予以保护。各省、自治区、直辖市或市、县人民政府可根据它们的历史、科学、艺术价值，核定公布为当地各级'历史文化保护区'。对'历史文化保护区'的保护措施可参照文物保护单位的做法，着重保护整体风貌、特色。"在关于核定历史文化名城的标准中，强调"作为历史文化名城的现状格局和风貌应保留着历史特色，并具有一定的代表城市传统风貌的街区"，这标志着历史街区保护政策得到中央政府的确认（阮仪三、孙萌，2001）。

1.2 以历史街区为重点的三个保护层次

1996年6月，建设部城市规划司、中国城市规划学会、中国建筑学会在黄山市召开第一次历史街区保护（国际）研讨会，会议以建设部的历史街区保护规划与管理综合试点黄山屯溪老街为例，探讨了我国历史文化保护区设立、保护区规划编制、规划实施、与规划相配套的管理法规、资金筹措等问题。澳大利亚和日本的专家介绍了他们的历史地区保护理论和实践经验。

会议认为"历史街区的保护已经成为保护历史文化遗产的重要一环，是保护单体文物、历史街区、历史文化名城这一完整体系中的不可缺少的一个层次。"明确要求要把保护历史街区的工作放在突出的位置，借鉴国内外一切好的经验把我国的历史街区保护工作做好。

会上，时任建设部副部长叶如棠针对历史街区保护管理问题作了全面的阐述，指出我国虽有众多的古城，但至今保存完好、符合历史文化名城条件的还只是少数，但在许多城市和乡村中，局部保存着完整历史风貌的街区确实是大量存在的，保护历史街区是更具有普遍意义的工作。选择若干历史街区加以重点保护，以这些局部地段来反映古城的风貌特色，是一个现实可行的方法。同时，有可能最大限度地减少保护与建设的矛盾，求得保护与建设两相顾全。保护历史街区，也将是历史文化名城保护工作的重点，保护历史街区一定要积极改善基础设施，注意提高居民生活质量。

1.3 文物保护体系中的历史文化街区

2002年经过大幅修订后《文物保护法》作了"保存文物特别丰富并且具有重大历史价值或者革命纪念意义的城镇、街道、村庄，由省、自治区、直辖市人民政府核定公布为历史文化街区、村镇，并报国务院备案"的规定。2008年7月1日施行的《历史文化名城名镇名村保护条例》中明确了"历史文化街区"的法定概念，即经省级政府"核定公布的保存文物特别丰富、历史建筑集中成片、能够较完整和真实地体现传统格局和历史风貌，并具有一定规模的区域"。2019年4月施行的《历史文化名城保护规划标准》GB/T 50357—2018（简称为《保护规划标准》）中将"区域"一词换成了"历史地段"。

《历史文化名城名镇名村保护条例》针对历史文化名城的整体保护、历史文化街区和历史建筑的保护规划，制定了明确的规定和具体的管理要求。历史文化街区以保存有一定数量的历史建筑为基本特征，由真实的历史遗存和历史风貌构成环境整体。它们既是城市历史文化活的见证，又是城镇居民的现实生活场所。由于历史的原因，如何在保护传统风貌、特色空间和生活氛围的同时，积极有序地改善居民的生活环境条件，一直是难以破解的街区保护难题。

2 历史文化街区保护的基本理念

2.1 历史文化街区的评定条件

就历史文化街区的评定标准而言，较早从事街区保护规划的王景慧、阮仪三等专家认为，确定"历史地段"有三个具体标准：1）有较完善的历史风貌；2）有真实的历史遗存；3）有一定规模，视野所及范围内风貌基本一致（王景慧，1998；阮仪三，2001）。后被归纳为历史文化街区通常需具备历史遗存的原真性、街区风貌的完整性、居住生活的延续性"三性"原则，即一个历史街区应当保存有数量较多真实的历史建筑及历史环境要素，具有较为完整的历史格局和风貌特色，具备满足居民能够继续居住生活其中的环境条件。

在这三个条件中，由真实的历史遗存形成的整体历史环境氛围，构成了历史文化街区物质形态的基本特征。街区内的各类历史遗存应是历史性形成的真实的物质存在，而不是后期重建或当下仿造的传统风格建筑。当然，分布在街区范围内的历史建筑和历史环境要素可以是不同时期建设形成的，其构成的整体风貌特征基本协调，并不一定要是城市某一最为辉煌时期的典型代表。因此，对街区环境进行适当的整治改善是必要的，但没有必要按某一时期的建筑风貌全盘过度打造。

后来在《保护规划标准》中形成了更为具体的定性、定量规定，包括历史文化街区核心保护范围面积不应小于1hm²，核心保护范围内文保单位、不可移动文物、历史建筑、传统风貌建筑的总用地面积不应小于街区核心保护范围内建筑总用地的60%等内容。

2.2　历史地区保护的重要意义

国际古迹遗迹理事会《威尼斯宪章》（1964年）指出，历史纪念物（historic monument）的概念不仅包括单体建筑作品，还包括从中可以发现某些特定文明、重要进展或历史事件的证据、位于城市或乡村的背景环境（setting）。它不仅适用于伟大的艺术作品，也适用于那些随着时间推移而获得文化意义过去的更为普通的作品。

1976年，联合国教科文组织发布了《关于历史地区的保护及其当代作用的建议》（简称《内罗毕建议》），拓展了此前多次大会制定的原则。该建议认识到背景环境（setting）的重要性，而背景环境就是由建筑、空间元素和周边环境所构成的历史地区（historic areas）。对历史地区的破坏可能导致经济损失和社会动荡，呼吁各国政府保护历史地区，使其免受由不敏感改变所造成的原真性（authenticity）损害。

该建议指出"考虑到历史地区是世界各地人们日常环境的组成部分，它们是代表着创造了它们的历史活的物证（living evidence），提供了与社会多样性相匹配的生活背景多样性，正因为如此，它们增加了价值并获得额外的人文因素。""历史地区为世世代代文化、宗教及社会活动的财富和多样性提供了最具物质性的见证，保护历史地区并使它们与当代社会生活相结合是城市规划和土地开发的基本因素。"

2.3　历史街区保护中的问题与挑战

历史文化名城保护已走过40余年的艰辛历程，遗憾的是，时至今日在历史街区保护工作面前除了需要继续防止发生"建设性破坏"外，还要防范"保护性破坏"。在大规模的旧城改造后幸存下来的一些历史地段，由于多年没有得到实质性维修、维护，建筑破败、设施老化现象比较普遍，现在一些地方将其作为棚户区改造的对象，彻底推倒后建造高楼大厦，这样做也许改善了部分居民的居住条件，但导致城市中积淀的历史文化快速消解。

还有一些地方投入巨资对历史街区进行脱胎换骨式的大改造，全部动迁原住居民，把房子重修后高价出售变成有钱人居住的新社区或变成高档娱乐休闲场所或变成专供旅游参观的人工景区，这些做法都不是历史文化街区保护的正确方向。也许这些街区内的历史建筑的修缮、维修工程做得还不错，但街区内的原住居民没有了、城市生活消失了，保护真实的城市特色和传统文化的环境条件就不再存在了。相对于上述做法，还有将城市的非物质文化遗产集中在历史街区展示、展演，将居民生活场所彻底转变为文化"秀"场的利用方式，也会对历史环境的原真性与完整性造成一定的负面影响；一些违背文化遗产保护原真性原则拆真造假的做法，以保护的名义对历史街区进行了彻底改造。

3 英美日历史地区保护机制及启示

3.1 英国城乡规划中的保护区管理

自1947年《城乡规划法》开始，英国即将历史环境保护嵌入到城乡空间规划体系之中。受1962年法国《马尔罗法》的影响，1967年制定《城市宜人环境法》（Civic Amenities Act），确立了"保护区"（conservation areas）的法定概念，对历史地区的特征实施保护管控，这也是英国最早的立法保护历史环境的探索（彼得·拉克汉姆，2008）。

《城市宜人环境法》主要关注城市环境舒适性（amenity）的问题，最重要的内容为"具有建筑学或历史意义（interest）的建筑和地区的保护"，其目的是对1962年《城乡规划法》和《苏格兰规划法》中登录建筑和保护区保护规定作出更完整的管理规定，同时提升了法律管控权限要求。

该法规定任何具有特别的建筑学或历史意义（architectural or historic interest）的地区，其特征或外观（character or appearance）值得保持或提升的区域，地方规划部门应及时将其划定为保护区（conservation areas），"凡是被划定为保护区的地区，任何环节都应该特别注意保持或提升它的特征或外观"（张松，2017）。

1990年，英国议会颁布《登录建筑和保护区规划法》，修正了英国《城乡规划法》中建筑工程规划许可的规定，对具有特定建筑或历史意义的建筑、物件或结构以及保护区的拆除、改建或扩建行为制定了特别的控制措施。

法律规定地方政府应制定政策，帮助保护和改善保护区的特征与外观。地方规划机构具体负责保护区的规划管理，主要有评估、划定和管理三个环节。评估一般以5年为期限，对保护区的景观特征进行评述和分区，其中包括对现状边界的审核。2013年《企业与监管机构改革法》出台后，保护区内拆除非登录建筑不再需要获得保护区委员会的同意，只需规划许可，但未获得此类许可的或有损历史环境的行为仍属刑事犯罪。

自然保护区登录、评估制度确立以来，一直对英国的历史城镇、街区、传统村落等群落性遗产对象的保护管理发挥着积极作用。1967年时在英格兰划定了4处保护区。今天，全英国已划定10000多处保护区，其中英格兰约9300处，威尔士500处，苏格兰650处，北爱尔兰60处，占全国土地的2.2%，合计占地面积2938km²，比卢森堡整个国家的面积还要大。登录（保护）建筑超过50万处。这一数据反映了法律工具（legislative tool）在识别和保护英国具有一定价值的历史性场所方面发挥的积极作用。

3.2 美国登录制度中的历史性场所

自1966年《国家历史保护法》（National Historic Preservation Act）颁布到20世纪80年代，为美国历史环境保护的稳步发展时期。国家登录制度是美国历史环境保护制度的基石，是对历史环境进行保护管理的重要手段。

历史性场所（historic place）国家登录是指国家机构列出的、值得保护的历史性场所名录，是该法确定的巨大的历史保护计划中的核心内容。在联邦、部落、州、地方各级政府以及民众协助下，内务部国家公园管理局负责管理历史性场所的国家登录工作。

《国家历史保护法》规定，在美国的历史、建筑、考古、工程技术及文化方面有重要意义，在场所、设计、环境、材料、工艺、氛围以及关联性上具有完整性的历史地段（districts）、史迹（sites）、建筑物（buildings）、构筑物（structures）、物件（objects）有50年以上历史的即可进行登录。通过国家登录唤起全民关心，也促使联邦政府在开发建设、公用事业建设时，更加关注历史环境的保护。此外，对私人产权的历史建筑，事前必须征得所有者同意（owner consent）。

为了让这些国家历史文化的基石作为社区生活和社会发展中"活"的构成部分保存下来，《国家历史保护法》确立了登录保护制度与社区发展规划的互动关系，促进历史性场所在当代生活中发挥积极作用。同时，通过税收政策上的优惠措施，激励财产所有者对历史文化遗产进行保护。与联邦政府有关的开发建设项目，如对登录历史性场所可能有不良影响时，必须采用消除这种影响的替代方案。截至2019年，历史性场所国家名录中已登录95000多处项目，合计有180万个具有积极贡献的资源（张松，2022）。

3.3 日本不断拓展的历史风致保护范围

1966年1月，为了应对现代化开发建设对传统文化带来的建设性破坏，日本国会快速制定颁布了《关于位于古都的历史风土保存的特别措施法》（后简称为《古都保存法》）。《古都保存法》的创立，将历史环境保护的重点由过去的点状文化财保存，转向更关注文化财[①]和周边环境景观的整体保护管理。

20世纪70年代前后，历史环境的保护意识开始萌发。日本历史街并（machinami）即传统街区景观，是历史环境中的典型代表，在这里能够感受或体验过去的生活、生产状态，甚至是繁荣时期的景象。传统街区景观可以唤起更多人的乡愁、记忆和历史想象力，具有重要的历史文化价值，是提升文化创造力的重要资源。1972年，日本文化厅主导开展了"第一次聚落保存调查"。

1975年7月，《文化财保护法》进行了一次重大修订，增设"传统建造物群保存地区制度"，保护对象从过去的单体建筑扩展到受开发建设破坏的传统风貌地区。"传统建造物群保存地

---

① 日本文化财是依据《文化财保护法》指定的珍贵国家文化财富。现有文化财分为有形文化财、无形文化财、民俗文化财、纪念物、传统建筑群保护地区、文化景观、埋藏文化财和（传统）保存技术等类别。

区"是"为保护传统建造物群以及与这些建造物形成一体并构成其整体价值的环境，由市町村所划定的地区"，国家对其中价值突出、保存较为完整的地区选定为"重要传统的建造物群保存地区"。

2008年5月，日本颁布了《关于地域历史风致维护和改善的法律》，"历史风致"是指一定地域内反映其固有历史和传统文化的生产、生活活动，与作为活动场所并具有较高历史价值的建筑及其周边街区，这两者融为一体所形成的良好的街区环境。在日本，这是第一部将历史性建成环境（historic built environment）与非物质文化遗产整合在一起，促进积极保护和全面改善城乡生活环境品质，整合历史环境保护和地域文化复兴政策的综合性法律（张松，2020）。

日本的建成遗产国家立法保护管理，从历史上的都城——京都、奈良、镰仓等名城的历史风土，到传统建造物群保存地区，再到更大范围保护由有形和无形文化财共同构成的历史风致区域，规模越来越大，形态越来越综合，对策措施越来越协同整合。

4 健全可持续保护管理的体制机制

4.1　充分认识建成遗产的资源属性

从发达国家的实践看，一方面，"从单体建筑保护发展到区域性保护，从着重于简单的控制性保护策略转变为注重历史街区功能的振兴、发展和强化，这一过程十分迅速"（史蒂文·蒂耶斯德尔，蒂姆·希思，等，2006）；另一方面，"名城保护是一项政策性、综合性、民生性很强的工作"（仇保兴，2014）。历史地区价值和特征评估是保护政策措施制定的基础，相关保护理论与方法、工程技术的适用性等都需要科学研究，并与地方文化特色和实际情况密切结合。与此同时，历史地区积累的矛盾与现实问题复杂、多元，与悠久的文化积淀等有形、无形因素交织在一起，不能忽视，也不应回避。

对历史文化街区的合理利用与有效管理是历史文化遗产能否可持续保护的关键所在，需要处理好保护与利用的关系，强化文化遗产有效管理的手段。"历史环境代表着地域的人文特色，其组成部分应包括建筑、街巷、场所、业态、活动以及独特氛围。保护地域特色、文化生态和场所精神，直接涉及居民的生活状态（life condition）等实际问题。保护并不是要把历史环境现状固化下来，而是为了保持自然环境和历史环境的品质的动态维护与管理。"（张松，2017）

在全球环境变化中，有形和无形的文化遗产是提升城市地区宜居性、促进经济发展、增强社会凝聚力的重要资源。历史地区的传统风貌和背景环境具有自然、文化、社会、经济的资源属性。历史地区保护管理应当在可持续发展框架中统筹规划，保护文化遗产及其社会、文化和生态可持续性（sustainability），并"将尽可能多的意义传承给后人"的目标，与可持续发展的理念不谋而合。通过城乡建成遗产保护，真正达到全面改善民生的目的。在建成遗产保护中如果没有可持续的观念，只是考虑当下使用者的利益，那么随心所欲地改变保护对象会被认为是天经地义的举动，也会导致对文化遗产过度开发和不当利用。

4.2 关注社会肌理的整体性保护

欧洲城市保护最为重要的实践经验就是坚持整体性保护（integrated conservation）的原则，实现可持续城市的发展目标。1975年10月，欧洲委员会通过的《欧洲建筑遗产宪章》指出，"历史中心区和历史地区的组织结构，有益于保持和谐的社会平衡。只要为多种功能的发展提供适当的条件，我们的古镇和村落会有利于社会的整合。它们可以再次实现功能的良性扩展和更良好的社会混合。"

历史文化街区既是地域社会文化发展活的见证，又是城镇居民现实的生活场所。历史街区的保护不能只是考虑物质环境和设施，其社会肌理结构的维护与管理同样重要。如何在保护传统风貌景观、历史环境特征的同时，积极、有效地改善居民的生活环境条件，一直是困扰街区保护的一大难题。

历史文化街区保护整治需要积极的财政投入，以便解决多年来积累的各种遗留问题，清还过去的各种欠账，全面改善居住环境条件，这些都是必须完成的基础性工作。而针对已基本完成修缮整治工程的历史街区，保持和维护良好的历史环境也应当是地方政府不容忽视的职责。

4.3 城市资源要素的积极保护

城市文化本身即为一个完整的生态系统，与自然条件、历史文化、经济、技术等有密切的联系。文化多样性不仅体现在人类文化遗产通过丰富多彩的文化表现形式来表达、弘扬和传承，也体现在借助各种方式和技术进行的艺术创造、生产、传播和消费等多种方式之中。

2011年11月，联合国教科文组织（UNESCO）大会通过了一份关于城市保护的国际建议——《关于历史性城市景观的建议》，该建议再次强调了历史城市整体性保护的重要性，指出"历史城区（historic urban areas）是我们共同文化遗产最丰富和多样的表现形式之一，它们由几代人塑造，是人类穿越时空所作努力和实现愿望的重要证明。"而且"可持续发展原则规定了保护现有资源，积极保护（active protection）城市遗产和可持续管理是发展的必要条件。"

可持续发展的原则要求我们认识到遗产保护的长期性和连续性，随着对文化遗产及所包含的信息、价值的认识提升，文化遗产已被视为社会持续发展不可再生的战略资源。从这层意义上讲，保护是对历史建筑、传统民居和历史街区等文化遗产及其景观环境的改善、修复和控制行为，是为降低历史建筑和历史环境衰败的速度而对变化实行动态管理的全过程。

4.4 注重包容性的民生改善

在历史进程中城乡建成环境中的许多地段，由于长年缺乏维护及过度使用，生活居住环境还在继续衰退，甚至变成了质量低劣的住宅区。但在处理这些地区的衰退问题时必须基于社会公正，而不是简单地让那些较为贫困的居民搬迁，然后对旧区推倒重建。不少人认为历史环境保护会与旧区居住环境改善相矛盾，甚至认为会阻碍旧区居民的现代化进程。这其实是一种误解。历史街区保护的首要目标就是要改善旧区生活居住条件，让历史城区的原住居民能够持久安全地生活下去。国内外成功的历史地区保护实践，一直将历史保护作为改善居住生活环境的有效途径之一。并且，既要改善居住环境条件，让居民住得舒适，还要防止旧区条件改善后生活成本急剧上涨而导致大量居民被迫外迁。

城市更新行动是"十四五"规划中的重点工作，城市更新行动计划既可以加快城市转型的步伐，也有可能再次加剧现代化建设与历史地区保护的矛盾，历史城市，特别是历史地区重新被卷入旧城改造的浪潮之中。"在城市更新中如何延续和发扬其历史文脉，以及如何从社会、经济、文化和空间的多维视角认识城市更新的基本属性，这些是城市更新中需要研究和弄清的关键问题。"（阳建强，2020）

正因为如此，在城市空间规划建设和国土资源管理实践中，必须把建成遗产保护作为前置考虑的要素，在老旧城区必须由遗产保护再生来引领城市有机更新。城市遗产是市民的集体记忆，保护的主体是广大市民，历史保护的基本目的也在于通过历史地区的保护，全面改善旧区的居住环境，加强社区各项设施建设，关心普通居民的生活条件改善，保持或复兴历史城区的活力和生命力。所以，历史文化街区的保护整治必须与住房政策、保障住房规划建设有机结合，必须考虑居民的需求以及为居民提供有效参与的途径。"宜居城市"应当是能够让不同层次的人住得起、生活舒适的城市，而且无论在旧区还是新城，在中心城区还是郊区，都有市民可选择、能支付得起的居住建筑。

5 结语

两办意见要求"坚持合理利用、传承发展。坚持以人民为中心，坚持创造性转化、创新性发展，将保护传承工作融入经济社会发展、生态文明建设和现代生活，将历史文化与城乡发展相融合，发挥历史文化遗产的社会教育作用和使用价值，注重民生改善，不断满足人民日益增长的美好生活需要。"

历史地区的保护再生，对塑造城市空间特色、保持地域文化个性、提升市民归属感和城市软实力具有重要意义。在强调"保护优先、应保尽保"的新要求、新形势下，在健全、完善系统性保护和整体性保护机制的进程中，需要在法规政策和保障措施方面不断改革与探索，为实现空间全覆盖、要素全囊括的城乡遗产保护开展更具积极意义的专业性实践（张松，2021）。

在未来的历史文化名城名镇名村保护过程中，需要更加关注遗产保护的社会价值，注重通过适当的保护整治工程逐步实现改善历史城区民生问题的目标，通过建成遗产保护提升生活环境品质。事实上，"人与环境的联系更紧密，他们可以通过自己的行动创造自己的环境。为促进积极的社区参与以及环境的规划和开发，需要全套的方法和技术。"（克利夫·芒福汀，2022）

有人生活居住的历史地区就是一种遗产社区（heritage community），应努力确保创造、延续和传承这一遗产的社区、群体、个人最大限度地参与其中，依靠本地居民开展可持续的街区保护和遗产管理，需要坚持不懈、持之以恒。当地民众的参与是保持街区活力的重要因素，应当确保与生活遗产相关的社区、群体和个人能够成为保护政策的主要受益者，无论是在政策、规划和具体方案的物质层面还是精神层面。

参考文献

[1] 克利夫·芒福汀. 街道与广场 [M]. 第3版. 张永刚, 陆卫东, 译. 北京: 中国建筑工业出版社, 2022.

[2] 彼得·拉克汉姆. 英国的遗产保护与建筑环境 [J]. 蔡建辉, 汤培源, 译. 城市与区域规划研究, 2008 (3): 164-186.

[3] 仇保兴. 风雨如磐: 历史文化名城保护30年 [M]. 北京: 中国建筑工业出版社, 2014.

[4] 阮仪三, 孙萌. 我国历史街区保护与规划的若干问题研究 [J]. 城市规划, 2001 (10): 25-32.

[5] 史蒂文·蒂耶斯德尔, 蒂姆·希思, 等. 城市历史街区的复兴 [M]. 张玫英, 董卫, 译. 北京: 中国建筑工业出版社, 2006.

[6] 王景慧. 历史地段保护的概念和作法 [J]. 城市规划, 1998 (3): 34-36.

[7] 阳建强. 城市更新 [M]. 南京: 东南大学出版社, 2020.

[8] 叶如棠. 在历史街区保护 (国际) 研讨会上的讲话 [J]. 建筑学报, 1996 (9): 4-5.

[9] 张松. 城市历史环境的可持续保护 [J]. 国际城市规划, 2017 (2): 1-5.

[10] 张松. 城市保护规划——从历史环境到历史性城市景观 [M]. 北京: 科学出版社, 2020.

[11] 张松. 城市生活遗产保护传承机制建设的理念及路径 [J]. 城市规划学刊, 2021 (6): 100-108.

[12] 张松. 历史城市保护学导论——文化遗产和历史环境保护的一种整体性方法 [M]. 第3版. 上海: 同济大学出版社, 2022.

[13] 住房和城乡建设部. 历史文化名城保护规划标准: GB/T 50357—2018 [S]. 北京: 中国建筑工业出版社, 2019.